Manfred Krafft/Jürgen Hesse/Klaus M. Knappik/
Kay Peters/ Diane Rinas (Hrsg.)

Internationales Direktmarketing

Manfred Krafft/Jürgen Hesse/Klaus M. Knappik/
Kay Peters/Diane Rinas (Hrsg.)

Internationales Direktmarketing

Grundlagen, Best Practice, Marketingfakten

2., überarbeitete und erweiterte Auflage

DHL GLOBALmail

CIM Centrum für interaktives Marketing
und Medienmanagement

Siegfried Vögele Institut
Internationale Gesellschaft für Dialogmarketing mbH

GABLER

Bibliografische Information Der Deutschen Nationalbibliothek
Die Deutsche Nationalbibliothek verzeichnet diese Publikation in der Deutschen Nationalbibliografie; detaillierte bibliografische Daten sind im Internet über <http://dnb.d-nb.de> abrufbar.

Prof. Dr. Manfred Krafft ist Professor der Betriebswirtschaftslehre, insbesondere Marketing, und Direktor des Instituts für Marketing am Marketing Centrum Münster (MCM) der Westfälischen Wilhelms-Universität Münster. Er ist zugleich wissenschaftlicher Direktor des Centrum für interaktives Marketing (CIM).

Prof. Dr. Jürgen Hesse ist Vorsitzender der Geschäftsführung des Siegfried Vögele Instituts (SVI), Königstein.

Klaus M. Knappik ist Vorsitzender des Bereichsvorstandes Brief International, Deutsche Post AG.

Kay Peters ist wissenschaftlicher Mitarbeiter am Institut für Marketing am Marketing Centrum Münster (MCM) der Westfälischen Wilhelms-Universität Münster und Leiter des Centrum für interaktives Marketing (CIM).

Dr. Diane Rinas ist Senior Marketingmanager, Deutsche Post AG.

1. Auflage September 2005
2. Auflage September 2006

Lektorat: Barbara Roscher / Jutta Hinrichsen

Der Gabler Verlag ist ein Unternehmen von Springer Science+Business Media.
www.gabler.de

Umschlaggestaltung: Regine Zimmer, Dipl.-Designerin, Frankfurt/M.
Druck und buchbinderische Verarbeitung: Strauss GmbH, Mörlenbach
Gedruckt auf säurefreiem und chlorfrei gebleichtem Papier
Printed in Germany

ISBN-10 3-8349-0419-8
ISBN-13 978-3-8349-0419-5

Geleitwort

Sehr geehrte Leserinnen und Leser,

unsere Welt rückt immer enger zusammen. Dort, wo früher teilweise unüberwindbare Grenzen Volkswirtschaften voneinander trennten, entstehen plötzlich interessante neue Märkte. Dies eröffnet Unternehmen wertvolle Perspektiven. Schauen wir uns nur die vollzogene EU-Osterweiterung an. Gleichzeitig entwickeln sich Länder wie China zu Märkten, in denen ein enormes Potenzial steckt.

Der Wettbewerbsdruck im heimischen Markt ist heute oft sehr groß. So ist es für viele Unternehmen notwendig, in internationale Märkte zu expandieren, um Wachstumsziele zu erreichen und Kostenstrukturen wettbewerbsfähig zu gestalten. Sie müssen bereits heute global denken und handeln. Die Erschließung neuer Kundensegmente jenseits der nationalen Grenzen ist dabei eine entscheidende Voraussetzung, um im immer stärkeren Wettbewerbsumfeld erfolgreich bestehen zu können. Hierfür ist eine klar strukturierte und effiziente Kommunikation die Eintrittskarte in neue Märkte. Kunden müssen ein ausländisches Unternehmen nicht nur wahrnehmen, sie müssen Vertrauen zu seinen Produkten und Leistungen aufbauen und sich dafür begeistern können. Die Wahrnehmung zu erreichen dürfte durch den Einsatz klassischer Massenwerbung nicht allzu problematisch sein. Viel schwieriger ist es, in einem unbekannten Markt Kunden zu finden, die die umworbenen Produkte auch tatsächlich kaufen und mittelfristig zu überzeugten Stammkunden werden. Hier setzt das Direktmarketing an, das diese Kür der Kommunikation meistens bereits im Inland erfolgreich absolviert. Für die werbliche Punktlandung bei der Zielgruppe ist eine ausgereifte strategische Planung unerlässlich. Hier soll Ihnen das vorliegende Buch in seiner zweiten Auflage durch Expertentipps sowie erfolgreiche Beispiele aus der Praxis wertvolle Unterstützung bei der Planung internationaler Kampagnen leisten.

Die DHL Global Mail* hat als internationaler Briefspezialist im Konzern Deutsche Post World Net diese Fachpublikation mit initiiert. Wir haben unser Know-how eingebracht, um gemeinsam mit den Autoren dieses Buches Ihre internationalen Kampagnen zum Erfolg zu führen. Nutzen Sie es als Werkzeug für Ihre tägliche Arbeit und schaffen Sie sich mit diesem Buch einen Wissensvorsprung gegenüber Ihrem Wettbewerber.

Viel Erfolg bei der Erschließung neuer Märkte und Chancen wünscht Ihnen

Klaus M. Knappik
Vorsitzender Bereichsvorstand BRIEF International,
Deutsche Post AG

* Unter dem Markennamen »DHL Global Mail« bieten Gesellschaften des Konzerns Deutsche Post World Net Produkte und Dienstleistungen im Namen und Auftrag der Deutschen Post AG im Ausland an. Die Gesellschaften des Konzerns Deutsche Post World Net werden im Folgenden insgesamt als DHL Global Mail bezeichnet.

Vorwort zur zweiten Auflage

Internationales Direktmarketing gewinnt für die wirkungsvolle Erschließung neuer und die Pflege bestehender Märkte weiter an Bedeutung. Der große Erfolg unserer gleichnamigen Publikation, die 2005 in Erstauflage erschien und bereits nach einem Jahr vergriffen war, unterstreicht diesen Trend eindrucksvoll. Auch die französische Edition ist im Februar diesen Jahres sehr erfolgreich gestartet und spiegelt die internationale Relevanz des Themas wider.

Wir freuen uns über die große Nachfrage und nehmen sie zum Anlass, Ihnen eine zweite Auflage des Buches vorzulegen. Wie sein Vorläufer zielt es darauf ab, Ihnen fundierte Informationen für die integrierte Kampagnenplanung und -durchführung zu liefern. Neueste Erkenntnisse aus der wissenschaftlichen Arbeit werden durch erfolgreiche Beispiele aus der Direktmarketing-Praxis ergänzt und von aktuellen Fakten untermauert.

Da die fortschreitende Globalisierung und internationale Arbeitsteilung immer stärker die dynamische Wachstumsregion Asien einbezieht, haben wir den dritten Hauptabschnitt des Buches, der eine Übersicht über wichtige ausländische Märkte bietet, um ein Asien-Kapitel ergänzt. Denn für den praktischen Erfolg bei der grenzüberschreitenden Kommunikation per Direktmarketing ist es unerlässlich, neben einem fundierten wissenschaftlichen Know-how auch eine genaue Kenntnis der Zielgruppe im Zielmarkt zu erlangen. Mit dem zusätzlichen Fokus auf Asien möchten wir Ihnen helfen, die notwendige werbliche Grundlage für die Expansion auf diesem Markt mit dem weltweit größten Wachstumspotenzial zu schaffen. Ebenso haben wir in dieser aktualisierten und erweiterten Auflage eine Sammlung von Statements ausgewiesener Experten des internationalen Direktmarketings hinzugefügt. Sie soll helfen, die internationalen Trends aus verschiedenen Blickwinkeln zu betrachten.

Wir wünschen Ihnen neue Einsichten beim Lesen und viel Erfolg bei der Umsetzung der gewonnenen Erkenntnisse.

Manfred Krafft

Jürgen Hesse

Klaus M. Knappik

Kay Peters

Diane Rinas

Vorwort zur ersten Auflage

Als Kolumbus 1492 Amerika entdeckte, betrat er bis dahin unbekanntes Terrain und wagte sich mit seinen Expeditionen in Gebiete vor, von denen er nicht wusste, was ihn dort erwarten würde. Er tat dies allerdings nicht planlos. Im Gegenteil: Er sammelte alle Informationen, die er vor seinem Aufbruch in die Neue Welt bekommen konnte, um das Risiko für seine Reise zu minimieren und anschließend erfolgreich nach Spanien zurückzukehren. Wie der bekannte Entdecker, so sind auch Unternehmen Pioniere, die mit Hilfe von Direktmarketing neue und fremde Auslandsmärkte erschließen wollen. Sie brauchen für den Erfolg ihrer werblichen Expedition fundierte Informationen, um das neue Terrain für ihre geschäftliche Expansion zu erobern. Dieses Buch stellt für die Kommunikation mit Zielgruppen in internationalen Märkten im übertragenen Sinne die Seekarte dar. Es ist das Navigationsinstrument für ein erfolgreiches, grenzüberschreitendes Direktmarketing. Das vorliegende Buch soll Ihnen dabei helfen, Ihre »neue Welt« als Kolumbus Ihrer Branche zu erschließen und damit im Wettbewerb die Nase vorn zu haben.

Internationales Direktmarketing – Grundlagen, Best Practice, Marketing-Fakten – bereits im Titel wird die Ausrichtung dieser Publikation deutlich. Neueste Erkenntnisse aus der wissenschaftlichen Arbeit werden durch erfolgreiche Beispiele aus der Praxis ergänzt und von aktuellen Fakten untermauert. Für uns beinhaltet dieses Buch aber auch eine wesentliche Kernaussage, die Grundlage jeder Kampagnenplanung sein sollte: Ein Allround-Medium für den Erfolg internationaler One-to-one-Kommunikation gibt es nicht. Wie in einem Orchester ist das Zusammenspiel der einzelnen Werbeinstrumente der Schlüssel, um aus einer einfachen Kommunikationsmelodie eine Werbesymphonie zu komponieren. Ein integriertes Vorgehen bei der Kampagnenplanung und -durchführung ist daher von entscheidender Bedeutung. Trotz der zunehmenden Bedeutung elektronischer Medien dominiert im Direktmarketing immer noch das klassische Mailing. In vielen Erfolgsbeispielen dieses Buches ist es dementsprechend das Kerninstrument, an dem sich die Ausrichtung anderer Werbemedien orientiert. Der Grund liegt sicherlich in der nach wie vor hohen Bedeutung der schriftlichen Kommunikation per Brief für den Empfänger.

Zum theoretischen Know-how gehört natürlich auch eine genaue Kenntnis der Zielgruppe und des Zielmarktes, um praktische Erfolge bei der grenzüberschreitenden Kommunikation zu erlangen. Aus diesem Grund bietet dieses Buch eine Übersicht über wichtige ausländische Märkte. Es stellt neben den allgemeinen wirtschaftlichen Rahmendaten vor allem die Wahrnehmung von Werbung innerhalb der Bevölkerung dar. Diese Fakten bilden die notwendige Grundlage jeder Expansionsplanung über Landesgrenzen hinweg und helfen, kostspielige Fehler im Vorfeld zu vermeiden.

Wir wünschen Ihnen nun viel Spaß beim Lesen und viel Erfolg bei der Umsetzung der gewonnenen Erkenntnisse.

Manfred Krafft

Jürgen Hesse

Klaus M. Knappik

Kay Peters

Diane Rinas

Einschätzungen internationaler Experten zum Direktmarketing

»Das Direktmarketing wurde in früheren Jahren mit einigen ausgewählten Auftraggebern, vor allem aus den Bereichen Finance, Versicherung und Automobil, verbunden. Es wurde oft genug auf das bloße Ansprechen der Endverbraucher mit dem Ziel möglichst schneller Response reduziert. Dieses Direktmarketing erlebt nun eine Revolution, die mit der in der Kommunikationstechnik vergleichbar ist.

Es ist derzeit eine Aufgabentrennung zwischen modernem Direktmarketing und herkömmlicher Werbung zu beobachten. Während die klassische Werbung in erster Linie zur Generierung der Bekanntheit Markenbildung eingesetzt wird, besteht die Aufgabe des Direktmarketing zunehmend darin, über Emotionen und den direkten Dialog eine individuelle Kundenbeziehung aufzubauen, zu pflegen und zu halten.

Grundfalsch ist es deshalb, die Kunden als bloße Käufer zu betrachten, ihre Individualität außer Acht zu lassen und sie mit allgemeiner Werbung zu überlasten. Dies würde sich wie bei klassischen Medien auch auf die Direktmarketing-Botschaften kontraproduktiv auswirken.

Ein zunehmendes Bestreben der Unternehmen ist es, dass ihre Werbekosten auch Früchte tragen sollen: die große Chance für das internationale Direktmarketing. Indem nämlich die Karte der individuellen Ansprachemöglichkeit noch mehr als bisher ausgespielt wird. Meine Regel für Unternehmen lautet dabei: Nicht alles, was die Technologie uns ermöglicht, ist auch sinnvoll. Kenntnis der Kunden, Kenntnis des jeweiligen Marktes und Kenntnis der eigenen Ziele helfen hier, Fehler zu vermeiden.«

Maurice Levy, Vorsitzender und CEO
Publicis Group, Paris, Frankreich

»In meinem Land profitiert der Kommunikationssektor vom starken Wachstum der Wirtschaft. Da die Verbreitung von Werbung und Direktmarketing in Ungarn erst fünfzehn Jahre zurückliegen, ist der Kommunikationsbereich dort nicht so präsent wie in anderen Wirtschaftsgebieten. Doch vor dem Hintergrund einer starken Steigerung des Kommunikationsbedarfs und eines rasanten Wirtschaftswachstums entwickelt sich auch das Direktmarketing außerordentlich gut. In diesem günstigen Umfeld setzen die Unternehmen, die sich der Möglichkeiten bewusst sind, die ihnen das Direktmarketing bietet, mehr und mehr auf integrierte Kommunikation und einen personalisierten Kundenansatz. Dieser Trend wird andauern und sich in Zukunft noch verstärken. Meiner Ansicht nach ist neben dem klassischen Mailing das Internet im Begriff, zu einem idealen Direktmarketing-Instrument zu werden, dessen Bedeutung wachsen wird. Das Direktmarketing stellt übrigens seit kurzem in Ungarn das Werbemedium Nummer eins dar. Seit dem Beitritt Ungarns zur EU stellt unser Verband starke Zuwächse bei den klassischen internationalen Mailings fest – ein Trend, wie er ähnlich auch in den anderen jüngst der EU beigetretenen Ländern zu beobachten ist.«

Péter Hivatal, Vorsitzender des ungarischen Direktmarketingverbands »Direkt Marketing Szövesteg« (DMSZ), Budapest, Ungarn

»Das Direktmarketing über das Internet wird einen schnelleren Aufschwung erfahren, als dies über die anderen Medien der Fall war. Folge: Die Kunden können noch schneller und effizienter Preise vergleichen. Die Unternehmen können ihre Gewinnmargen nur aufrechterhalten, wenn es ihnen dank Direktmarketing gelingt, ihre Produkte auf originelle und kreative Weise aufzuwerten, eine laufend aktualisierte Dienstleistung zu bieten, usw. Auf diese Weise könnte die Rolle des Preises in den Augen der Verbraucher in den Hintergrund gedrängt werden. Parallel zur weltweiten Ausbreitung der Marktwirtschaft ist das internationale Marketing gefordert, sich im Rahmen aggressiver Eroberungsstrategien zahlreicher Unternehmen zu entwickeln. Das verschärft den Wettbewerb, führt zu mehr Auswahl und Vielfalt für die Verbraucher und sorgt somit für wettbewerbsfähigere Preise.

In den Vereinigten Staaten wird in den nächsten Jahren der Schutz der Privatsphäre im Mittelpunkt aller Überlegungen stehen. Der gedankenlose Einsatz des Internet als Direktmarketing-Instrument unter Missachtung von Verhaltensregeln könnte eine strengere Regulierung nach sich ziehen, die dann dem gesamten Berufsstand schaden würde. Aus diesem Blickwinkel betrachtet, täte das Marketing per Internet gut daran, sich die Erfahrungen, die in den Bereichen Post-Mailing und Telemarketing gemacht wurden, zunutze zu machen.«

Ted Spiegel, Professor für Direktmarketing
Medill School of Journalism, Northwestern University, Evanston, USA, und
Leiter des Unternehmens Spiegel, Inc.,
das seit vier Generationen von seiner Familie geführt wird

»Das Direktmarketing stellt in Frankreich weiterhin den wichtigsten Posten bei den Kommunikationsaufwendungen der Unternehmen dar. Und wenn er schneller wächst als der Markt, so liegt das sicherlich daran, dass es dabei um den wertvollsten Aktivposten geht, den das Unternehmen hat – seinen Kundenstamm.

Die Trends in den nächsten Jahren? Vorbei sind die Zeiten einheitlich ausgerichteter Massenkampagnen. An ihre Stelle treten Mailings in geringeren Auflagen, die in so vielen Versionen aufgelegt werden, wie Zielgruppen durch Analysen ermittelt wurden. Kundenstammdaten, die durch historische Transaktionsdaten ergänzt werden, ermöglichen eine genaue Ausrichtung des Direktmarketing an den individuellen Rentabilitätskennzahlen eines Kunden. Die Ermittlung von möglichen Interessenten mit hohem Potenzial wird durch den Abgleich externer Listen mit den Profilen der eigenen Topkunden verbessert.

Die nächsten Jahre werden gekennzeichnet sein durch ein nie gekanntes Wachstum internationaler Kampagnen. Dies resultiert aus dem Aufeinandertreffen der Nachfrage von Werbekunden, die grenzüberschreitende, globale Marken entwickeln, und dem Angebot internationaler Dienstleister, die durch die Liberalisierung der Märkte zunehmend entstehen werden.

Die Unternehmen verlangen integrierte Datenbanken, identische technologische Architekturen, schlüssige Prozess- und Reportingmodelle. Doch Vorsicht bei ausschließlich globalen Strategien: Eine vollständige Zentralisierung und Gleichrichtung birgt die Gefahr, zu Lasten der Kundennähe zu gehen. Das Direktmarketing bleibt die Kunst der zielgruppenorientierten Kommunikation.«

Sandrine Macé, Professorin für Direktmarketing
ESCP-EAP, Paris, Frankreich

»In den Vereinigten Staaten zeichnet sich ein starker Trend ab: Die herkömmlichen Direktmarketing-Formen, Mailing und Telefon, werden von drahtlosen Kommunikationskanälen ergänzt und teilweise verdrängt. Einerseits bietet dies einen großen Vorteil, nämlich die Verbindung der Kreativität von Fernsehspots mit der direkten und zielgerichteten Ansprache des Direktmarketing. Angesichts dieser Möglichkeit wird das Internet in seiner Funktion als Werbemedium einen ähnlich spektakulären Höhenflug erleben wie das Fernsehen in seinen Anfängen. Die personalisierte Herangehensweise gewinnt in dem Maße an Bedeutung, wie individuelle Kontakte im Alltag der Verbraucher seltener werden. Der unbegrenzte Einsatz technischer Möglichkeiten ist indes nicht risikolos. Unternehmen sollten daher nicht ausschließlich auf drahtlose Techniken setzen; sie sollten diese auch in einen integrierten Ansatz ihrer Kundenkommunikation einbinden. Im Internetmarketing könnten auch die Erfahrungen aus dem herkömmlichen Direktmarketing im Sinne von Mailings und Telemarketing gewinnbringend eingesetzt werden.«

Russ Winer, Professor für Marketing,
Stern School of Business, New York University, New York, USA

»Als Vorstandsvorsitzender eines international tätigen Unternehmens konzentriere ich mich besonders auf lokale und regionale, in Lateinamerika und dem asiatisch-pazifischen Raum zu beobachtende Trends. Meiner Meinung nach bietet Brasilien, wo die Kommunikationswege bereits sehr gut entwickelt sind, ein sehr günstiges Klima für den Aufschwung des Direktmarketing. Gleiches gilt für Venezuela, wo man in Bezug auf die Anzahl der Internetzugänge in den kommenden fünf Jahren mit einem Zuwachs um 300% rechnet. In Mexiko, wo die neuen Marketing-Anwendungen zweistellige Wachstumsraten aufweisen und die klassische Werbung längst hinter sich gelassen haben, bestehen ebenfalls hervorragende Chancen. Dort steckt das Direktmarketing allerdings noch in den Kinderschuhen.

Im asiatisch-pazifischen Raum kann festgestellt werden, dass in Australien neue Akteure auf dem Markt auftreten. Hier muss den neuen, hinzugekommenen Akteuren vermittelt werden, dass das Direktmarketing nicht bloß ein Instrument ist, über das man direkte Antworten erhalten kann. Eingebunden in eine gut durchdachte und umgesetzte Strategie, ist es vor allem eine Methode zur allgemeinen Kundenbindung. In Japan konzentriert sich die Aufmerksamkeit des Direktmarketing derzeit auf die 87 Mio. Handynutzer – die Gewinnung dieser Zielgruppe ist eine riesige Aufgabe! Das Direktmarketing muss also in der Lage sein, seine Herangehensweise anzupassen, indem es den Kontinent, das Land und den Entwicklungsstand der Kommunikation berücksichtigt, sich zugleich an die Gewohnheiten der Zielgruppe anpasst. Die zu meisternden Herausforderungen werden wachsen: In Zukunft wird mehr denn je der Erfolg denjenigen beschieden sein, die es verstehen, Kreativität, Verlässlichkeit und analytischen Durchblick subtil miteinander zu verweben.«

Nick Brien, Vorstandsvorsitzender
ARC Worldwide, Chicago, USA

»Direktmarketing ist in den USA im Mainstream angekommen. Die jährliche ökonometrische Analyse der Direct Marketing Association (DMA) der USA weist für 2005 einen Anteil des Direktmarketing an den Gesamtwerbeausgaben von 48% aus (Direct Marketing: Economic Impact, DMA 2005). Ferner tragen die Direktmarketing-Ausgaben zu einer Erhöhung des GDP um ca. 10,6% bei. Die bedeutenden Direktmarketing-Medien sind Telefon (47 Mrd. USD), Direct Mail (31 Mrd. USD), DRTV (21,5 Mrd. USD), Katalogwerbung (18,8 Mrd. USD) und Internet-Marketing (12,6 Mrd. USD). Aufgrund dieses hohen Volumens spricht man in den USA auch nicht mehr von Below-the-line, weil diese Medien mittlerweile einen fundamentalen Stellenwert im Rahmen der strategischen Marketing-Planung von Unternehmen repräsentieren.

Warum nimmt die Bedeutung des Direktmarketing zu? Hierfür gibt es drei Gründe. Erstens ermöglicht die Digitalisierung von Informationsgenerierung, -übertragung, -verarbeitung und -speicherung den Marketing-Verantwortlichen eine zuvor nie erreichte Reichweite bzw. erreichten Impact. Die Digitalisierung vervielfachte Kommunikationskanäle, Informationsquellen, Planungstools und die Möglichkeiten des Testens. Und weil das Testen Teil des Direktmarketing-Kreislaufs ist und mittlerweile de facto realtime erfolgen bzw. ausgewertet werden kann, kann anschließend eben auch quasi realtime ein riesiger Impact generiert werden. Sogar für Direct Mail ist es mittlerweile möglich, einen Brief oder eine Postkarte innerhalb weniger Stunden digital zu erstellen und bei einem Service Provider hoch zu laden, der diese personalisierte Kampagne innerhalb von 48 Stunden druckt und in die Briefkasten der Adressaten bringt. Interessenten können dann direkt online auf einer gegebenenfalls personalisierten Website bestellen. Der Zyklus über Direct Mail dauert weniger als drei Tage!

Zweitens nimmt die Effektivität der klassischen Massenmedien kontinuierlich ab. Die Konsumenten und Geschäftskunden haben weniger Zeit, werden mit Informationen überladen und befinden sich im globalen Wettbewerb. Lord Saatchi von der gleichnamigen Werbeagentur hat angemerkt, dass die Retention Rates für TV-Werbung in den letzten 20 Jahren von 35% auf 18% gefallen sind, weil das Publikum sich entweder nicht konzentrieren will oder kann. Direktmarketing löst dieses Problem, weil es eine zielgerichtete Message an stark beanspruchte Personen sendet, die diese erstens wünschen und dies zweitens zu einem Zeitpunkt macht, der ihnen genehm ist oder den sie selbst bestimmen können.

Drittens haben die Digitalisierung und der Wettbewerb Unternehmen zum Multichannel-Marketing getrieben. Dabei mussten zugleich die Herausforderungen der Datengenerierung und -kontrolle gemeistert werden. Zum Beispiel zeigt der »Multichannel Marketing Report« der DMA, dass viele Unternehmen das sich daraus ergebende Potenzial bereits mit verschiedenen Werkzeugen erschließen: 93% nutzen e-Kataloge und Websites, 90% E-Mails, 87% Kataloge, 83% Suchworte, 71% Direct Mail und 69% Optimierung des Suchmaschinen-Marketing. Der Erfolg hängt dabei zunehmend von einem verfeinerten Verständnis der sich verändernden Zielgruppen ab, das sich aus der Response-Generierung, der Datenkontrolle und -analyse ableiten lässt.

International wird das Direktmarketing den gleichen Weg gehen. Die Geschwindigkeit hängt dabei von dem jeweiligen lokalen Markt und der ökonomischen Entwicklung ab, wobei die industrialisierten Länder sowie die »obere Mittelklasse« der weltweiten Bevölkerung in einem gewissen Umfang konvergieren werden. Der Grad der Konvergenz hängt hierbei von den lokalen Datenschutzbestimmungen, Medienpräferenzen und der Größe des lokalen Markts ab. Die USA haben den Vorteil eines Markts von 300 Millionen Konsumenten, »low-cost« Medienzugang und einen Hang zur Freiheit kommerzieller Kommunikation. Die Datenschutzbestimmungen basieren in den USA auf dem Prinzip der Vermeidung von Verletzungen der Privatsphäre, nicht der Prävention kommerzieller Kommunikation unter dem Mantel der »Verteidigung von Menschenrechten«. Dies hat zu einem sehr schnellen dialektischen Entwicklungsprozess geführt, bei dem die Größe des Markts statistische Verlässlichkeit und der Wettbewerb eine schnelle Evolution förderten. Natürlich förderte dies zugleich einen industriellen Direktmarketing-Prozess, der auch negatives Feedback aus der Bevölkerung generierte. Dies gilt jedoch zunehmend nur für wenig zielgerichtete Direktmarketing-Kommunikation.

Länder, die den USA in vieler Hinsicht gleichen und in denen Direktmarketing weiterhin sehr erfolgreich sein wird, sind beispielsweise Brasilien, Indien, China und Russland. Brasilien verfügt bereits über eine gut entwickelte Database-Marketing-Branche, eine stark verbesserte Post-Infrastruktur und eine wachsende urbane Mittelklasse. China und Russland lassen sich in vielfacher Hinsicht mit den Staaten des mittleren Westens in den USA in der Mitte des vorherigen Jahrhunderts vergleichen, als das Katalog-Mailing weite Verbreitung fand. Dabei reduziert die schnelle Verstädterung Chinas das Potenzial des klassischen Katalogs im Vergleich zu Russland dramatisch. Indien hat ebenfalls ein großes Potenzial, jedoch wird es durch wenig effektive Zahlungssysteme, Postsysteme sowie die geringe Verfügbarkeit von Adresslisten stark zurückgehalten.

Direktmarketing wird auch in den größeren europäischen Staaten immer stärker »Mainstream«, beispielsweise in Deutschland, UK und Frankreich sowie in dem anglophonen Skandinavien. Skandinavien und Japan sind dabei insbesondere im innovativen mobilen Direktmarketing weltweit führend. In den Ländern Zentraleuropas wie Polen, aber auch in Italien und Spanien wird Direktmarketing wohl eher eine Rolle in der Kundenbindung als in der Neukundengenerierung spielen. Dies liegt an der eher konservativen Einstellung der Konsumenten in Bezug auf die eigene Privatsphäre.«

Charles A. Prescott, Vice President and Director Global Knowledge Center
Direct Marketing Association of America, New York, USA

»In Großbritannien weisen die Nutzungsraten der traditionellen Medien sehr unterschiedliche Trends auf. Beispielsweise kommt Telemarketing derzeit erheblich unter Druck, insbesondere durch den Missbrauch automatischer Dialer und eine veränderte Gesetzgebung. Dennoch zeigt Direct Mail ein gesundes Wachstum. Während sich CRM zunehmend professioneller entwickelt, entstehen zugleich in größerem Maße ›Personal Data Management‹-Dienste. Einige Analysten und Experten sind der Ansicht, dass diese Dienstleistungen eventuell sogar mehr Raum einnehmen werden als das CRM selbst. ›Personal Data Services‹ werden von ›Personal Knowledge Banken‹ angeboten, die den Konsumenten das Eigentum und die Kontrolle über ihre eigenen Daten verschaffen. Dieses neue Konzept ist für das Direktmarketing deshalb so bedeutend, weil viele Hürden des klassischen Direktmarketing überwunden werden können. Dazu gehören beispielsweise die Datenqualität und -aktualität, die erhöhte Reaktanz von Konsumenten, Datenschutzbestimmungen und die Entwicklung neuer Kommunikationskanäle wie E-Mail und SMS.

Das Streben nach Personalisierung von Produkten und Dienstleistungen ist ein weltweites Phänomen. Aber eine effiziente Personalisierung erfordert ein detailliertes Wissen und eine intime Vertrautheit mit den Konsumentenpräferenzen, aktuellen Nutzungsraten, Markenwahl, Kauffrequenzen, Response-Verhalten sowie der relativen Bedeutung von Produkt- bzw. Dienstleistungseigenschaften. Diese Faktoren erhöhen die Nachfrage nach Direktmarketing. Zugleich nehmen die Wahrnehmung und der Wunsch nach privater Sphäre in dem Maße zu, wie Spam, Junk-Mails sowie nicht gewünschte Telefonanrufe diese stören. Eine sanfte Zusammenführung dieser konfliktären Trends wird eine der zentralen Herausforderungen für Direkt-Marketer in der ganzen Welt.«

Kalyan Raman, Professor für Marketing,
Loughborough University, Loughborough, Großbritannien

»Das Direktmarketing in den USA wird sich entlang von verschiedenen Trends entwickeln, die miteinander zusammenhängen. Zum einen werden zunehmend Modelle und Richtlinien entwickelt, die eine möglichst profitable Allokation von Marketing-Ressourcen auf die verschiedenen Kommunikationskanäle ermöglichen. Dabei wird der Kundenlebenswert (CLV) als Metrik im Mittelpunkt der Bemühungen von Kundenakquise und -bindung stehen. Dieser wird zunehmend zukunftsbezogen errechnet und die Bedeutung von historischen RFM- und Kundenmetriken wird in gleichem Maße abnehmen, wie die des CLV zunimmt. Die Ausführung effizienter und effektiver Cross- und Up-selling-Maßnahmen wird der Standard in erfolgreichen Unternehmen. Dabei entwickeln sich die E-Mail und nachfolgend das Direct Mail langfristig wohl zu den am meisten genutzten Direktmarketing-Instrumenten der Multichannel-Kommunikation mit dem Kunden. Der Anstoß zur Kommunikation wird immer mehr vom Kunden ausgehen, während die Unternehmen verstärkt die Synergie zwischen den Medien quantifizieren und diese in der Medienplanung berücksichtigen werden. Sowohl B2C- als auch B2B-Unternehmen werden immer bessere statistische Analysemethoden einsetzen, um im globalen Wettbewerb erfolgreich bestehen zu können.

International wird die Rolle des Internets und des web-basierten Marketing signifikant zunehmen. Das Konzept des Database-Marketing wird ebenfalls eine stärkere Verbreitung finden, und immer mehr Unternehmen werden die Vorteile einer kundenorientierten CRM-Strategie für sich nutzen. Dies gilt insbesondere auch für kleine und mittelständische Unternehmen. Die höhere Bedeutung von Marketing-Analytics wird eine erhöhte Nachfrage nach entsprechend ausgebildeten Marketing-Fachleuten induzieren. Zugleich werden auch immer mehr international ausgebildete Experten benötigt, weil multinationale Firmen mit Hilfe des web-basierten Marketings zunehmend internationale Kundensegmente über mehrere Länder oder Kontinente hinweg adressieren werden. In Bezug auf die internationalen Direktmarketing-Spendings werden die Retail-, Telekommunikations- und andere Dienstleistungsbranchen die Entwicklung anführen. Diese Entwicklung wird auch zu einem verstärkten internationalen Outsouring im Direktmarketing führen, um Kostendegressionen zu erreichen. Der Trend wird teilweise durch die Fortentwicklung vom Massenmarketing zum Segmentmarketing in weniger entwickelten Volkswirtschaften und vom Segmentmarketing zum individuellen One-to-one-Marketing in den fortgeschrittenen Ländern kompensiert. Das Direktmarketing und das CRM werden aufgrund dieser Entwicklungen zunehmend Eingang in die Lehrpläne der Universitäten und berufsbegleitenden Ausbildungsstätten finden.«

V. Kumar, ING Chair Professor and Executive Director,
ING Center for Financial Services
University of Connecticut, Storrs (CT), USA

Die Autoren

Thomas Curwen hat 1983 bis 1991 im B2B-Bereich gearbeitet, insbesondere in der Werbung für Finanzdienstleistungen mit führenden europäischen Werbeagenturen. 1991 bis 1998 war er ausschließlich im IT-Bereich tätig. Zu seinen Kompetenzen gehören besondere Kenntnisse im digitalen Marketing. Er weiß, wie Kunden auf alte und neue Technologien reagieren, gleich, ob sie Endverbraucher sind oder Unternehmen.

Thomas Curwen stellt bei Publicis sicher, dass alle Internet-Projekte in die Geschäftsstrategie des Kunden eingebettet sind, den Erwartungen des Kunden und den Erfordernissen des Marktes gerecht werden.

Professor Dr. Jürgen Hesse ist seit 2002 Vorsitzender der Geschäftsführung des Siegfried-Vögele-Instituts – Internationale Gesellschaft für Dialogmarketing. Der promovierte Diplom-Kaufmann hat seine berufliche Laufbahn bei der Gesellschaft für Konsumforschung begonnen. 1981 wurde Jürgen Hesse zum Professor für Betriebswirtschaftslehre und Marketing an die Bundeshochschule für Post und Telekommunikation berufen.

In Dieburg gründete er 1995 das Institut für Stadtmarketing, dessen Leitung er ebenfalls übernahm. Seit 1998 hat er eine Gastprofessur an der Universität Xi'an, dem »Institute of Post and Telecommunications«, in der Volksrepublik China.

Auke van den Hout arbeitet bereits seit 1997 für die Acxiom Corporation, ehemals Claritas. Nach seiner Tätigkeit als Business Development Manager in Europa und Asien, Country Manager Italy und Leiter der internationalen Sparte Internet bei Claritas gehört er seit zwei Jahren zum europäischen Management-Team. Bereits nach dem Master of Business Economics an der Erasmus University in Rotterdam hat er umfangreiche Erfahrung in der Finanzwirtschaft gesammelt.

Er war maßgeblich an dem Kauf und dem Transfer von Claritas in die Acxiom Corporation beteiligt und ist heute Northern Europe Leader. Die Acxiom Corporation mit Sitz in Little Rock, USA, ist weltweit erfolgreich und führend im Customer Data Management.

Klaus M. Knappik ist seit 2004 Vorsitzender des Bereichsvorstandes BRIEF International der Deutschen Post AG. Seit 2003 gehört er dem Vorstand des Unternehmensbereichs BRIEF der Deutschen Post an. Knappik hat seitdem die Internationalisierung des Briefgeschäfts maßgeblich vorangetrieben. Die Deutsche Post ist weltweit in allen Schlüsselmärkten präsent. Er hat durch Kooperationen mit den nationalen Postunternehmen die Deutsche Post in vielen Ländern gut platziert.

Nach seiner Ausbildung in Bremen begann Knappik seine berufliche Laufbahn bei der Lufthansa. Bevor er zur Deutschen Post kam, arbeitete Klaus M. Knappik bei verschiedenen Transport- und Logistik-Unternehmen, unter anderem bei Danzas Corporation als Geschäftsführer und bei SAIR Logistics als Vorstandsvorsitzender. Bis 2001 war er Mitglied im Aufsichtsrat der Swiss Post.

Professor Dr. Manfred Krafft ist seit Anfang 2003 Direktor des Instituts für Marketing (IfM) der Universität Münster. Der ausgebildete Bankkaufmann übernahm nach seiner Habilitation zunächst für ein Jahr die Vertretung des Otto-Beisheim-Stiftungslehrstuhls für Marketing an der Wissenschaftlichen Hochschule für Unternehmensführung (WHU) in Vallendar bei Koblenz, bevor er im Jahr 2000 zum Inhaber des Lehrstuhls berufen wurde.

Am Institut für Marketing der Universität Münster verfolgt er insbesondere die Forschungsschwerpunkte Customer Relationship Management, Direktmarketing sowie Verkaufs- und Vertriebsmanagement. Durch die Beteiligung an zahlreichen Projekten in Zusammenarbeit mit Professoren aus den USA gelang ihm die internationale Ausrichtung seiner Forschung und Lehre. Seine Veröffentlichungen erstrecken sich von zahlreichen Beiträgen in Sammelbänden über deutsch- und englischsprachige Artikel in Fachzeitschriften (u.a. Die Betriebswirtschaft, Zeitschrift für Betriebswirtschaft, Journal of Marketing, Marketing Science).

Thomas Nagel ist ausgewiesener Direktmarketing-Spezialist und berät Unternehmen im In- und Ausland. Dabei kommt ihm seine rund 15-jährige berufliche Erfahrung im Direktmarketing zugute. Seine Spezialgebiete sind die B2C-Bereiche – die Themen der Neukundengewinnung im Versandhandel und die Entwicklung von Markteintrittsstrategien im internationalen Direktmarketing.

Neben zahlreichen Veröffentlichungen von Fachaufsätzen und Kolumnen zum Thema Direktmarketing ist Thomas Nagel auch Autor und Co-Autor von mehreren Fachbüchern zum Thema Direktmarketing. Darüber hinaus ist Thomas Nagel als Gastdozent und Referent an verschiedenen internationalen Hoch- und Fachhochschulen tätig.

Rosegret Nave war bis 2006 Director of Marketing MAIL International bei der Deutschen Post AG und ist nun Director of Marketing DHL Global Mail UK. Insgesamt arbeitete sie seit 1997 in verschiedenen verantwortlichen Positionen im Marketing Brief der Deutschen Post.

Rosegret Nave hat Betriebswirtschaft an der Universität zu Köln mit den Schwerpunkten Marketing und Produktbeschaffung studiert. Sie begann ihre berufliche Laufbahn im Bereich Unternehmensplanung einer Krankenversicherung und hat dort systematisch den Bereich Marketing aufgebaut und verantwortet.

Kay Peters ist Geschäftsführer des Centrum für interaktives Marketing und Medienmanagement (CIM) an der Universität Münster. Zugleich ist er wissenschaftlicher Mitarbeiter von Professor Manfred Krafft am Institut für Marketing der Universität Münster. Seine Forschungsschwerpunkte sind Diffusion, Direktmarketing, Customer Relationship Management und Medien. Der Diplom-Kaufmann hat in verschiedenen Unternehmen gearbeitet – unter anderem in einem von ihm gegründeten und geführten Software-Unternehmen –, bevor er 2002 seine wissenschaftliche Tätigkeit wieder aufnahm.

Kay Peters hat eine Reihe von Artikeln und Fachbeiträgen zu seinen Forschungsschwerpunkten in wissenschaftlichen Zeitschriften und Sammelwerken veröffentlicht.

Dr. Anita Petersen ist seit 2004 in der Konzernmarktforschung im Market Research Service Center (MRSC) der Deutsche Post World Net Business Consulting GmbH aktiv. Ihre Forschungsschwerpunkte liegen im Bereich Dialogmarketing und Briefkommunikation.

Die Diplom-Psychologin studierte von 1995 bis 1999 an der Universität in Köln. Darauf folgte die Lehr- und Forschungstätigkeit als wissenschaftliche Mitarbeiterin am Psychologischen Institut der Universität Köln und 2001 die Promotion. 2002 wechselte sie in die institutionelle Marktforschung. Sie ist Autorin von »Interpersonale Kommunikation im Medienvergleich«.

Dr. Diane Rinas ist Expertin für internationales Direktmarketing, internationale Kommunikation und Zielgruppenmarketing, insbesondere für interkulturelles Marketing. Seit 1999 sind dies auch ihre Aufgabenfelder bei der Deutschen Post AG.

Ihre Dissertation schrieb die Diplom-Kauffrau und Diplom-Volkswirtin zum Thema »Segmentorientiertes Marketing privater Fernsehanbieter« an der Universität zu Köln. Bevor sie zur Deutschen Post kam, hat die gelernte Bankkauffrau in verschiedenen Bereichen der Medienbranche gearbeitet und lehrte außerdem als Dozentin für Marketing.

Alastair Tempest wurde im September 1999 zum Generaldirektor der FEDMA ernannt. Von 1989 an war er Generaldirektor der Europäischen »Advertising Tripartite« (die Dachorganisation von Werbern, Werbeagenturen und Medien), von 1981 an Generalsekretär der Organisation. Als Direktor für auswärtige Angelegenheiten vertrat Alastair Tempest von 1980 bis 1989 den Europäischen Verband der Werbeagenturen.

Er machte Karriere mit Strategien für Lobbying auf europäischer Ebene und für kommerzielle Kommunikation. Alastair Tempest sitzt dem »(e-Commerce) Trustmarks Network (TMN)« vor und gehört dem Aufsichtsrat des »Applied Research & Communications Fund« ebenso an wie dem Redaktionsbeirat des internationalen Werbungs-Journals und des internationalen Journals der Direktmarketing-Strategien.

Jon Williams ist der Interactive-Creative-Director von Wunderman UK. Zuvor war er in gleicher Funktion bei Publicis in London tätig. Er hat sein Studium an der Hallam University abgeschlossen und sich anschließend an der »School of Communication Arts« weitergebildet. Sowohl für Kreativität als auch für Effektivität hat er mehr als 40 internationale Preise einschließlich D&AD, Cannes Lions, Creative Circle, DTAA und DMA Grand Prix bekommen. Jon Williams hat die am höchsten ausgezeichnete Anzeige in UK 2003 kreiert.

Er war Mitglied der internationalen Jury des New Yorker Werbe-Festivals, ebenso beim Cannes Lions. Jon Williams gehört dem D&AD und der »Royal Society for the Arts« an. Nach 14 Jahren in der Werbung umfasst seine Arbeit das volle Spektrum der Medien von Fernsehen bis Direct Mails.

Inhaltsverzeichnis

1. Kapitel:
Grundlagen

Jürgen Hesse, Manfred Krafft und Kay Peters

Grenzenloses Direktmarketing?
Bestandsaufnahme, Trends und Ausblick

Überblick

- Der Beitrag definiert erstmalig die Ausprägungen des internationalen Direktmarketing: von der grenzübergreifenden Aktivität bis zur Kampagne für Kunden ausländischer Herkunft.
- Es wird zum ersten Mal eine grobe Abschätzung des Volumens des internationalen Direktmarketing vorgenommen.
- Die relevanten Entscheidungskriterien für den Einstieg in das internationale Direktmarketing und die bewährte Vorgehensweise werden auf der Basis von Praxis- und wissenschaftlichen Beiträgen erläutert.
- Es wird aufgezeigt, welche wesentlichen Controlling- und Organisationsaspekte für ein erfolgreiches internationales Direktmarketing erforderlich sind.

1 Einleitung

Das Direktmarketing hat sich in den letzten Jahrzehnten rasant entwickelt. In allen großen Industrienationen ist es mittlerweile ein bedeutender Bestandteil des gesamten Marketing (DMA 2004a). Dem Trend der zunehmenden Globalisierung des Welthandels folgte mit einiger Verzögerung auch das internationale Direktmarketing. Akhter (1996) geht davon aus, dass sich zum Zeitpunkt seiner Studie bereits 37% aller US-Versender international engagieren und weitere 20% dies in Kürze anstreben. Als Vorreiter sieht er die Versender Land's End und LL Bean, die ihre Produkte in weltweit 170 bzw. 146 Ländern anbieten. Fowler (2003) schätzt das Direktmarketing-Volumen selbst in Asien bereits auf ca. 20 Milliarden US-Dollar pro Jahr. Als wesentliche Treiber identifizierte Schultz (1994) die veränderten gesellschaftlichen und technologischen Rahmenbedingungen. Die Entwicklung der Datenbanken im Direktmarketing (Topol und Sherman 1994), die weltweite Verbreitung von Zahlungsmöglichkeiten (Kreditkarte, Electronic Fund Transfer) als auch die Entwicklung globaler Versender wie Deutsche Post, DHL, FedEx und UPS ließen die Welt zusammenrücken. Zugleich entwickeln sich in Amerika, Europa und Asien regional integrierte Wirtschaftsräume mit sich angleichenden urbanen Lifestyles (Akhter 1996). Das internationale Direktmarketing ist unter diesen Rahmenbedingungen insbesondere für kleine und mittelständische Unternehmen ein gutes Instrument für die internationale Expansion (Dallmer 2002). So zeigen Spiller und Campell (1994) in ihrer Studie, dass bereits 84% aller kleinen Firmen in Kanada, den USA und Mexiko internationales Direktmarketing zur Kundengewinnung einsetzen. Die weite Verbreitung des internationalen Direktmarketing ist eine logische Konsequenz der besonderen Vorteile, die diesem Instrument seitens der Unternehmen zugeordnet werden (Iyer und Hill 1996). Im Marketing fördert der Trend hin zur crossmedialen und interaktiven Kommunikation mit dem individuellen Kunden das Direktmarketing. Davon profitiert ebenfalls der Teilbereich des internationalen Direktmarketing (Rosenfield 1994, Schultz 1994).

Obgleich das nationale Direktmarketing den noch mit Abstand größten Anteil an den Ausgaben hat, entwickelt sich das internationale Direktmarketing zu einer wichtigen Option für Unternehmen (Topol und Sherman 1994). Das Wachstum des internationalen Direktmarketing wird maßgeblich von zwei Entwicklungen getragen: dem klassischen grenzüberschreitenden Direktmarketing eines Unternehmens sowie den globalen Marketing-Kampagnen multinationaler Unternehmen mit einer oft nationalen Umsetzung bzw. Adaption. Zum Volumen des internationalen Direktmarketing liegen nur wenige Studien vor, die entweder auf den Portostatistiken der Postgesellschaften basieren oder sich aus Zoll- bzw. Handelsstatistiken ableiten. Beide Arten von Statistiken unterschätzen dabei den Umfang des internationalen Direktmarketing erheblich: Bei nationalen Umsetzungen internationaler Kampagnen wird in beiden Ansätzen der länderübergreifende Impuls nicht erfasst bzw. der Umfang kann nicht eindeutig zugeordnet werden. Andererseits wird die Portostatistik auch durch eigentlich nationale Kampagnen verfälscht, bei denen die reine Versendung im Heimatland aus Kostengründen über das Ausland läuft. So haben auch mehrere deutsche Unternehmen eine Zeit lang ihre elektronische Kundenkommunikation über die Niederlande versandt[1]. Insgesamt ist zu vermuten, dass der Umfang des internationalen Direktmarketing deutlich unterschätzt wird. Unabhängig von der zugrunde gelegten Definition zum internationalen Direktmarketing sind die jeweiligen Problemstellungen identisch. Sie reichen von der strategischen Zielgruppendefinition und Potenzialanalyse bis hin zur operativen Umsetzung der Kampagne und dem Fulfillment vor Ort.

Trotz der wachsenden ökonomischen Bedeutung des internationalen Direktmarketing finden sich in der wissenschaftlichen und praxisorientierten Literatur nur wenige Beiträge zu den Aspekten des internationalen Direktmarketing. Der Großteil des Wissens über diese interessante Thematik wird bislang meist auf speziellen Konferenzen oder Messen ausgetauscht. Es ist somit festzustellen, dass es einer systematischen Bestandsaufnahme des aktuellen Wissenstands bedarf. Dieser Beitrag soll diese Lücke schließen helfen und sowohl dem Fachpublikum als auch dem Einsteiger einen guten Überblick über die Materie verschaffen.

Der Beitrag beginnt mit der Definition des internationalen Direktmarketing, seinen Vorteilen und einem kurzen Überblick über die Entwicklung in den letzten Jahren. Anschließend werden aus der Literatur die jeweiligen Kriterien zusammengestellt, die einer Unternehmensentscheidung über den Einstieg in das internationale Direktmarketing üblicherweise zugrunde liegen. Auch eine bewusste, abgewogene Entscheidung gegen den Einstieg kann im Einzelfall eine adäquate Entscheidung sein. Bei einer positiven Entscheidung für das internationale Direktmarketing zeigt der Beitrag im Folgenden die in der Praxis bewährte Vorgehensweise auf. Dieser idealtypische Prozess enthält strategische und operative Elemente, die in der Direktmarketing-Praxis in einem iterativen Prozess durchlaufen werden. Besonders wichtig sind hier das simultane Controlling und die adäquate Organisation des gesamten Prozesses. Dabei kann es auf allen Prozessstufen sowie in den begleitenden Aktivitäten des Controllings und der Organisation zu Störungen und Herausforderungen kommen. Hier werden Hilfestellungen gegeben, diese zu meistern.

2 Definition und Abgrenzung

Die Grundlage für ein gemeinsames Verständnis des internationalen Direktmarketing bildet eine konsistente Bestimmung und Abgrenzung des Begriffs. Dazu ist vorab adäquat zu definieren, was dem Begriff des Direktmarketing zuzuordnen ist. Hierzu existieren vielfältige Definitionen. Hier sollen kurz drei von ihnen dargestellt werden.

1 Die so versendeten Sendungen wurden von der Bestimmungsverwaltung mit einem zusätzlichen Porto belegt, da es sich um Remailing-Sendungen handelte (gemäß Art. 43 WPVertr. und BGH Urteil v. 10.10.02, Az III ZR 248/00 und EuGH 10.02.2000, Az C-147/97).

Direktmarketing wurde von Gerardi (1966) zunächst nur als Kommunikationsinstrument aufgefasst: »Direktmarketing übermittelt eine schriftliche, vervielfältigte oder gedruckte Werbeaussage direkt an einen ausgewählten Empfängerkreis und ist deshalb an den Weg über die Post oder über ein privates Verteilerorgan gebunden.« Weitere Vertreter dieser Einordnung sind Bird (1990), Batra (1990), Roberts und Berger (1999) sowie Stone und Jacobs (2001). Die Erweiterung des Begriffs um die Funktion des Direktmarketing als Distributionsinstrument ist auf Dallmer (1997) zurückzuführen: »Direktmarketing umfasst alle Marktaktivitäten, die sich einstufiger (direkter) Kommunikation und / oder des Direktvertriebs bzw. des Versandhandels bedienen, um Zielgruppen in individueller Einzelansprache gezielt zu erreichen. Direktmarketing umfasst ferner solche marktgerichteten Aktivitäten, die sich mehrstufiger Kommunikation bedienen, um einen direkten, individuellen Kontakt herzustellen.« Auch Elsner (2003) und Holland (2004) folgen dieser Sichtweise. Die weiteste Definition des Direktmarketing erfolgte durch Meffert (2002). Er definiert das Direktmarketing sogar als Führungsansatz: »Das Direktmarketing ist ganzheitlich definiert als eine spezifische Ausprägung des Marketing-Konzepts, das auf Basis moderner Informations- und Kommunikationstechnologien die Orientierung an individualisierten Kundenbeziehungen im Sinne eines echten Dialogs durch eine effiziente Personalisierung sämtlicher Marketing-Parameter in den Mittelpunkt der unternehmerischen Handlungen stellt.« Dieser Sichtweise folgen ebenso Bruns (1998) sowie Löffler und Scherfke (2000). Diese Definition weist bereits große Überschneidungen mit den klassischen Customer-Relationship-Management-Konzepten auf. Diese Fassung des Begriffs erscheint aus pragmatischer Sicht sehr weit gefasst.

Im Kontext dieses Werks soll das Direktmarketing daher als Kommunikations- und Distributionsinstrument verstanden werden. Diese Definition bildet im Weiteren die Grundlage für die Bestimmung und Abgrenzung des internationalen Direktmarketing.

Als internationale Aktivitäten im engen Sinn können grundsätzlich solche Transaktionen angesehen werden, die über Staatsgrenzen hinweg durchgeführt werden. Die Grenzüberschreitung ist hierbei zunächst in räumlicher Hinsicht definiert und bezieht sich auf eine einzelne Aktivität. Eine derart enge Definition würde vor- oder nachbereitende Aktivitäten ausschließen, die nicht selbst grenzübergreifend durchgeführt werden. Dies ist hier sicherlich nicht zweckdienlich. Im weiteren Sinne sollten dementsprechend auch die vor- und nachbereitenden Tätigkeiten den internationalen Aktivitäten zugerechnet werden. Es ist weiterhin zu überlegen, ob in multikulturellen Gesellschaften, wie beispielsweise den USA oder vielen europäischen Staaten, der grenzüberschreitende Charakter langfristig noch ein adäquates Abgrenzungskriterium bilden kann. Im übertragenen Sinne könnten langfristig auch Aktivitäten de facto einen »internationalen« Charakter aufweisen, wenn die Aktivität eine (hinreichend große) Minderheit ausländischer Abstammung adressiert.

Die Definition des internationalen Direktmarketing ergibt sich durch die Zusammenführung der Definition des Direktmarketing und der Definitionen internationaler Aktivitäten:

Internationales Direktmarketing im engeren Sinne

Internationales Direktmarketing im engeren Sinne umfasst nur diejenigen Marktaktivitäten, die sich einstufiger (direkter) Kommunikation und/oder des Direktvertriebs bzw. des Versandhandels bedienen, um Zielgruppen im Ausland in individueller Einzelansprache gezielt zu erreichen und zugleich grenzüberschreitend sind. Internationales Direktmarketing im engeren Sinne umfasst ferner solche marktgerichteten und grenzüberschreitenden Aktivitäten, die sich mehrstufiger Kommunikation bedienen, um einen direkten, individuellen und grenzüberschreitenden Kontakt herzustellen.

Internationales Direktmarketing im weiteren Sinne

Internationales Direktmarketing im weiteren Sinne umfasst alle Marktaktivitäten, die sich einstufiger (direkter) Kommunikation und/oder des Direktvertriebs bzw. des Versandhandels bedienen, um Zielgruppen im Ausland in individueller Einzelansprache gezielt zu erreichen. Internationales Direktmarketing im weiteren Sinne umfasst ferner solche marktgerichteten Aktivitäten, die sich mehrstufiger Kommunikation bedienen, um einen direkten, individuellen Kontakt mit Zielgruppen im Ausland herzustellen.

Internationales Direktmarketing im weitesten Sinne

Internationales Direktmarketing im weitesten Sinne umfasst neben den bereits genannten Aktivitäten alle Transaktionen, die sich einstufiger (direkter) Kommunikation und/oder des Direktvertriebs bzw. des Versandhandels bedienen, um Zielgruppen ausländischer Herkunft in individueller Einzelansprache gezielt zu erreichen. Internationales Direktmarketing im weitesten Sinne umfasst ferner solche marktgerichteten Aktivitäten, die sich mehrstufiger Kommunikation bedienen, um einen direkten, individuellen Kontakt mit Zielgruppen ausländischer Herkunft herzustellen.

Die Differenzierung zwischen den Definitionen ist eindeutig. Die enge Definition umfasst nur diejenigen Aktivitäten, die selbst grenzüberschreitenden Charakter haben. Dies kann z.B. die Versendung von Direct Mailings ins Ausland oder die Adresssuche mit einem ausländischen Broker sein. Die weitere Definition umfasst zugleich alle vor- und nachbereitenden Aktivitäten, auch wenn sie lokal im Heimatland oder im Ausland vor Ort durchgeführt werden. Die weiteste Definition löst sich vom festen räumlichen Bezug und fokussiert sich auf die ausländische Herkunft der Zielgruppe. So fallen demnach auch Direct-Mail-Kampagnen an ausländische Minderheiten im eigenen Land unter diese Definition des internationalen Direktmarketing. Dies macht insofern Sinn, als sich die Prozesse für diese »internationalen« Mailings gleich gestalten und viele Rahmenbedingungen ähnlich sind. Auch Hengst (2000) betont bereits, dass Länder verschiedene heterogene Zielgruppen aufweisen können. Wir werden dies im Rahmen einer Case Study am Beispiel eines Mailing an türkische Mitbürger in Deutschland nachvollziehen können (s. Beitrag »Segmentspezifisches Ethnomarketing«). Es wird somit deutlich, dass wir die weiteste Begriffsauffassung des internationalen Direktmarketing den weiteren Ausführungen zugrunde legen.

3 Ziele und Vorteile des internationalen Direktmarketing

Das Direktmarketing wurde lange Zeit ausschließlich mit dem konkreten Absatzziel gleichgesetzt. Dieser ursprünglich weit verbreitete Eindruck hat sich im letzten Jahrzehnt stark gewandelt. Dank der Effektivität des individuellen Kundendialogs mit Hilfe von Mailings, Telekommunikation sowie elektronischen Medien wird das Direktmarketing heute für alle wesentlichen Marketingziele eingesetzt. Dies zeigen auch die Ergebnisse einer empirischen Untersuchung des Deutschen Direktmarketing Verbandes aus dem Jahre 2002 (Gerdes 2002, S. 50). Danach stellen aus der Sicht von Entscheidungsträgern des Direktmarketing

- die Neukundengewinnung,
- die Kundenbindung,
- der Kundenservice,
- die Kundenrückgewinnung,
- der Abverkauf von Produkten und Dienstleistungen sowie
- die Markenbildung und Markenführung

die dominierenden Ziele dar. Aufschlussreich ist dabei auch die Reihenfolge der verfolgten Ziele. Der Kunde steht im Mittelpunkt der Kommunikation: vom Aufbau der Beziehung über die laufende Betreuung bis hin zur Kundenrückgewinnung (s. auch Roberts und Berger 1999, S. 10). Diese Zielhierarchie lässt sich wahrscheinlich auf das internationale Direktmarketing übertragen, weil viele der befragten Direktmarketing-Entscheider zugleich für das internationale Direktmarketing in ihrem Unternehmen zuständig sind.

Die Vorteile des Direktmarketing zur Erreichung dieser Ziele sind offenkundig. Sie lassen sich in drei Worten zusammenfassen: Zurechenbarkeit, Messbarkeit und Individualität (s. auch Spiller und Baier 2005, S. 9). Dies gilt sowohl für das nationale als auch das internationale Direktmarketing.

Insgesamt lassen sich sechs primäre Erfolgsfaktoren determinieren, die durch den Einsatz des (internationalen) Direkt- bzw. Dialogmarketing besonders unterstützt werden (vgl. Holland 2004, S. 12):

1. Reaktion auf Markttendenzen
   (Marktnischen, Wertewandel zur Individualisierung, Entwicklungen in der Informationstechnologie)

2. Dominanz der Kundenorientierung
   (Kundenbindung, individuelle Kundenbeziehungen)

3. Erhöhung des Wirkungsgrades
   (Personalisierung, Generierung höherer Aufmerksamkeit)
4. Forcierung der Flexibilität
   (Internationalisierung auch bei kleinen Etats, flexible Einsätze)
5. Präzisierung der Zielgenauigkeit
   (geringere Streuverluste, steigende Kosten für Kommunikation und Außendienst)
6. Operationalisierung der Erfolgskontrolle
   (Wirkungsmessung, Rentabilitätsberechungen, Testmöglichkeit)

Der Nutzen des Direktmarketing schlägt sich dabei in konkreten Gestaltungsansätzen nieder, die ihren Schwerpunkt in Marketing-Managementaufgaben haben. Hierbei sind beispielhaft anzuführen (vgl. Holland 2004, S. 20, Stone, Bond und Blake 2003, S. 44, Spiller und Baier 2005, S. 22):

- Kundengewinnungsaufgaben:
  - Interessentengewinnung und -umwandlung
  - Neukundengewinnung
  - Freundschaftswerbungs-Aktionen
- Kundenbindungsaufgaben:
  - Kundenaktivierung und -pflege
  - Sammeln von Kundendaten
  - Förderung von Clubaktivitäten
- Kundenrückgewinnung:
  - Profiling, Targeting
  - Individuelle Halteangebote
- Verkaufsaufgaben:
  - Persönlicher Verkauf
  - Test von Produktvariationen und -innovationen
  - Aktionen wie Sonderangebote und Rabatte
  - Up- und Cross-Selling
- Einladungen:
  - zu Messen und Events
  - zum »Tag der offenen Tür«
  - Generierung von »Instore–Traffic«
- Klassische Kommunikationsaufgaben:
  - Steigerung von Bekanntheitsgrad und Image
  - Austausch von Informationen
- Sonstige Aufgaben:
  - Außendienstunterstützung
  - Gewinnung und Vernetzung von unternehmensrelevanten Informationen

Abschließend soll der Nutzen des Direktmarketing aus der Sicht des Konsumenten betrachtet werden. Auch diese Ausführungen beziehen sich zugleich auf das nationale wie auch internationale Direktmarketing.

Abbildung 1-1: Nutzenpotenziale des Direktmarketing aus Kundensicht

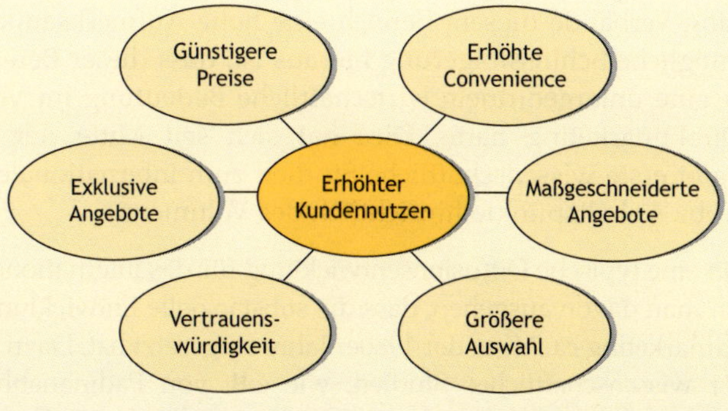

Quelle: Meffert (2002), S. 11-12

Aus Sicht einer Vielzahl von Autoren wird die individuelle Bedürfnisbefriedigung des Kunden als zentraler Nutzenaspekt für den Konsumenten betrachtet. Diese kann beispielsweise durch exklusive, speziell auf ein Kundensegment gerichtete oder im Idealfall auf die einzelne Person maßgeschneiderte Angebote erfolgen. Weitergehend kann ein erhöhter Kundennutzen über günstigere Preise, eine größere Auswahl und erhöhte Convenience generiert werden.

Lässt sich aus gezieltem, professionellem Direktmarketing eine dauerhafte Kundenbeziehung gewinnen, so wird zudem eine Steigerung des Kundenvertrauens erreicht. Die Abb. 1-1 visualisiert die Dependenz des Kundennutzens von den oben genannten Faktoren.

Abbildung 1-2: Die Ziele und Vorteile des Direktmarketing

- Mit dem Einsatz des internationalen Direktmarketing werden drei zentrale Ziele verfolgt: der Aufbau und das Management von Kundenbeziehungen, der Abverkauf von Waren und Dienstleistungen sowie die Markenbildung und Markenführung. Sie gleichen den Zielen des nationalen Direkt- bzw. Dialogmarketing.
- Das internationale Direktmarketing weist drei grundsätzliche Vorteile auf: Zurechenbarkeit, Messbarkeit und Individualität.
- Das internationale Direktmarketing unterstützt sechs elementare Erfolgsfaktoren besonders gut: Reaktionsgeschwindigkeit, Kundenorientierung, Effektivität, Flexibilität, Zielgenauigkeit und Erfolgskontrolle.

4 Entwicklung des internationalen Direktmarketing

Über die historische Entwicklung des internationalen Direktmarketing bis Mitte der 1990er Jahre sind unseres Wissens keine verlässlichen Statistiken verfügbar. Dies liegt vor allem wohl darin begründet, dass über einen langen Zeitraum weder die im staatlichen Eigentum befindlichen Postunternehmen noch die nationalen Direktmarketing-Verbände diesem Bereich eine hohe Aufmerksamkeit gewidmet haben. Eine mögliche Schlussfolgerung hieraus ist, dass dieser Bereich in diesem Zeitraum nur eine untergeordnete wirtschaftliche Bedeutung im Verhältnis zum nationalen Direktmarketing hatte. Dies hat sich seit Mitte der 1990er Jahre geändert: Es gibt erste wissenschaftliche Studien zum internationalen Direktmarketing und grobe Anhaltspunkte hinsichtlich des Volumens.

Unterstellt man eine typische Diffusionsentwicklung für das internationale Direktmarketing, so kann man davon ausgehen, dass die substanzielle Entwicklung des internationalen Direktmarketing ca. Mitte der 1980er Jahre eingesetzt hat. Dazu passen die Ergebnisse erster wissenschaftlicher Studien, wie z.B. von Padmanabhan (1990). Er befragte in seiner Studie 140 europäische und US-Unternehmen, die der internationalen Interessengruppe der US-amerikanischen Direct Marketing Association (DMA) angehörten. Sein Ergebnis ist, dass die europäischen Unternehmen mehr internationale Märkte mit Hilfe des Direktmarketing bearbeiten als die US-Unternehmen und daher auch über mehr Erfahrung verfügen bzw. besser im Einsatz des Instruments sind. Die Durchführung der Studie selbst sowie die hohe Responsequote bei insgesamt 640 befragten Unternehmen zeigt, dass bereits 1990 eine weite Verbreitung des Instruments und zunehmendes Interesse vorhanden gewesen sein muss.

Mitte der 1990er Jahre war das internationale Direktmarketing bereits Gegenstand vielfacher Studien (s. Literaturaufstellung zu diesem Beitrag). Topol und Sherman (1994) berichten ein überproportionales Wachstum des internationalen Direktmarketing in Relation zum nationalen Direktmarketing, das zu der Zeit wiederum das am stärksten wachsende Werbemedium in vielen Ländern gewesen ist (DMA 2004a). Dazu passen die Aussagen weiterer wissenschaftlicher Studien aus der Zeit. Spiller und Campbell (1994) berichten, das 84% der kleinen und mittelständischen Unternehmen (KMU) in den USA sowie 94% der kanadischen und 75% der mexikanischen KMU das internationale Direktmarketing einsetzen (Basis: 180 KMU). Dieser unerwartet hohe Anteil ist sicherlich auch auf die Einführung der NAFTA-Wirtschaftsregion zurückzuführen. Dies wird analog auch für den europäischen Integrationsprozess gelten können. Akhter (1996) berichtet, dass 37% aller US-Versender ein internationales »Übersee«-Programm eingerichtet haben und weitere 20% dies in Kürze vornehmen wollen. Einige große Versender, wie z.B. LLBean oder Land´s End, sind zu diesem Zeitpunkt bereits in mehr als 140 Ländern präsent, ohne dass in all diesen Ländern eine lokale Präsenz vorhanden ist. Iyer und Hill (1996) bestätigen erneut die Ergebnisse von Padmanabhan (1990). Es ist daher davon auszugehen, dass die US-amerikanischen Ergebnisse sich überproportional auf den europäischen Raum übertragen lassen.

Abbildung 1-3: Entwicklung der Ausgaben für Direktmarketing in Europa im Vergleich

Ausgaben für Direktmarketing (in Mio. Euro)										
Land	**1992**	**1993**	**1994**	**1995**	**1996**	**1997**	**1998**	**1999**	**2000**	**2001**
Belgien						917	656	660	718	727
Dänemark	385	427	452	554	585	463	475	515	932	997
Deutschland	6.846	7.373	6.954	8.181	9.101	10.124	11.657	12.271	13.140	12.900
Finnland	336	330	343	372	399	423	444	467	493	501
Frankreich	3.639	4.139	5.115	5.355	5.868	6.039	6.526	6.786	7.224	7.357
Griechenland				5					57	85
Großbritannien	1.348	1.932	2.708	2.847	3.731	5.509	5.978	7.145	7.612	9.007
Irland	23	801	90	100	113	124	20	64	71	78
Italien	1.239	1.704	1.782	1.926	2.062	1.443	1.865	1.969	2.641	2.689
Niederlande	1.535	1.676	1.897	2.124	2.287	2.487	3.999	4.481	4.296	4.364
Österreich				1.020	1.175	1.346	1.409	1.489	1.580	1.589
Polen									514	638
Portugal	13	19	23	26	30	35	38	42	54	59
Schweden	524	523	545	577	622	663	671	763	901	868
Schweiz									764	815
Slovakische Rep.								10	14	47
Spanien	66	1.657	1.742	1.844	1.973	2.151	2.415	2.825	3.163	3.196
Tschechische Rep.								151	192	230
Ungarn								134	152	187

Quelle: FEDMA 2002, S. 19ff.

All diese Studien geben nur Ausschnitte der Entwicklung des internationalen Direktmarketing in diesem Zeitraum wieder, ohne dass konkrete Volumenangaben gegeben werden. Erste quantitative Anhaltspunkte liefern die Statistical Fact Books der US-amerikanischen DMA und ausgewählte Studien des europäischen Dachverbands FEDMA. Die Studien geben dabei zunächst einen Überblick über die Entwicklung des gesamten Direktmarketing in den verschiedenen Ländern (s. Abb. 1-3 und Abb. 1-4). Es zeigt sich, dass das Direktmarketing seit 1990 in den europäischen Ländern unterschiedliche Entwicklungen genommen hat (FEDMA 2002, 2005a). Weltweit, insbesondere in Asien, scheint das Wachstum des Direktmarketing besonders stark (DMA 2004a). Im Vergleich der angegebenen Volumina des Direktmarketing der beiden Studien werden die unterschiedlichen zugrunde gelegten Definitionen des Direktmarketing deutlich. Die Definition der DMA ist wesentlich weiter gefasst, während die Untersuchung der FEDMA eine relativ enge Auslegung unterstellt.

Abbildung 1-4: Entwicklung der Ausgaben für Direktmarketing weltweit im Vergleich

Ausgaben für Direktmarketing (in Mio. US-Dollar)						
Land	**2002**	**2003**	**2004**	**2007**	**98-03****	**03-07****
USA*	144.494	151.985	160.952	191.155	4,4 %	5,9 %
Japan	71.729	75.851	80.140	97.287	2,2 %	6,4 %
Deutschland	27.941	30.586	33.375	41.393	4,7 %	7,9 %
Großbritannien	18.322	19.955	21.493	26.275	5,2 %	7,1 %
Frankreich	16.982	18.425	19.827	23.379	4,0 %	6,1 %
Italien	14.288	15.585	16.786	20.474	4,4 %	7,1 %
Kanada	7.164	7.735	8.229	9.669	6,9 %	5,7 %
Taiwan	5.819	6.893	8.134	13.862	15,3 %	19,1 %
Niederlande	6.022	6.549	7.074	8.625	5,4 %	7,1 %
Südkorea	4.931	5.728	6.518	9.681	23,7 %	14,0 %
Spanien	4.994	5.458	5.953	7.438	5,4 %	8,1 %
Australien	4.788	5.323	5.797	7.371	8,4 %	8,5 %
Schweiz	4.925	5.060	5.188	5.576	-0,1 %	2,5 %
Belgien	4.407	4.814	5.210	6.402	4,4 %	7,4 %
Schweden	3.968	4.360	4.767	5.954	7,0 %	8,1 %
Hongkong	3.265	3.821	4.484	6.751	2,8 %	15,3 %
Österreich	2.927	3.174	3.414	4.128	4,9 %	6,8 %
Norwegen	2.646	2.817	2.957	3.409	9,9 %	4,9 %
Finnland	2.365	2.617	2.872	3.617	7,7 %	8,4 %
Dänemark	2.237	2.443	2.642	3.210	5,8 %	7,1 %
Irland	2.054	2.392	2.748	3.915	14,5 %	13,1 %
Mexiko	1.782	1.941	2.151	2.782	11,9 %	9,4 %
Argentinien	1.151	1.256	1.364	1.707	0,6 %	8,0 %
Brasilien	1.019	1.154	1.296	1.753	5,8 %	11,0 %
Portugal	606	673	745	955	6,6 %	9,2 %
Griechenland	565	630	706	910	7,2 %	9,6 %
Neuseeland	521	551	578	725	4,0 %	7,1 %
Malaysia	452	536	638	992	12,5 %	16,6 %
Südafrika	399	413	432	526	7,1 %	6,3 %
Thailand	156	173	187	245	6,6 %	9,1 %
Philippinen	59	68	78	114	15,1 %	13,9 %
Summe	**362.978**	**388.966**	**416.735**	**510.280**		

* USA basierend auf DMA (2004a), S. 11 und S. 15

** Prognose der DMA (2004a)

Quelle: DMA 2004a, S. 218.

Die Unterschiede zwischen den Ländern treten noch deutlicher hervor, wenn man die Ausgaben für das Direktmarketing in Relation zu den Ausgaben für die traditionellen Werbemedien setzt (s. Abb. 1-5). Dabei lässt sich erkennen, dass die Ausgaben für Direktmarketing in den Niederlanden bereits 1998 die Ausgaben für traditionelle Werbeformen überschritten haben. In vielen anderen großen und nordeuropäischen Ländern, z.B. Deutschland, Frankreich, Dänemark und Österreich, näherten sich die Ausgaben dem Niveau von 80% der Ausgaben für traditionelle Werbung an. In Deutschland wurden 2003 erstmalig mehr Investitionen in Direktmarketing als in traditionelle Werbung getätigt (ZAW 2004, Deutsche Post AG 2004b). Ähnliche Angaben lassen sich für die USA feststellen (DMA 2004a), wo 2005 48% der Werbeausgaben für Direktmarketing aufgewandt wurden (DMA 2006).

Abbildung 1-5: Anteil der Direktmarketingausgaben (in % der traditionellen Werbung)

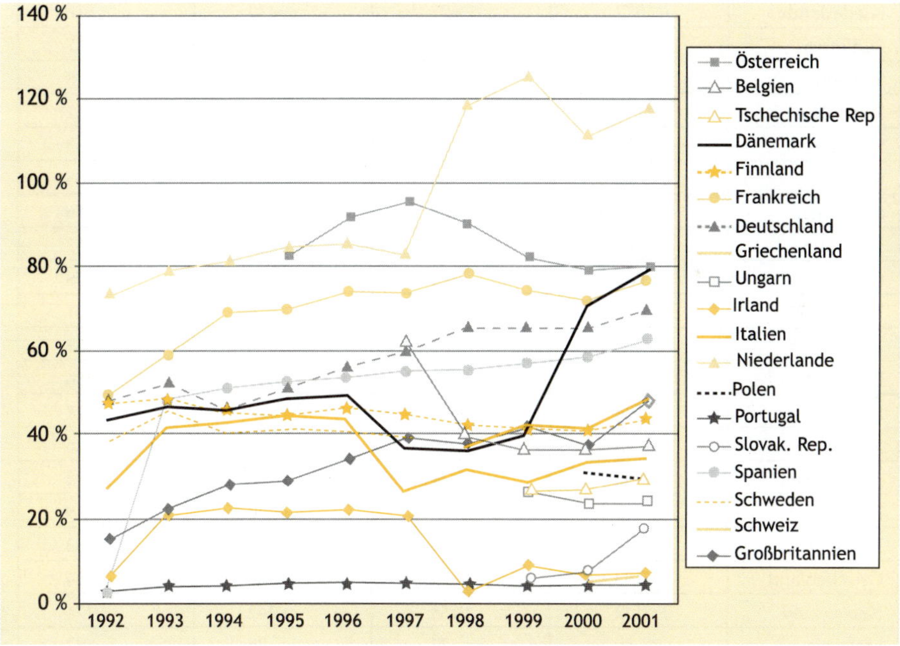

Quelle: FEDMA 2002, S. 17, DMA 2004a

Die Studie der DMA (2004a) zeigt ebenfalls auf, wie heterogen die Werte pro Kopf der Bevölkerung für die Direktmarketing-Ausgaben und das Mailing-Volumen weltweit sind (s. Abb. 1-6). Die entsprechenden Vergleichswerte für die USA, Japan und die Schweiz belegen (DMA 2004a), dass das Direktmarketing in vielen Ländern noch ein großes Potenzial aufweist. Denn trotz eines deutlich höheren Direktmarketing-Einsatzes pro Kopf der Bevölkerung sind die Response-Raten in den USA noch wirtschaftlich. So weist der Response Rate Report der DMA (2004b) durchschnittliche Antwortquoten von ca. 10% für bestehende Kundenbeziehungen und 2,5% für Neukunden aus.

Abbildung 1-6: Ausgaben für Direktmarketing pro Kopf im Vergleich

	Ausgaben für Direktmarketing (in US-Dollar/Kopf)			
Land	**2002**	**2003**	**2004**	**2007**
USA*	501	522	547	630
Japan	564	596	629	762
Deutschland	339	370	403	497
Großbritannien	309	338	361	437
Frankreich	285	308	330	384
Italien	248	270	291	355
Kanada	228	244	258	295
Taiwan	260	306	359	602
Niederlande	373	403	433	518
Südkorea	104	119	135	197
Spanien	122	133	144	178
Australien	244	267	288	352
Schweiz	676	688	700	735
Belgien	426	464	499	605
Schweden	445	487	531	656
Hongkong	481	558	649	953
Österreich	364	394	423	508
Norwegen	583	617	645	731
Finnland	455	502	550	689
Dänemark	416	453	488	586
Irland	524	601	680	928
Mexiko	18	19	21	26
Argentinien	32	34	37	45
Brasilien	6	7	7	9
Portugal	60	66	73	93
Griechenland	53	59	66	84
Neuseeland	132	138	142	171
Malaysia	19	22	25	37
Südafrika	9	9	9	11
Thailand	3	3	3	4
Philippinen	1	1	1	1

Quelle: DMA (2004), S. 213

* USA basierend auf DMA (2004a), S. 11 und S. 15

Die bisher angeführten absoluten Ausgabenwerte für das Direktmarketing können als Ausgangswerte für eine grobe Abschätzung der Volumenentwicklung des internationalen Direktmarketing herangezogen werden. Dazu kann die Umfrage der DMA (2004a) zum Umsatzanteil des internationalen Direktmarketing am Gesamtumsatz von Versendern im Jahre 2003 genutzt werden. Wesentliche Erkenntnisse sind in Abb. 1-7 aufgeführt.

Abbildung 1-7: Anteil der Versenderumsätze aus internationalen Kampagnen 2003

Anteil des Umsatzes aus internationalen Mailings (in %) (nur 100 Unternehmen)	**Herkunft der Unternehmen**		
	Alle	**US**	**Non-US**
Kein Umsatzanteil	25%	33%	12%
1-25%	14%	14%	12%
26-50%	15%	21%	12%
51-75%	8%	5%	12%
76-100%	37%	26%	52%
Summe (Befragte)	48%	38%	62%
Summe (umsatzgewichtet)	45%	36%	59%

Beispiel: 26% aller US-amerikanischen Versandhandelsunternehmen erwirtschaften einen Umsatzanteil von 76-100 % im Ausland, während dies in Europa 52% aller Versender erreichen.

Quelle: DMA 2004a, S. 213

Der direkte Vergleich von europäischen und US-amerikanischen Unternehmen bestätigt den bereits zuvor in zwei Studien ermittelten Trend, dass europäische Unternehmen einen deutlichen höheren Anteil an Umsätzen aus dem internationalen Direktmarketing tätigen. Würde man die Ergebnisse mit dem Mittel der Umsatzanteilsklassen gewichten, so ergäbe sich ein Anteil aus Umsätzen aus dem internationalen Direktmarketing bei den befragten Versendern von 45,1% im Durchschnitt. Träfe man die Annahme, dass die eingesetzten Mittel der Versender sich entsprechend auf das nationale und internationale Direktmarketing verteilen, so wäre dies ein erstaunlich hoher Anteil. Man kann sicherlich davon ausgehen, dass es sich aufgrund der Zusammensetzung und des geringen Umfangs der Stichprobe um einen deutlich nach oben verzerrten Wert handelt. Dennoch scheint eine Schätzung des Ausgabenanteils für internationales Direktmarketing von mehr als 10% an den gesamten Direktmarketing-Ausgaben der Industrienationen im Jahre 2003 nicht unrealistisch. Dieser Anteil wächst gemäß den bisher durchgeführten Studien mit hoher Wahrscheinlichkeit immer noch überproportional in Relation zum Ausgabenwachstum im Direktmarketing, obgleich es sich lediglich um den grenzüberschreitenden Verkehr gemäß der engen Definition des internationalen Direktmarketing handelt. Es ist daher davon auszugehen, dass das internationale Direktmarketing bereits einen wichtigen Teilbereich darstellt, dessen Bedeutung kontinuierlich zunimmt. In Abb. 1-8 haben wir eine grobe konservative Schätzung des Volumens des internationalen Direktmarketing von 2002 bis 2007 vorgenommen. Das Volumen des internationalen Direktmarketing sollte sich demnach von ca. 33 Mrd. auf ca. 71,4 Mrd. US-Dollar im Jahre 2007 mehr als verdoppeln. Die Aufteilung des Volumens für internationales Direktmarketing wird sich unserer Ansicht nach zunehmend zugunsten des interaktiven Online-Mediums verschieben. Dies belegen die Erwartungen der international tätigen Direktmarketing-Unternehmen (DMA 2004a). Dies ist auf den Kostenvorteil des Kommunikationsmediums, die Aktualität und die Gestaltungsmöglichkeiten zurückzuführen. Direct Mail wird jedoch noch lange Zeit das dominierende Medium bleiben.

Abbildung 1-8: Abgeleitete grobe Anteile des internationalen Direktmarketing

Ausgaben für internationales Direktmarketing (in Mio. US-Dollar)				
Land	**2002**	**2003**	**2004**	**2007**
USA*	13.004	15.199	17.705	26.762
Japan	6.456	7.585	8.815	13.620
Deutschland	2.515	3.059	3.671	5.795
Großbritannien	1.649	1.996	2.364	3.679
Frankreich	1.528	1.843	2.181	3.273
Italien	1.286	1.559	1.846	2.866
Kanada	645	774	905	1.354
Taiwan	524	689	895	1.941
Niederlande	542	655	778	1.208
Südkorea	444	573	717	1.355
Spanien	449	546	655	1.041
Australien	431	532	638	1.032
Schweiz	443	506	571	781
Belgien	397	481	573	896
Schweden	357	436	524	834
Hongkong	294	382	493	945
Österreich	263	317	376	578
Norwegen	238	282	325	477
Finnland	213	262	316	506
Dänemark	201	244	291	449
Irland	185	239	302	548
Mexiko	160	194	237	389
Argentinien	104	126	150	239
Brasilien	92	115	143	245
Portugal	55	67	82	134
Griechenland	51	63	78	127
Neuseeland	47	55	64	102
Malaysia	41	54	70	139
Südafrika	36	41	48	74
Thailand	14	17	21	34
Philippinen	5	7	9	16
Summe	**32.668**	**38.897**	**45.841**	**71.439**

Annahme: 9%, 10%, 11%, 14% Anteil internationales Direktmarketing

*USA basierend auf DMA (2004), S. 11 und 15

Quelle: eigene Schätzung

5 Entscheidungskriterien für den Einstieg

Die Unternehmensentscheidung über den Einstieg in das internationale Direktmarketing ist strategischer Natur und somit von hoher Tragweite. Die Kriterien, anhand derer eine solche Entscheidung herbeigeführt wird, sind mit denen vergleichbar, die für die Bewertung neuer Märkte herangezogen werden. Die Entscheidung für das internationale Direktmarketing ist oft eine nachgeordnete Entscheidung über die Art der Bearbeitung des neuen Markts, die von vielfältigen Faktoren abhängt (Anderson und Coughlan 1987). Spiller und Campell (1994) zeigen jedoch in ihrer Studie, dass die Entscheidung eines Unternehmens für den Export von Waren und Dienstleistungen meist den Einsatz des internationalen Direktmarketing unmittelbar zur Folge hat. Die Vor- und Nachteile der Markterschließung über das internationale Direktmarketing stehen im Mittelpunkt dieses Abschnitts.

Die Kriterien für die Grundsatzentscheidung zur Erschließung neuer Märkte und adäquater Marketing-Strategien sollen hier nur kurz behandelt werden (s. hierzu u.a. Szymanski, Bharadwaj und Varadarajan 1993, Jain 1989 und die dort jeweils angegebene Literatur). Grundsätzlich muss im eigenen Unternehmen die Basis für diesen Schritt gegeben sein. Dies bedeutet, dass z.B. die Ressourcen des Unternehmens nicht bereits vollständig durch den Heimatmarkt beansprucht werden (Hengst 2000). Denn der Einstieg in das internationale Direktmarketing bindet im eigenen Unternehmen Ressourcen in substanzieller Höhe (u.a. McDonald 1998). Neben dem finanziellen Aufwand darf hier die Beanspruchung des Managements nicht unberücksichtigt bleiben. Die erfolgreiche Erschließung des neuen Auslandsmarkts ist in der Regel maßgeblich davon abhängig, dass insbesondere die hoch qualifizierten Personalressourcen in das Projekt eingebracht werden (Neumann und Nagel 2000). Die oft neuen Rahmenbedingungen im Auslandsmarkt erfordern das Engagement der erfahrenen Mitarbeiter, um die benötigten Anpassungen der Marketing- und Produktprogramme frühzeitig vorzunehmen. Denn eine schnelle und direkte Übertragung des Ansatzes im Heimatmarkt resultiert oft nur im schnellen Misserfolg (Neumann und Nagel 2000). Selbst wenn der erste Schritt ohne Adaptionen hinreichend erfolgreich gewesen ist, muss mit einer direkten Reaktion des ausländischen Wettbewerbs gerechnet werden. Oft verschärft sich dabei nicht nur der Wettbewerb im avisierten ausländischen Markt. Es muss auch bedacht werden, dass der ausländische Wettbewerber nun seinerseits die Auseinandersetzung in den eigenen Heimatmarkt hineinträgt. Dabei reicht es dem ausländischen Wettbewerb, wenn dadurch die Position des neuen Wettbewerbers hinreichend geschwächt wird (Akhter 1996). Neben der Erfahrung im (nationalen) Direktmarketing, der guten eigenen Position im Heimatmarkt und den verfügbaren Ressourcen bedarf es für den Einstieg in das internationale Geschäft auch einer gewissen Risikobereitschaft und Offenheit für Internationalität (u.a. McDonald 1998, Topol und Sherman 1994).

Doch trotz der Komplexität durch die neuen Rahmenbedingungen, dem damit verbundenen Aufwand sowie dem Risiko bietet der Einstieg in neue Märkte zugleich hervorragende Perspektiven (Hengst 2000). Dies gilt zunächst für das elementare Ziel eines Unternehmens, nämlich höhere Gewinne zu erzielen. Das Gewinnpotenzial kann dabei sowohl durch die Ausweitung des Umsatzes als auch durch die zu erzielenden Kostenreduktionen über höhere Skaleneffekte erschlossen werden (Akhter 1996). Ebenso bietet die Internationalisierung des Unternehmens neue strategische Optionen. So können über den eigenen Einstieg in internationale Märkte (potenzielle) Wettbewerber fern vom Heimatmarkt beschäftigt werden, um Barrieren für den Einstieg des Wettbewerbs in den eigenen Heimatmarkt aufzubauen (Akhter 1996).

Das internationale Direktmarketing ist eine besondere Form der Markterschließung.[2] Es zeichnet sich dadurch aus, dass das Unternehmen seine potenziellen Kunden im Auslandsmarkt direkt anspricht. Alternativ bestünde die Option, über Absatzmittler in den Auslandsmarkt zu gehen (Akhter 1996). Diese Variante hätte den Vorteil, dass man lediglich die Ware senden und die Konditionen aushandeln muss. Man kümmert sich nur indirekt um die Zielgruppen im Ausland und die dortigen lokalen Rahmenbedingungen, abgesehen von den eventuell erforderlichen leichten Produktadaptionen. Im Gegenzug verbleiben bei dieser Einstiegsvariante jedoch viele Nachteile. So hat man vor allem kein direktes Feedback der Zielgruppen und erkennt daher bei Problemen oft nicht die konkrete Ursache: Ist es die Produktgestaltung, der Preis oder die Einführungskampagne? Außerdem erfordert selbst der Einstieg über Absatzmittler oft erhebliche Investitionen. Dabei ist die Spanne, die dem Unternehmen letztendlich verbleibt, oft relativ niedrig (Akhter 1996).

Das internationale Direktmarketing stellt daher für das Unternehmen oft eine kostengünstige Alternative mit vielen Vorteilen dar (Iyer und Hill 1996). Der direkte Kontakt zur Zielgruppe ermöglicht dem Unternehmen ein relativ schnelles Feedback. Eventuelle Probleme im Marketing-Mix, d.h. vom Produkt über den Preis bis hin zur Kampagne, können kurzfristig lokalisiert und behoben werden. Die gute Erfolgskontrolle über Tests ermöglicht die schnelle Umsetzung neuer Erkenntnisse und somit eine adäquate Risikosteuerung. Insgesamt kann das Risiko gut begrenzt werden, weil der Umfang des Markteinstiegs selbst gesteuert werden kann. Die schnelle und einfache Implementierung macht es darüber hinaus zu einer günstigen Form der Internationalisierung, die insbesondere für kleine und mittelständische Unternehmen eine hohe Attraktivität besitzt (Iyer und Hill 1996, Albers und Gelb 1991). Langfristig bietet der potenziell zu akquirierende neue Kundenstamm eine substanzielle Quelle zur Steigerung des Unternehmenswerts.

Die Chancen des internationalen Direktmarketing ergreifen nach einer Studie von Topol und Sherman (1994) vor allem Unternehmen, die bereits grundsätzlich innovativ und überdurchschnittlich risikofreudig sind. Dies ist darauf zurückzu-

2 Alternativ kann die Markterschließung über den Export, Lizenzierung, Joint Ventures, Kontraktfertigung, Direktinvestments oder Managementkontraktionen erfolgen (Spiller und Baier 2005, S. 378). All diese Formen des Markteintritts schließen jedoch den Einsatz des internationalen Direktmarketing nicht aus.

führen, dass diese Unternehmen ein signifikant höheres Vertrauen in die eigenen Fähigkeiten besitzen. Die hohe Anzahl von kleinen und mittelständischen Unternehmen in den USA, Mexiko und Kanada, die nach der bereits in Abschnitt 3 erwähnten Studie von Spiller und Campbell (1994) internationales Direktmarketing einsetzen, relativiert diese Aussage. Das internationale Direktmarketing scheint insgesamt betrachtet ein sehr weit verbreitetes Instrument für Unternehmen jeder Größenordnung und Branche zu sein, um internationale Märkte zu erschließen und zu pflegen. Die Chancen des internationalen Direktmarketing kann jedes solide aufgestellte Unternehmen für sich nutzen.

Abschließend kann somit festgestellt werden, dass das internationale Direktmarketing eine vergleichsweise einfache, schnell umzusetzende und relativ kostengünstige Alternative darstellt (Iyer und Hill 1996). In Kombination mit der guten Risikosteuerung bietet es insbesondere für kleine und mittelständische Unternehmen eine attraktive strategische Option (Spiller und Campbell 1994, Albers und Gelb 1991). Im folgenden Abschnitt wird nun die klassische Vorgehensweise bei der Umsetzung des internationalen Direktmarketing im Detail erläutert.

Abbildung 1-9: Entscheidungskriterien für das internationale Direktmarketing

- Der Einsatz des internationalen Direktmarketing geht oft unmittelbar mit der generellen Entscheidung zur Erschließung neuer ausländischer Märkte einher.
- Das eigene Unternehmen muss im Heimatmarkt gut aufgestellt sein und über die benötigten zusätzlichen Ressourcen verfügen.
- Neben dem finanziellen Aufwand darf der benötigte Einsatz hoch qualifizierten Personals nicht vernachlässigt werden.
- Der Eintritt in den neuen Markt trifft meist auf Wettbewerb vor Ort. Dieser kann sich daraufhin entschließen, das eigene Unternehmen im Heimatmarkt zu attackieren.
- Dennoch bietet das internationale Direktmarketing generell hervorragende Perspektiven mit vielen Vorteilen in der Umsetzung gegenüber alternativen Markteintrittsstrategien.
- Die Vorteile des internationalen Direktmarketing liegen vor allem in der einfachen und schnellen Umsetzbarkeit, den relativ niedrigen Kosten und dem gut steuerbaren Risiko.

6 Vorgehensweise

Nachdem die Entscheidung für den Einstieg in das internationale Geschäft über das Instrument Direktmarketing gefallen ist, läuft ein iterativer Prozess ab. Dieser wird nachfolgend in einer sequenziellen Reihenfolge vorgestellt. Er ist in vielfältigen Studien und Beiträgen auf verschiedene Weise analysiert worden. Die Konzepte, Prozesse und Prinzipien folgen dabei mit gewissen Variationen denen des generellen bzw. nationalen Direktmarketing (McDonald 1998). Dabei hat sich eine idealtypische Struktur herausgebildet, die diesem Abschnitt zugrunde liegt (vgl. Abb. 1-10).

Abbildung 1-10: Der klassische Weg ins internationale Direktmarketing

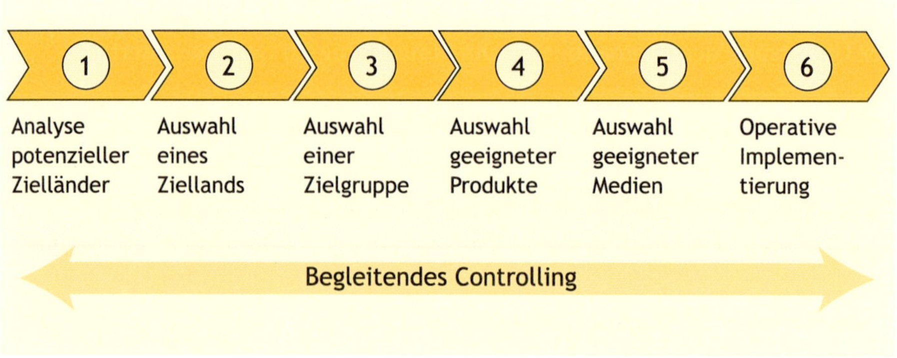

Nachfolgend werden diese einzelnen Schritte näher beschrieben. Dabei werden die wesentlichen Erkenntnisse relevanter internationaler Veröffentlichungen zu den jeweiligen Themen zusammengeführt, kommentiert und in den Gesamtkontext eingeordnet.

6.1 Die Auswahl des Ziellands

Am Anfang des Einstiegs in das internationale Direktmarketing stehen die Analyse der Zielländer und die Auswahl eines Landes. Die zeitgleiche Auswahl mehrerer Länder hat sich in der Praxis nicht bewährt, obgleich damit auch eine Risikostreuung verbunden ist. Die Unterschiede in den Rahmenbedingungen und Zielgruppen zwischen den Ländern erhöht die Komplexität oft derart, dass die Ressourcen für einen erfolgreichen multinationalen Einstieg nicht mehr ausreichen (u.a. McDonald 1998, Hengst 2000). Yorgey (1999a) zeigt anhand des Beispiels Rodale Press, dass der sukzessive Markteintritt in verschiedene Länder eine sinnvolle Alternative zum parallelen Markteintritt sein kann. Den klassischen Kriterienkatalog für die Auswahl eines Ziellandes zeigt Abb. 1-11 (siehe auch McDonald 1998). Padmanabhan (1990) stellt dar, dass zumindest US-amerikanische und europäische Unternehmen ähnliche Kriterien zur Auswahl eines Ziellands heranziehen. Einige ausgewählte Kriterien sollen hier näher erläutert werden (s. auch Spiller und Baier 2005, S. 376).

Abbildung 1-11: Kriterienkatalog für die Auswahl eines Ziellands

- Wirtschaftliche Stärke
- Bevölkerung
- Lokales Kaufverhalten
- Regulatives Umfeld
- Steuern (Gewinn, USt., etc.)
- Direktmarketing-Infrastruktur
- Politische Stabilität
- Kulturelle Faktoren
- Regionale Unterschiede
- Wettbewerbsumfeld
- Direktmarketing-Affinität
- etc.

- Meistens wählen Unternehmen Märkte aus, zu denen eine psychologische Nähe empfunden wird (Bsp.: US zu UK, Australien, NZ).
- Für Nischenangebote kann ein Online-Vertrieb empfehlenswert sein, so dass ein globales Segment kostengünstig direkt adressiert wird.

Entsprechend der Charakteristika und Verwendungssituationen des eigenen Produkts erhalten die aufgeführten Kriterien bei der Landesauswahl ein unterschiedliches Gewicht. So sind Produkte des Grundbedarfs oder kostengünstige Produkte weniger abhängig von einem ausgeprägten starken wirtschaftlichen Umfeld (u.a. McDonald 1998, Hengst 2000). Auch die Größe der Bevölkerung und deren Struktur sind oft ein wesentliches Entscheidungskriterium. Dies gilt insbesondere, wenn das Produkt auf die lokalen Gepflogenheiten oder die durchschnittliche Kaufkraft der Zielgruppe hin adaptiert werden muss (u.a. McDonald 1998). Die erwartete Rendite der notwendigen Investition und das verbundene Risiko des Markteintritts lassen sich besser vertreten, wenn der Markt eine entsprechende Größe bzw. ein großes Potenzial bietet. In vielen Ländern ist dabei zu beachten, dass Durchschnittswerte schnell zu falschen Schlüssen verleiten. Die regionalen Unterschiede zwischen den Zentren und den ländlichen Gebieten sind oft wesentlich größer als in Deutschland oder Frankreich. Selbst große Länder wie Brasilien mit annehmbaren wirtschaftlichen Durchschnittswerten, aber auch Länder wie Polen oder Ungarn sind hierfür gute Beispiele (s. auch Neumann und Nagel 2000). Entsprechend unterschiedlich kann nicht nur das Einkaufsverhalten der Konsumenten zwischen den Ländern sein, es kann auch innerhalb der Länder eine sehr heterogene Struktur geben (Hengst 2000). Das Einkaufsverhalten selbst ist oft historisch und kulturell bedingt. Deshalb ist es wichtig, dieses im Vorfeld näher zu untersuchen (s. auch Rawwas et al. 1996, Gehrt und Shim 1998). Dabei helfen Marktforschungsstudien und eigene Tests. Die Ergebnisse zeigen sehr schnell auf, mit welcher Höhe dieser Aufwendungen für die Produkte, Preis- und Kampagnengestaltung zu rechnen ist (s. zur beispielhaften Erläuterung des Tools der Deutschen Post auch Neumann und Nagel 2000). Diese sind für die Auswahl des Ziellands ein bedeutendes Kriterium. Der Aufwand kann sich insbesondere dann wesentlich erhöhen, wenn im potenziellen Zielland bereits ein intensiver Wettbewerb gegeben ist.

Die grundsätzliche politische Stabilität kann in den meisten Fällen vorausgesetzt werden. Außerdem ist das Investment im internationalen Direktmarketing oft überschaubar. Bedeutender ist die politische Stabilität für das regulative Umfeld des Direktmarketing im Zielland, z.B. hinsichtlich des Datenschutzes (u.a. McDonald 1998). Während innerhalb der EU und den USA meist stabile Richtlinien vorgegeben sind, kann dies im Osten Europas, in Asien und Lateinamerika nicht grundsätzlich vorausgesetzt werden (FEDMA 2004c). Doch auch innerhalb Europas gibt es vielfältige regulative Unterschiede im Detail, die einer genaueren Betrachtung bedürfen (s. Beitrag »Robinson-Listen für effizientes Direktmarketing«).

Abschließend sollten bei der Auswahl eines Ziellands die Direktmarketing-Erfahrung, -Affinität und die entsprechende Direktmarketing-Infrastruktur eine wesentliche Rolle spielen. Für viele Länder weisen ausgewählte Studien Kennzahlen und Vergleiche auf, wie z.B. der seit 2003 erscheinende Direktmarketing Monitor International (Deutsche Post AG 2003, 2004, 2005b, siehe Kap. »Aktuelle Trends 2005«) oder die kommentierten Beschreibungen von Neumann und Nagel (2000). Mit einer zunehmenden Direktmarketing-Erfahrung der Konsumenten kann in der Regel eine bessere Infrastruktur vorausgesetzt werden (Akhter 1988). Dies zeigt auch der internationale Vergleich über 16 Länder von Rosenfield (1994). So ist in vielen Ländern vom Adressenmaterial, Listbroking, Agenturen, Lettershops, Auslieferung bis hin zum Retourenmanagement bereits eine gesunde Support-Struktur entstanden. Auf diese kann und sollte das Unternehmen bei der Umsetzung zurückgreifen (u.a. McDonald 1998, Hengst 2000, Akhter 1988). Die Direktmarketing-Affinität der Bevölkerung erfordert eine davon unabhängige Betrachtung. Auf sie kann nicht unbedingt aus der durchschnittlichen Direktmarketing-Erfahrung der Bevölkerung und der Infrastruktur geschlossen werden. In einigen großen Ländern gibt es z.B. anteilsmäßig nur recht kleine Direktmarketing-affine Zielgruppen, die jedoch aufgrund der Größe der Gesamtbevölkerung hinreichend groß sein können, um eine gute Infrastruktur zu rechtfertigen (McDonald 1999). Ebenso ist auch hier näher zu betrachten, wie sich die Direktmarketing-Branche bisher entwickelt hat: Welche Produktkategorien werden bislang über den Direktmarketing-Kanal erworben, wie viele ausländische Anbieter sind bereits im Markt aktiv etc.?

In den bisherigen Studien hat sich herausgestellt, dass die Unternehmen in der Mehrzahl Länder für den Einstieg in das internationale Direktmarketing auswählen, zu denen eine gewisse psychologische Nähe empfunden wird. So gehen US-Unternehmen überdurchschnittlich oft zunächst nach Kanada oder ins Vereinigte Königreich, nach Australien oder Neuseeland. Deutsche Unternehmen präferieren hingegen in einem ersten Schritt Österreich und die Schweiz. Die gemeinsame Sprache ist dabei oft nur ein Indikator für die kulturelle und historische Nähe der Länder (Iyer und Hill 1996, Hengst 2000).

Die Erfahrungen mit internationalen Märkten führen dazu, dass sich generelle Einschätzungen über Regionen oder einzelne Länder herausbilden. So gelten für US-amerikanische Unternehmen die EU-Märkte als sehr attraktiv, zugleich jedoch auch als hart umkämpft. China und Indien weisen demnach zwar eine geringere Wettbewerbsintensität auf, die Unternehmen benötigen jedoch viel Zeit und Geld zum erfolgreichen Markteintritt (u.a. McDonald 1998, Hengst 2000). Dies liegt gemäß McDonald (1999) vor allem daran, dass die Direktmarketing-Branche in diesen beiden Ländern relativ jung ist. Zum anderen sind die Länder sehr groß und heterogen in ihrer Struktur. In beiden Ländern fokussiert sich die wirtschaftliche Entwicklung bisher weitestgehend auf die jeweiligen Metropolen. Dennoch bilden sich in beiden Ländern adressierbare Segmente von jeweils über 100 Millionen potenziellen Direktmarketing-Kunden heraus. Das größte Hindernis liegt derzeit noch in der mangelhaften Infrastruktur für das Direktmarketing (Hengst 2000). In Lateinamerika gilt das Hauptaugenmerk amerikanischer Direktmarketing-Unternehmen dem brasilianischen Markt. Die Haushalte erhalten dort bereits durchschnittlich bis zu zehn Mailings pro Monat, obgleich die Verfügbarkeit von Adresslisten beschränkt ist. Dennoch wird das Postsystem im Vergleich zu China, Indien oder Russland als hinreichend gut eingestuft (McDonald 1999). McDonald (1999) sieht in allen Ländern mittelfristig Potenzial für ein erfolgreiches Direktmarketing, insbesondere wenn hier selektiv und mit lokalen Adaptionen vorgegangen wird. Hengst (2000) empfiehlt Unternehmen darüber hinaus als potenzielle Zielländer auch Japan, Südkorea, Taiwan und Hongkong in Asien sowie Australien und Neuseeland.

Parallel zur Auswahl eines Landes und dem Einstieg über das klassische Direktmarketing wird immer häufiger auch das Internet als universaler Vertriebskanal genutzt (Lester 2002, Mehta, Grewal und Sivadas 1996). Dies kann insbesondere dann sinnvoll sein, wenn international homogene Zielgruppen adressiert werden sollen. Hierzu hatte erstmals Levitt (1983) grundsätzliche Überlegungen angestellt. Ein bekanntes Beispiel hierfür ist Online-Händler Amazon, der bereits kurz nach dem Start internationale Versandmöglichkeiten offerierte. Doch auch für diesen Ansatz der Internationalisierung des eigenen Geschäfts müssen die einzelnen Prozessstufen gut durchdacht werden. Dies betrifft wie beim klassischen Direktmarketing z.B. die anfallenden Steuern, gesetzliche Richtlinien, das Inkasso und die Auslieferung. Alle Elemente des Prozesses müssen auf die Zielländer hin adaptiert und koordiniert werden, um den Erfolg des internationalen Direktmarketing weitestgehend sicherzustellen. Bei diesem Weg ins internationale Direktmarketing geht die Auswahl der Zielgruppe im Ausland mit der Auswahl des Ziellandes direkt einher. Dies gilt in ähnlicher Hinsicht auch für das internationale Direktmarketing im weiteren Sinne. Hier steht ebenfalls die ausländische Zielgruppe im Vordergrund. Dennoch kann auch hier die Analyse der Rahmenbedingungen des Ursprungslands einen guten Aufschluss über die ausländische Zielgruppe im eigenen Land geben.

6.2 Die ausländische Zielgruppe

An die Auswahl des Ziellands schließt sich die Spezifikation und operationale Beschreibung der Zielgruppe an. In der Praxis orientiert man sich häufig an der heimischen Zielgruppe, was sich als Ausgangspunkt recht gut bewährt hat. Zumeist stehen aus der jahrelangen Erfahrung im Heimatmarkt entsprechend detaillierte Profile aus dem eigenen Kundenstamm zur Verfügung. Sie bilden deshalb häufig die Grundlage für die Auswahl der Adressen im angestrebten Zielmarkt (z.B. Yorgey 1999b, Neumann und Nagel 2000).

Doch eine unreflektierte Orientierung an den vertrauten Profilen ohne eine intensive Überprüfung birgt so manche Überraschung. In der Marketing-Forschung ist zum einen hinreichend bekannt, dass beispielsweise soziodemografische Kriterien per se keinen zuverlässigen Hinweis auf die kaufrelevanten Einstellungen des individuellen Konsumenten geben (s. auch Gehrt und Shim 1998). Die Unterschiede von Konsumenten in kaufrelevanten Einstellungen und Verhaltenstypologien in verschiedenen Ländern sind bereits mehrfach durch wissenschaftliche Studien belegt worden (Hengst 2000, Deutsche Post AG 2003, 2004a). Für viele Länder gilt jedoch, dass die für eine fundierte Analyse benötigten zusätzlichen Informationen nur selten hinreichend zugänglich sind (Soricello 1996). Eine eigene Marktforschungsstudie ist dann eine gute Alternative, die allerdings auch mit entsprechenden zusätzlichen Kosten verbunden ist.

Die Gründe für die Nutzung des Versandhandels sind international recht unterschiedlich. So steht in Frankreich beim Katalog-Shopping die entspannte Einkaufsatmosphäre im Vordergrund, während in den USA die »Convenience« dominiert (Gehrt und Shim 1998). Milne, Beckman und Taubman (1996) zeigen anhand der Untersuchung von Einstellungen argentinischer Konsumenten, dass sich deren Einstellungen zum Direktmarketing systematisch von denen US-amerikanischer Kunden unterscheiden. Dies gilt nach Rawwas, Strutton und Johnson (1996) ebenfalls für US-amerikanische und australische Konsumenten bzw. gemäß Lee (2004) teilweise auch für den Vergleich von Einstellungen taiwanesischer und US-amerikanischer Konsumenten. McDonald (1994) weist darüber hinaus am Vergleich von deutschen und US-amerikanischen Zielgruppen nach, dass sich im Direktmarketing auch die Kaufentscheidungsprozesse im Kulturkontext unterscheiden können. Dies hat zur Folge, dass der kommunizierte Produktnutzen und die Ausgestaltung des Werbemittels oft erheblich adaptiert werden müssen, um der Zielgruppe im Ausland das gleiche Produktsortiment verkaufen zu können. Da dies wiederum Auswirkungen auf die damit verbundenen Kosten hat, kann im Rahmen der Zielgruppenbestimmung eine erneute Prüfung der Auswahl des Ziellands angezeigt sein. Es zeigt sich somit, dass der idealtypisch dargestellte Prozess nur als unverbindlicher Leitfaden anzusehen ist und im Einzelfall andere Sequenzen sowie Schwerpunktsetzungen vorzunehmen sind.

Insgesamt gelten für die Analyse und Bestimmung der Zielgruppe die Kriterien des klassischen Marketing. Insbesondere müssen dabei jedoch die komplexen Unterschiede zwischen den Ländern zusätzlich berücksichtigt werden. Deshalb helfen trotz vieler Studien im Endeffekt oft nur regelmäßige Tests und die eigene Marktforschung wirklich weiter (Soricello 1996, Neumann und Nagel 2000). Dabei hat sich das heimatliche Kundenprofil trotz aller Unwägbarkeiten als ein guter Ausgangspunkt erwiesen. Auch die spezifischen Erhebungen zu diesem Thema bei Unternehmen mit internationaler Direktmarketing-Erfahrung belegen dies: So gehen laut der Studie von Topol und Sherman (1994) nur 6% aller Unternehmen tatsächlich mit einer völlig neuen Strategie in den neuen ausländischen Markt. Lediglich 9% der befragten Unternehmen lassen ihre Strategie gänzlich unverändert. Mit 72% aller befragten Unternehmen adaptiert die große Mehrheit die erfolgreiche Strategie des Heimatmarkts für das anvisierte Zielland.

Abbildung 1-12: Bestimmung der ausländischen Zielgruppe

- Die Kundenprofile aus dem heimischen Markt bilden in der Regel die Grundlage für die Suche nach der ausländischen Zielgruppe.
- Die generelle Direktmarketing-Erfahrung der Konsumenten stellt einen guten Indikator für das Potenzial des eigenen Direktmarketing-Ansatzes dar.
- In vielen Ländern sind qualifizierte Zielgruppenbeschreibungen nur eingeschränkt zugänglich.
- Das Shopping-Verhalten der Konsumenten ist je Land unterschiedlich.
- Eigene Tests und Marktforschung helfen am besten bei der Adaption des heimatlichen Kundenprofils für den Zielmarkt.
- 72% aller Unternehmen im internationalen Direktmarketing passen ihre bewährte heimatliche Strategie deutlich an, nur 6% entwickeln eine völlig neue Strategie und lediglich 9% lassen ihre Strategie unverändert.

6.3 Die Auswahl geeigneter Produkte

Parallel zur Auswahl der Zielgruppe ist die Auswahl des geeigneten Produkts oder Sortiments festzulegen. Kaum ein Unternehmen startet die Erschließung des Auslandsmarkts mit seinem kompletten Produktprogramm bzw. Angebot (Neumann und Nagel 2000).

Bei der Auswahl des Produkts bzw. des Sortiments befindet sich das Management oft im Zwiespalt. Auf der einen Seite soll das Produktprogramm die ausländische Zielgruppe optimal ansprechen. Dazu sollen möglichst viele Produkt- und Serviceeigenschaften im Angebot enthalten sein. Auf der anderen Seite steht die Risikominimierung, die aus gutem Grund meistens dominiert. So werden für den Schritt ins Ausland oft Produkte aus dem eigenen Sortiment ausgewählt, die wenig erklärungsbedürftig sind und eine geringe Serviceintensität erfordern. Aufgrund der verbundenen Kosten werden zugleich Produkte ausgewählt, die aus Erfahrung nur eine geringe Retourenquote aufweisen oder so günstig sind, dass im Einzelfall ein Verbleib beim Kunden wirtschaftlich vertretbar ist (Iyer und Hill 1996).

Die Auswahl solcher Produkte dient daher überwiegend der Risikominimierung. Mit der einfachen Struktur der Produkte soll zugleich sichergestellt werden, dass ein möglichst guter erster Eindruck vom Anbieter in der Zielgruppe entstehen kann: Der Imagetransfer aus dem Heimatmarkt soll möglichst gut gelingen. Allerdings hat die Auswahl solcher Produkte auch einen entscheidenden Nachteil: Der Wettbewerb bei diesen Produkten ist im Zielland oft relativ hoch und die Differenzierung des neuen Anbieters ist entsprechend schwierig. Es bedarf in diesem Fall meist auch eines erheblichen strukturellen Preisvorteils für die einfachen Produktvarianten, um dem Kunden darüber hinaus einen nachhaltigen Nutzen zu stiften.

Eine Alternative kann die Anpassung der eigenen Produkte sein. Sie verursacht zwar einige Kosten, bietet jedoch auch erhebliche Chancen. So können beispielsweise die lokalen Kundenbedürfnisse und Kaufkraftpotenziale besser berücksichtigt werden. Yorgey (1999a) zeigt am Beispiel eines weltweit vertriebenen Lexikons über klassische medizinische Haushaltsmittel, das dieser Weg sehr erfolgreich sein kann. Das Lexikon US-amerikanischen Ursprungs wurde in Europa anfänglich nur sehr zögerlich im Markt angenommen, weil keines der Hausrezepte lokalen Ursprungs war. Durch den Einbezug lokaler Hausmittel-Rezepte hat das Unternehmen erreicht, dass viele Kunden das Lexikon in den Zielländern sogar als ein lokales Produkt wahrnehmen. Die für das Ausland aufgenommenen Hausrezepte bereichern nun im Gegenzug auch die US-amerikanische Ausgabe in ihren neuen Auflagen.

Bei der Berücksichtigung der Produktauswahl sind neben den Bedürfnissen der Zielgruppe und dem Wettbewerbsangebot auch die rechtlichen Anforderungen zu berücksichtigen, z.B. hinsichtlich der Gestaltung von Garantien oder der Produktsicherheit. Eine entsprechende Prüfung durch lokale Institute oder Anwälte ist in jedem Fall anzuraten, um zu vermeiden, dass in der Folge Gerichtsprozesse oder Rücknahmeverpflichtungen auf das Unternehmen zukommen.

6.4 Die Auswahl geeigneter Medien

Die Auswahl der Zielgruppe und des Produkts bilden die Grundlage für die Auswahl des geeigneten Direktmarketing-Mediums. In vielen Ländern steht mittlerweile das gleiche Portfolio von Direktmarketing-Medien zur Auswahl: adressierte und unadressierte Briefe, Postwurfsendungen und Haushaltsverteilungen, Verbundwerbemedien, Inserate mit Coupons, Beilagen, Hörfunk- und TV-Spots oder auch Telemarketing. Lester (2003a) empfiehlt die parallele Nutzung des World Wide Web als Direktmarketing- und Kommunikationsinstrument. Spiller und Campell (1994) zeigen in ihrer Studie, dass viele kleine Unternehmen darüber hinaus auch den Außendienst als ein Direktmarketing-Medium ansehen.

Die augenscheinliche Identität des Medienangebots verleitet zu einer engen, aber oft gefährlichen Orientierung am Heimatmarkt. Dies zeigen auch Iyer und Hill (1996) sowie Topol und Sherman (1994) in ihren Studien: US-Unternehmen bevorzugen analog zum Heimatland meist Kataloge und Direct Mail als Einstiegsmedium (43% bzw. 41% der befragten 233 Unternehmen). Eine nähere Betrachtung des Werbeumfelds im

Zielmarkt lohnt sich jedoch. Zum einen sind die Medien im Zielland teilweise einer vom Heimatmarkt abweichenden Regulierung unterworfen (Hengst 2000). So kann es sein, dass spezifische Produkte für bestimmte Medien ausgeschlossen sind oder der Einsatz bestimmter Medien für die Neukundenakquisition nicht zulässig ist. Tempest (s. Beitrag »Robinson-Listen für effizientes Direktmarketing«) zeigt dies anhand der rechtlichen Bestimmungen für Dänemark auf.

Bedeutender ist jedoch, dass die Medien in verschiedenen Ländern von den Menschen unterschiedlich genutzt werden (u.a. McDonald 1998, Light und Somasundaram 1994). So kann es z.B. in Italien üblich sein, für ein bestimmtes Produkt eher die Tageszeitung als Medium zu nutzen, während das gleiche Produkt in Deutschland klassisch mit Direktmailings beworben wird. Die landestypische Nutzung der Medien nach dem jeweiligen Verwendungszweck sollte daher die Basis für die Entscheidung über das geeignete Medium bilden. Ebenso ist zu berücksichtigen, dass neben der Nutzung auch die grundsätzliche Einstellung zu einzelnen Medien international stark variieren kann. Light und Somasundaram (1994) untersuchen beispielsweise die Einstellungen von jungen Personen zu verschiedenen Direktmarketing-Medien in den USA, Kanada, Hongkong und Indien. Es zeigt sich, dass mit den Medien in jedem Land unterschiedliche Eigenschaften und Nutzungsschwerpunkte verbunden werden. Ähnliche Ergebnisse, allerdings mit leichten Variationen, zeigt auch eine Untersuchung von Durvasula, Akhter und Bamossy (1996) von Konsumenten in den USA, den Niederlanden und Singapur. Deshalb sollte sowohl die Medienauswahl in landestypischer Weise erfolgen als auch die eigentliche Werbekampagne auf das ausgewählte Medium angepasst werden. Es hat sich bewährt, hier mehrere parallele Testkampagnen in unterschiedlichen Medien zu fahren (Soricello 1996). Die Auswertung dieser Experimente hat in Einzelfällen zu sehr unerwarteten Ergebnissen geführt.

Abbildung 1-13: Auswahl der Direktmarketing-Medien im Ausland

- Lokales Werbeumfeld im Zielland analysieren.
- Relative Mediennutzung nach Verwendungszweck und Produktumfeld erheben.
- Kampagne und Medienmix auf lokale Gepflogenheiten anpassen.
- Testkampagnen in einzelnen Medien fahren (z.B. Testmailings und Testanzeigen).
- Elektronische Medien integrieren: Website dem Zielland anpassen und als preiswerten Kommunikations- und Response-Kanal nutzen.

> Die Nutzung von Medien unterscheidet sich kulturell und historisch stark in einzelnen Ländern.

> Erfolgreiche Heimatkampagnen müssen in der Regel an das Zielland angepasst werden, um auch dort erfolgreich zu sein.

6.5 Operative Implementierung

Die Bearbeitung der operativen Detailfragen nimmt in der Regel die meiste Zeit in Anspruch. Dabei bilden die zuvor behandelten Punkte den Handlungsrahmen. Es kommt hierbei in der Regel zu iterativen Schritten, in denen durch neue Erkenntnisse aus der operativen Umsetzung auch die bereits zuvor determinierten Entscheidungen neu überprüft werden müssen. Diese Gründe können sich aus jedem der folgenden operativen Aspekte ergeben: den Adresslisten, den notwendigen Payment-Optionen, der lokalen Umsetzung der Kommunikation und Werbebotschaft, der operativen Umsetzung der lokalen Direktmarketing-Regulierung oder den Fulfillment-Aspekten. Die Abb. 1-14 zeigt die Themen im Überblick.

Abbildung 1-14: Operative Aspekte im Überblick

- **Listen**
  (Adressen, Systeme, Samples, Nixies/Dubletten, Listentyp (Response vs. compiled))
- **Typische Payment-Optionen**
  (Währungen, Kaufkraft, Zahlungsbedingungen & -arten)
- **Lokale Kommunikation und Anpassung der Werbebotschaft**
  (lokale Ansprache & Response; Übersetzung und Texter)
- **Eventuelle Produktanpassung**
  (an lokale Kaufkraft & Vorlieben)
- **Operative Umsetzung Regulierung**
  (Institutionen, Supression Files)
- **Lettershop**
- **Fulfillment**
  (Order, Lager, Shipping, Zoll & Steuern, Retourenhandling, Non-deliverables, Auslieferungsoptionen für den Kunden)

▸ Regelmäßige Testserien in allen Aspekten haben sich bewährt.

▸ Lokaler Support ist sehr zu empfehlen, sei es durch lokale Berater oder einen international gut vertretenen Dienstleister.

Adresslisten

Die Grundlage der Auswahl der Adressliste für den ausländischen Zielmarkt bildet das zuvor definierte Kundenprofil der Zielgruppe. Die Umsetzung des Zielgruppenprofils in die Adressliste ist eine große Herausforderung. Lester (1999) rechnet einer aktuellen und qualifizierten Adressliste wohl auch deshalb 40% des Erfolgs einer internationalen Direktmarketing-Kampagne zu. Deshalb haben sich bereits vielfältige Beiträge in Praxiszeitschriften mit der Vorgehensweise bei der Beschaffung geeigneter Adressen für ausländische Zielmärkte beschäftigt. Allen Beiträgen ist gemein, dass die Betrachtung der Vor- und Nachteile der potenziellen Auslandsmärkte durch die eigene heimatliche »Brille« erfolgt. Dennoch lassen sich aus den Beiträgen substanzielle Erkenntnisse ableiten.

Oft ist das Kundenprofil des Heimatmarkts der Ausgangspunkt für die Suche nach neuen Zieladressen im Ausland (z.B. Yorgey 1999b). In allen Beiträgen wird besonders herausgestellt, dass diese Profile lediglich ein erster Ausgangspunkt sein können. Die angegebenen Beispiele hierfür sind deutlich: So stellt z.B. Hornikel (2004) heraus, dass sogar die meist bedeutende heimatliche »Kaufkraft«-Definition des Anbieters im Ausland traditionell erhebliche Fragen aufwirft. So wäre eine Person, die in Deutschland als kaufkräftig bezeichnet werde, in einigen osteuropäischen Ländern bereits Mitglied einer sehr kleinen privilegierten Gruppe. Ein weiteres Beispiel bezieht sich auf die Textilwirtschaft. So kommt ein Produkt, das in Deutschland an eine ca. 50-jährige weibliche Zielgruppe verkauft wird, in Frankreich eher für eine ca. zehn Jahre ältere Klientel in Frage. Rawwas, Strutton und Johnson (1996) zeigen mit ihrer Studie des Shopping-Verhaltens, dass sich die Konsumenten auch in ihren Einstellungen substanziell unterscheiden können. Dies ist selbst dann der Fall, wenn der Vergleich zwischen australischen und US-amerikanischen Konsumenten aus europäischer Sicht relativ homogene Gruppen betrifft. Dies hat z.B. erhebliche Auswirkungen auf die Ausgestaltung der Kampagne.

Das heimatliche Profil kann somit in der Tat nur ein erster Ausgangspunkt für die Adresssuche sein. Die erfolgreiche Anpassung des Profils an den Zielmarkt ist oft der Auftakt zu einer Reihe von weiteren Herausforderungen. So sind in vielen Ländern weniger Adressenanbieter verfügbar als in Deutschland, Frankreich, den USA oder Großbritannien. Dies gilt sowohl für den B2B- als auch den B2C-Markt. Ein weiteres Problem ist, dass in vielen Ländern mehrere angebotene Listen auf dieselben Quellen zurückzuführen sind (Lester 1999a). In den meisten Ländern ist dies auf eine suboptimale Direktmarketing-Infrastruktur zurückzuführen. Nach einer Studie der Swiss Post (2004) verfügen in Europa nur Großbritannien, Deutschland, Frankreich, die Schweiz und die Niederlande über eine hinreichend hohe Dichte von Adressenanbietern. Nach Süden und Osten nimmt die Dichte stark ab und somit die Schwierigkeit bei der Adresssuche zu. Die Deutsche Post AG ist nach eigenen Angaben in allen bedeutenden Märkten einer der größten B2B-Adressenprovider (Deutsche Post 2004, S. 14, 2005a, 2005b).

Die Herausforderungen beziehen sich jedoch nicht nur auf die Verfügbarkeit der Adressen, sondern insbesondere auch auf die Qualität und deren Überprüfbarkeit (u.a. McDonald 1998, Hengst 2000, Spiller und Baier 2005, S. 380). Internationale Direktmarketing-Studien belegen, dass eine Überprüfung zumindest für die Datenbankadressen in der Regel möglich ist. Ein Sample wird in fast allen Ländern gerne geliefert. Besonders schwierig wird die Angelegenheit in vielen Ländern, wenn es sich um Postkäuferlisten bzw. Response-Listen handelt. Da hier eine eigene Prüfung meistens ausgeschlossen ist, könnten eigentlich nur seriöse Listbroker mit Erfahrungswerten oder Kollegen aus der Branche helfen. Lester (1999a) und andere Autoren haben eine Liste von Fragen entwickelt, die bei der Evaluierung von ausländischen Adresslisten hilfreich sein können:

1. Selektion nach aktiven Kunden möglich?

2. Art der Gewinnung der Adressen (Anzeige, etc.)?

3. Aktualisierungs- und Mailing-Frequenz der Adressen?

4. Retourenvergütung vorgesehen?

5. Anzahl der regelmäßigen Listenverwender?

6. Vergütung für Nixies/Intradubletten vorgesehen?

In der Regel haben sich auch im Ausland Postkäuferlisten als die bessere Wahl erwiesen. Auch die Entscheidung zwischen einem Kauf und einer Anmietung der Liste kann sich in bestimmten Ländern aufgrund der niedrigeren Kaufpreise durchaus anders stellen als z.B. in Deutschland, wo eine Anmietung die Regel darstellt (s. auch Yorgey 1999a).

Deshalb weisen nahezu alle Autoren darauf hin, dass die Inanspruchnahme lokaler Listbroker meist eine lohnende Investition und ein wesentlicher Schlüssel zum Erfolg ist (Lester 1999a). Mit dessen Hilfe lassen sich meist auch die lokalen Adaptionen des ursprünglichen heimatlichen Kundenprofils zügig und professionell erarbeiten.

Typische Payment-Optionen

Das lokale Preisgefüge und die lokalen Zahlungsmodalitäten stellen oft ein unerwartetes Hindernis dar (Hengst 2000). So starten vor allem US-amerikanische Versender in der Regel mit lediglich einer Zahlungsoption: ein identischer Betrag in US-Dollar für verschiedene Länder, zahlbar vorab über eine weit verbreitete Kreditkarte (Iyer und Hill 1996).

Dies führt jedoch in vielen Ländern zu Irritationen beim potenziellen Kunden. Zum einen sind Kreditkarten nicht in allen Ländern so weit verbreitet wie in den USA oder Westeuropa. Selbst in Deutschland wurden Kreditkarten noch zu Anfang der 1990er Jahre nur begrenzt genutzt. Zum anderen beschränken die Bestellwerte in US-Dollar vor allem in Ländern mit niedrigen Durchschnittseinkommen oder Devisenkontrollen die potenzielle Zielgruppe zusätzlich. Dabei werden viele Produkte bereits in China oder Indien gefertigt, so dass eine Preisanpassung an die lokale Kaufkraft durchaus möglich und lohnend sein kann (u.a. McDonald 1998). Hier können systematische Tests helfen (Lester 2003a). EU-Unternehmen orientieren sich im Gegensatz zu US-Unternehmen bereits wesentlich stärker an den lokalen Bedingungen (Iyer und Hill 1996). Die Umsetzung eines lokalen Pricing-Konzepts sollte zudem die möglichen Schwankungen des Wechselkurses berücksichtigen. Hier ist gegebenenfalls eine Wechselkursabsicherung zu empfehlen (u.a. McDonald 1998).

Auch die gängigen Zahlungsmodalitäten unterscheiden sich international deutlich (Hengst 2000, Lester 2001a). So wird in Deutschland im Gegensatz zu vielen anderen Ländern häufig per Bankeinzug nach Erhalt der Ware bezahlt. Dazu ist für das

Unternehmen ein Konto vor Ort hilfreich, weil die Kunden nicht gern Geld ins Ausland überweisen. Ein solches Angebot erfordert jedoch zugleich eine vorherige Bonitätsprüfung der potenziellen Adressaten (Yorgey 1999b). Französische oder englische Anbieter dürften hierauf nur selten vorbereitet sein. Dort werden den Bestellungen meist Schecks über die Bestellsumme beigefügt (Lester 2001a). Auch bei Ratenzahlungen sind die lokalen Gepflogenheiten unterschiedlich. In Deutschland sind die Mindestbeträge für den Einstieg in ein Ratenzahlungsgeschäft oft deutlich höher als in anderen Ländern (Yorgey 1999a). Darauf sollten sich deutsche Versender im Rahmen des internationalen Direktmarketing einstellen. Das Problem ausländischer Währungen hat sich zumindest im innereuropäischen Waren- und Dienstleistungsverkehr weitestgehend erledigt. Leider hat diese Vereinheitlichung ein neues Problem geschaffen. Oft wird parallel zum Angebot in neuen Zielländern die Website für diesen Markt angepasst (Lester 2003a). Wenn nun der Preis und die Zahlungsmodalitäten für diesen Markt dort in Euro angegeben werden, kann dies den Kunden im Heimatmarkt oder anderen Zielländern bekannt werden. Die operative Preisdifferenzierung nach Kaufkraft und Zahlungsmodalitäten kann so schnell zum ungewollten strategischen Bumerang werden.

Lokal adaptierte Ansprache und Kommunikation

Im Heimatmarkt hat sich im Laufe der Zeit meist eine sehr erfolgreiche Kommunikationsstrategie herausgebildet. Bei der Formulierung einer geeigneten Werbebotschaft für ausländische Zielmärkte wird sie meist als Ausgangspunkt herangezogen (u.a. Yorgey 1999a). Dabei ist jedoch zu bedenken, dass die im Heimatmarkt erfolgreiche Botschaft und Gestaltung der Direktmarketing-Werbung das Ergebnis eines langen Weges ist. Dies wird auch für den ausländischen Zielmarkt gelten. Hier müssen die lokalen Gepflogenheiten in die Ansprache des Kunden integriert werden (u.a. McDonald 1998, Soricello 1996). Aufgrund des kulturellen Umfelds und der unterschiedlichen Einstellungen der Konsumenten kann sich hierbei ergeben, dass die Werbebotschaft gänzlich umgestellt werden muss (Soricello 1996). Eine professionelle Übersetzung der bewährten heimatlichen Werbebotschaft mit Hilfe von lokalen Textern wird dabei in der Regel nicht ausreichend sein. Deshalb ist die professionelle Unterstützung vor Ort bei der Konzeption der neuen Kampagne für den ausländischen Markt in jedem Fall nachdrücklich zu empfehlen (u.a. McDonald 1998, Neumann und Nagel 2000, Soricello 1996, Yorgey 1999a und 1999b, siehe Beitrag »Internationaler Dialog für die erfolgreiche Neukundengewinnung«). Soricello (1996) führt als Beispiel den Fernen Osten an: Dort haben sich persönlich adressierte Mailings bewährt, die ein Bild des Direktors des Unternehmens zeigen und eine persönliche Empfehlung enthalten. Der Erfolg dieser Konzeption ist auf das grundsätzliche Kaufverhalten von Asiaten zurückzuführen, die sich stark auf die Empfehlung von Bekannten verlassen. Damit wollen sie sicherstellen, dass das Produkt ihrem Standard entspricht. In der Studie von Iyer und Hill (1996) zeigte sich, dass diese Empfehlung von EU-Unternehmen deutlich stärker umgesetzt wird als von US-Unternehmen. In Europa oder den USA haben sich solche Gestaltungsformen übrigens nur in Einzelfällen bewährt.

Neben der Anpassung der Werbebotschaft weist Lester (2001a) auch darauf hin, dass die üblicherweise eingesetzten Bestellanreize je Land stark variieren können. So seien in Frankreich neben Geschenken auch Lotterien immer noch begehrt, obgleich diese Instrumente in anderen Ländern kaum noch Wirkung zeigen.

Zur Abrundung der lokalen Ansprache gehört die Bereitstellung einer lokalen Kontaktadresse für alle wesentlichen Medien (u.a. McDonald 1998, Hengst 2000, Yorgey 1999b). Dies hat sich laut zahlreicher Studien bewährt, weil es beim potenziellen Kunden Vertrauen schafft und ihm die Kontaktaufnahme erleichtert. Dabei reicht eine Rufumleitung oder ein Postfach vor Ort allerdings kaum aus, wenn nicht mindestens einer der eigenen Mitarbeiter des Unternehmens der Sprache des Landes mächtig ist und in dieser hinreichend qualifiziert kommunizieren kann. Diese Problematik lässt sich mit lokaler Hilfe jedoch meist relativ günstig organisieren, wenn die Direktmarketing-Infrastruktur entsprechend weit gediehen ist (z.B. Yorgey 1999b).

Lokale Produktadaptionen

Wie bereits im Rahmen der strategischen Länder- und Segmentauswahl sowie der Produktauswahl angesprochen, kann eine Anpassung des Produkts für das Zielland empfehlenswert sein. Der Grund hierfür kann in den abweichenden Vorlieben der Zielkunden, deren abweichender Kaufkraft und Preisbereitschaft, der eigenen Kosten- und Risikominimierung sowie abweichenden rechtlichen Rahmenbedingungen liegen (u.a. McDonald 1998, Yorgey 1999a).

Operative Umsetzung der Direktmarketing-Regulierung

Die lokale Regulierung stellt nicht nur im Rahmen der Ziellandauswahl einen strategischen Kostenfaktor dar, sondern die detaillierten Bestimmungen müssen auch auf der operativen Ebene anschließend umgesetzt werden. Je nach Land sind verschiedene Vorgaben umzusetzen. Einen guten Überblick über die Direktmarketing-Bestimmungen geben Tempest (s. Beitrag »Robinson-Listen für effizientes Direktmarketing«) und die Studien der FEDMA (FEDMA 2004a, 2004b, 2004c, 2005b). Die Regulierungsbestimmungen lassen sich zwei Gebieten zuordnen: den Suppression Files bzw. Unterdrückungsdateien sowie den Werbekontrollgremien.

Den meist staatlich regulierten und vorgeschriebenen Suppression Files entspricht in Deutschland die Robinson-Liste. Auf solchen Listen können sich Konsumenten eintragen, die keine Werbekontakte beispielsweise in Form adressierter Werbebriefe wünschen. Trotz europäischer Vorgaben sind die nationalen Umsetzungen höchst unterschiedlich gestaltet (u.a. Hengst 2000, s. Beitrag »Robinson-Listen für effizientes Direktmarketing«).

Auch bei den Kontrollgremien der Werbewirtschaft gibt es zwischen den Ländern erhebliche Unterschiede (u.a. Hengst 2000). So muss beispielsweise in Großbritannien jedes Werbemailing von der ASA (Advertising Standards Authority) abgenommen werden. Ohne dieses Prüfsiegel läuft das Unternehmen Gefahr, abgemahnt zu werden (Yorgey 1999a, s. Beitrag »Internationaler Dialog für die erfolgreiche Neukundengewinnung«).

Insbesondere wegen dieser unterschiedlichen rechtlichen Bestimmungen ist es für ein Unternehmen ratsam, sich professionelle Unterstützung einzuholen. Hier können weltweit operierende Briefdienstleistungsanbieter (z.B. die Deutsche Post AG (Deutsche Post 2004, S. 6)) oder lokale Anwälte weiterhelfen. Der Aufwand ist gegenüber dem potenziellen Schaden meist vernachlässigbar.

Lettershop

Aus mehreren Studien zum internationalen Direktmarketing ist abzulesen, dass die Nutzung eines Lettershops vor Ort empfehlenswert ist. Zum einen können dort sämtliche Fäden der Prozesskette mit lokaler Sachkenntnis zusammengeführt werden. Dies beginnt mit einer abschließenden Prüfung des Textes und Layouts (z.B. Yorgey 1999b). Denn zwischen den Ländern variieren unter anderem die üblichen Papier- und Umschlagformate.

Zum anderen ist der abschließende Check des lokalen Adressformats wichtig, weil sonst ein erheblicher Teil trotz richtiger Adressdaten verloren gehen kann (Soricello 1996, Swiss Post 2004, Spiller und Baier 2005, S. 286 ff.). Neumann und Nagel (2000) und insbesondere Lester (2003c) weisen auf die Bedeutung des korrekten länderspezifischen Adressformats hin, um die Quote der Nondeliverables bereits im Vorfeld systematisch zu reduzieren. Dabei sollte berücksichtigt werden, dass für jedes Land spezifische Platzierungen der Adresselemente notwendig sind. Einige Länder verwenden gar regional unterschiedliche Adressformate, wie beispielsweise die Schweiz. Mittelfristig sollten Unternehmen, die sich für das internationale Direktmarketing entscheiden, ihre Software auf ein allgemeines Adressformat umstellen.[3]

Der Lettershop sollte neben den üblichen lokalen Checks hinsichtlich der Suppression Files ebenso eine abschließende Prüfung der geschlechtsspezifischen Anrede auf der Basis der Vornamen vornehmen, um Irritationen beim Adressaten aufgrund falscher Anreden zu vermeiden. Für das absendende Unternehmen ist dieser Prozess nur selten eigenständig effizient durchführbar (s. auch Beispiel von Yorgey 1999a). Deshalb stellt auch der Druck vor Ort eine sinnvolle Alternative dar (Neumann und Nagel 2000).

3 Lester (2003c) empfiehlt mindestens fünf Zeilen mit jeweils 40 Zeichen. Eine Zeile wird dem Namen zugeordnet, zwei der Straßenbezeichnung, eine weitere der Stadt, dem ZIP- oder PLZ-Code, Staat/Bundesland/Provinz sowie eine dem Land. Die Adressdatenbank sollte diese Informationen jeweils in separaten Feldern berücksichtigen. Für Beispiele und Software siehe auch Neumann und Nagel (2000) oder österreichische Post (2005).

Für bestimmte Medien hat die Gestaltung des Werbemediums Einfluss auf das Porto und die lokale Art des Versands. Auch hier sind lokale Kenntnisse sehr nützlich, um gegebenenfalls die Kosten sinnvoll zu reduzieren. Alternativ kann mit einem international vertretenen Dienstleistungsunternehmen (große Agenturen wie beispielsweise Publicis bzw. BBDO oder Deutsche Post AG) kooperiert oder auf die Erfahrung von verschiedenen Postunternehmen vor Ort zurückgegriffen werden (Neumann und Nagel 2000).

Fulfillment

Unter Fulfillment sollen hier gemäß der verbreiteten Definition folgende Stufen der Prozesskette verstanden werden:

- Order-Management
- Lager
- Shipping
- Zoll und Steuern
- Nondeliverables
- Retouren
- Auslieferungsoptionen für den Kunden

Das Unternehmen kann für jede Stufe des Fulfillments zwischen mehreren Ausgestaltungsoptionen wählen. Im Bereich Order Management kann je nach angebotenem Response-Kanal (Telefon, Fax, Brief, Internet) potenziell eine andere Organisationsform gewählt werden. Während sich die Response-Kanäle Internet, Fax und Brief teilweise im eigenen Unternehmen realisieren lassen, besteht beim Telefon/ Call-Center zumindest die Voraussetzung, dass solide Sprachkenntnisse im eigenen Team gegeben sind. Diese gibt es teilweise auch bei Rückfragen für Bestellungen über die nonverbalen Response-Kanäle. Hier lassen sich die Rückfragen jedoch sammeln und blockweise auslagern. In der Regel wird für Services in ausländischen Sprachen empfohlen, sich intensiv in die ersten Tests mit lokalen Partnern zu integrieren und erst anschließend das Order-Management an diese auszulagern (u.a. McDonald 1998, Hengst 2000).

Die Optionen zur heimatlichen oder lokalen Eigen- bzw. Fremdlagerhaltung sollten je nach erwartetem Absatzvolumen gestaltet werden. Oft lohnt sich zu Beginn eine lokale Lagerhaltung kaum. Allerdings ist die Wahl einer adäquaten Option stark vom angebotenen Produkt(sortiment) abhängig (Lester 2003b). Bei relativ niedrigpreisigen Produkten können die internationalen Versandkosten nämlich schnell einen überproportionalen Anteil am Bestellwert ausmachen. Hier spielen im Endeffekt auch die lokale Kaufkraft und der lokale Wettbewerb eine entscheidende Rolle bei der abschließenden Beurteilung aus Kundensicht. Ein weiterer Grund für die lokale

Lagerhaltung vor Ort können aufwändige und langwierige Zollkontrollen sein. Während dies im europäischen Binnenmarkt nicht mehr von Bedeutung ist, kann dies bei ost- und außereuropäischen Ländern den Ausschlag geben. In diesem Fall ist es oft günstiger, eine große Ladung einmalig durch den Zoll zu bringen und anschließend die Ware lokal zu versenden (Lester 2003b, Yorgey 1999b). Die Entscheidung über die Art der Lagerhaltung ist deshalb nicht nur von den Lagerhaltungskosten, sondern auch von der Betrachtung des Gesamtprozesses abhängig. Ähnliche Überlegungen gelten für das Shipping der Ware. Hier ist zu empfehlen, zumindest zu Beginn mehrere Unternehmen mit Teillieferungen zu betrauen und diese Partner zu vergleichen (s. auch Lester 2001a). In die Auswahl des Shipping-Partners sollte auch einfließen, ob dieser wiederum lokale Subunternehmer beschäftigt und wie viele Knoten in der Auslieferungskette vorhanden sind. Dies kann im Problemfall aufwändige Recherchen verursachen bzw. die Wahrscheinlichkeit erhöhen, dass Lieferungen verloren gehen (Lester 2003b).

Bei den lokalen Steuern ist zu bedenken, dass neben der Mehrwertsteuer auch weitere Steuern anfallen können, z.B. Unternehmens- und Gewinnsteuern. Die meisten internationalen Logistikanbieter bieten hier entsprechende Leistungen an. Sie müssen jedoch in der Preisgestaltung für den Kunden berücksichtigt werden. Zur Klärung dieser Aspekte lohnt sich in der Regel die Konsultation eines spezialisierten Anwalts und Steuerfachmanns. Hier helfen die Außenhandelskammern gerne weiter (Neumann und Nagel 2000).

Retouren und Nondeliverables sind für klassische Direktmarketing-Unternehmen normale Begleiterscheinungen des Geschäfts. Im Ausland können diese jedoch in Abhängigkeit der gewählten Lager- und Versandorganisation schnell zum Problem werden (Lester 2003b). Bei einem kompletten Fulfillment vom Heimatmarkt aus gehen Retouren und Nondeliverables oft zu hohen Kosten an die Adresse des Versenders im Ausland zurück. Für Retouren werden beim Kunden so höhere Barrieren (Aufwand, Kosten, evtl. Zollformulare) aufgebaut, die sich bereits in der Response auf den Werbebrief oder den Katalog zeigen können. In vielen Ländern werden Nondeliverables – in Abhängigkeit vom gewählten Postunternehmen – nicht zum Absender ins Ausland zurückbefördert und gehen dann eventuell verloren. Selbst wenn man das Geld bereits vorab vom Kunden erhalten hat, beginnt jetzt eine zusätzliche und mühsame Arbeit. Der Ärger mit dem Kunden, dem beteiligten Versandunternehmen und eventuell dem Zoll ist vorbestimmt und kostet alle Beteiligten zusätzlichen Aufwand, der nicht entgolten wird. Viele Autoren empfehlen nicht zuletzt deshalb zumindest eine lokale Adresse oder einen lokalen Partner vor Ort, der sich professionell um diese Angelegenheiten kümmern kann (s. auch Hengst 2000, Lester 2003b).

Abschließend gilt für das internationale Fulfillment, dass der Kunde die Art der Auslieferung weitestgehend auf seine individuellen Bedürfnisse abstimmen können sollte. Das Unternehmen sollte zumindest einen evolutionären Entwicklungspfad planen, welche Optionen es zu welchem Zeitpunkt bereitstellen muss bzw. will. Die Mindestanforderungen sollten sich an den lokalen Gepflogenheiten und dem Zielsegment ausrichten. Dies gilt für die Art der Transportversicherung, die Geschwindigkeit der Auslieferung (24 h / 48 h, etc.) und die Wahloptionen hinsichtlich der Zustellungszeiten vor Ort (Lester 2003b). Sofern gängige Dienstleister des Ziellandes gewählt werden, ist davon auszugehen, dass lokale Usancen eher eingehalten werden.

Insgesamt betrachtet bildet die operative Planung und Umsetzung den mit Abstand größten Anteil am gesamten Planungs- und Entscheidungsprozess des internationalen Direktmarketing. Die größten Herausforderungen liegen hierbei in Detailfragen, die sich zugleich auf Kunden und Unternehmen auswirken. Selbst bei einem zunächst stark reduzierten Aufwand, z.B. der ausschließlichen Steuerung vom Heimatland aus, folgt mit den ersten Bestellungen schnell das Bedürfnis nach einem Service vor Ort. Lester (2001b) zeigt dies am Beispiel des Erfolgs US-amerikanischer Versender in Japan deutlich auf. Gerade deshalb empfehlen viele Experten, im Vorfeld internationale Dienstleistungsanbieter oder lokale professionelle Hilfe in Anspruch zu nehmen. Der damit verbundene Aufwand scheint sich meist kurzfristig zu amortisieren.

7 Controlling

Der Einstieg und die fortlaufende Betreuung des internationalen Direktmarketing sollten von einem guten Controlling begleitet werden. Unter dem Controlling werden dabei die gesamte Planung, die fortlaufende Erfolgskontrolle, die Analyse der Planabweichungen und das anschließende Gegensteuern im Team verstanden (u.a. Holland 2004). Generell orientiert sich das Controlling für das internationale Direktmarketing stark an dem für das heimatliche Direktmarketing. Die bewährten Prozesse können mit kleinen Anpassungen meist direkt übertragen werden.

Abbildung 1-15: Der Controlling-Prozess im internationalen Direktmarketing

- Erstellung eines Plans
- Konkrete Zielvorgaben (kurz- und langfristige Ziele)
- Festlegung der Prozesse und Verantwortlichkeiten
- Auswertung der Tests und regulären Kampagnen
- Regelmäßige Anpassung an die neuen Ergebnisse
- Einrichtung und Nutzung eines Frühwarnsystems

> Der Einstieg in neue Märkte erfordert eine besondere Aufmerksamkeit.

> Die Controlling-Prozesse müssen regelmäßig neue Erkenntnisse über den ausländischen Markt und die Zielgruppe umsetzen.

Grundsätzlich empfehlen viele Autoren zunächst die Festlegung der kurz- und langfristigen Ziele, die mit dem Einstieg in das bzw. mit dem fortlaufenden internationalen Direktmarketing verbunden werden sollen (u.a. Neumann und Nagel 2001). In der Praxis hat sich dabei ein 2- bis 5-jähriger Marketingplan bewährt, der auch den Weg zur Zielerreichung hinreichend dokumentiert (u.a. McDonald 1998). Dieser Plan sollte darüber hinaus die internen und externen Prozesse dokumentieren und die Verantwortlichkeiten eindeutig festlegen. Es ist dann die Aufgabe des Managements und des Controllings, die Einhaltung dieses Plans fortlaufend zu prüfen und gegebenenfalls frühzeitig Verbesserungsvorschläge zu erarbeiten. Die Besonderheiten des Controllings für das internationale Direktmarketing liegen im Wesentlichen in dem erschwerten Zugang zu verlässlichen Benchmarks, wenn Werte aus dem Heimatmarkt nur bedingt herangezogen werden können. Darüber hinaus kompliziert die grenzüberschreitende Zusammenarbeit oft die adäquate Kontrolle der geplanten bzw. vereinbarten Prozesse, so dass eine schnelle Fehleranalyse aus dem heimatlichen Büro oft nur bedingt möglich sein kann.

Deshalb sind regelmäßige Tests und die Auswertungen der regulären internationalen Kampagnen hilfreich (Neumann und Nagel 2001). Zur Gewinnung von Vergleichswerten operieren viele Unternehmen zumindest in der Anfangsphase auf vielen Prozessebenen mit mehreren Anbietern von benötigten Dienstleistungen, seien es Agenturen, Versandunternehmen oder Fulfillment-Partner. Die so gewonnenen Erkenntnisse können helfen, den Plan frühzeitig richtig anzupassen und notwendige Entscheidungen herbeizuführen.

8 Organisation der Prozesse

In den vorangestellten Abschnitten wurden die strategischen und operativen Teilprozesse des internationalen Direktmarketing erläutert und die jeweils wichtigsten Erkenntnisse vorgestellt. Dabei ist deutlich geworden, dass es sich bei der Organisation des Einstiegs und der fortlaufenden Aufgaben um einen komplexen Prozess handelt. Der Einstieg in neue Märkte ist zugleich ein hoch innovatives Projekt. Dieser Prozess bedarf deshalb einer professionellen Organisation, die Aufgaben, Teilprozesse, Verantwortlichkeiten und handelnde Akteure koordiniert.

Aufgrund der Bedeutung des Einstiegs in internationale Märkte ist es zu empfehlen, die Verantwortlichkeit für ein solches Projekt in der obersten Führungsebene zu verankern. Dies leitet sich aus dem meist hochinnovativen, komplexen und für das Unternehmen bedeutsamen Charakter des Projekts ab. Der Einstieg in neue Märkte bindet hochwertige finanzielle und personelle Ressourcen im Unternehmen. Die operative Prozesskoordination für das internationale Direktmarketing kann je nach Unternehmensgröße und Qualifikation der Ressourcen auf einer niedrigeren Ebene positioniert werden, z.B. bei einem Manager für den betreffenden

Auslandsmarkt. Es sollte dabei jedoch berücksichtigt werden, dass diese Personalstelle vollständig der Erschließung des neuen Markts gewidmet ist. Es hat sich nicht bewährt, die Markterschließung als eine zusätzliche Aufgabe einer bestehenden Position zuzuordnen (Neumann und Nagel 2000).

Abbildung 1-16: Der Gesamtprozess im Überblick

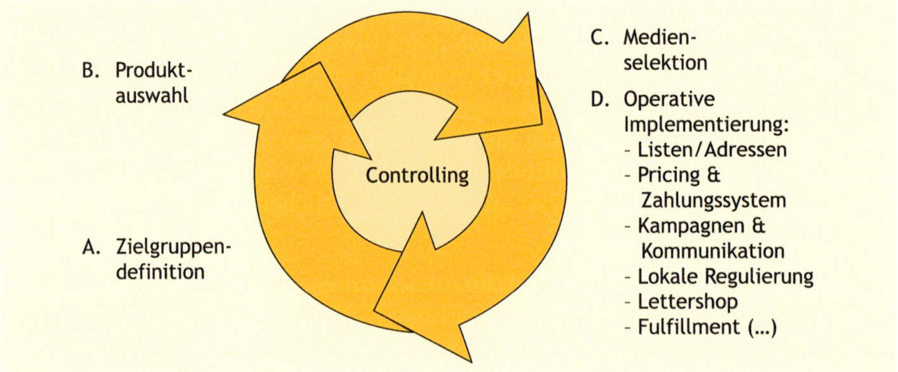

Analog zu den fortlaufenden inländischen Direktmarketing-Prozessen (siehe auch Dallmer 2002, Holland 2004) haben sich auch im internationalen Direktmarketing Prozessspezialisten im Markt herausgebildet. Zum einen betrifft dies die Organisation und Umsetzung der klassischen Prozesselemente: Wie im heimischen Markt existieren auch in den meisten anderen Ländern spezialisierte Anbieter von Agenturleistungen, Adressanbieter und Broker, Lettershops und Anbieter von Fulfillment-Dienstleistungen. Die unternehmensintern verantwortliche Person hat somit meist grundsätzlich die Möglichkeit, den grenzüberschreitenden Prozess analog zum heimischen Direktmarketing-Prozess zu organisieren. Der feine, aber erhebliche Unterschied liegt in der grenzüberschreitenden Organisation. Mit diesem Unterschied sind u.a. oft mangelnde eigene lokale Erfahrungen, kulturelle und sprachliche Barrieren verbunden. Diese Unterschiede erschweren eine eigenständige Organisation des internationalen Direktmarketing oft erheblich und begründen ein deutlich erhöhtes Risiko. Dies kann teilweise durch den Einbezug von lokalen Dienstleistungsanbietern im Heimat- oder Auslandsmarkt reduziert werden, die sich explizit auf internationales Direktmarketing spezialisiert haben. Als Beispiel seien hier lokale Adressbroker angeführt, die sich auf die Beratung von ausländischen Unternehmen für den Einstieg in Deutschland oder auf die Beratung von deutschen Unternehmen für bestimmte Länder spezialisiert haben.

Aufgrund der fortschreitenden Konsolidierung in verschiedenen Abschnitten der Direktmarketing-Wertschöpfungskette haben sich jedoch einige Dienstleistungsunternehmen herausgebildet, die bereits auf internationaler Ebene agieren. Die Erfahrung und Präsenz dieser Unternehmen in verschiedenen Ländern können beim Einstieg und der fortlaufenden Durchführung des internationalen Direktmarketing von den Unternehmen genutzt werden. Einige dieser internationalen Dienstleistungsunternehmen bieten diese Erfahrung und Kompetenz bereits explizit als eigenständigen Service an. Der folgende Kasten zeigt einige Beispiele hierfür auf:

Abbildung 1-17: Beispiele für internationale Prozessspezialisten und ihre Angebote

- Internationale Marktforschung: GfK, Nielsen etc.
- Direktmarketing-Agenturen: Ogilvy One, Proximity, Publicis, Wunderman etc.
- Internationales Adressmanagement: Deutsche Post, Swiss Post etc.
- Internationale Payments: DHL, FedEx, UPS, MasterCard, VISA etc.
- Fulfillment/Delivery: DHL, FedEx, UPS etc.

Darüber hinaus entwickeln sich derzeit internationale Angebote für das Management der gesamten Prozesskette des internationalen Direktmarketing. Diese bieten von der Zielmarktanalyse bis hin zur Abwicklung des Retourenhandlings und des Forderungseinzugs alle Dienstleistungen aus einer Hand. Diese Meta-Spezialisten greifen bei der Erstellung der Teildienstleistungen wieder auf andere Spezialisten zurück, übernehmen jedoch die Verantwortung und Koordination des gesamten Prozesses für das Kundenunternehmen. Das Auftreten solcher Spezialisten verdeutlicht den potenziellen Wert, der mit dem internationalen Direktmarketing für die Kundenunternehmen verbunden ist und insbesondere der Koordinationsfunktion des Prozesses zugerechnet werden kann. Diese Art von Meta-Dienstleistungen werden zum Beispiel derzeit über Deutsche Post Global Mail-Gesellschaften sowie von der Swiss Post und der österreichischen Post angeboten.

Es hat sich nach Aussage mehrerer Autoren für Unternehmen bewährt, sowohl beim Einstieg als auch bei der fortlaufenden Betreuung des internationalen Direktmarketing auf spezialisierte Berater und Dienstleistungsunternehmen zurückzugreifen (u.a. McDonald 1998).

9 Zusammenfassung

Das internationale Direktmarketing hat sich in den letzten Jahren rasant entwickelt. In der Praxis hat es sich dabei von der engen Definition einer einzelnen grenzüberschreitenden Direktmarketing-Aktivität zunehmend gelöst. Heute wird der Prozess meist auf beiden Seiten der Grenze zu verschiedenen Anteilen von den jeweiligen Spezialisten umgesetzt. Die Erfahrungen aus dem internationalen Direktmarketing helfen den Unternehmen ebenso bei der Umsetzung inländischer Kampagnen für Zielgruppen ausländischen Ursprungs. Das internationale

Direktmarketing löst sich damit teilweise vom klassischen räumlichen Bezug der engen Definition. Die Entwicklung des internationalen Direktmarketing ist somit auch in gewisser Hinsicht ein Spiegelbild der zunehmenden Globalisierung vieler Gesellschaften. Mit ca. 46 Mrd. US-Dollar hat das internationale Direktmarketing mittlerweile ein bedeutendes Volumen angenommen, das weiterhin überproportional wächst.

Dennoch ist die Umsetzung des internationalen Direktmarketing in seinen einzelnen Teilprozessen von der Ziellandanalyse bis hin zum operativen Retourenhandling ein zunehmend lokales Geschäft. Die internationale Konsolidierung in wesentlichen Teilbereichen der Wertschöpfungskette hat multinationale Player entstehen lassen, auf die die Unternehmen bei der Umsetzung ihres eigenen internationalen Direktmarketing zurückgreifen können. So können sie das Vertrauen in bekannte heimische Anbieter mit der Nutzung der lokalen Erfahrung im Ausland gut kombinieren, um ihr eigenes Risiko systematisch zu reduzieren. Dies gilt mittlerweile auch für die Anbieter von Koordinationsfunktionen für den gesamten Prozess des internationalen Direktmarketing. Das Unternehmen kann über die Nutzung dieser Anbieter selbst mit reduziertem Risiko lernen. Die Nutzung dieser Erfahrungen kompromittiert jedoch nicht die exzellenten Chancen, die für das jeweilige Unternehmen mit dem Einstieg in neue Märkte verbunden sind. Trotz aller Komplexität des internationalen Direktmarketing bleibt es jedoch immer ein relativ einfaches, schnelles und kostengünstiges Instrument für den erfolgreichen Einstieg in neue Märkte.

10 Literaturverzeichnis

Albers, N., B.D. Gelb (1991): »International Direct Marketing Efforts: Are they Useful to Small Businesses in Establishing Consistent Patterns of Exporting?«, Journal of Direct Marketing, 5 (4), S. 29–38.

Akhter, S.H. (1988): »Direct Marketing Infrastructure: An Indicator of Direct Marketing Potential in Foreign Markets«, Journal of Direct Marketing, Vol. 2 (Winter), S. 13–27.

Akhter, S.H. (1996): »International Direct Marketing: Export Value Chain, Transaction Cost, and the Triad«, Journal of Direct Marketing, Vol. 10, No. 2, S. 13–23.

Anderson, E., A.T. Coughlan (1987): »International Market Entry and Expansion via Independent or Integrated Channels of Distribution«, Journal of Marketing, Vol. 51 (January), S. 71–82.

Batra, R. (1990): »The New Direct Marketing: How to Implement a Profit-Driven Database Marketing Strategy«, David Shepard Association, Dow Jones-Irwin, Homewood, Ill.

Bird, D. (1990): »Praxis-Handbuch Direktmarketing«, Verlag Moderne Industrie, Landsberg/Lech.

Bruns, J. (1998): »Direktmarketing«, Ludwigshafen, Kiehl.

Dallmer, H. (1997): »Das System des Direct Marketing – Entwicklung und Zukunftsperspektiven«, in: »Handbuch Direct Marketing«, 7. Auflage, Wiesbaden, Gabler, S. 3–20.

Dallmer, H. (2002): »Direct Marketing im Wandel«, Zeitschrift für Betriebswirtschaft, ZfB-Ergänzungsheft 1 (2002), S. 1–19.

Deutsche Post AG (2004): »Competence Center Global Mail«, Vortrag auf der DIMA 2004, Düsseldorf.

Deutsche Post AG (2003): »Marketingfakten International 2003 – Neue Märkte. Neue Chancen.«, Bonn.

Deutsche Post AG (2004a): »Marketingfakten International 2004 – Neue Märkte. Neue Chancen.«, Bonn.

Deutsche Post AG (2004b): »Direktmarketing Deutschland 2004«, Bonn.

Deutsche Post AG (2005a): »Dialog-Marketing 2005«, Bonn.

Deutsche Post AG (2005b): »Marketingfakten International 2005 – Neue Märkte. Neue Chancen.«, Bonn.

DHL Global Mail: »Direktmarketing-Scout«, Bonn, 2005.

DMA (2004a): »Statistical Fact Book 2004«, New York, N.Y., USA.

DMA (2004b): »The DMA Response Rate Report 2004«, New York, N.Y., USA.

DMA (2006): »Statistical Fact Book 2006«, New York, N.Y., USA.

Durvasula, S., S.H. Akhter, G.J. Bamossy (1996): »A Cross-National Comparison of Consumers' Attitudes Toward Direct Marketing and Purchase Intentions«, Discussion Paper No. TI 96-36/6, Tinbergen Institute, Amsterdam.

Elsner, R. (2003): »Optimiertes Direkt- und Database-Marketing unter Einsatz mehrstufiger dynamischer Modelle«, DUV, Wiesbaden.

FEDMA (2002): »2002 Survey on direct and interactive Marketing activities«, Brussels, Belgium.

FEDMA (2004a): »FEDMA List Council Fact Pack 2004«, Brussels, Belgium.

FEDMA (2004b): »Legal Fact Pack 2004«, Brussels, Belgium.

FEDMA (2004c): »The Global Guide to Robinson Lists/Preference Services«, Brussels, Belgium.

FEDMA (2005a): »2003 Survey on direct and interactive Marketing activities in Europe«, Brussels, Belgium.

FEDMA (2005b): »The global guide to Robinson Lists/Preference Services«, revised version, Brussels, Belgium.

Fowler, G.A. (2003): »Junk mailers discover Asia is close to heaven«, The Wall Street Journal, 3/5, B.1 & 2.

Gerdes, J. (2002): »Macht sich Dialogmarketing bezahlt? – So macht sich Dialogmarketing bezahlt!«, Siegfried Vögele Institut (Hrsg.), Bonn und Königstein.

Gehrt, K.C., S. Shim (1998): »A shopping orientation segmentation of French consumers: Implications for Catalog Marketing«, Journal of interactive Marketing, Vol. 12, No. 4, S. 34–46.

Gerardi, A., H. Hoke (1966): »Einführung in die Direktwerbung«, in Anlehnung an »How to think about direct mail« von Henry Hoke unter besonderer Berücksichtigung der europäischen Verhältnisse, Fachverlag Gerardi KG, Pforzheim.

Hengst, R. (2000): »Plotting Your Global Strategy«, Direct Marketing, Vol. 63 (4), S. 52–57.

Holland, H. (2004): »Direktmarketing«, 2. völlig überarbeitete und erweiterte Auflage, München, Vahlen.

Hornikel, S. (2004): »Internationale Adressbeschaffung«, in: Direkt Marketing, Nr. 10, S. 18–21.

Iyer, R.T., J.S. Hill (1996): »International direct marketing strategies: a US-European comparison«, European Journal of Marketing, Vol. 30, No. 3, S. 65–83.

Jain, S.C. (1989): »Standardization of International Marketing Strategy: Some Research Hypotheses«, Journal of Marketing, Vol. 53 (January), S. 70–79.

Lee, M. (2004): »Attitudes towards direct marketing, privacy, environment, and trust: Taiwan vs. U.S.«, International Journal of Consumer Marketing (IJCM), Vol. 14 (1), S. 1–18.

Lester, L.Y. (1999): »European List Experience: List Strategies That Worked for Three U.S. Direct Mailers«, Target Marketing, Ausgabe vom 1. März 1999.

Lester, L.Y. (2001a): »Case Study – Marketing into France«, Target Marketing, Ausgabe vom 1. Mai 2001.

Lester, L.Y. (2001b): »U.S. Cataloger marketing in Japan – Far From Over«, Target Marketing, Ausgabe vom 1. Juni 2001.

Lester, L.Y. (2002): »A World of Opportunity«, Target Marketing, Ausgabe vom 1. November 2002.

Lester, L.Y. (2003a): »7 Ways to Uncover Big Opportunities in Global Markets«, Target Marketing, Ausgabe vom 1. August 2003.

Lester, L.Y. (2003b): »Overseas Delivery«, Target Marketing, Ausgabe vom 1. September 2003.

Lester, L.Y. (2003c): »Get Down With Global Data«, Target Marketing, Ausgabe vom 1. November 2003.

Levitt, T. (1983): »The Globalization of Markets«, Harvard Business Review, 61 (May-June), S. 92–102.

Light, D., T.H. Somasundaram (1994): »International Direct Marketing Strategy: A Comparison with Alternative Media«, Journal of Direct Marketing, Vol. 8, No. 1, S. 71–78.

Löffler, H., A. Scherfke (2000): »Direkt-Marketing: Instrumente, Ausführung und neue Konzepte«, Cornelsen, Berlin.

McDonald, W.J. (1994): »Developing International Direct Marketing Strategies with a Consumer Decision-Making Content Analysis«, Journal of Direct Marketing, Vol. 8, No. 4, S. 18–27.

McDonald, W.J. (1998): »Five steps to international success«, Direct Marketing, Vol. 61 (7), S. 32–36.

McDonald, W.J. (1999): »International Direct Marketing in a Rapidly Changing World«, Direct Marketing, Vol. 61 (11), S. 44–47.

Meffert, H. (2002): »Direct Marketing und marktorientierte Unternehmensführung«, in: Dallmer, H. (Hrsg): Das Handbuch Direktmarketing & More, 8. völlig überarbeitete Auflage, Gabler, Wiesbaden.

Mehta, R., R. Grewal, E. Sivadas (1996): »International Direct Marketing on the Internet: Do Internet Users Form a Global Segment?«, Journal of Direct Marketing, Vol. 10, No. 1, S. 45–58.

Milne, G.R., J. Beckman, M.L. Taubman (1996): »Consumer Attitudes toward Privacy and Direct Marketing in Argentina«, Journal of Direct Marketing, Vol. 10, No. 1, S. 22–29.

Neumann, U., T. Nagel (2000): »Neue Märkte – neue Kunden, mit Direktmarketing Europa erschließen«, Beck-Wirtschaftsberater im dtv, München.

Neumann, U., T. Nagel (2001): »Professionelles Direktmarketing«, 1. Aufl., Beck-Wirtschaftsberater im dtv, München.

o.V. (2000): »International Direct Marketing, B to B«, Bd. 85, Ausgabe 19, 20. Nov. 2000.

Österreichische Post (2005): Euro. Pass, Wien Österreich.

Padmanabhan, R.T. (1990): »An Exploratory Study of U.S. and European International Direct Marketing Strategies«, PhD Thesis, University of Alabama.

Rawwas, M.Y.A., D. Strutton, L.W. Johnson (1996): »An Exploratory Investigation of the Ethical Values of American and Australian Consumers: Direct Marketing Implications«, Journal of Direct Marketing, Vol. 10, No. 4, S. 52-63.

Roberts, M.L., P.D. Berger (1999): »Direct Marketing Management«, 2. ed., Prentice Hall, Upper Saddle River, New York.

Rosenfield, J.R. (1994): »Direct Marketing Worldwide«, Journal of Direct Marketing, Vol. 8, No. 1, S. 79–82.

Schultz, D.E. (1994): »When the World Got Smaller«, Journal of Direct Marketing, Vol. 8, No. 1, S. 5–6.

Schweizerische Post (2004): »International Adress-Guide – Privat- und Firmenadressen aus 20 Ländern«, 2. neu bearbeitete und erweiterte Auflage, Bern (CH).

Soricello, S. (1996): »Going direct into overseas markets«, Direct Marketing, Vol. 58 (11), S. 52–54.

Spiller, L.D., A.J. Campbell (1994): »The Use of International Direct Marketing by Small Businesses in Canada, Mexico, and the United States«, Journal of Direct Marketing, Vol. 8, No. 1, S. 7–16.

Spiller, L.D., M. Baier (2005): »Contemporary Direct Marketing«, Pearson Prentice Hall, Upper Saddle River, New Jersey, USA.

Stone, B., R. Jacobs (2001): »Successful direct marketing methods«, 7. ed., McGraw-Hill, Chicago, Illinois [u.a.].

Stone, M., A. Bond, E. Blake (2003): »The definitive guide to direct and interactive marketing«, FT Prentice Hall, Harlow et al.

Szymanski, D.M., S.G. Bharadwaj, P.R. Varadarajan (1993): »Standardization versus Adaptation of International Marketing Strategy: An Empirical Investigation«, Journal of Marketing, Vol. 57 (October), S. 1-17.

Topol, M., E. Sherman (1994): »Trends and Challenges of Expanding Internationally via Direct Marketing«, Journal of Direct Marketing, Vol. 8, No. 1, S. 32–43.

Yorgey, L. (1999a): Rodale Press: »A Market-by-Market Approach Helped This Publisher Build Its Direct Marketing Business Overseas«, Ausgabe vom 1. Juni 1999.

Yorgey, L. (1999b): »International by Design: Peruvian Connection Adds Germany to Its Global Mix and Expands«, Target Marketing, Ausgabe vom 1. November 1999.

ZAW (2004): »Werbung in Deutschland 2003«, Zentralverband der deutschen Werbewirtschaft, Bonn.

2. Kapitel: Best Practice

Einleitung

Wie sieht es nun in der Praxis aus? Im ersten Kapitel wurden das rasante Wachstum und die zunehmende Bedeutung des internationalen Direktmarketing dargestellt. Hier folgen nun einige Beispiele aus der Praxis, die das breite Spektrum aufzeigen.

Die Erfolge der dargestellten Aktionen sind ein Zeichen für die Bedeutung internationaler Direktwerbung. Das gilt für das Crossborder-Marketing bei der Kampagne der DHL Global Mail ebenso wie für den werblichen Kundendialog in neuen aufstrebenden Märkten im Osten im Fall Acxiom. Deutlich wird das auch bei der Ethnomarketing-Kampagne und der Hewlett-Packard-Kampagne.

Um eine möglichst große Vielfalt zu präsentieren, wurden die einzelnen Beiträge nach geografischen Kriterien, Übertragbarkeit auf andere Länder und Unterschieden bei der Vorgehensweise ebenso wie bei den Zielgruppen ausgewählt. Dabei steht die Neukundengewinnung gegenüber der Kundenbindung im Vordergrund, weil hier insgesamt eher der Einstieg in das internationale Direktmarketing im Fokus steht. Im Hinblick auf die zunehmende Bedeutung crossmedialer Kampagnen spielte bei der Auswahl auch der Einsatz möglichst vieler verschiedener Medien eine Rolle. Zuletzt spiegeln die Fallbeispiele auch die unterschiedlichen Definitionsbreiten des internationalen Direktmarketing wider.

Dabei zeigt sich, dass bei grenzüberschreitenden Kampagnen die regionale Kompetenz von entscheidender Bedeutung für den Erfolg ist. Nur wenn die Botschaft sehr nah an die beruflichen, aber auch kulturellen und gesellschaftlichen Bedürfnisse der Adressaten herankommt, wird ein ausländisches Unternehmen als professioneller Dienstleister wahrgenommen und als Alternative akzeptiert. Rosegret Nave erläutert anhand einer internationalen Kampagne der DHL Global Mail die Vorgehensweise bei der parallelen Neukundengewinnung in 14 Ländern in Asien, Europa und Nordamerika. Im Rahmen der mehrstufigen B2B-Kampagne stehen vor allem die Medien Direct Mail und Anzeigen in Fachzeitschriften im Vordergrund. Dieser Beitrag beschreibt eine klassische internationale Direktmarketing-Kampagne.

Im Fall Acxiom wird deutlich, was den Einsatz neuer statistischer Methoden so erfolgreich macht: Es ist die Suche nach bisher unbekannten Mustern in der Beziehung zwischen Produkten und ihren Konsumenten. Auke van den Hout und Kay Peters beschreiben diese ungewöhnlichen Wege bei der Gewinnung von Neukunden. Die polnische Internetbank Inteligo hat dafür den internationalen Dienstleister Acxiom engagiert. Die Adressen, die dem bewährten, klassischen Kundenprofil entsprechen, sind ausgeschöpft. Gemeinsam mit Acxiom löst sich das Team von der weit verbreiteten, traditionellen Vorgehensweise und setzt neue statistische Verfahren zur Identifikation potenzieller Neukunden ein. Das Fallbeispiel ist sicherlich nicht nur für Banken und Internetbanken in vielen Ländern sehr aufschlussreich.

Ausschließlich mit der Neukundengewinnung beschäftigt sich Thomas Nagel: Wie werden Zielländer gewählt? Welche Zielgruppen sollen adressiert werden? Mit welchen Instrumenten? Auf welche Erfahrungen muss man sich einstellen? Thomas Nagel hat in diesen Beitrag seine jahrzehntelange praktische Erfahrung einfließen lassen. Dabei illustriert er seine Empfehlungen mit Beispielen aus verschiedenen europäischen Ländern. Darüber hinaus gibt er Anregungen zur Auswahl der geeigneten Medien, die sich je nach Land, Produkt und Zielgruppe erheblich unterscheiden können.

Ausländische Märkte liegen nicht immer tausende von Kilometern von den werbetreibenden Unternehmen entfernt. Selbst im Inland gibt es Zielgruppen, die nur mit international geprägter Kommunikation angesprochen werden können. Diane Rinas geht auf das Ethnomarketing als Spezialfall des internationalen Direktmarketing ein: die Zielgruppe ausländischen Ursprungs im deutschen Heimatmarkt. Sie verdeutlicht, wie sehr die Anforderungen und Prozesse des Ethnomarketing denen des internationalen Direktmarketing gleichen. Die verwendeten Medien Direct Mail, TV und Print müssen analog zu den Vorgehensweisen im internationalen Direktmarketing den historischen und kulturellen Hintergründen der Zielgruppe angepasst werden.

Um werblich bei Zielgruppen in fremden Märkten zu landen, bedarf es manchmal einer gewissen Querdenker-Mentalität. Die in diesem Buch beschriebene Hewlett-Packard-Kampagne ist ein solches Beispiel innovativer Dialogkommunikation. Der Erfolg dieser Kampagne ist im Wesentlichen auf eine radikale Verlagerung von Breitenwerbung zu einem auf die persönliche Erfahrung ausgerichteten Marketing zurückzuführen, das die Zielgruppe zur Entdeckung der Markenwerte veranlasst hat.

Die Autoren Jon Williams und Thomas Curwen zeigen diese neuen Perspektiven auf. In einem offensichtlich international ausgereiften Markt mit wenig Bewegung – dem Markt für Drucker – sollen eingeschworene Communities als zukünftige internationale Trendsetter für eine »alte« Marke neu gewonnen werden. Doch wie erreicht man diese Zielgruppe, die allen klassischen Werbeformen und -botschaften weltweit äußerst kritisch gegenübersteht? Publicis hat dazu gemeinsam mit Hewlett-Packard eine überraschend innovative Lösung gefunden. Die verwendeten Medien sind avantgardistisch und geben einen guten Einblick in die Verwendung der Direktmarketing-Medien der Zukunft. Zugleich zeigt die Kampagne, dass sich heutzutage in engen Communities eine schnelle Globalisierung kaum verhindern lässt. So wurde aus einem Start in London mit anschließendem Rollout in Europa sofort eine globale Kampagne. Hier wird deutlich, dass im Zusammenspiel klassischer Direktmarketing-Instrumente und neuer Formen der Kundenansprache künftig ein enormes Potenzial liegen wird.

Grenzüberschreitend gilt, dass das wichtigste Ziel des heutigen Direktmarketing ist, dafür zu sorgen, dass der Verbraucher ein guter, treuer Kunde bleibt. Schließlich haben beide Seiten etwas davon, wenn Werbetreibende mit der direkten, werblichen Ansprache verantwortungsbewusst umgehen. Die Robinson-/Präferenz-Services sind ein zentrales Element des damit verbundenen Verantwortungsbewusstseins.

Mit den unterschiedlichen rechtlichen Rahmenbedingungen für die Medien Direct Mail, Telefon, Fax und E-Mail in den verschiedenen Ländern beschäftigt sich Alastair Tempest. Er nimmt dabei auf die Ausführungen der anderen Fallstudien Bezug. Der Beitrag zeigt, wie dringend eine Harmonisierung wäre, die es bislang nicht einmal in der Europäischen Union gibt. Diese Heterogenität macht den Beitrag für die tägliche Praxis wertvoll, zumal er jeweils auf lokale Lösungsmöglichkeiten hinweist. Er leitet über zum dritten Kapitel dieses Buches, in dem weitere aktuelle Fakten für die Umsetzung des internationalen Direktmarketing gegeben werden.

Insgesamt wird deutlich, dass das Mailing weltweit immer noch das zentrale Mittel des Direktmarketing ist. In den meisten Ländern wird der Brief als hohe Wertschätzung des Absenders gegenüber dem Empfänger angesehen. Daher ist ein Mailing oft fester Bestandteil der Direktmarketing-Strategie. Es erregt Aufmerksamkeit, transportiert oft wie ein Container weitere Inhalte und bietet darüber hinaus ein haptisches Erlebnis.

Autor/ / Inhalte	**Nave**	**van den Hout/ Peters**	**Nagel**	**Rinas**	**Williams/ Curwen**	**Tempest**
Regionaler Schwerpunkt	14 Länder in Asien, Europa und USA	Polen	allgemein	türkische Zielgruppe (BRD)	UK (Frankreich, weltweit)	Weltweit
Typ	B2B	B2C	B2B / B2C	B2C (B2B)	B2C	B2B / B2C
IDM* Aspekt	regionaler Ausbau	lokaler Ausbau mit internationalem Dienstleister	Länderauswahl und Einstieg	Ethnomarketing als lokales IDM*	integrierter Einsatz avantgard. BTL**-Medien	rechtlicher Vergleich weltweit
Kundenlebenszyklus	Neukunden	Neukunden	Neukunden	Neu- u. Bestandskunden	Neukunden	Neu- u. Bestandskunden
Medien	Brief, Anzeigen, Internet	Brief	alle Response-Medien	Brief, TV, Anzeigen	BTL**-Medien	Brief, Fax, Telefon, E-Mail
ein-/mehrstufige Kampagne	mehrstufig	einstufig	nicht relevant	mehrstufig	mehrstufig	nicht relevant

IDM: internationales Direktmarketing*
*BTL**: below the line*

Rosegret Nave

2.1 Lokale Punktlandung durch globale Planung

Integrierte Direktmarketing-Kampagne der DHL Global Mail* für 14 Länder

Überblick

- Direktmarketing ist ein bewährtes und effizientes Instrument zur Erschließung neuer Märkte. Durch seine Flexibilität bietet es global ausgerichteten Unternehmen auf einzigartige Weise die Möglichkeit, Kunden in unterschiedlichen nationalen Zielmärkten parallel anzusprechen und Botschaften weltweit zu transportieren.
- Beschrieben werden die spezifischen, durch inhaltliche wie ökonomische Aspekte bedingten Anforderungen an internationale Direktmarketing-Kampagnen.
- Verdeutlicht wird, dass die intensive Zusammenarbeit zwischen globalen Planern und Kennern der einzelnen Zielmärkte eine notwendige Voraussetzung für den Kampagneerfolg ist.

Die vorgestellte Direktmarketing-Kampagne hat Modellcharakter in mehrfacher Hinsicht: Sie dokumentierte die Funktionalität der Zusammenarbeit internationaler Teams von der Konzeptionsphase bis zur Realisierung und belegt die Ausgangsthese, dass mit dieser Methodik zentrale Kernbotschaften erfolgreich in die Codes beliebiger Zielmärkte übersetzt werden können.

* Wie bereits im Vorwort erwähnt, bieten unter dem Markennamen »DHL Global Mail« Gesellschaften des Konzerns Deutsche Post World Net Produkte und Dienstleistungen im Namen und Auftrag der Deutschen Post AG im Ausland an. Die Gesellschaften des Konzerns Deutsche Post World Net werden im Folgenden insgesamt als DHL Global Mail bezeichnet.

1 Mit multinationalem Direktmarketing die Chancen der Globalisierung nutzen

Spätestens seit den 80er Jahren handeln weltweit aktive Unternehmen nach dem Prinzip »Think Globally – Act Locally«: Sie entwickeln zentrale Strategien für buchstäblich grenzenlos erfolgreiche Produkte und Dienstleistungen, die sie dann mit auf die jeweiligen Teilmärkte zugeschnittenen Methoden vermarkten, distribuieren oder auch produzieren. Mit diesem Lösungsansatz sind beispielsweise Automobilhersteller und die großen Lebensmittel- oder Möbelketten international erfolgreich.

Für die Marketing-Kommunikation wird das Prinzip »Think Globally – Act Locally« bislang nur wenig genutzt, wofür verschiedene Gründe ausschlaggebend sind. Zum einen verfügen auch global aktive Unternehmen, die sich in den letzten Jahren verstärkt auf ihre Kernkompetenzen konzentriert haben, in der Regel längst nicht in allen potenziellen Zielmärkten über funktionierende Marketing-Strukturen; zum anderen, und das ist zweifellos der wichtigere Aspekt, kann durch »globales Denken und lokales Handeln« weder den inhaltlichen noch den ökonomischen Anforderungen an multinational erfolgreiche Kampagnen angemessen Rechnung getragen werden.

Inhaltliche und logistische Herausforderungen

Die ökonomische Herausforderung wird vor allem durch den großen organisatorischen und logistischen Aufwand internationaler Kampagnen verursacht. Act Locally hieße hier beispielsweise, dass alle Aufgaben vom Adressmanagement über den punktgenauen Versand bis hin zu möglichen Nachfassaktionen in jedem Land individuell geplant, kalkuliert und umgesetzt werden müssen.

Inhaltlich gilt für das Direktmarketing, dass der Erfolg einer Kampagne mit einer ausschließlich global erdachten zentralen Botschaft kaum gewährleistet werden kann. Denn ihre Wahrnehmung und Akzeptanz ist abhängig von der Berücksichtigung der Werte, Einstellungen, Erwartungen der anzusprechenden Zielgruppen, die von Faktoren wie Kultur, Religion, Ethnie oder Sozialstruktur im Umfeld der einzelnen Märkte bestimmt werden.

Mit Global Mail Business bietet DHL Global Mail ein Produkt an, dessen ganz spezieller Nutzen diesen besonderen Anforderungen des internationalen Direktmarketing Rechnung trägt: Der USP liegt in der Convenience für den Kunden – Global Mail Business erschließt ihnen alle relevanten Märkte bei denkbar einfachem und bequemem Handling und garantiert den reibungslosen und sicheren Versand von Geschäftspost zu allen Destinationen – unabhängig, ob es sich um einzelne Kampagnen, vertrauliche Dokumente oder die gesamte Geschäftspost handelt.

Doch trotz dieses gleichsam universellen, also für alle Zielmärkte stimmigen USP war bei der Projektplanung unstrittig, dass eine Direktmarketingkampagne für dieses Produkt nur dann den größtmöglichen Erfolg gewährleisten würde, wenn die folgenden Anforderungen erfüllt werden können. Die Kampagne muss

- eine einheitliche Botschaft
- im Medienmix
- den relevanten Zielgruppen
- auf unterschiedlichen Märkten
- in der ihnen eigenen (regional/kulturell vorgegebenen) Bild-, Wort- und Emotionsebene
- möglichst effizient vermitteln.

Durch die direkte Übertragung von zentral konzipierten Botschaften – »globales Denken« – auf einzelne Märkte kann die Vielfalt der anzusprechenden Zielgruppen nicht angemessen berücksichtigt werden. Zudem wäre das »lokale Handeln« denkbar ineffizient, müssten doch in allen Zielmärkten Teams damit befasst werden, für im Vergleich zur Gesamtkampagne geringe Stückzahlen von Adressen zu identifizieren und reibungslose Produktions- und Versandlogistiken zu erschließen. Dieses Effizienzargument trifft auch auf die Alternative zu, das Direktmarketing in die alleinige Verantwortung von Teams in den Märkten zu legen. Außerdem würde das die Chance verbauen, sich durch weltweit einheitliche Kernbotschaften zu Unternehmen, Produkten oder Dienstleistungen zu positionieren.

Abbildung 2-1-1: Direct Mailings

Create Globally - Think Locally - Act Globally:

Erfolg versprechend ist dagegen die Umkehrung und Ergänzung des erwähnten Prinzips zum »Create Globally – Think Locally – Act Globally«: Die Kernaussage und die emotionale Grundhaltung wird entsprechend dem Selbstverständnis und der Zielsetzung des Unternehmens vorgegeben. Dieser Rahmen wird dann durch Einbeziehung von Wissen und Erfahrung über die einzelnen Märkte dem jeweiligen Bedarf angepasst. Schließlich werden Planung und Realisierung der Direktmarketing-Kampagne aus einer Hand organisiert, gesteuert, umgesetzt und evaluiert.

Dass es sich bei diesem Lösungsansatz tatsächlich um einen praktikablen und erfolgreichen Ansatz handelt, hat DHL Global Mail als weltweit führender Anbieter von Gesamtlösungen in der B2B-Kommunikation anhand eines Fallbeispiels »in eigener Sache« bewiesen. Dazu wurde für 14 Länder in Europa und dem asiatisch-pazifischen Raum eine Direktmarketing-Kampagne für »Global Mail Business«, eine Komplettlösung für den internationalen Briefversand, konzipiert und realisiert. Diese Kampagne sollte gleichermaßen den Bekanntheitsgrad von DHL Global Mail und den Absatz des Produkts messbar steigern.

2 Positionierung gegen lokale Wettbewerber durch weltweite Kompetenz und klaren USP

Entscheidende Voraussetzung für die Konzeption einer globalen Direktmarketing-Kampagne ist die Kenntnis der Rahmenbedingungen, insbesondere der Wettbewerbssituation auf den einzelnen Zielmärkten. Ein Markteintritt ist nur sinnvoll, wenn den Angeboten der Wettbewerber ein – hinsichtlich Qualität, Preis oder Convenience – besseres entgegengesetzt werden kann.

Hauptwettbewerber für DHL Global Mail auf allen Märkten sind die lokalen Postgesellschaften. Sie verfügen aufgrund ihrer jahrzehntelangen Monopolstellung und dem sich daraus ergebenden Charakter als »nationale Unternehmen« über einen sehr hohen Bekanntheitsgrad und genießen meist einen großen Vertrauensvorschuss. Zusammen mit dem oft noch fehlenden Wissen um alternative Anbieter seitens der Kunden macht dies die Postgesellschaften in der Regel zum ersten Ansprechpartner von Unternehmen, wenn diese grenzüberschreitende Marketing-Aktivitäten planen.

Internationale Kompetenz für Mail-Lösungen

Dieser historisch bedingten großen Bekanntheit und Präsenz der Wettbewerber auf ihren Heimatmärkten konnte DHL Global Mail einerseits die auf internationale Kompetenz gründende Bekanntheit der Marke DHL entgegensetzen. Ebenso garantiert das von DHL Global Mail weltumspannend aufgebaute Netz für Mail-Lösungen mit 17 Büros auf vier Kontinenten direkte Verbindungen in mehr als 200 Länder.

Zudem konnte mit Global Mail Business ein Produkt beworben werden, das in seiner spezifischen Leistungsbreite wie im Preis-Leistungs-Verhältnis weltweit nahezu konkurrenzlos ist. Global Mail Business bietet den Kunden als All-in-one-Lösung alle mit dem internationalen Briefversand verbundenen Leistungen – von der Abholung der Geschäftspost oder Sortierung und Frankierung bis hin zur Rücksendung unzustellbarer Sendungen sowie der Sendungsnachverfolgung.

Abbildung 2-1-2: Direct Mailing

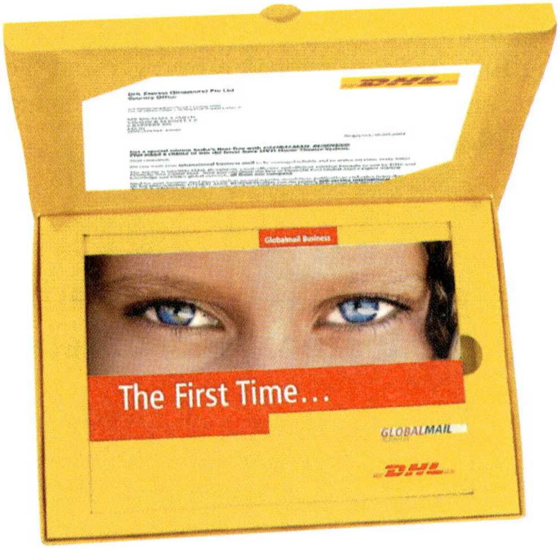

Positionierung und Absatzförderung als Ziele

Angesichts dieser Rahmenbedingungen lagen die Ziele der Direktmarketing-Kampagne regelrecht auf der Hand: Es ging darum, DHL Global Mail bei Entscheidern und mit Versandlösungen befassten Mitarbeitern in ausgewählten Unternehmen als weltweit präsenten und hochkompetenten alternativen Anbieter für internationale Mail-Lösungen zu positionieren. Parallel sollte der Absatz des Produkts Global Mail Business spürbar erhöht werden.

Gemäß dem schon beschriebenen Zusammenspiel zwischen »Headquarter« und regionalen Experten wurde schon bei der Konzeption der Kampagne darauf geachtet, Wissen und Ressourcen verschiedener Teams einzubringen und in das Konzept zu integrieren. Unter der Federführung des zentralen Marketing von DHL Global Mail in Bonn wurde einer Leadagentur die Verantwortung für das inhaltliche und gestalterische Grundkonzept unter Berücksichtigung des Konzern-CD übertragen.

Zugleich wurden Marketing- und Sales-Experten aus den Zielmärkten einbezogen, die sich bei Bedarf wiederum von Agenturen mit Direktmarketing-Kompetenz in den jeweiligen Ländern beraten ließen. So konnten Teams zusammengestellt werden, in denen Mitarbeiter des Headquarters und aus den jeweiligen Regionen gemeinsam Lösungen erarbeiteten. Zusammen würde das Grundkonzept in unterschiedliche lokale Ansprachen »übersetzt« und ein gemeinsames Verständnis für die spezifischen Ziele auf den einzelnen Märkten geweckt.

Bei der Konzeption konnten die Teams auf das gesamte Instrumentarium des Direktmarketing zurückgreifen. Schließlich sind Kampagnen, die verschiedene aufeinander abgestimmte Medien integrieren, erfolgreicher als monodimensionale Ansätze mit einem Medium, die in der Regel nur einen Kundenkontakt garantieren. Maßgeblich für die letztendliche Auswahl der Instrumente waren Erreichbarkeit und Kommunikationsverhalten der definierten Zielgruppen.

Abbildung 2-1-3: Asiatische Mailings

3 Integration von lokalem Know-how in globale Planung für eine marktgerechte Ansprache

Die Definition der Zielgruppen stand dann auch naturgemäß am Beginn der konzeptionellen Arbeit. Es galt, die Personengruppen festzulegen, in deren Verantwortung grundsätzliche Entscheidungen über neue Dienstleistungspartner liegen oder die im täglichen Geschäft mit diesen Partnern arbeiten. In diesem Fall sind dies insbesondere die Ansprechpartner für Versanddienstleister und Direktmarketing-Spezialisten.

Kernzielgruppen definieren

Auf diese Weise wurden zunächst drei Kernzielgruppen definiert: Direktoren, Einkaufsleiter und Poststellenleiter. Schon in der Definitionsphase wurde klar, dass die unterschiedliche Nähe dieser drei Gruppen zum Mailgeschäft eine entsprechend differenzierte Ansprache notwendig machen würde. Ergänzt wurden diese Zielgruppen – in Abhängigkeit von den Unternehmensgrößen und Unterschieden in den Unternehmenskulturen – durch Sekretärinnen und Büroleiter. Sie stehen als Direktnutzer der Dienstleistung nicht nur im persönlichen Kontakt mit Mitarbeitern und Produkten von DHL Global Mail. Durch ihre Nähe zu den Entscheidern übernehmen sie die Rolle von Multiplikatoren und Einflussagenten. Auch für diese Zielgruppe galt es, eine adäquate, sprich individuelle Ansprache zu erarbeiten.

Zielmärkte festlegen

Die Definition der Zielmärkte war der zweite Schritt der Projektplanung. Da es sich um eine Kampagne für ein Produkt handelt, das über das globale Netzwerk von DHL vertrieben wird, waren hierzu keine besonderen Vorarbeiten notwendig: Global Mail Business konnte grundsätzlich in allen Ländern vermarktet werden, in denen DHL vertreten ist. Ausgewählt wurden dann schließlich Länder mit vergleichsweise großer Wirtschaftskraft und hinreichender Zahl von Unternehmen mit internationaler Ausrichtung. Dadurch kam es zur Fokussierung auf Österreich, die Schweiz, Belgien, Luxemburg, Frankreich, die Niederlande, Dänemark, Schweden, Singapur, Thailand, Taiwan, Japan, Australien und Neuseeland.

Individuelle Ansprechpartner identifizieren

Nachdem festgelegt worden war, wer in welchen Ländern erreicht werden sollte, stand die Identifizierung der anzusprechenden Personen und das Adressmanagement auf der Tagesordnung. Angesichts der internationalen Ressourcen von DHL Global Mail – technologisch wie hinsichtlich des Adressbestands und ergänzender Recherchekapazitäten – stellte die Komplexität dieser Aufgabe nur scheinbar eine besondere Herausforderung für die Projektplaner dar. Immerhin handelt es sich hierbei um eine Schlüsselkompetenz des Unternehmens – eine notwendige und deshalb selbstverständlich erfüllte Voraussetzung für Anbieter von internationalen Mail-Lösungen.

Tatsächlich konnten die einzelnen Arbeitsschritte schnell, effizient und in sehr hoher Qualität erledigt werden. Dazu mussten zunächst die nach Branche und Größe interessanten Unternehmen in 14 Ländern herausgefiltert werden, um dann die Kontaktdaten der verschiedenen Teilzielgruppen zu recherchieren. Das machte deutlich, dass hier ein erster und nicht zu unterschätzender Vorteil des »Act Globally« liegt, wie es von DHL Global Mail gewährleistet wird.

Abbildung 2-1-4: US-Mailing

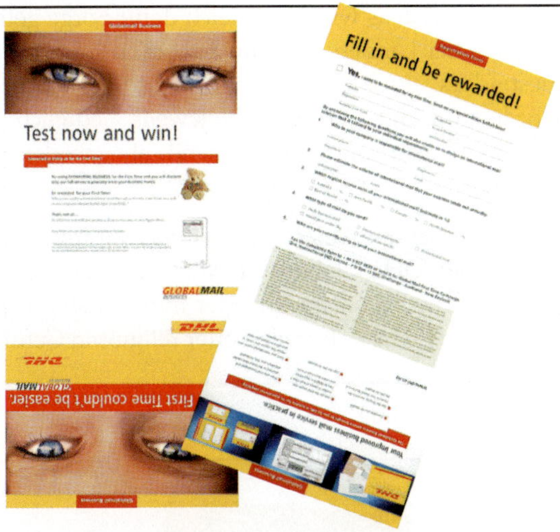

DHL Global Mail konnte dieses Handlungsprinzip umsetzen, weil es wie nur wenige andere Unternehmen über umfassende Erfahrungen im internationalen Adressmanagement verfügt. Eine solche Aufgabe kann deshalb schnell, zuverlässig und zu akzeptablen Kosten bewältigt werden. Natürlich gibt es mittlerweile auch eine große Zahl von Dienstleistern, die sich auf vergleichbare Dienstleistungen spezialisiert haben und ebenfalls als Partner für das länderübergreifende Direktmarketing in Frage kommen. Allerdings sollte in jedem Einzelfall geprüft werden, ob diese Dienstleister auch über das individuelle Know-how für jeden einzelnen Zielmarkt verfügen.

Die zentrale Botschaft kreieren

Bei der anschließenden Frage, mit welcher Kernaussage das Produkt den potenziellen Kunden nahe gebracht werden sollte, galt es erstmals, eine Produkteigenschaft in ein Sprachbild zu fassen. Dieses Sprachbild muss von allen Adressaten verstanden und ausschließlich mit positiven Assoziationen verbunden werden. Deshalb stimmte sich die hier federführende Leadagentur schon früh mit den DHL-Mitarbeitern aus den verschiedenen Ländern ab.

Das Ergebnis dieses gelenkten Kreationsprozesses lautete: »Das erste Mal«. Der Slogan verweist vordergründig auf die Tatsache, dass das vergleichsweise junge Produkt Global Mail Business für die allermeisten Adressaten neu war und die Direktmarketing-Kampagne zu einer erstmaligen Nutzung anregen wollte; und er spielt hintergründig mit der in der Regel positiven Konnotation, die für die meisten Menschen bei diesem Ausdruck spürbar wird, nämlich mit dem Beginn einer ersehnten oder erfreulichen Beziehung.

Integration lokaler Kompetenz

Durch die Auswahl eines ebenfalls emotionsstarken, aber hinsichtlich der Bildinformation eher reduzierten Key Visuals wurde zugleich dafür Sorge getragen, dass Doppeldeutigkeiten oder gar – bei Ländern mit muslimischen oder puritanischen Bevölkerungsanteilen besonders problematische – direkte sexuelle Anspielungen ausgeschlossen wurden: Gezeigt werden sollte jeweils »lediglich« ein weibliches Augenpaar: freundlich, romantisch und versprechend, aber weder offensiv noch anbiedernd oder anmaßend.

Entscheidendes Kriterium bei der Auswahl von Botschaft und Visualisierung war die einmütige Einschätzung der DHL Global Mail-Mitarbeiter aus den verschiedenen Zielländern, dass beide Elemente bei entsprechender Individualisierung in allen Ländern funktionieren könnten und keine kulturellen oder religiösen Gefühle verletzt würden.

Abbildung 2-1-5: Flämisches Mailing

Medienpaket für drei funktionale Ebenen erarbeiten

Nach der Entscheidung über die grundsätzliche Ausrichtung der Kampagne wurde ebenfalls in internationalen Teams herausgearbeitet, welcher Medienmix den größtmöglichen Erfolg sichern könnte. Welche Instrumente des Direktmarketing mit welcher Funktion sollten zu welchem Zeitpunkt eingesetzt werden?

Abbildung 2-1-6: Dänische Anzeige

Abbildung 2-1-7: Dänische Website

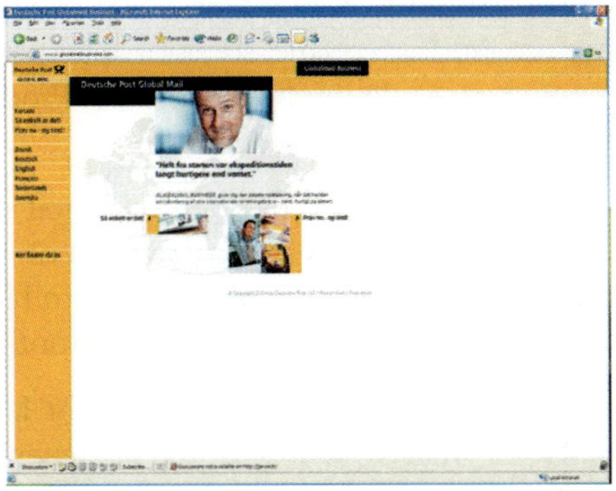

Grundlage für diesen Meinungsfindungsprozess war die Vorgabe, dass durch die Gesamtkampagne drei inhaltliche Ebenen bearbeitet werden sollten:

- die emotionale Ebene, auf der ein positives Interesse der Adressaten geweckt wird und die durch Kernbotschaft und Visualisierung erreicht wird;
- die Beweisebene, in der das Produktversprechen glaubwürdig belegt wird;
- die Aktionsebene, die die Adressaten zur Reaktion auf die Kampagne animiert und das Produkt für sie erlebbar macht.

Kernelement der Kampagne war somit ein Mailing, das alle drei Ebenen abdeckt. Für dieses Vorgehen sprach, dass durch Mailings Streuverluste verhindert werden, weil sie die individuelle Ansprache der Mitglieder der jeweiligen Zielgruppen ermöglichen. Ebenso erlauben sie – bei entsprechender Aufbereitung – einen hochwertigen, exklusiven Auftritt. Darüber hinaus bieten sie die Möglichkeit, durch die versendeten Materialien die verschiedenen Ebenen gleichwertig abzudecken. Für diese Kampagne war das Mailing ein flaches Päckchen, auf dem ein weibliches Gesicht den Empfänger mit dem Satz »Lassen Sie sich verführen« zum Öffnen einlädt und ihn nach dem Öffnen auf verschiedene Weise ansprach. Es enthielt:

- ein personalisiertes Anschreiben mit Basisinformationen zum Anlass der Kampagne – die Vorstellung beim Empfänger;
- eine aufwändig gestaltete Klappkarte, auf deren Klappen Testimonials von zufriedenen Anwendern abgedruckt waren. Diese zufriedenen Kunden erläutern nicht nur die Produktvorteile, sondern appellieren an die Leser, »das erste Mal« doch zu versuchen – dadurch erhält das Produktversprechen eine besonders hohe Glaubwürdigkeit;
- ein Gewinnspiel, das auf den Innenteil der Klappkarte platziert wurde und bei dem die Teilnehmer argumentativ zur richtigen Lösung geführt wurden – so wurden die Adressaten nicht nur zum Handeln bewegt, sondern zugleich nochmals mit den Produktvorteilen konfrontiert.

Da singuläre Maßnahmen immer Gefahr laufen, nicht oder unzureichend wahrgenommen zu werden, wurde durch begleitenden Medieneinsatz die Aufmerksamkeit für die Kampagne gezielt erhöht:

- Parallel zum Versand des Mailings wurden Anzeigen in den Fachzeitschriften der jeweiligen Länder geschaltet und Banner auf stark frequentierten Internetseiten gebucht. Anzeigen und Banner griffen dabei die Testimonials auf.
- In einem Follow-up-Mailing wurden die potenziellen Kunden mit einem »Starter-Kit« versorgt. Es enthielt eine Broschüre, die sie in die Lage versetzte, das »erste Mal« ohne Rückfragen auszuprobieren.
- Durch Telefonmarketing wurden in der Folge gezielt die Adressaten angesprochen, die bis zu diesem Zeitpunkt noch nicht auf die Kampagne reagiert hatten.
- Ausführliche Produktinformationen wurden leicht zugänglich auf den Internetseiten der DHL Global Mail eingestellt.

Sukzessives Rollout erlaubt Nachjustierungen

Bei dieser Methodik zur einheitlichen Ansprache von Kunden in immerhin 14 Ländern handelte es sich um eine neue Vorgehensweise. Deshalb wurde beschlossen, den Rollout sukzessive anzulegen, also nicht alle Länder zeitgleich zu versorgen. So konnten ggf. aufgrund erster Erfahrungen Nachjustierungen durchgeführt werden. Dies war in der Praxis letztendlich aufgrund der sorgfältigen Vorbereitung nicht notwendig.

Nachdem durch die beschriebenen Arbeitsschritte festgelegt worden war,

- welche Zielgruppen
- in welchen Ländern
- mit welcher Botschaft
- in welcher Form
- mit welchen Medien

angesprochen werden sollten, musste nun die lokale Adaption von Texten und Visualisierungen durchgeführt werden. Es war vor allem die Aufgabe von Agenturen in den Zielländern, das gestalterische und textliche Konzept zu adaptieren. Es war einerseits auf die landestypischen Erwartungen und Einstellungen, andererseits auf die verschiedenen Zielgruppen hin anzupassen.

Abbildung 2-1-8: Länderspezifische Kampagneadaption

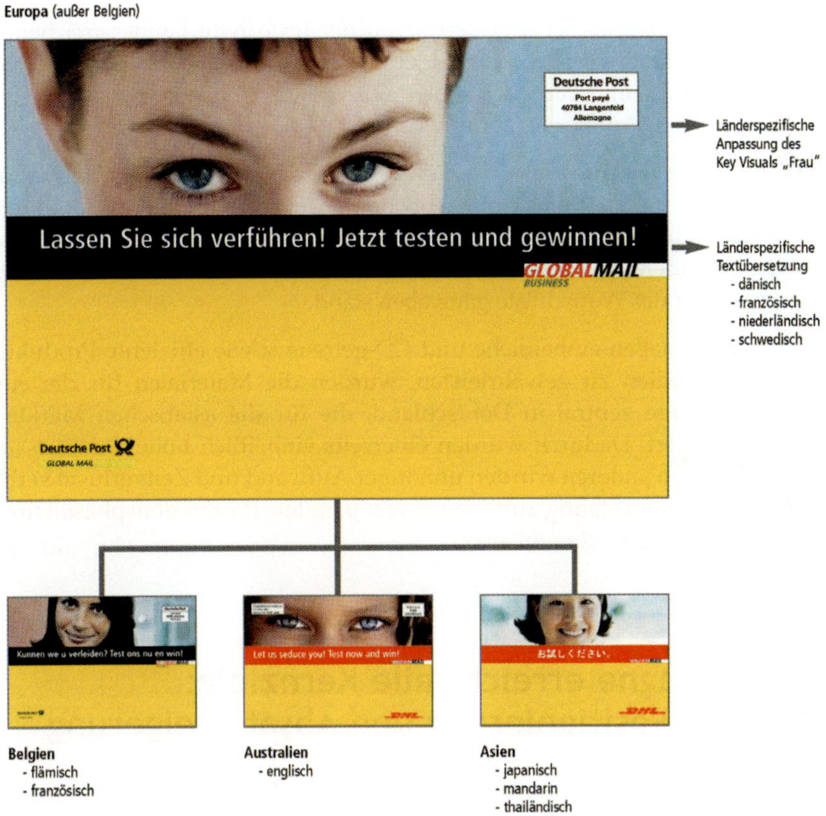

Texte und Visualisierung in lokale Codes umsetzen

Dabei wurden sowohl die Texte als auch die Visualisierungen konsequent an die Zielmärkte angepasst: Die Texte wurden in der jeweiligen Landessprache verfasst, wobei auch die Mehrsprachigkeit von Staaten wie Belgien oder der Schweiz berücksichtigt wurde. Bei der Lokalisierung der Texte handelte es sich jedoch nicht um reine Übersetzungen. Vielmehr ging es darum, Tonfall und Inhalte der Kampagne äquivalent und sensibel in die Sprache – und in Sprachbilder – der Zielländer zu übertragen.

Diese sehr anspruchsvolle Aufgabe wurde durch die frühzeitige Einbeziehung der Experten aus den Ländern in das Projekt spürbar erleichtert. Dies geschah schon bei der Auswahl von Slogan und Visual: Dadurch war sichergestellt worden, dass die notwendige Adaption auch tatsächlich ohne inhaltliche oder kulturelle Brüche möglich sein würde.

Obwohl das Key Visual »weibliches Augenpaar« in keinem der Zielländer Interpretationsprobleme erwarten ließ, wurde auch dieses Motiv für die verschiedenen Länder variiert: Japanische Kunden wurden von asiatischen Augen begrüßt, Schweden von einer blauäugigen und Franzosen von einer dunkelhaarigen Frau mit braunen Augen. Anders als bei der Übertragung der Texte in die Landessprachen, die nicht nur Marktnähe demonstrieren, sondern auch die Verständlichkeit garantieren sollte, ging es hier allein darum, das neue Produkt eines Anbieters durch einen vertrauten »heimischen« Anblick einzuführen.

Schließlich wurden auch die Preise des Gewinnspiels des zentralen Mailings den landesüblichen Erwartungen und Gepflogenheiten angepasst: Während Deutsche mit einem Handheld-Textscanner zum Mitmachen angeregt wurden, war es bei den technisch meist besonderes gut ausgestatteten Japanern ein Teddybär, der zur Laufzeit der Kampagne auf der Wunschliste ganz oben stand.

Um eine gleichermaßen einheitliche und CD-getreue sowie effiziente Produktion der einzelnen Medien zu gewährleisten, wurden die Materialen für die europäischen Zielmärkte zentral in Deutschland, die für die asiatischen Märkte in Singapur produziert. Dadurch wurden einerseits einheitlich hohe Qualitätsstandards erreicht. Zum anderen wurden unnötiger Aufwand und Zeitverluste verhindert, die nahezu zwangsläufig auftreten, wenn parallele Produktionsphasen für 14 Standorte organisiert werden müssen.

4 Kampagne erreicht alle Kernziele: Klare Positionierung und Absatzsteigerung

Für DHL Global Mail hatte diese multinationale Direktmarketing-Kampagne für das Produkt Global Mail Business Modellcharakter. Gleichwohl waren Planung und Realisierung des Projekts integraler Bestandteil des operativen Tagesgeschäfts, so dass zugleich belegt wurde, dass solche Kampagnen parallel zum laufenden Geschäft gefahren werden können. Dokumentiert wurde ebenfalls, dass die gewählte Organisationsstruktur – einschließlich der Einbeziehung der Experten aus den Zielländern – vorbildlich funktioniert. Vor allem wurde die Kampagne von den Zielgruppen wahrgenommen und die definierten Ziele erreicht.

Kernziele der Kampagne ohne Abstriche erreicht

Schon frühzeitig war deutlich geworden, dass das Mailing wie begleitende Maßnahmen einen sehr hohen Aufmerksamkeitsgrad erzielten und einen ebenfalls hohen Wiedererkennungswert erzeugten. Diese Einschätzung ergab sich aus den Reaktionen auf die Nachfassaktion über das Telefonmarketing: Die hiermit beauftragten Mitarbeiter berichteten durchweg, dass erläuternde Präliminarien für das eigentliche Kontakt- bzw. Verkaufsgespräch nicht notwendig waren, weil die Ansprechpartner sich sofort sowohl an den Unternehmensnamen, das Produkt und – nicht zuletzt – den Slogan erinnerten.

Damit verbunden war das zweite positive Ergebnis der Kampagne: Die Responsequoten bewegten sich in einem Bereich zwischen 5% (Österreich) und 27% (Frankreich), wobei bis zu einem Drittel der Response durch die nachfassende Telefonmarketing-Aktion generiert wurde, die dann auch häufig zu direkten Vertragsabschlüssen führte.

Damit wurde auch das erste von zwei Kernzielen des Projekts, die spürbare und signifikante Absatzsteigerung des Produkts Global Mail Business, erreicht. Auch wenn eine detaillierte wirtschaftliche Auswertung nicht zum Projekt gehörte, wurde schon durch eine grobe Betrachtung der Geschäftsentwicklung erkennbar, dass sich die Umsatzzuwächse im siebenstelligen Euro-Bereich bewegten.

Einen nachhaltigen – und damit besonders erfreulichen, weil für die Geschäftsentwicklung viel versprechenden – Nutzen erzeugte die Kampagne, indem sie die Positionierung von DHL Global Mail als leistungsfähigem internationalem Postdienstleister in den Schlüsselmärkten und vor allem bei Schlüsselkunden deutlich stärkte. Damit wurde auch das zweite Kernziel erreicht.

Interne Auswertungen belegen nicht nur einen spürbar gestiegenen Bekanntheitsgrad des Unternehmens, sondern auch, dass die Kunden die Verbindung »DHL Global Mail = leistungsstark und einfallsreich« im internationalen Mail-Geschäft »gelernt« haben. D.h., es wurden nicht nur direkt Neukunden gewonnen, sondern auch ausbaufähige Kontakte zu Interessenten geschaffen, die zum Zeitpunkt der Kampagne keine Versandanlässe hatten oder die Möglichkeiten des internationalen Direktmarketing bislang noch nicht in ihr Instrumentarium aufgenommen hatten.

Da die beiden Kernziele nachhaltig erreicht wurden, konnte auf eine weiter gehende und detaillierte Evaluation der Ergebnisse verzichtet werden. Der einzige erkennbare Ansatz für die Suche nach Optimierungsmöglichkeiten ist die Tatsache der von Land zu Land doch recht unterschiedlichen Responsequoten.

Hierfür können eine Vielzahl von Faktoren ursächlich sein, die einzeln betrachtet werden müssten. Hierzu würden Informationen über Qualität und Erfolg von Wettbewerbsangeboten, grundsätzliche Unterschiede in Responsequoten zwischen den Ländern, die grundsätzliche Bedeutung des Direktmarketing oder die Bedeutung des internationalen Geschäfts für Unternehmen benötigt.

Erfolgreiche Lösung für alle Branchen und Standorte

Auf jeden Fall lässt sich aus dem Verlauf und der Umsetzung der Kampagne schließen, dass solche Kampagnen bei der Vermarktung anderer Produkte und Dienstleistungen vergleichbare Erfolge erzielen können. Auch die Integration weiterer Länder mit zusätzlichen Besonderheiten – man denke an die muslimische Welt, an den kulturell heterogenen indischen Subkontinent oder das konfuzianisch geprägte China – erscheint umsetzbar. Insbesondere sollte dies zutreffen, wenn die eingeschalteten Dienstleister über ähnliche Größe, internationale Strukturen und logistische Kompetenz verfügen, wie sie von DHL Global Mail unter dem Dach von Deutsche Post World Net vorgehalten werden.

Für international ausgerichtete Anbieter von Produkten und Dienstleistungen bedeutet das: Unabhängig von Branche, Unternehmensgröße und Standort sind parallel auf verschiedene nationale Märkte zielende Direktmarketing-Kampagnen eine Option, mit der neue Kundengruppen mit vergleichsweise wenig Aufwand, aber mit sehr guten Erfolgsaussichten erschlossen werden können. Dabei haben sie die Wahl, die Realisierung solcher Kampagnen in die Hände von Unternehmen wie DHL Global Mail zu legen. Diese sind nicht nur selbst auf allen Märkten vertreten, sondern verfügen zugleich über qualifizierte und sensible Mitarbeiter, die die Herausforderungen konstruktiv im globalen Planungsprozess meistern. Alternativ können Unternehmen internationale Kampagnen auch mit Unterstützung von verschiedenen national oder thematisch spezialisierten Dienstleistern umsetzen. Dabei muss jedoch sichergestellt werden, dass diese einzeln oder im Zusammenspiel die eingangs geschilderten Anforderungen an das internationale Direktmarketing vollständig erfüllen.

DHL Global Mail hat das Vertrauen gewonnen, seinen Kunden einen sehr komfortablen, effizienten und vor allem erfolgreichen Weg zur parallelen Ansprache ihrer Kunden auf wichtigen Märkten zu garantieren. Noch handelt es sich dabei um einen vergleichsweise neuen Weg. Wer ihn schon heute betritt, kann sich eines Startvorsprungs gegenüber seinen Wettbewerbern gewiss sein.

5 Zusammenfassung

- Direktmarketing-Kampagnen nach dem Handlungsprinzip »Create Globally – Think Locally – Act Globally« sind eine kongeniale Ergänzung des Marketing von international orientierten Unternehmen, die Produkte und Dienstleistungen in verschiedenen Zielländern parallel vermarkten und dabei die spezifischen kulturellen, ethnischen oder religiösen Einstellungen berücksichtigen wollen.
- Die Ansprache von namentlich identifizierten Empfängern mit entsprechend individualisierten Kernbotschaften und Visualisierungen durch ein Mailing führt zu einer Erhöhung des Bekanntheitsgrads. Es stärkt zugleich die Positionierung und sorgt für direkte Absatzsteigerungen der beworbenen Produkte. Die Wirkung des Mailings wird durch zeitlich und inhaltlich abgestimmten Einsatz ergänzender Medien verstärkt.
- DHL Global Mail hat mit dem Modellprojekt nachgewiesen, dass zentral geplante und auf verschiedene Zielmärkte bzw. Zielgruppen zugeschnittene Direktmarketing-Kampagnen funktionieren. Sie eröffnen somit allen international aktiven Unternehmen einen neuen Weg, heterogene Kundengruppen individuell und erfolgreich anzusprechen. Dies ist mit einem geringeren Aufwand möglich als dem für die Umsetzung einzelner, für die Länder getrennt konzipierter Kampagnen.

Mailings als Kernelement solcher Kampagnen können die Erfolgsaussichten deutlich erhöhen. Dazu müssen sie die verschiedenen inhaltlichen Ebenen berücksichtigen, auf das individuelle Kommunikationsverhalten der Zielgruppen zugeschnitten sein sowie durch Botschaft und Visualisierung die Aufmerksamkeit der Adressaten gewinnen. Idealerweise wird dies durch ergänzende Maßnahmen wie Anzeigenschaltungen und Nachfassaktionen über andere Medien unterstützt.

Persönliche Briefe sind somit augenscheinlich das Medium der Wahl, wenn es darum geht, die Aufmerksamkeit von Meinungsführern und Entscheidungsträgern zu gewinnen. Denn diese individuellen Sendungen dokumentieren schon durch ihre Aufbereitung, dass das werbende Unternehmen sich mit den spezifischen Anforderungen der jeweiligen Zielgruppe auseinander gesetzt und sie verstanden hat.

Auke van den Hout, Kay Peters

2.2 Ausgetretene Wege mit Erfolg verlassen

Inteligo erschließt neue Adresspotenziale in Polen

Überblick

- Auch in Polen ist – wie auf der ganzen Welt – eine verstärkte Entwicklung hin zum Online-Banking zu beobachten. Internetbanken sind im Gegensatz zu traditionellen Banken weitestgehend auf das Direktmarketing zur Kundengewinnung und -bindung angewiesen.
- Auch bei Inteligo, einer führenden Internetbank in Polen, ist das Aufspüren aussichtsreicher potenzieller Neukunden ein kritischer Erfolgsfaktor. Die klassischen Methoden der Adressselektion hatten sich für das Unternehmen jedoch bereits erschöpft.
- Durch neue Analysemethoden wurden weitere Beziehungen zwischen Produkten und Kunden entdeckt. So konnte eine bis dahin noch nicht identifizierte Zielgruppe angesprochen werden.
- Inteligo gewann aus diesen neuen Zielsegmenten 30% aller angesprochenen Personen als Neukunden.

1 Rasante weltweite Verbreitung: Internetbanken

Bis Anfang der 90er Jahre gab es noch keinen anderen Weg: Wer seine Miete überweisen, einen Dauerauftrag einrichten oder einen Kredit aufnehmen wollte, der musste die Bankfiliale aufsuchen, bei der er ein Konto hatte. Vor rund 15 Jahren entstanden in den USA und Westeuropa die ersten Formen von so genannten Remote(Fern)-Diensten und leiteten eine weltweite rasante Entwicklung ein: Das war die Geburtsstunde des Online-Bankings. Seitdem ist es Privatkunden möglich, ihre Bankgeschäfte von zu Hause aus zu erledigen. Die Verbreitung dieser Dienste führte dazu, dass sich Einstellungen und Verhalten der Bankkunden grundlegend änderten. Für die Kunden wurden die Finanzdienstleistungen bequemer, zeitlich und räumlich besser verfügbar, schneller und sogar günstiger (Abb. 2-2-1). Auch die Banken sparten Kosten in erheblichem Umfang: Sie benötigen weniger Filialen und weniger Personal. Zugleich konnten sie jetzt höher qualifiziertes Personal auf die Beratung von komplexen Produkten konzentrieren. Das bereitete den Boden für das Online-Banking.

Abbildung 2-2-1: Prozesskosten je Transaktion

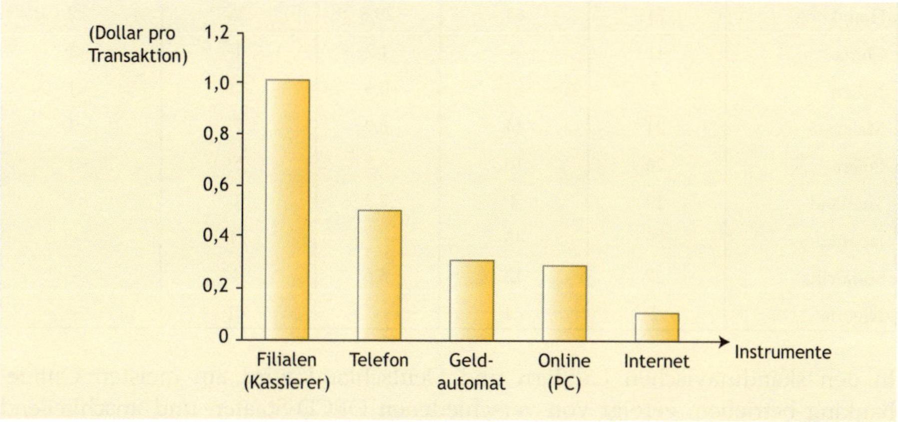

Quelle: Booz-Allen & Hamilton, JP Morgan (2003)

Mit der rasanten Verbreitung des Internets wurden in vielen Ländern die ersten reinen Online-Banken gegründet. Sie hatten überhaupt keine Filialen mehr. Die Kommunikation mit den Kunden erfolgt nur noch über Brief, Telefon oder das Internet. Diese neuen Banken sind besonders auf das Direktmarketing angewiesen, um Kunden zu gewinnen und zu binden. Unter dem Druck der neuen Wettbewerber boten nun auch die traditionellen Banken erfolgreich das Online-Banking an. Mit einiger Verzögerung hat sich diese Entwicklung auch außerhalb der westlichen Industrienationen vollzogen. Abb. 2-2-2 zeigt die Verbreitung des Online-Bankings im Jahre 2002 und vergleicht sie mit anderen Diensten.

Abbildung 2-2-2: Vergleich von internationalen E-Banking-Entwicklungen

Land	Reales BIP pro Kopf in % (US= 100)	Mobiltelefone pro 100 Einwohner	PCs pro 100 Einwohner	Internetnutzer in % der Einwohner	Bankkunden, die Online-Banking nutzen (%)
Schweden	69	58	45,1	41	31
Finnland	71	65	36,0	41	29
Deutschland	74	29	29,7	18	12
USA	100	31	51,1	27	6
Großbritannien	70	46	30,3	21	6
Singapur	70	42	43,7	24	5
Australien	75	34	-	32	4
Mexiko	25	8	4,4	2	4
Tschech. Republik	40	19	10,7	7	3
Südkorea	49	50	18,2	23	3
Argentinien	37	12	4,9	2	3
Brasilien	21	9	3,6	2	3
Hongkong	71	64	29,8	36	<2
China	11	3	1,2	1	<1
Indien	7	<1	0,3	<1	<1
Malaysia	24	14	6,9	7	<1
Polen	26	10	6,2	5	<1
Thailand	19	4	2,3	1	<1
Japan	79	45	-	21	-
Südafrika	27	12	5,5	4	-
Nigeria	2	<1	-	<1	-

Quellen: Claessens, Glaessner, Klingebiel (2002a, 2002b), Computimes New Strait Times (2002)

In den skandinavischen Ländern und Deutschland wird am meisten Online-Banking betrieben, gefolgt von verschiedenen OECD-Staaten und anschließend den osteuropäischen Ländern, Mexiko und Südkorea. Polen gehörte im Jahre 2000 zu einer Gruppe von Nachzüglern mit hohem Potenzial.

Auch die weitere Entwicklung verlief rasant und wird es voraussichtlich weiter tun. Die Abb. 2-2-3 zeigt, dass im Jahr 2000 in den USA lediglich 6% der Bankkunden das bequeme Online-Banking nutzten. 2003 waren es bereits rund 25% aller Haushalte. Etwa 12% aller Rechnungen von privaten Haushalten waren reine Online-Rechnungen, die auch über das Internet bezahlt wurden. Eine ähnliche Entwicklung ist mit kurzer Verzögerung auch bei den so genannten Nachzüglern zu erwarten.

Abbildung 2-2-3: Electronic Bill Presentment & Payment (EBPP) Prognose für die USA

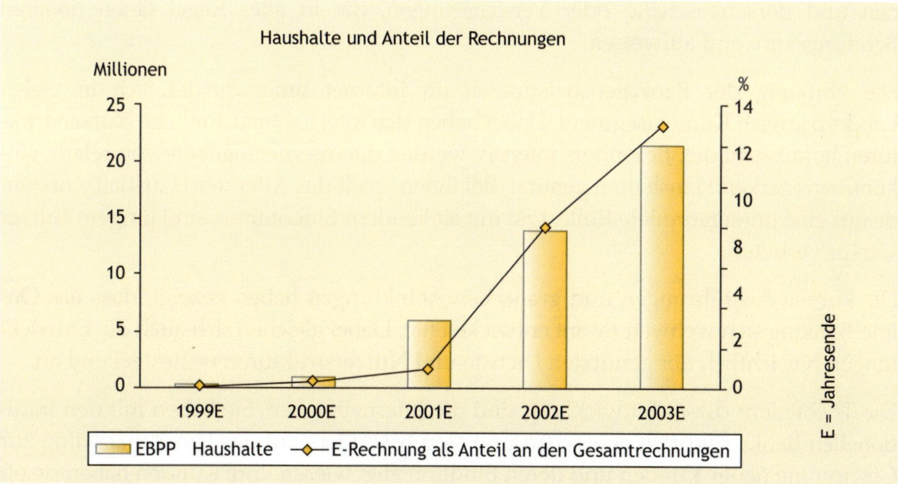

Quelle: Forrester Research (2004)

Die Abb. 2-2-4 macht dies noch einmal deutlich. Sie zeigt, dass sich das Wachstum des Online-Bankings zunächst auf die Industriestaaten beschränkte. Doch während das prozentuale Wachstum in diesen Regionen bereits stagniert, treten die anderen Regionen gerade erst in diese Entwicklung ein. So wachsen die Kundenzahlen in Asien mit 45% pro Jahr und in Osteuropa bzw. Südamerika mit immerhin 20% pro Jahr.

Abbildung 2-2-4: Weltweites Wachstum des Online-Bankings

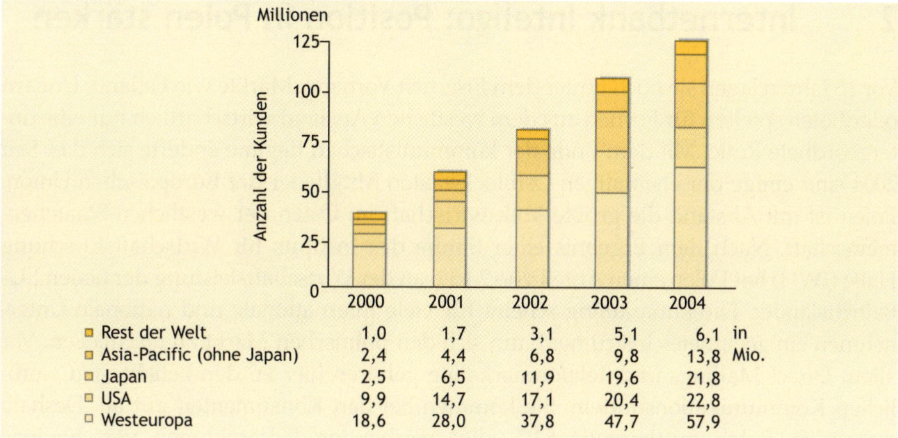

Quelle: International Data Corporation (2004), epaynews.com

Die zunehmende Verbreitung des Online-Bankings läuft in allen Ländern ähnlich ab: Zunächst werden sehr häufig die einfachen Dienstleistungen wie Kontoführung, Überweisungen und Daueraufträge genutzt. Mit zunehmender Erfahrung fragen die Kunden auch komplexere Dienstleistungen online nach, beispielsweise Kreditinformationen und Börsengeschäfte oder Versicherungen, die in aller Regel einen höheren Beratungsaufwand aufweisen.

Die Nutzung der Bankdienstleistungen im Internet unterscheidet sich in vielen Ländern je nach Kundensegment. Dabei haben sich international ähnliche Nutzerstrukturen herausgebildet. Besonders intensiv werden die Internetangebote von relativ einkommensstarken Haushalten genutzt. Bei ihnen spielt das Alter der Haushaltsvorstände nur eine untergeordnete Rolle. Erst mit sinkendem Einkommen sind jüngere Nutzer stärker vertreten.

Die kurzen Ausführungen und grafischen Abbildungen haben gezeigt, dass das Online-Banking sich weltweit rasant entwickelt hat. Dabei gleichen sich auch die Entwicklungen hinsichtlich der genutzten Dienste und Nutzerstrukturen weitestgehend an.

Die Triebfedern dieser Entwicklung sind die Internetbanken. Sie haben mit den traditionellen Bankstrukturen gebrochen und sind besonders auf das Direktmarketing zur Gewinnung neuer Kunden und deren Bindung angewiesen. Ihre Kunden haben sie oft zunächst mit klassischen Adressmanagement-Methoden gesucht und gefunden. Dies wird mit einer hohen Ausschöpfung der besonders Internet-affinen Kundensegmente jedoch zunehmend schwieriger. Deshalb sind sie verstärkt auf neue Methoden und Ansätze angewiesen, um weitere Kundensegmente für ihre Angebote zu erschließen. Inteligo ist eine reine Internetbank in Polen, die sich diesen Herausforderungen stellen musste. In Kooperation mit dem Adress- und Servicedienstleister Acxiom hat Inteligo neue Wege zur Kundengewinnung beschritten. Diese haben auch für Internetbanken in anderen Ländern Signalfunktion.

2 Internetbank Inteligo: Position in Polen stärken

Vor 15 Jahren lagen sie noch hinter dem Eisernen Vorhang: Märkte wie Estland, Ungarn oder Polen spielten für Firmen aus dem westlichen Ausland wirtschaftlich nur eine untergeordnete Rolle. Mit dem Ende der kommunistischen Regime änderte sich das. Seit 2004 sind einige der ehemaligen Ostblockstaaten Mitglieder der Europäischen Union. Polen ist mit Abstand die größte Volkswirtschaft im Osten der westlichen Staatengemeinschaft. Nach dem Ergebnis einer Studie des Instituts für Wirtschaftsforschung Halle (IWH) hat Polen einen Anteil von 23,5% an der Wirtschaftsleistung der neuen EU-Beitrittsländer. Direktmarketing scheint für viele internationale und nationale Unternehmen ein geeignetes Instrument, um sich den polnischen Markt zu erschließen. Vor allem Direct Mailings und Telefonmarketing gehören hier zu den beliebtesten werblichen Kommunikationsmitteln. Sie kommen bei den Konsumenten gut an. Deshalb nutzen in Polen mittlerweile 81% aller werbenden Unternehmen verschiedene Instrumente des Direktmarketing.

Der Acxiom-Konzern, mit weltweit über 5.500 Mitarbeitern einer der größten Anbieter im Segment Customer Data Management, hat die Bedeutung des aufstrebenden polnischen Marktes für die Werbewirtschaft bereits vor einigen Jahren erkannt. Das Tochterunternehmen Acxiom Poland ist hier seit 1998 tätig. Über Fragebögen, die flächendeckend an polnische Haushalte verschickt wurden, konnte innerhalb von vier Jahren eine Adressdatenbank mit den qualifizierten Anschriften von zwei Millionen polnischen Haushalten aufgebaut werden.

Die wachsende Konsumfreude der polnischen Bevölkerung und ein aufstrebender Immobiliensektor machen den Markt vor allem auch für Banken interessant. Neben den traditionellen Banken kämpfen auch neue Anbieter um diesen wachsenden Markt. Zu ihnen gehört die Internetbank Inteligo. Als Inteligo sich noch im Projektstadium befand, gab es viele skeptische Stimmen. Marktforschungsstudien zeigten damals, dass das Interesse der potenziellen Kunden am Online-Banking relativ gering war. Hier machten vor allem die Entwicklungen im Ausland den Projektbeteiligten Mut. Die Lücke im Angebot, die diese neuen Anbieter im Ausland schlossen, zeigte sich auch deutlich in Polen. Die traditionellen Banken boten Produkte über die klassischen Vertriebs- und Kommunikationskanäle an. Das erste Marktsegment, das Inteligo mit Hilfe von Direct Mailings adressierte, waren junge Internetnutzer mit hohem Ausbildungsniveau, die in den großen Städten lebten. Inteligo nutzte zu Beginn vor allem den Claim »Gib dein Geld nicht für Bankfilialen mit edlem Marmor aus – nutze Inteligo«. Inteligo war in Polen der Pionier für die Nutzung von Direktmarketing-Instrumenten im Finanzdienstleistungssektor. Mittlerweile ist der gesamte Sektor einer der größten Anwender von Direktmarketing.

Als Inteligo begann, war Online-Banking weniger als einem Prozent der Bevölkerung bekannt. Mittlerweile kennen 90% der Bankkonteninhaber das Angebot, und mindestens 10% haben es bereits einmal genutzt. Die Nutzer des Online-Bankings in Polen sind mittlerweile nicht mehr nur junge Leute: 48% der aktuellen Nutzer sind 35–65 Jahre alt, 21% leben in Dörfern und 60% verfügen über keine hohe Ausbildung (laut einer Studie von ARC Rynek i Opnia). Die letzte Umfrage von GfK Polonia zeigt, dass mittlerweile 25% aller Polen über 15 Jahre das Internet nutzen, 13% sind sogar täglich online. Sie betrachten Internetbanking als eine Dienstleistung, die die Nutzung von Bankgeschäften einfacher, bequemer und schneller macht. Das rasante Wachstum von Online-Banking-Kunden bestätigt diese Einstellungen. Allein im letzten Jahr hat Inteligo 33% neue Kunden gewonnen. Derzeit haben ca. 6,4 Mio. Personen Zugang zum Online-Banking, davon nutzen laut Informationen des polnischen Bankenverbands 4,9 Mio. Personen das E-Banking mindestens einmal im Monat.

Als reiner Online-Finanzdienstleister ohne stationären Vertrieb ist Inteligo ausschließlich auf den Kundendialog via Direktmarketing angewiesen. Über zwei Jahre hinweg baute sich die Bank mit Hilfe des direkten Kundendialogs kurzfristig einen beachtlichen Kundenstamm auf. Hierzu griff Inteligo vor allem auf die Adressdatenbank von Acxiom Poland zurück. Selektiert wurden die benötigten

Anschriften nach Kriterien wie Alter, Einkommen, Wohnungsgröße und dem Vorhandensein eines Internetanschlusses. Dabei wurden die Profile der bestehenden Kundenbeziehungen jeweils als Grundlage für die nächste Adressselektion gewählt. Anfang 2003 hatten sich die Datensätze, die den bisherigen Auswahlgesichtspunkten entsprachen, jedoch weitestgehend erschöpft. Inteligo wollte aufgrund des bisherigen Erfolgs der Direktmarketing-Kampagnen weiterhin auf die Adressdaten der Acxiom-Datenbank zurückgreifen.

Es wurde also notwendig, neue Selektionskriterien zu definieren, mit denen sich potenzielle Online-Banking-Kunden in der Datenbank erfolgreich identifizieren lassen. Den Ausgangspunkt bildeten ein neues statistisches Selektionsverfahren und die Abwendung von bekannten, traditionellen Profilvorgaben.

3 Goldgräber in Datenbanken

Die für die bisherigen und erfolgreichen Direktmarketing-Aktionen verwendeten Selektionskriterien orientierten sich sehr stark an den Merkmalen der Stammkunden für Inteligo-Produkte und an der Beziehung dieser Zielgruppe zum Internet. Diese Auswahlmethode von Anschriften potenzieller Neukunden war für Inteligo in der Vergangenheit sehr erfolgreich gewesen. Nach einer sehr intensiven Bearbeitung dieser möglichen polnischen Kunden war allerdings neues Adressmaterial zur weiteren Markterschließung nötig. Doch nach welchen Kriterien sollten diese Anschriften selektiert werden? Es galt, Zielgruppen zu identifizieren, die ähnlich erfolgreich auf das Direktmarketing von Inteligo mit Abschlüssen von Online-Konten reagieren würden. Dieser neue Personenkreis musste aus den vorhandenen Datenbeständen von Acxiom Poland herausgefiltert werden.

Acxiom entschied sich dafür, nicht die Stammkundenprofile und Produktinformationen von Inteligo als Basis für die Recherche zu nutzen, sondern davon losgelöst völlig neue Ansatzpunkte zu wählen. Durch ein neues Datenauswahlverfahren sollten Adressen selektiert werden, die in der Vergangenheit nicht berücksichtigt worden waren, weil sie eigentlich nicht in das traditionelle Auswahlraster passten.

In den Datenbeständen von Acxiom Polen mussten also neue Regelmäßigkeiten, Strukturen und Muster aufgedeckt werden, die denen von Online-Banking-Kunden weitestgehend entsprachen. Wie Goldgräber begaben sich die Adressenexperten auf die Suche nach den verborgenen Schätzen in ihren Datenbanken. Durch die Identifikation neuer Verhaltensmuster potenzieller Online-Banking-Kunden sollte die Zahl der Erfolg versprechenden Werbeempfänger von Inteligo-Kampagnen wesentlich vergrößert werden. Dies war auch für Acxiom ein Test: War es wirklich möglich, aus einer eigentlich bereits ausgeschöpften Datenbank neues Potenzial zu generieren?

Aufgabenstellung und Schwerpunkte

- Die Datensätze auf der Basis der traditionellen Stammkundenprofile von Inteligo hatten sich in der Acxiom-Adressdatenbank weitestgehend erschöpft.
- Ein neues Selektionsverfahren und die Loslösung von traditionellen Profilen sollte die Adressenbasis für geplante Kampagnen intelligent und erfolgversprechend erweitern.
- Das Ziel von Inteligo und Acxiom ist, die hervorragenden Quoten der Neukundengewinnung aus vorherigen Kampagnen zu halten.

4 Das Ende alter Profilvorstellungen

Acxiom Poland entschied sich zunächst für den Einsatz moderner statistischer Werkzeuge. Damit sollten insbesondere Lebensgewohnheiten, Bedürfnisse und Ansprüche der bisherigen Inteligo-Kunden analysiert werden, ohne sich an den traditionellen Selektionskriterien zu orientieren. Es wurde bewusst auf inhaltliche Vorgaben für diese Analyse verzichtet. Damit hätten Inteligo oder Acxiom möglicherweise falsche Hypothesen über die Profile ertragreicher Kunden in den Prozess hineingetragen. Lediglich eine Grundannahme wurde gemeinsam als Leitlinie postuliert: »In Lebensumständen, Präferenzen und Verhalten ähnliche Personen verhalten sich auf vergleichbare Weise. Die Personen, die den Bestandsnutzern eines bestimmten Produkts dabei am meisten gleichen, sind die aussichtsreichsten potenziellen Neukunden für dieses Produkt.«

Auf dieser Basis wählte Acxiom aus seinem Datenbestand eine Gruppe von (langjährigen) Online-Banking-Kunden aus. Diese Gruppe wurde – ebenso wie die restlichen Anschriften von Acxiom Poland – anhand von ungefähr 1.500 verschiedenen Variablen beschrieben: Lifestyle- und soziodemografische Daten, Medienkonsum sowie Konsumentenverhalten auf unterschiedlichen vertikalen Märkten – einschließlich der genutzten Finanzdienstleistungen. Durch Einsatz von neuen Datamining-Techniken extrahierte Acxiom die für Internet-Kontoinhaber besonders charakteristischen Merkmale. Anhand dieser kritischen Merkmale wurden anschließend sämtliche Adressen von Acxiom Poland mit diesem Muster verglichen. Eine große Bedeutung hatten bei dieser Suche nach besonders affinen Zielgruppen für Online-Banking neben Selektionskriterien wie Bildung, Beruf, berufliche Position, Einkünfte bzw. Kaufkraft des Haushalts vor allem Hobbys und andere Verhaltensmerkmale. Das Ergebnis des Verfahrens teilte den Datenbestand von Acxiom Poland in viele kleine Segmente auf. Diese wiesen jeweils unterschiedlich große Ähnlichkeiten zu Internet-Kontoinhabern auf. Auch das potenzielle Interesse dieser Segmente an den Bankdienstleistungen von Inteligo war sehr unterschiedlich ausgeprägt.

Besonders auffällig an den besten ermittelten potenziellen Neukundensegmenten war allerdings ein Merkmal, das sowohl Acxiom Poland als auch Inteligo verblüffte. Besonders attraktive potenzielle Neukunden für das Online-Banking hatten oftmals gar keinen Internetanschluss in den eigenen vier Wänden. Die identifizierten neuen Zielgruppen entsprachen damit keineswegs den bisher angesprochenen Personenkreisen. Hier war stets die Internetaffinität der Werbeempfänger eines der wichtigsten Merkmale für die Adressselektion gewesen – schließlich handelte es sich beim werbetreibenden Unternehmen um eine reine Internetbank.

Angesichts dieser überraschenden Ergebnisse hegten Inteligo und Acxiom Poland zunächst Zweifel am Wert der neuen Analyseform und der damit verbundenen Adressauswahl. Ausgerechnet die Komponente, die so eng mit den Kernmerkmalen des zu vermarktenden Produkts verbunden war, also der für ein Online-Konto unabdingbare Zugang zum Internet – spielte bei der Auswahl neuer Adresspotenziale keine Rolle. Die neue Situation wurde mit Inteligo erörtert. Gemeinsam wurde entschieden, dass ein Testlauf mit einer überschaubaren Anzahl von Werbeempfängern die beste Möglichkeit sei, den Wert des neuen Analyseergebnisses zu beurteilen.

Schwerpunkte dieses Ansatzes

- Analysen statt Hypothesen. Die allein geltende Annahme lautete: In Lebensumständen, Präferenzen und Verhalten ähnliche Personen verhalten sich auf vergleichbare Weise. Die Personen, die den Bestandsnutzern eines bestimmten Produkts dabei am meisten gleichen, sind die aussichtsreichsten potenziellen Neukunden für dieses Produkt.
- Anstelle einfacher Kriterien auf der Basis von Informationen über Produkte und Kunden bedienten sich Acxiom Poland und Inteligo für die Auswahl aussichtsreicher potenzieller Neukunden moderner statistischer Verfahren.

5 Neue Kunden kaufen gut

Das Resultat des Testlaufs und der anschließenden Kampagne bestätigten Acxiom Poland und Inteligo, dass die gewählte Vorgehensweise richtig war. Sowohl das neue Verfahren als auch die Loslösung von traditionellen Kundenprofilen bei der Auswahl neuer Adresspotenziale trugen zum Erfolg bei. Das neue Verfahren eignet sich einerseits vor allem dazu, Ähnlichkeiten zwischen den individuellen Merkmalen seiner Nutzer aufzudecken, die die gängigen Vorstellungen von Adressbrokern und Werbetreibenden meistens weit übersteigen. Andererseits ist für den Erfolg solcher Methoden die Einsicht der Beteiligten wichtig, dass man sich für diesen Ansatz von den traditionellen Kundenprofilen zunächst einmal lösen muss.

Der Einsatz der neuen Adressdatenbank war überdurchschnittlich erfolgreich. Etwa 30% der Werbeempfänger konnten als Neukunden gewonnen werden. Das war dreimal so viel wie bei den zuvor nach den traditionellen Kriterien ausgewählten Anschriften. Der Erfolg ist noch bedeutender, wenn er mit polnischem Benchmark für eine erfolgreiche Werbekampagne verglichen wird. Dieser Wert wurde um das 20-fache übertroffen.

Die wichtigsten Ergebnisse

- Inteligo konnte von den neuen adressierten Zielgruppen ca. 30% als Neukunden gewinnen. Dies ist das Dreifache der bisherigen Responsequote.
- Mit Hilfe moderner statistischer Verfahren und der Loslösung von traditionellen Kundenprofilen konnte eine große Menge potenzieller Neukunden identifiziert werden.

6 Fazit

Durch die Kundenanalyse mit Hilfe von zeitgemäßen statistischen Methoden konnte den potenziellen Kunden von Inteligo ein völlig neues Gesicht gegeben werden. Dies ist vor allem in Zeiten wachsenden Wettbewerbsdrucks ein sehr wichtiger strategischer Vorteil. Diesen Vorteil werden sich sicherlich nicht nur die Internetbanken in anderen Ländern sichern wollen. Das vorliegende Beispiel zeigt die Anwendungspotenziale auch für andere Branchen und Unternehmen deutlich auf.

Der große Erfolg der Werbekampagne unter Einsatz der neuen Kundenprofile macht zudem deutlich, welches Potenzial unberücksichtigt bleibt, wenn man sich lediglich an traditionellen Kundenprofilen orientiert. Dabei zeigt dieses Beispiel eindrucksvoll auf, dass sich in dieser dynamischen Branche die Kundenprofile innerhalb kurzer Zeit als überholt erweisen können. Personen, die nach traditionellen Maßstäben als wenig attraktiv erschienen, erwiesen sich letztendlich als gute Neukunden. Es ist die fortwährende Suche nach neuen Mustern, die den Einsatz moderner Methoden so erfolgreich macht: sowohl in der Beziehung zwischen Produkten und ihren Konsumenten als auch zwischen den Nutzern und Nichtnutzern der Produkte. Die Erkenntnisse aus diesen Untersuchungen haben Folgen, die über die Selektion von Adressen und die Optimierung der werblichen Präsentation hinausgehen. Sie können zu einer völlig neuen Positionierung eines Unternehmens und der Anpassung der Produkte an die neu definierte Zielgruppe führen. Es lohnt sich also, den Wandel im Direktmarketing nachzuvollziehen und neue Wege zu beschreiten.

7 Literaturverzeichnis

BAI (2003): »Interest in Internet Banking by Segments«.

Claessens, S., T. Glaessner und D. Klingebiel (2002a): »E-finance in emerging markets: Is leap-frogging possible?« World Bank Financial Sector Discussion Paper, No. 4, June.

Claessens, S., T. Glaessner und D. Klingebiel (2002b): »E-finance: Reshaping the financial landscape around the world«, World Bank Financial Sector Discussion Paper, No. 7, September.

Computimes New Strait Times (2002), Sept, 2002.

Dannenberg, M. und D. Kellner (1998): »The Bank of tomorrow with today's technology«, International Journal of Bank Marketing, February 1998, S. 90–97.

Forrester Research (2004): »US EBPP Forecast«.

Guru, B.K., B. Shanmugam, N. Alam und C.J. Perera (2003): »An Evaluation Of Internet Banking Sites in Islamic Countries«, The Journal of Internet Banking and Commerce, Vol. 8, No. 2 (www.arraydev.com/commerce/JIBC/articles.htm).

International Data Cooperation (2004), »Growth in Internet Banking«, epaynews.com.

JP Morgan Interviews (2003), see BAI (2003).

Perumal, V. und B. Shanmugam (2004) »Internet Banking: Boon or Bane?«, The Journal of Internet Banking and Commerce, Vol. 9, No. 3 (www.arraydev.com/commerce/JIBC/articles.htm).

Rhind, G. (2003): »Never underestimate the importance of local culture«, The Journal of Internet Banking and Commerce, Vol. 8, No. 1 (www.arraydev.com/commerce/JIBC/articles.htm).

Sahut, J.-M. (2003): »On-line Brokerage in Europe: Actors & Strategies«, The Journal of Internet Banking and Commerce, Vol. 8, No. 1 (www.arraydev.com/commerce/80JIBC/articles.htm).

Singhal, S. (2003): »Internet Banking The Second Wave: A Banker´s Guide to Internet Strategy in the Post Dotcom Era«, Tata McGraw-Hill Publications.

Singh, B. und P. Malhotra (2004): »Adoption of Internet Banking: An Empirical Investigation of Indian Banking Sector«, The Journal of Internet Banking and Commerce, Vol. 9, No. 2 (www.arraydev.com/commerce/JIBC/articles.htm).

Vijayan, V.P., V. Perumal und B. Shanmugam (2004): »Waves Of Multimedia Banking Development«, The Journal of Internet Banking and Commerce, Vol. 9, No. 3 (www.arraydev.com/commerce/JIBC/articles.htm).

Thomas Nagel

2.3 Internationaler Dialog für die erfolgreiche Neukundengewinnung

Überblick

- Die Internationalisierung bietet auch kleinen und mittelständischen Unternehmen große Chancen. Das Direktmarketing ist ein guter Weg, sich neue Märkte im Ausland zu erschließen.
- Die Risiken der Internationalisierung lassen sich mit Hilfe des Direktmarketing gering halten. Dieser Beitrag zeigt anhand der zentralen strategischen und operativen Punkte auf, wie die Chancen systematisch erschlossen werden.
- Im Rahmen der Direktmarketing-Strategie ist die Auswahl der richtigen Direktmarketing-Medien von großer Bedeutung. Sie variiert sowohl in Bezug auf die Zielgruppen, Branche und Produkte, als auch in Abhängigkeit von dem Zielland.

1 Beobachtung des Markts steht am Anfang

Gerade in wirtschaftlich schwierigen Zeiten kommt es verstärkt darauf an, sich dem Kunden nicht nur als Verkäufer, sondern als Lösungspartner für individuelle Bedürfnisse zu präsentieren. Durch die direkte Ansprache baut sich zwischen Unternehmen und Konsumenten ein Vertrauensverhältnis auf. Das ist die Basis für eine dauerhafte Wirtschaftsbeziehung. Gerade aus diesem Grund setzen immer mehr Unternehmen auf das Direktmarketing. Gleichzeitig bietet der direkte Kundendialog eine große Transparenz bei der Erfolgsmessung der Werbemaßnahmen. Das führt zu einer Effizienzsteigerung beim vorhandenen Marketing-Budget.

Allerdings wissen Direktmarketing-Profis, wie schwierig und aufwändig es sein kann, schon im »bekannten« Heimatmarkt dauerhaft und effizient neue Kunden zu gewinnen und zu binden. Um wie viel schwieriger dürfte das auf »unbekannten« Auslandsmärkten sein?

Die Zeichen für eine erfolgreiche Markterschließung jenseits der Landesgrenzen stehen aber gut. Gerade mit der Einführung des Euro, der die europäischen Märkte für Käufer und Verkäufer transparenter gemacht hat, haben Unternehmen größere Chancen, grenzüberschreitend tätig zu werden und sich neue Kundensegmente zu erschließen. Das internationale Direktmarketing ist dafür ein geeignetes Instrument. Der pauschale Standardeinsatz dieses Kommunikationswerkzeugs funktioniert allerdings nicht. Vielmehr müssen die Voraussetzungen in den einzelnen Ländern und Branchen sehr genau unter die Lupe genommen werden. Ebenso sollte beachtet werden, dass sich der Mix der Direktmarketing-Instrumente je nach Phase der Kundenbeziehung unterschiedlich zusammensetzen kann.

Für die Stammkundenwerbung ist das adressierte Mailing das am meisten eingesetzte Direktmarketing-Instrument, da die Kosten-Nutzen-Relation aufgrund der Responsequote (Rücklaufquote) im Verhältnis zu den Kontaktkosten günstig ist. Die Responsequote bei Mailings an aktive Stammkunden ist meistens deutlich höher als die Responsequote von Mailings, die an Fremdadressen, also an potenzielle Neukunden, verschickt werden.

Für jedes Stammkunden-Mailing können Unternehmen in ihren Datenbanken und CRM-Programmen »auf Knopfdruck« selektieren, welche Adressen sich für weitere Mailing-Aktionen eignen und welche eher nicht. Die hierfür wichtigsten Selektionskriterien sind: der Zeitpunkt des letzten Kaufs bzw. der letzten Bestellung, die Bestellhäufigkeit und die Bestellauftragswerte bzw. die Bestellgesamtsumme. Diese Vorgehensweise beim Selektieren wird als RFM (Recency Frequency Monetary Value) -Methode bezeichnet. Analog gehen auch immer mehr Unternehmen dazu über, auf diese Weise systematisch inaktive Altkunden für Reaktivierungsmailings auszuwählen.

Für die Neukundengewinnung ist diese Vorgehensweise ungeeignet. Dieser Prozess ist wesentlich aufwändiger als die Bestandspflege. Es ist nicht nur wichtig, neue Kunden zu gewinnen, sondern vor allem auch, die richtigen zu finden.

Gleichzeitig muss dies auf möglichst effiziente Weise geschehen. Aufgrund der vorhandenen Stammkundendaten lassen sich Profile erstellen, wie der ideale Neukunde aussehen soll. Diese Profile umfassen neben dem Kundenwert, basierend auf der Transaktionshistorie, auch andere in der Datenbank enthaltene Kriterien. Neben den soziodemografischen Merkmalen sind insbesondere geografische und psychografische Faktoren von hoher Bedeutung. Das sind Informationen über Werte, Einstellungen und Präferenzen, z.B. Qualitätsbewusstsein, Medienpräferenzen oder Preissensitivität. Ausgestattet mit diesen Profilen wertvoller Zielkunden kann der Werbetreibende nun in den verschiedenen Adressquellen auf die Suche nach potenziellen Neukunden gehen.

Die Direktmarketing-Maßnahmen für die Neukundengewinnung müssen kontinuierlich analysiert und optimiert werden. Neben langjähriger Erfahrung und dem Mut, immer wieder Neues zu testen, benötigt man analytisches Geschick sowie die Bereitschaft, auch scheinbar eindeutige Erkenntnisse im Zeitablauf regelmäßig in Frage zu stellen. Was im nationalen Umfeld bereits eine Herausforderung ist, gilt umso mehr für das Geschäft über die Landesgrenzen hinaus. Im internationalen Direktmarketing ist die Komplexität durch andere Wettbewerbsumfelder, Sprachen, Rechtsgrundlagen und Kulturen noch spürbar höher.

Den vermeintlichen Risiken stehen jedoch gute Chancen für ein lukratives Neugeschäft gegenüber. Insbesondere sollte spätestens dann an eine internationale Expansion gedacht werden, wenn ausländische Unternehmen in das nationale Geschäftsfeld eindringen und auf Dauer Marktanteile gewinnen. Dieser Beitrag zeigt anhand vieler konkreter Praxis-Beispiele auf, wie sich die Chancen einer Auslandsexpansion mit überschaubarem Risiko nutzen lassen.

Herausforderungen internationaler Expansionen

- Im Vergleich zum Heimatmarkt gibt es zum Teil gravierende Unterschiede in den soziodemografischen Faktoren.
- Die Wertevorstellungen von Konsumenten und deren Verbrauchergewohnheiten sind oft anders als im heimischen Markt.
- Durch andere Wettbewerbsumfelder und gewachsene Marktstrukturen weisen die ausländischen Zielgruppen eventuell andere Einstellungen zum gewohnten Marketing-Mix auf, z.B. andere Mediennutzung, andere Preissensitivität oder anderes Qualitätsbewusstsein.
- Diesen veränderten Rahmenbedingungen muss die effiziente Gewinnung von Neukunden Rechnung tragen. Dies gilt nachfolgend auch für die dauerhafte Bindung der zukünftigen Stammkunden. Wichtig ist auch der konsistente Aufbau eines Image-Profils in den neuen Märkten.

2 Zentrale Fragen der internationalen Neukundengewinnung

Vor dem Eintritt in einen ausländischen Markt und der Planung von Direktmarketing-Maßnahmen müssen eine ganze Reihe von strategischen und operativen Fragen geklärt werden:

Welche Länder kommen aufgrund ihrer geografischen, demografischen und wirtschaftlichen Voraussetzungen als »Zielländer« in Frage? – Gibt es dort für die angebotenen Produkte oder Dienstleistungen einen echten Bedarf? In welchen Segmenten? Wie groß ist dieser Bedarf? – Muss das Produkt eventuell verändert bzw. angepasst werden? Reicht dafür eine Änderung der Verpackung oder muss auch der Name geändert werden, weil er »unaussprechlich« oder missverständlich ist? – Ist das Produkt konkurrenzfähig in Bezug auf Qualität, Ausstattung und Preis? Wo ist die Konkurrenz stärker, wo schwächer? Lassen sich diese Schwächen ausnutzen? – Wie steht es mit besonderen Prüf- oder Sicherheitsvorschriften, die möglicherweise eingehalten werden müssen?

Es gibt viele offene Fragen. Manche können vermutlich allein schon aus der Erfahrung heraus beantwortet werden. Für andere wiederum muss kompetenter Rat eingeholt werden. Der findet sich zum Beispiel bei deutschen und ausländischen Fachverbänden, Marktforschungsunternehmen, bei Adressenanbietern und Media-Agenturen, die mit dem werbetreibenden Unternehmen ins Geschäft kommen wollen. Viele dieser Unternehmen erbringen gewisse Vorleistungen, ohne dass diese gleich in Rechnung gestellt werden. Auch die DHL Global Mail bietet aktive Unterstützung bei der Erschließung ausländischer Märkte mit Hilfe von Direktmarketing. Im Competence Center für Internationales Direktmarketing können erfahrene Direktmarketing-Manager quasi auf Zeit gebucht werden. Diese entwickeln Komplettlösungen von der Analyse über die Planung bis zur Abwicklung einer Direktmarketing-Kampagne. Dazu gehört natürlich auch die Response-Auswertung und das Fulfillment.

Nachdem die Auswahl des Ziellandes durchgeführt wurde, stehen folgende Fragen für die Neukundengewinnung an:

Strategische und operative Fragen der Umsetzung

Strategische Fragen:

- Lassen sich ausländische Zielgruppen von den vorhandenen inländischen Zielgruppen ableiten? Gibt es vielleicht andere, zusätzliche Zielgruppen?
- Ist das bisherige Nutzenversprechen für die Verbraucher im Zielland genauso interessant wie für die inländischen Kunden?
- Kann die werbliche und gestalterische Linie beibehalten werden?

Operative Fragen:

- Verstößt die Werbung gegen ausländisches Wettbewerbsrecht?
- Was ist beim Datenschutz zu beachten?
- An welche Adresse können Bestellungen sowie eventuelle Retouren geschickt werden?
- Auf welche Art und Weise können neue Kunden die im Ausland gekaufte Ware bezahlen?
- Wo findet sich der richtige Übersetzer für die Werbung im Ausland?

Lassen sich ausländische Zielgruppen von inländischen Zielgruppen ableiten?

Wenn die Zielgruppendefinition 1:1 aus dem Heimatland des Unternehmens übernommen wird, geht man damit möglicherweise ein erhebliches Risiko ein. Zum Teil gravierend sind die Unterschiede zwischen Deutschland und anderen europäischen Ländern bei den verschiedenen soziodemografischen Faktoren wie Familienstand, Kinderzahl, Kaufkraft, Hausbesitz, Haushaltsgröße, Beruf, Schulbildung, Altersstruktur oder Erwerbsquote der Frauen. Während beispielsweise in Deutschland jeder dritte Haushalt ein Single-Haushalt ist, gilt das in Italien nur für jeden sechsten und in Spanien sogar nur für jeden zehnten.

Unterschiede in den Einstellungen zu bestimmten Problemen, unterschiedliche Wertevorstellungen und Verbrauchergewohnheiten werden in Europa noch für lange Zeit eine Rolle spielen. Während in Deutschland die Attribute Sicherheit und Prestige im Vordergrund stehen, sind es in Frankreich Argumente wie Gemütlichkeit und Bequemlichkeit. Bei der Beschreibung von Produkten fällt auf, dass in Frankreich stärker die positiven Folgen der Produktnutzung betont oder sogar übertrieben werden, zum Teil auf humorvolle Art. Dafür treten die technischen Details in den Hintergrund, mit denen wir in Deutschland gern unsere Texte überfrachten. Erst wenn der Kontakt zum Kunden hergestellt ist, wird man in Frankreich in einem zweiten Mailing die sachlichen Informationen nachholen.

Ein anderes Thema, bei dem erhebliche Unterschiede sichtbar sind, ist der Umweltschutz. In Deutschland und in den skandinavischen Ländern hat er einen wesentlich höheren Stellenwert als in Spanien, Portugal oder Italien. Es kann also sein, dass das Verkaufsargument »umweltfreundlich«, mit dem sich in Deutschland gute Geschäfte machen lassen, in den südlichen Ländern überhaupt nicht zieht. Ebenso wie eine freizügige Gestaltung, die in dem einen Land mehr und im anderen weniger gut ankommt.

Trotzdem gibt es vieles, was gleich ist: Die jungen Franzosen leiden genauso unter Pickeln und Liebeskummer wie die jungen Leute in Deutschland. Englische Frauen wünschen sich genauso eine Arbeitsentlastung durch moderne Haushaltsgeräte wie die Frauen in Dänemark. Und österreichische Männer lieben ihr Auto sicherlich ebenso sehr wie die deutschen.

International tätige Unternehmen versuchen deshalb, wo immer es geht, in möglichst vielen Ländern mit der gleichen Werbung anzutreten. Das spart auf der einen Seite Kosten und sorgt auf der anderen Seite für ein einheitliches Image.

Unterschiedlich ist auch die Akzeptanz von Direktmarketing-Maßnahmen in den einzelnen Ländern. Die großen Länder wie Deutschland, Frankreich, Großbritannien liegen bei den absoluten Ausgaben für Direktwerbung und bei der Gesamtzahl der versandten Mailings an der Spitze. Bei den Mailings pro Person findet man dagegen Österreich, die Schweiz und die Niederlande vorn. Das hat einerseits ganz sicher etwas mit der jeweiligen Akzeptanz des Direktmarketing in der Bevölkerung zu tun, aber auch mit der Höhe der Einkommen und dem Entwicklungsstand dieser Form der Werbung. Wenn man bedenkt, dass die Kaufkraft in den neuen EU-Beitrittsländern nur etwa ein Achtel der hiesigen Kaufkraft beträgt, mag dort das Interesse an vielen Produkten durchaus gegeben sein, aber man kann sie oft nicht bezahlen. Diese Rahmenbedingungen sollten beachtet werden.

Aber nicht nur die Länderunterschiede in Bezug auf die Kaufkraft sind gravierend, auch regional liegen manchmal Welten zwischen den einzelnen Gebieten. Während die Landeshauptstadt Warschau in Polen mit einer durchschnittlichen Kaufkraft von 4.888 Euro pro Jahr »glänzt« – in Deutschland liegt die durchschnittliche Kaufkraft pro Jahr, d.h. das verfügbare Einkommen je Einwohner und Jahr, bei 16.926 Euro –, gibt es in den ärmeren Landesteilen von Polen entlang der Grenze zur Ukraine und zu Weißrussland Gemeinden, die weniger als 1.500 Euro pro Jahr aufweisen. Trotzdem: Langfristig liegen gerade in den neuen Beitrittsländern der Europäischen Union die größten Potenziale.

Für den Werbetreibenden heißt das: Es sollte nicht nur die durchschnittliche Kaufkraft, sondern auch das Kaufkraftgefälle innerhalb des Landes bewertet werden. So lassen sich manche teuren Streuverluste bei einer Direktmarketing-Kampagne vermeiden.

Ist das bisherige Nutzenversprechen für die Verbraucher im Zielland genauso interessant wie für inländische Kunden?

Hier kann die Einstellung der Verbraucher den entscheidenden Unterschied ausmachen. Dabei bringen Marktforschungen mit Hilfe spezialisierter Institute ein hohes Maß an Sicherheit.

Ein Beispiel: Ein ausländischer Anbieter wollte herausfinden, wie europäische Hausfrauen auf eine Promotion reagieren, die mit einem sehr stark preisreduzierten Angebot eines Lebensmittels wirbt. Befragt wurden 1.200 Frauen mit Promotion-Erfahrung in Frankreich, Deutschland, Großbritannien und Italien. Die Französinnen fanden diese Art der Promotion »aufregend« (77%), die Britinnen überhaupt nicht. Für sie sind solche Promotions offenbar nichts Neues. Rund 33% der deutschen Hausfrauen gefiel irgendetwas an diesem Angebot nicht, 12% präzisierten diese Meinung und gaben an, dass »ein niedriger Preis auf eine schlechte Qualität hinweist und das bei Lebensmitteln gefährlich sei«. Bei den Italienerinnen missfiel nur ganzen 12% etwas, und fast niemand verband die Tatsache des reduzierten Preises mit einer schlechten Qualität. Trotzdem war dies der Hauptablehnungsgrund in allen vier Ländern. So waren die Ansichten im Detail durchaus unterschiedlich. Insgesamt stand jedoch die Mehrheit der Frauen dem Angebot reduzierter Preise positiv gegenüber.

Kann die werbliche und gestalterische Linie beibehalten werden?

In Geschmacksfragen reagieren die Menschen bekanntlich verschieden. Auch innerhalb eines Landes. Werbemittel werden genauso kritisch bewertet wie Literatur oder Kunst, auch wenn man sie natürlich nicht so wichtig nimmt. Im Allgemeinen könnte man sagen: »Was in Deutschland gefällt, gefällt auch anderswo.« Mit einer Einschränkung: Wenn etwas »typisch deutsch« erscheint, kann es im Ausland immer noch auf Vorbehalte treffen. Für die Gestaltung von Werbung kann vor allem das unterschiedliche Aussehen der Menschen eine große Rolle spielen. Und zwar immer dann, wenn in Anzeigen oder Prospekten Menschen gezeigt werden, die beispielhaft für Ihre Zielgruppe sein sollen. So wird eine abgebildete blonde Familie in einem norddeutschen Umfeld dem Werbeempfänger auf Sizilien reichlich »exotisch« vorkommen. Ebenso würde ein deutscher Verbraucher auf eine Straßenszene aus Palermo reagieren, die in einem Mailing abgebildet wird. In solchen Fällen ist es ratsam, bewusst ein neutrales Umfeld zu schaffen. Es sei denn, die ursprüngliche Herkunft des Angebotes soll bewusst betont werden.

Verstoß gegen ausländisches Wettbewerbsrecht?

Trotz aller Harmonisierungsbestrebungen der EU sind es in vielen Fällen immer noch landesspezifische Gesetze, die den Wettbewerb regeln. Während in Deutschland das Rabattgesetz und die Zugabeverordnung gelockert wurden, sollte man in anderen Ländern mit Preisreduktionen und Geschenken, die eine Bestellung beschleunigen sollen, vorsichtig sein.

In Frankreich, wo übrigens per Gesetz nur französischsprachige Werbung erlaubt ist, sind Geschenke als Reaktionsbeschleuniger oder zur Erhöhung des Bestellwertes üblich. In Großbritannien sind Rabatte und Gewinnspiele als Blickfang ebenfalls häufig anzutreffen. Allerdings überwacht und regelt die ASA (Advertising Standard Authority) die Einhaltung von Werbestandards. Die Werbung darf in keiner Weise Personen zu Abhängigkeiten verführen oder Kinder gefährden. Im Vorfeld der Kampagne ist eine Prüfung erforderlich und die Freigabe einzuholen. Dies ist vor allem dann zu beachten, wenn eine freizügige Werbung nackte Haut zeigt. Hier kann es zu einem Verbot der Kampagne kommen. In einem Fall musste bei einem mehrseitigen Verbund-Postkarten-Mailing jede einzelne Postkarte einschließlich der Reihenfolge der Karten von der ASA geprüft und freigegeben werden. Wenn die Freigabe durch die ASA nicht vorliegt, können auch andere ASA-Mitglieder, wie zum Beispiel postalische Verteilorganisationen oder Verlage, die Verteilung oder Veröffentlichung untersagen. Unabhängig von der ASA sollte zusätzlich ein versierter Anwalt für Wettbewerbsrecht hinzugezogen werden.

In Deutschland können Werbetreibende relativ leicht von Interessen- und Verbraucherschutzverbänden auf Unterlassung abgemahnt werden, wenn sie gegen das Gesetz gegen den unlauteren Wettbewerb verstoßen. In Österreich kommt erschwerend hinzu, dass nicht nur das Unternehmen, sondern der Geschäftsführer persönlich von der Arbeiterkammer verklagt werden kann. Je nach Vergehen und Schwere des Verstoßes ergeben sich dabei schnell einige tausend Euro an Schadenersatzzahlungen. Darüber hinaus ist es sogar üblich, dass der Betroffene dies in einer überregionalen Tageszeitung auf eigene Kosten in Form einer großen Anzeige auch noch abdrucken lassen muss. Auch hierfür können leicht einige tausend Euro zusätzlich anfallen.

Es empfiehlt sich also bei Kampagnen im Ausland alle Werbemittel von einem landeskundigen Fachanwalt prüfen zu lassen.

Was ist beim Datenschutz zu beachten?

Besonders in den skandinavischen Ländern nimmt man es mit dem Datenschutz sehr genau. Das betrifft in erster Linie die Verwendung von gekauften Adressen. Hinweise hierzu bekommt der Werbetreibende meistens von seinen Adressenlieferanten.

In den meisten europäischen Ländern können sich Bürger, die keine Direktwerbung von Unternehmen erhalten möchten, in eine »Robinson-Liste« eintragen lassen. Werbetreibende haben die Möglichkeit, ihre Adressen gegen diese Liste abzugleichen. Das verringert die Streuverluste beim Versand eines Mailings und verhindert rechtliche Komplikationen. Auf Bedeutung und Nutzen von Robinson-Listen geht auch der Beitrag von Alastair Tempest in diesem Buch ein.

Eine Besonderheit gibt es in Österreich: Den Empfängern von Mailings muss die Möglichkeit gegeben werden, auf jeder Antwortkarte und jedem Coupon die Zusendung von weiterem Werbematerial, auch von Dritten, abzulehnen. Denkbar wäre auf der Antwortkarte oder dem Coupon folgende Formulierung: »Mir ist bekannt, dass ich weitere Zusendungen, auch von Dritten, ablehnen kann.« Streicht der Empfänger diesen Satz durch und sendet er die Karte oder den Coupon zurück, darf er keine weiteren Sendungen erhalten. Die »Streichquote« liegt übrigens meistens unter 5%.

Welche Adresse wird bei Bestellungen sowie eventuellen Retouren angegeben?

Bei einem Unternehmen, das seinen Sitz im Ausland hat und das der Konsument nicht kennt, kann die Response-Adresse ein großer Bestellfilter sein. Der Werbung wird größere Skepsis entgegengebracht, wenn die Sendung aus dem Ausland kommt. Es empfiehlt sich daher eine lokale Anschrift. Das heißt: Kunden in der Schweiz schicken ihre Bestellungen an eine Schweizer Adresse, die aus Frankreich an eine Adresse in Frankreich. Ähnlich verhält es sich auch mit der Retourenadresse, wenn die Kunden die Ware umtauschen und zurückschicken wollen. Nur ein zufriedener Kunde wird auf Dauer ein guter Kunde sein. Kundenzufriedenheit ist ein wichtiger Faktor für die Nachhaltigkeit des Geschäfts. Deshalb sollte Neukunden die Möglichkeit gegeben werden, die retournierte Ware an eine lokale Anschrift zurückzusenden. Dies schafft Vertrauen und die Kunden werden es vielleicht mit Folgebestellungen danken. Für den Werbetreibenden ist das eine Frage der Logistik, aber kein Problem, das sich nicht zugunsten eines hohen Convenience-Vorteils lösen lässt.

Gleiches gilt auch für telefonische Hotlines. Kaum ein Mailing-Empfänger möchte für seine Reaktion eine ausländische Telefonnummer anwählen. Auch wenn die Gebühren für ein Auslandsgespräch heute wesentlich niedriger sind als früher, scheuen viele Kunden diesen Anruf. Vielleicht nicht nur aufgrund der höheren Kosten, sondern vielleicht auch, weil sie vermuten, die ausländische Sprache sprechen zu müssen. Der richtige Weg: einfache, kundenfreundliche Service-Telefonnummern, die sich dann auf eine ausländische Rufnummer weiterleiten lassen können.

Auf welche Art und Weise können die neuen Kunden im Ausland die gekaufte Ware bezahlen?

Die Bezahlung von bestellten Waren ist in der Planungsphase als wichtiges Kriterium zu berücksichtigen. Zahlungsformen und -gewohnheiten unterscheiden sich in den einzelnen Ländern teilweise sehr stark voneinander.

In Frankreich zahlen mehr als 30% aller Privatpersonen per Vorausscheck. Der Zahlungseingang erfolgt also noch vor der Warenlieferung. Eine weitere gängige Zahlungsform in Frankreich ist die »Carte privative«, die von fast 30% der Franzosen als eine Art exklusive Zahlungskarte des Absenders genutzt wird.

Ähnlich verhält es sich in England. Auch hier wird von den Kunden üblicherweise ein Scheck beigelegt oder aber per Kreditkarte bezahlt.

In Deutschland ist die Lieferung der bestellten Waren für Neukunden auf offene Rechnung üblich. Weniger gebräuchlich ist die Bezahlung per Bankeinzug oder Kreditkarte. Lieferung per Nachnahme ist eine seltene Variante, die von Neukunden, die noch keinen Kontakt zum Unternehmen hatten, nicht gerne genutzt wird. Ein solches Zahlungsangebot im Mailing dürfte die Responsequote nachhaltig reduzieren. Bei einer Lieferung auf offene Rechnung muss damit gerechnet werden, dass ein Teil der Neukunden frühestens nach dem Versenden von Mahnschreiben die Rechnung begleicht oder die Forderungen an einen Inkassodienst weitergegeben werden müssen. All dies verursacht Kosten und im schlimmsten Fall auch Zahlungsausfälle, wenn die Forderungen am Ende nicht beglichen werden. Aus diesem Grund ist es in Deutschland ratsam, ab einem bestimmten durchschnittlichen Bestellwert im Vorfeld der Warenlieferung einen Abgleich mit einem Adressbestand der Deutschen Post Direkt oder der Creditreform durchzuführen, der über die Bonität der Kunden Aufschluss gibt. Dieser kontinuierliche Abgleich verursacht zwar Kosten, ist aber meistens trotzdem lohnend, weil so das Zahlungsausfallrisiko spürbar reduziert werden kann.

Wo findet sich der richtige Übersetzer für Werbung im Ausland?

Das wichtigste Kommunikationsmittel ist die Sprache. Nur wer die Sprache des anderen beherrscht, hat auch Einblick in seine Mentalität. Leider sind Sprachgenies dünn gesät. Wer nicht selbst die fremde Sprache mehr als nur zufriedenstellend beherrscht, wird Fehler in einer unzureichenden Übersetzung kaum bemerken. Kommen dann – nach dem Kauf vor allem von technischen Geräten – die ersten Beschwerden, ist es meist zu spät. Prospekte, Gebrauchsanweisungen usw. sind gedruckt, Briefe verschickt. Das investierte Geld ist weg.

Sicherlich ist es nicht immer gleich so schlimm. Aber vielleicht trotzdem ärgerlich. Ein ganz simples Beispiel für einen ganz simplen Gegenstand: einen Rasierpinsel aus Italien. Da heißt es in der deutschen Gebrauchsanweisung:

WICHTIG

Das Dachshaar ist das Beste, was man für ein wirkungsvolles Einseifen des Gesichtes verlangen kann. Dank seiner Elastizitäts- und Feinheitseigenschaften braucht man nur eine leichte Massage, um reichlichen Schaum zu erhalten. Man muss also nicht mit dem Pinsel auf jene Flächen, die eingeseift werden müssen, beharren, denn auf dieser Art und Weise verursacht man nur den Bruch der Haare und der Pinsel wird in kurzer Zeit nutzlos. Es ist aber notwendig, den Pinsel nach der Säuren, die in den Rasiercremen enthalten sind, die, zwischen den Haaren geblieben, die Faser selbst eingreifen, zu beseitigen.

Der flüchtige Leser merkt die vielen kleinen Fehler möglicherweise gar nicht und kommt erst beim letzten Satz ins Grübeln. Natürlich weiß man im Großen und Ganzen, was gemeint ist. Der italienische Unternehmer aber wird vermutlich denken, dass sein Text ganz wunderbar ist. War er im Italienischen auch.

Als weiteres Beispiel ein Textstück aus einem Tourismus-Prospekt:

XXX ist ohne Zweifel das Land der idyllischen Natur, ist reich an Tier und Pflanzenwesen sowie an Schnee und Abenteuer, aber zeichnet sich auch wegen seiner Tradition aus sowie das Eigentum der eigenen Kultur künstlerisches und ihrer großen Kochkunst. Wenige Provinzen wie diese kann den Besuchern so viele und gebundene Aussichten anbieten, usw.

In beiden Fällen hat sich offenbar jemand an den Übersetzungen versucht, dessen Muttersprache nicht Deutsch ist. Der Blick ins Wörterbuch nützt schließlich auch nicht viel, wenn man von den angebotenen deutschen Ausdrücken mit Akribie den am wenigsten passenden herauspickt.

Eine wirklich einfühlsame Übersetzung würde zum Beispiel so aussehen:

XXX ist das Land der idyllischen Natur, ist reich an Tieren und Pflanzen, an Schnee und Abenteuern. Bedeutend ist auch das kulturelle Erbe, sind die Kochkunst und andere Künste. Nur wenige Provinzen können dem Besucher so vielfältige, das Auge entzückende Landschaften bieten.

Was ein Werbetreibender also braucht, sind keine deutschen Übersetzer, sondern Muttersprachler. Aber auch da sollte auf die Auswahl ein genaues Augenmerk gelegt werden. Ein Ausländer, der schon einige Zeit in Deutschland lebt und arbeitet, hat meist ein feines Gespür für die Unterschiede von Land zu Land und Mensch zu Mensch. Und besonders wertvoll ist er zweifellos, wenn er auch noch Kenntnisse im Fachbereich des werbetreibenden Unternehmens hat. Das heißt, ein Versandgeschäft für Haushaltsgeräte aller Art sucht sich als Übersetzer eher eine Frau als einen Mann aus. Simpel, aber wahr.

Wenn dieser Muttersprachler dann auch noch etwas von Werbung versteht, wäre das natürlich hervorragend. Denn Werbetexte müssen so lebendig wie möglich sein, Schlagzeilen und Slogans sollten Interesse durch witzige Wortspiele wecken. Nur: Was auf Deutsch gut klingt, hört sich in einer schlechten Übersetzung eventuell unmöglich an. Der Muttersprachler mit Sprachgefühl kennt vielleicht ein anderes Wortspiel, das den ursprünglichen Gedanken genauso gut transportiert. Dies ist für den Leser verständlicher und macht ihm vielleicht sogar mehr Spaß.

Vor allem, wenn ein Text in mehrere Sprachen übersetzt werden soll, kann die Zusammenarbeit mit einem Übersetzungsbüro vorteilhaft sein. Die Abwicklung ist für alle Sprachen standardisiert und erfolgt kaufmännisch professionell. Die Übersetzungsbüros verfügen darüber hinaus meist über alle Möglichkeiten der Datenverarbeitung. Das heißt, man wird direkt ins Layout texten, wenn der Kunde elektronische Vorlagen liefert. Die Bearbeitung erfolgt dann meist genau mit der Software, die auch der Werbetreibende verwendet. Das kostet zwar etwas mehr, aber dafür spart diese Lösung eine Menge Geld, das sonst für den fremdsprachlichen Satz ausgegeben werden müsste. Vor allem lässt sich jedoch schnell übersehen, ob es Platzprobleme im Layout gibt. Denn die Textumfänge können in verschiedenen Sprachen sehr unterschiedlich sein. Beispiel: ein Prospekt, der gut mit deutschem Text ausgefüllt ist. Da kann es vorkommen, dass der fremdsprachige

Text – bei allem Bemühen – nicht hineinpasst. Lediglich englische Texte sind in der Regel kürzer als deutsche. Dagegen sind finnische Texte meistens aufgrund der längeren Wörter wesentlich länger. Eventuell muss also gekürzt werden. Auch das ist eine Herausforderung an den Übersetzer.

Wenn dann für einen fremdsprachigen Text die Korrekturfahnen eintreffen, sollte kein eigener Mitarbeiter an die Korrektur gesetzt werden – »Es genügt ja, wenn der Text mit dem Manuskript verglichen wird. Das kann doch nicht so schwer sein.« Doch, es ist schwer, ganz gleich, wie gut die Kenntnisse der fremden Sprache sind. Deshalb sollte der Muttersprachler noch einmal engagiert werden, auch wenn es Geld kostet. Bei einem technischen Text sollte man nach einem Übersetzer mit technischem Verständnis verlangen.

Bei Übersetzungen für mehrere Länder muss unbedingt darauf geachtet werden, dass bei jeder einzelnen Übersetzung vom Originaltext ausgegangen wird. Also nicht zuerst vom Deutschen ins Englische übersetzen und danach vom Englischen ins Französische und anschließend noch mal vom Französischen ins Italienische, nur weil man gerade den passenden Übersetzer zur Hand hat. Zum Schluss erkennt man den Text kaum noch wieder.

Es gibt sogar Übersetzungsbüros, die sich über die Übersetzung hinaus auf die Adaption deutscher Werbetexte eingestellt haben. Dabei erstellt zunächst ein muttersprachlicher Übersetzer einen Rohtext, der anschließend von einem muttersprachlichen Texter werblich formuliert wird. Die höhere Investition lohnt sich.

Ein Beispiel: Im deutschen Slogan heißt es: »Milch macht müde Männer munter.« Eine wörtliche und durchaus regelgerechte Übersetzung dafür hieße: »Milk makes tired men awake.« Aber die wäre, weil völlig ohne Pep, ganz sicher nicht im Sinne des Erfinders. Einem guten Übersetzer/Texter gelingt auch auf Englisch eine Alliteration: »Milk makes moody misters merry.« Das klingt mindestens ebenso gut wie das Original, wenn nicht sogar noch witziger.

Fazit: Je besser und origineller ein Werbetext ist, desto mehr lohnt sich eine textliche Adaption durch einen muttersprachlichen Werbetexter.

Deutsche Werbung, die nach Österreich geht, braucht natürlich nicht übersetzt zu werden. Trotzdem kann ein gewisses Maß an Fingerspitzengefühl nicht schaden. Wichtig ist, dass in Werbebriefen jeder Österreicher mit dem ihm zustehenden Titel angesprochen wird. Titel sind nicht nur »Professor« oder »Dr. med.«, sondern beispielsweise auch »Diplomingenieur«. Für uns Deutsche völlig ungewohnt: Sogar die Gemahlin eines »Dr. phil.« ist als »Frau Dr. Moser« anzureden.

Aber auch die Sprache ist bei Deutschen und Österreichern keineswegs gleich. Einem deutschen Backwarenhersteller, der in Österreich leckere Plätzchen anbietet, würden diese Plätzchen vermutlich im Halse stecken bleiben, wenn er wüsste, dass sowohl »Plätzchen« als auch der Begriff »lecker« typische Reizworte darstellen. Während viele Deutsche einige österreichische Begriffe ganz einfach charmant finden, kann dies bei einigen Österreichern zu Irritationen führen.

Manche Begriffe sind auf den ersten Blick in beiden Sprachen identisch und trotzdem kommt es zu gegenseitigen Missverständnissen. So ist ein deutscher Stuhl in Österreich ein Sessel, während der deutsche Sessel sich in Österreich Fauteuil nennt. Für Möbelhersteller vielleicht ein lohnender Hinweis.

So ganz abwegig wäre es demnach nicht, einen »echten« Österreicher zu bitten, doch mal wenigstens einen Blick auf die in Deutschland konzipierte Werbung für die Alpenrepublik zu werfen.

Vorbereitung der internationalen Expansion

- Die Zielgruppen im neuen Markt müssen überprüft werden. Neben soziodemografischen Merkmalen sind Werte und Einstellungen, auch zu Marketing-Instrumenten, von Bedeutung.
- Das Nutzenversprechen des Angebots muss überprüft werden. In vielen Ländern werden die Eigenschaften des Angebots unterschiedlich gewichtet.
- Die Gestaltung der Werbemittel muss überprüft werden. Vermieden werden sollten im Ausland als »exotisch« empfundene Bilder, wenn das werbetreibende Unternehmen dadurch nicht seine Herkunft betonen möchte.
- Ein landeskundiger Anwalt sollte die Werbemittel überprüfen, um teure und unliebsame Überraschungen zu vermeiden. Dies gilt insbesondere für die Bestimmungen des Datenschutzes im betreffenden Land.
- Potenziellen Kunden sollten lokale Adressen für Bestellungen und Retouren gegeben werden. Sie schaffen Vertrauen und erhöhen so die Responsequoten. Ebenso ist es ratsam, auf die lokalen Gepflogenheiten hinsichtlich der Zahlungsweisen einzugehen.
- Ein professionelles Übersetzungsbüro mit muttersprachlichen Textern ist eine lohnende Investition für Werbetexte und Gebrauchsanweisungen.

3 Auswahl der Direktmarketing-Instrumente

Erfolg ist das Ergebnis genauer Planung und Kalkulation.

Nachdem die wesentlichen Voraussetzungen für einen Einstieg in den neuen Markt erfüllt sind, sollte eine effiziente Strategie für die Neukundengewinnung mit Hilfe von Direktmarketing festgelegt werden.

Die Direktmarketing-Strategie und die Mediaplanung beschreiben die vorgesehenen Werbemaßnahmen, das Budget, das Controlling sowie den Einsatz der ausgewählten Direktmarketing-Instrumente.

Insgesamt gibt die Direktmarketing-Strategie Aufschluss über:

- die Auswahl der effizienten Direktmarketing-Instrumente, seien es Mailings, Response-Anzeigen, Beilagen, Beihefter, eventuell auch Postwurfsendungen oder die Verbundwerbung;
- die Auflagen der einzusetzenden Werbemittel sowie einen genauen Zeitplan für die Durchführung der Kampagnen;
- den Budgetplan;
- das Controlling der vorgesehenen Maßnahmen, einschließlich der Kostenerfassung;
- die Fixierung von Response-Erwartungswerten, der Steuergrößen (CpI und CpO) und des Break-even-Points;
- die Planung eines Follow-up.

Unternehmen, die kontinuierlich Direktmarketing betreiben und damit erfolgreich sind, planen nicht nur vorher sehr genau. Sie analysieren auch hinterher jeden Schritt ihrer Aktionen. Durch eine solche Ergebnisanalyse ergeben sich wichtige Kennziffern, die für die Wirtschaftlichkeitsbetrachtung der Werbemaßnahmen herangezogen werden können. Voraussetzung dafür wiederum ist, dass die Daten, z. B. Kontaktkosten, Responsequoten und Bestellwerte, ständig erfasst werden. Ein gut funktionierendes Controlling ist die Grundlage für jeden erfolgreichen Direktmarketer.

Zu Beginn des Markteintritts im Ausland gilt es, das Risiko zu minimieren. An dem bisher im Inland erfolgreichen Direktmarketing-Konzept sollte nur das geändert werden, was aufgrund der vorherigen Recherchen im neuen Markt rechtlich, textlich oder logistisch erforderlich ist. Alles das, was bislang erfolgreich war, sollte – mit den notwendigen Anpassungen und Änderungen – erst einmal im neuen Markt getestet werden. Damit sich die Ergebnisse der Tests vergleichen und eindeutig analysieren lassen, ist es ratsam, dass so wenige Parameter wie nur möglich geändert werden.

Als weiteres Mittel zur Risikominimierung eignen sich vorhergehende Tests mit den verschiedenen Direktmarketing-Instrumenten. Dabei wird man die Auflage so niedrig wie möglich halten, jedoch groß genug, um eine ausreichende Zahl von Reagierern zu bekommen. Entscheidend ist, dass das werbetreibende Unternehmen aussagekräftige und valide Zahlen erhält.

Das adressierte Mailing: Direktwerbemittel Nr. 1

Sofern im Heimatland mit adressierten Mailings an fremde Adresslisten eine zufriedenstellende Response bei der Neukundengewinnung erzielt wird, muss geprüft werden, ob auch im neu zu erschließenden Markt genügend Adressen mit den entsprechenden Zielgruppenkriterien zur Anmietung beschafft werden können. Nach dieser Recherche steht fest, ob es genügend Adresspotenziale gibt, was diese kosten und ob die Listeneigner die Nutzungsfreigabe erteilen. Parallel dazu muss festgestellt werden, welche Kosten nicht nur für die Adressennutzung, sondern auch für die Weiterverarbeitung, die Produktion der sprachlich adaptierten Kampagne einschließlich Kosten für Porto etc. anfallen. Erst dann können Vergleiche gezogen und entschieden werden, ob es sinnvoll ist, die Neukundengewinnung mit adressierten Mailings umzusetzen.

Kurz zu den Portokosten: Während man in Deutschland aufgrund der Postbestimmungen überwiegend auf die Standardformate DIN lang mit einem Gewicht bis zu 20 Gramm oder als Großbrief auf das Format C4 als Format zurückgreift, ist das Standardformat in Frankreich C5. Sofern die Maschinenlesbarkeit in Frankreich eingehalten wird, beträgt das Porto bei einem Gewicht bis zu 35 Gramm nur 0,26 Euro pro Mailing. Für französische Unternehmen ist die Adaption für den deutschen Markt also etwas schwieriger als für deutsche Unternehmen, die ihre Mailings format- und gewichtsmäßig aufstocken können und trotzdem noch einen guten Tarif erzielen.

Wenn ein Überblick über sämtliche Kostenpositionen besteht, müssen diese mit den Erfahrungswerten aus dem Heimatmarkt verglichen werden. Für eine saubere Planung und Kalkulation werden dann im nächsten Schritt weitere Steuergrößen aus dem Heimatmarkt benötigt, wie zum Beispiel die durchschnittlichen Responsequoten und die Kosten, die für einen neuen Interessenten oder Neukunden investiert werden müssen. Direktmarketer bezeichnen diese Steuergrößen auch als CpO- und CpI-Werte. CpO bedeutet Cost per Order. Dies sind die Kosten, die für einen neuen Kunden mit Erstbestellung aufgewendet werden müssen. CpI bedeutet Cost per Interest und beschreibt die Kosten, die für einen Interessenten kalkuliert werden müssen. Sofern zweistufig agiert wird, das bedeutet, zunächst mit einem Mailing das Interesse wecken und anschließend diese Interessenten in einem weiteren Anstoß als Kunden zu gewinnen, muss das in den Kennzahlen entsprechend berücksichtigt werden.

Mit diesen Werten lässt sich nun kalkulieren: Das Unternehmen kann für einen neuen Kunden beispielsweise 10 Euro investieren und die komplette Mailing-Kampagne kostet etwa 1 Euro pro Mailing. Wenn dann noch feststeht, dass ein durchschnittlicher Deckungsbeitrag je Erstbestellung von 25 Euro erzielt wird, wird eine Responsequote von 2,86% benötigt. Wenn dagegen bereits bei der Neukundengewinnung alle Kosten gedeckt werden müssen, weil mit Folgekäufen kaum zu rechnen ist, benötigt man stattdessen eine Responsequote von 4%!

Auf Basis der kalkulierten Werte muss festgestellt werden, ob die Responsequoten realistisch sind, die bei einem adressierten Mailing benötigt werden. Wenn der Werbetreibende dabei zu der Auffassung gelangt, dass die Rücklaufergebnisse eher unter diesen Werten liegen werden, sind die Kontaktkosten bei einem persönlichen Mailing somit für die Neukundengewinnung zu hoch. Dann müssen andere Direktmarketing-Instrumente in die Betrachtung einbezogen werden.

Postwurfsendungen sowie unadressierte Mailings und Selfmailer als Beilagen in Zeitschriften und Zeitungen

Wenn auf dem neuen ausländischen Markt nicht genügend Adressen beschafft werden können oder die Kontaktkosten beim Mailing zu hoch sind, um wirtschaftlich sinnvolle Ergebnisse zu erzielen, sollten Alternativen genutzt werden. Sinnvoll sind unadressierte Werbesendungen, die per Postwurf oder als Beilagen in Zeitschriften und Zeitungen gestreut werden. Dies sind Direktmarketing-Instrumente, mit denen sich die Kontaktkosten im Vergleich zum adressierten Mailing teilweise erheblich reduzieren lassen.

Mit Postwurfverteilungen können fast alle Haushalte eines Landes erreicht werden. In den meisten europäischen Ländern ist eine Zielgruppenselektion nach exakten »geografischen« Kriterien möglich. In Belgien unter anderem nach Postleitzahlen, Wohnbezirken oder sogar nach Straßen. In Dänemark erfolgt darüber hinaus eine weitere Selektion mit Hilfe von Durchschnittszahlen, beispielsweise für Alter, Geschlecht und Einkommen. Ähnlich ist es in den Niederlanden, Norwegen und Schweden. Erstaunlich ist dabei die zum Teil hohe Akzeptanz von unadressierten Sendungen. Auf viele Verbraucher wirkt die Postwurfsendung durchaus nicht wie ein Medium zweiter Klasse. Sie sehen kaum einen Unterschied zum adressierten Mailing. Für die Werbetreibenden ist dies eventuell eine attraktive Einsparmöglichkeit.

Die Kosten für Postwurfsendungen richten sich nach dem Gewicht des Werbemittels, dem Format sowie der Auflage, der Verteilfrequenz und der Anzahl an Response-Elementen. Je höher die Auflage pro Jahr ist und je häufiger sie verteilt wird, desto mehr Rabatte können erzielt werden. Wenn in neuen Auslandsmärkten eine Hausverteilung durchgeführt wird und die Neukunden ihre Bestellkarte als Werbeantwort portofrei über die Landesgrenze hinweg zurücksenden sollen, ist die internationale Werbeantwort eine gute Lösung. Ebenso wie die national bekannte Werbeantwort erleichtert sie im internationalen Briefverkehr dem Kunden die Reaktion.

Beilagen bieten eine weitere interessante Möglichkeit, Adresspotenziale zu erschließen. Sie sind nicht fest mit einer Publikation verbundene Werbemittel, die maschinell beigelegt oder eingeblasen werden. Manche Leute ärgern sich über Beilagen, weil sie oft herausfallen, wenn man die Zeitschrift aufschlägt. Genau das könnte auch der Grund sein, warum Beilagen so effektiv sind – ein Werbemittel, das auf dem Boden liegt, zwingt einen dazu, es in die Hand zu nehmen.

Die Zahl der verfügbaren Medien, in denen sich Werbemittel beilegen lassen, ist groß. In Deutschland stehen mehr als 8.000 verschiedene Medien in Form von Zeitschriften, Zeitungen und Magazinen zur Verfügung. Im Gegensatz zu vielen anderen Märkten bietet der deutsche Markt hier aufgrund der hohen Bevölkerungszahl viele Vorteile. Neben den vielen Fachmagazinen (Special-Interest), die entweder am Kiosk oder als abonnierte Titel zu fast jedem möglichen Thema angeboten werden, gibt es sehr viele Magazine von Verbänden und Institutionen. Dazu zählen etwa Krankenkassen, Versicherungen, Banken, Gewerkschaften und Berufsverbände, mit denen große Zielgruppenpotenziale erschlossen werden können.

Die Auflagen reichen von wenigen tausend bis zu mehr als 13 Millionen erreichbaren Mitgliedern bei der ADAC-motorwelt. Dadurch entsteht ein sehr hohes Potenzial an Medien, das sich Schritt für Schritt nutzen lässt. Bei vielen Magazinen gibt es die Möglichkeit, Teilauflagen nach Nielsengebieten oder nach Postleitzahlbereichen zu belegen. Häufig liegt die Mindestbelegung zwischen 30.000 und 50.000 Stück pro Schaltung, oder es muss die komplette Auflage innerhalb eines Nielsengebietes belegt werden. Ein wichtiges Entscheidungskriterium ist die Belegung nach der Kioskauflage und der Postauflage. Während bei der Kioskauflage damit gerechnet werden muss, dass ein nicht unerheblicher Anteil an Exemplaren der Druckauflage als unverkaufte Remission zurückgeht, hat man bei der Postauflage die Garantie, dass sämtliche Exemplare tatsächlich ihre Empfänger erreichen. Wenn bei der Kioskauflage eine Remission von 50% einkalkuliert wird, erreicht durchschnittlich nur jede zweite Beilage ihren Empfänger. Diese Tatsache schlägt sich in einer geringeren Responsequote nieder.

Die Kosten für das Beilegen richten sich in der Regel nach dem Gewicht des Werbemittels. Eine übliche Gewichtsgrenze liegt bei 25 Gramm. Bei Werbesendungen, die innerhalb dieser Gewichtsgrenze bleiben, liegen die Beilagenkosten in einem Bereich zwischen 50 Euro und 150 Euro je tausend beigelegten Werbemitteln. In jedem Fall lohnt es sich, mit den Verlagen über Konditionen zu sprechen. Größtenteils sind die Verlage bereit, den Werbetreibenden bei Testläufen preislich entgegenzukommen. In Frankreich müssen Beilagen, die in Zeitschriften und Zeitungen gestreut werden sollen, geschlossen sein. Die Werbemittel müssen beispielsweise mit einer Lasche durch einen Leimpunkt, der wieder ablösbar ist, verschlossen werden. Mehrseitige Prospekte, die aufgrund der technischen Konzeption nicht geschlossen werden können, werden dagegen vielfach von den Verlagen gar nicht akzeptiert oder nur zu vergleichsweise sehr hohen Preisen in den Zeitschriften beigelegt.

Eine weitere Alternative zu den Beilagen, die lose im Medium liegen, sind Beihefter oder Durchhefter. Dies sind Werbemittel, die fest in die Publikation eingeheftet werden. Der Vorteil der Beihefter besteht darin, dass bei Postauflagen – im Gegensatz zu den losen Beilagen – keine Postgebühren anfallen. Ein Nachteil kann darin bestehen, dass das meist integrierte Response-Element wie eine perforierte Antwortpostkarte abgetrennt werden muss. Zur Interessentengewinnung verwenden Versender vielfach Postkartendurchhefter, die aus zwei Postkarten bestehen und fest in die Zeitschrift eingeheftet sind. Während eine der beiden Postkarten meistens vorne im Heft eingeheftet ist und zum Anfordern eines Gratis-Katalogs animiert, ist im hinteren Heftteil die zweite Postkarte platziert, mit der ein anderer Versender einen anderen Katalog anbietet. Diese Werbeform ist bezogen auf die Kontaktkosten sehr günstig, da die Kosten für den Beihefter von zwei Unternehmen gemeinsam getragen werden. Die Leser, die Interesse am kostenlosen Katalog haben, können die leicht abzutrennende Postkarte einfach und bequem – meistens sogar ohne eine Briefmarke aufkleben zu müssen – als Reaktionselement nutzen. Die Konditionen betragen in Publikationen mit mehr als einer Million Druckauflage oft zwischen 20 und 30 Euro pro tausend Stück, inklusive der Druck- und Beiheftungskosten.

Bei der Planung Ihrer Beilagen oder Beihefter muss genau auf Format und Gesamtgewicht geachtet werden. Die Werbemittel sollen sich kostengünstig produzieren und technisch reibungslos verarbeiten lassen. Es empfiehlt sich, bereits im Vorfeld den Verlagen ein Muster zuzusenden, damit die inhaltliche und technische Freigabe erfolgen kann. Solange dies nicht geschehen ist, werden die Verlage die Buchung nur unter Vorbehalt bestätigen und zur Lieferung von Mustern auffordern.

Direkt-Response-Anzeigen: Effizient und kostengünstig

Direkt-Response-Anzeigen sind in Deutschland und in Großbritannien ein sehr verbreitetes Direktmarketing-Instrument. Ob eine Anzeige eine Direkt-Response-Anzeige ist, hängt maßgeblich davon ab, ob dem Betrachter der Anzeige schon auf den ersten Blick deutlich wird, dass er reagieren soll. Bei manch einer Anzeige könnte man sicher diskutieren, welcher Kategorie sie zuzuordnen ist. Eines ist aber sicher: Gute und erfolgreiche Response-Anzeigen erzielen generell einen überdurchschnittlich guten Rücklauf. Erfahrene Direktmarketing-Spezialisten wissen, wie solche Response-Anzeigen gestaltet werden müssen. Bereits die Schlagzeile einer erfolgreichen Direkt-Response-Anzeige fordert zur Handlung auf. Die Anzeige enthält ein leicht auszufüllendes Bestellelement und für telefonische Bestellungen wird nicht auf eine deutliche, gut lesbare Hotline verzichtet. Auf der anderen Seite spielen auch die für die Direkt-Response-Anzeige genutzten Publikationen eine wichtige Rolle. Die in Deutschland bekannten Magazine Stern und Spiegel gehören sicher nicht zu den bevorzugten Medien für Response-Anzeigen. Hier kommen viel eher Medien ins Spiel, bei denen das gesamte Anzeigenumfeld schon verstärkt auf Response-Anzeigen hindeutet. Häufig sind dies Magazine mit hohen Auflagen von Krankenkassen, karitativen Verbänden oder Gewerkschaften, die im Verhältnis zu Lifestyle-Magazinen eher dünneres Papier verwenden. Sehr hochwertige Fachmagazine sind in der Regel keine guten Medien für Response-Anzeigen. Der Leser schneidet nur sehr ungern aus seiner wertvollen Zeitschrift etwas heraus, wenn es auch nur ein Coupon ist.

Die Leser der Anzeige sollten die Wahl zwischen verschiedenen Bestellwegen haben. Da jeder potenzielle Kunde seine eigenen Präferenzen bei der Wahl des Antwortweges hat, lässt sich so ein höherer Rücklauf erzielen. In Frankreich nutzen beispielsweise mehr als 40% der privaten Verbraucher den schriftlichen Bestellweg, etwa 30% das Telefon und knapp 20% das Internet. Selbstverständlich hängt dies sehr stark von der Branche, der Zielgruppe sowie vom beworbenen Produkt ab.

Der größte Vorteil von Direkt-Response-Anzeigen besteht darin, dass die Kontaktkosten pro tausend erreichte Leser insbesondere bei Magazinen mit sehr hohen Auflagen günstig sind. Deshalb sind Direkt-Response-Anzeigen gerade dann interessant, wenn es lediglich eine grobe Zielgruppenvorgabe gibt und zunächst für die Neukundengewinnung nur ein ausgesuchtes Produkt angeboten werden soll. Grundsätzlich müssen mit jeder Werbemaßnahme Streuverluste in Kauf genommen werden. Bei Direkt-Response-Anzeigen gibt es jedoch die Möglichkeit, aufgrund der sehr niedrigen Tausenderpreise für eine 1/1-Vierfarb-Anzeige auch mit sehr geringen Res-

Abbildung 2-3-1: Direktmarketing-Instrumente und ihre Zielsetzung

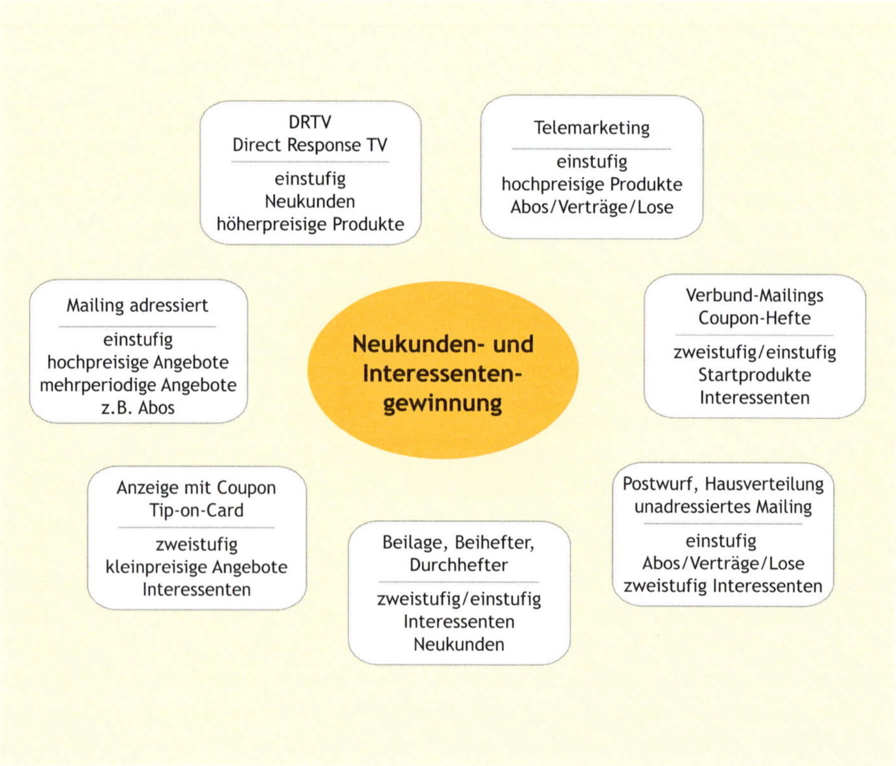

ponsequoten noch einen sehr niedrigen CpO-Wert zu erzielen. Bei dem zuvor erläuterten Kalkulationsbeispiel benötigte das Unternehmen bei einem durchschnittlichen Deckungsbeitrag von 25 Euro pro Erstbestellung und Kontaktkosten von 1 Euro je Mailing eine Responsequote von 2,68%, um einen CpO-Wert von 10 Euro je Neukunden zu erzielen. Bei einer Direkt-Response-Anzeige, die in einem für Direkt-Response-Anzeigen typischen Medium erscheint, lässt sich durchaus mit 10 Euro als Tausenderpreis für eine 1/1-Vierfarb-Anzeige kalkulieren. Bei einer Auflage von 1 Mio. Exemplaren entspricht dies Kosten von 10.000 Euro. Um einen CpO-Wert von 10 Euro zu erzielen, benötigt man genau 286 Bestellungen. Diese knapp 300 Bestellungen entsprechen einer Responsequote von 0,03%. In diesem Zusammenhang können Sie von Streugewinnen sprechen. Aus einer Mio. Lesern, die überwiegend zur Zielgruppe gehören, ca. 300 Neukunden zu gewinnen, ist eine realistische Zielsetzung.

Viele Unternehmen starten ihre Direktmarketing-Kampagnen zur Neukundengewinnung, ohne im Vorfeld genau zu kalkulieren. Nur wer seine wirtschaftlichen Eckdaten wie Deckungsbeitrag pro Auftrag, Responsequoten und Kosten genau kennt, wird schon im Vorfeld der Kampagne wissen, welche Responsequote erreicht werden muss, um die geplanten CpO- und CpI-Werte zu erzielen. Wenn diese Größen nicht realistisch erscheinen, müssen gezielte Veränderungen in der Auswahl der Instrumente und Medien vorgenommen werden.

Wer bislang wenig Erfahrung mit Direkt-Response-Anzeigen hat, sollte sich fremder Hilfe bedienen und einen Profi mit nachweisbaren Erfolgen auf diesem Gebiet hinzuziehen. Er wird nicht nur die geeigneten Medien vorschlagen und attraktive Konditionen für die Anzeigenschaltung nennen können, sondern auch Anregungen für die grafische Umsetzung von Direkt-Response-Anzeigen geben. Nur wenn diese Voraussetzungen erfüllt sind, gibt es gute Chancen, mit Direkt-Response-Anzeigen erfolgreich und effizient neue Kunden zu gewinnen.

Generell gilt für Direkt-Response-Anzeigen, die wirksam und erfolgreich sind: Sie müssen auffallen, dem Leser ins Auge springen und ihn vom Weiterblättern abhalten. Die Schlagzeile muss so formuliert sein, dass sie eine unmittelbare Beziehung zum Leser aufbaut und dieser für einen Moment innehält, um sich mit der Anzeige zu befassen.

»Verbundwerbung«: Gemeinsam ist man stärker

Das Spektrum der Verbundwerbung ist nicht nur interessant für die Neukundengewinnung, sondern zugleich auch in vielen europäischen Ländern grundsätzlich sehr beliebt. Die häufigsten Werbemittelformen sind die so genannten Card-Packs und die Coupon-Kataloge. Die Card-Packs sind meistens adressierte Mailings. Sie bestehen aus mehreren Angebotspostkarten verschiedener Anbieter und sind in einer Folie eingeschweißt. Vor allem in Holland und Großbritannien sind sie weit verbreitet. In den skandinavischen Ländern, den Benelux-Ländern, in Frankreich, Großbritannien, Österreich, der Schweiz oder Deutschland sind die ebenfalls unadressierten Coupon-Kataloge, die überwiegend per Postwurf nahezu flächendeckend in die Briefkästen der privaten Haushalte verteilt werden, beliebt und anerkannt. Unter den Versandhandelsunternehmen gelten sie als effizientes und kostengünstiges Medium zur Neukundengewinnung. Unternehmen, die noch keine große Erfahrung mit Coupon-Katalogen gesammelt haben, reagieren auf den Vorschlag eines solchen Werbemittels zuweilen skeptisch. Für einen Außenstehenden mag es in der Tat verwunderlich erscheinen, dass so viele Menschen auf diese Verbund-Werbeform so stark reagieren. Vielleicht besteht der Grund für die guten Responsequoten darin, dass der Coupon-Katalog im Postkartenformat konzipiert ist und die Postkarte für den Empfänger oft wie ein »unsichtbares Signal« zum Handeln wirkt. Jeder Normalbürger weiß aus Erfahrung: Mit einer Postkarte kann man etwas bestellen, indem man die Postkarte ausfüllt und absendet.

Der wichtigste Vorteil der Coupon-Kataloge liegt in der gegenüber anderen Direktmarketing-Instrumenten fast unschlagbaren Kosten-Nutzen-Relation. Dadurch, dass sich mehrere Unternehmen verschiedener Branchen zusammenschließen, können die Kosten auf die teilnehmenden Partner gesplittet werden. Mit dem Coupon-Katalog kann eine überdurchschnittlich große Anzahl von privaten Haushalten kostengünstig erreicht werden. Da die zur Verteilung kommenden Auflagen zum Teil im zweistelligen Millionenbereich möglich sind, können die Kosten unter 10 Euro pro tausend Kontakte liegen. Außerdem lassen sich so flächendeckend fast sämtliche Haushalte erreichen und das werbetreibende Unternehmen kann damit einen neuen Markt nahezu vollständig bedienen.

Dies kann ein wichtiger Vorteil sein, wenn man einen neuen ausländischen Markt erschließen möchte. Mit diesem Direktmarketing-Verbundinstrument lässt sich mehrfach im Jahr – meistens im Frühjahr und im Herbst – der neue Markt testen und möglichst schnell ein attraktiver Neukundenbestand aufbauen.

In der Regel werden Coupon-Kataloge für zweistufige Konzepte verwendet. Mit dem Coupon in der ersten Stufe sollen Interessenten gewonnen werden, die in der zweiten Stufe per Katalog oder Mailing zu einer Erstbestellung animiert und somit zum Neukunden werden sollen. Bei einem Angebot wenig erklärungsbedürftiger und preiswerter Artikel unter 20 Euro, beispielsweise Münzen zum Sammeln oder Produkte aus dem Kosmetikbereich, lässt sich ein Coupon auch einstufig einsetzen. Hierbei ist es wichtig, dass der Neukunde schon auf den ersten, flüchtigen Blick auf dem Postkarten-Coupon erkennt, wie vorteilhaft dieses Angebot für ihn ist. Ist dies nicht der Fall, blättert er garantiert weiter den Coupon-Katalog durch, bis er ein attraktives Angebot für sich entdeckt. Die Angebotsfülle und das breite Spektrum der verschiedenen Angebote ist ein weiterer wichtiger Vorteil, der die Aufmerksamkeit beim Leser hoch hält.

Die meisten Nutzenversprechen suggerieren dem Leser, entweder Geld zu sparen oder zum Vorteilspreis verschiedene Produkte als Set zum Kennenlernen zu erwerben. Coupons erzielen nur dann gute Rücklaufquoten, wenn das Angebot des Coupons für den Konsumenten so erkennbar attraktiv ist, dass es sich mit den anderen Angeboten im Katalog messen kann. Analysen zeigen, dass ein Kunde nicht alle Coupons einschickt, sondern selektiv die zwei bis drei besonders interessanten heraussucht.

Alternativ kann der Coupon auch zur Marktforschung und für das Generieren von Außendienstkontakten genutzt werden. Das Medium ist weniger geeignet, wenn die Zielgruppe für eine flächendeckende Hausverteilung zu klein ist.

Auch adressierte, hochwertige Verbund-Mailings können zur Interessentengewinnung für bestimmte Bereiche und Branchen sinnvoll sein. Insbesondere dann, wenn die Anbieter einer speziellen Branche eine klar definierte Zielgruppe erreichen wollen und zusätzlich einen wertorientierten, markengerechten Werbeauftritt suchen. Dann steht neben dem Ziel der effizienten Gewinnung von neuen Kunden oder Interessenten parallel auch das Ziel der Imagebildung im Vordergrund.

Fazit: Gerade im internationalen Direktmarketing spielen Verbund-Mailings und Coupon-Kataloge als effizientes Direktmarketing-Instrument für die Gewinnung von Neukunden im Ausland eine bedeutende Rolle.

Direkt-Response TV: Direktmarketing im Fernsehen

Den Unternehmen, die das Medium Direkt-Response TV (DRTV) für die Neukundengewinnung noch nicht eingesetzt haben, mag es als Direktmarketing-Instrument eher abwegig erscheinen. Das Medium wird jedoch aufgrund der starken Ausweitung des digitalen Fernsehens, der Vielzahl der neuen Kanäle und durch die innovativen, technischen Möglichkeiten des interaktiven Kaufs per Fernbedienung für Unternehmen immer interessanter. Nicht zuletzt die seit Jahren boomenden TV-Shopping-Kanäle wie beispielsweise QVC und Home Shopping Europe verdeutlichen, welche Expansionsmöglichkeiten in diesem Medium stecken.

Wenn ein Unternehmen einen neuen Markt erschließt, sollte es deshalb prüfen, welchen Stellenwert dieses Medium dort besitzt, welche Kanäle eventuell geeignet sind und wie die Kostenstrukturen aussehen. DRTV-Spots zeichnen sich inhaltlich dadurch aus, dass die angebotenen Produkte immer über eine eingeblendete Hotline-Telefonnummer sofort zu bestellen sind. In der Regel sind diese Spots im Verhältnis zu Markenartikel-Spots technisch weniger aufwändig und auch nicht sehr spektakulär. Das visuelle und gesprochene Verkaufsgespräch steht im Vordergrund der Handlung. Das Ziel der auf DRTV spezialisierten Produktionsgesellschaften ist es, die Produkte so attraktiv wie möglich ins Bild zu setzen. Wichtige Elemente für einen guten DRTV-Spot sind ein guter Sprecher aus dem Off oder ein glaubwürdiger Presenter, dem es in kurzer Zeit gelingt, die wesentlichen Vorteile des Produktes herauszustellen und – das Allerwichtigste – die Zuschauer zum Bestellen zu animieren. Dementsprechend ist es wichtig, so lange wie möglich eine leicht einprägsame Bestelltelefonnummer im Bild einzublenden. Das Gleiche gilt für wichtige Aussagen, die zusätzlich visuell zu betonen sind. DRTV-Spots laufen meist nicht zur Primetime, zumindest nicht bei den großen TV-Sendern mit hohen Zuschauerzahlen. Diese Art der Spots ist bei den etablierten Sendern entweder früh morgens, vereinzelt nachmittags oder am späten Abend zu sehen. Bei kleineren TV-Sendern, die nur regional senden, oder bei Sparten-TV-Programmen sind DRTV-Spots auch zur Primetime zwischen 20 und 22 Uhr zu sehen. DRTV-Spots können 30, 45, 60 oder vereinzelt auch 90 Sekunden lang sein. Dementsprechend benötigt man günstige Sendezeiten, damit die Kosten je Spot im Rahmen bleiben. Insbesondere neue TV-Sender, die ihre Werbezeiten noch nicht restlos vermarkten konnten, bieten zum Einstieg auch CpO-Modelle mit einem Fixum als Sockelbetrag an. Das heißt, es wird nur ein geringer Anteil der Schaltkosten als Fixum gezahlt und der Rest der Zahlung erfolgt dann im Nachhinein auf Basis der tatsächlichen Besteller.

Im DRTV hängt alles vom Produkt und Angebotspreis ab. Je nachdem, ob ein Unternehmen Münzen, eine CD-Kollektion oder andere Waren anbietet, muss mit den Vermarktungsfirmen der Sender individuell ein CpO-Betrag vereinbart werden. Solange der DRTV-Spot gute Resultate erzielt, werden sowohl der Sender als auch das Unternehmen zufrieden sein. Allerdings muss man bei DRTV-Spots beachten, dass häufig erst dann Bestellresonanz entfacht wird, wenn der Spot etliche Mal wiederholt wurde. Es dauert ein wenig, bis die Zuschauer die Vorzüge des Angebots verinnerlicht haben, sich die Telefonnummer einprägen und schließlich bestellen.

Telemarketing: Der Verkäufer am Telefon

Telemarketing ist grundsätzlich ein wichtiges Instrument im Direktmarketing. Allerdings darf es als »aktives« Outbound-Telemarketing ohne schriftliche Zustimmung der angerufenen Privatperson nicht eingesetzt werden. Somit ist das Telemarketing ungeeignet für die direkte Neukundengewinnung. Mit Ausnahme von Deutschland gilt die Zustimmung jedoch als erteilt, wenn bereits eine nähere Kundenbeziehung aufgebaut wurde. Für die Aufnahme von Bestellungen über eine Hotline ist Telemarketing im B2C-Bereich ideal.

Online-Maßnahmen zur Neukundengewinnung

Immer mehr Verbraucher nutzen die Möglichkeiten, ihre Bestellungen über das Internet zu tätigen. Dieser Trend, der nicht nur für Online-Versender gilt, wird weitere Bedeutung erlangen und ein stetiges Wachstum erzielen.

Jedoch wird die Online-Bestellung als Direktmarketing-Instrument die klassischen Direktmarketing-Instrumente so schnell nicht ablösen können. E-Mail-Newsletter dürfen an private Personen nur versendet werden, wenn diese ihre Zustimmung dafür gegeben haben. Das bedeutet, dass nur ein relativ kleiner Anteil der Zielgruppe über dieses Medium überhaupt aktiv angesprochen werden kann. Darüber hinaus besitzt die elektronische Mail im Gegensatz zum klassischen Mailing den Nachteil, dass sie aus Zeitmangel oder Vorsicht ungeöffnet gelöscht wird.

Klassische Mailings dagegen, die unangefordert in den Briefkästen landen, werden nur in geringem Maße sofort dem Papierkorb zugeführt. Eher wird man sie zunächst zur Seite legen, bis man genügend Zeit hat, sich mit dem schriftlichen Angebot auseinanderzusetzen.

Fazit: Das Internet und die elektronischen Medien sind eine gute Ergänzung zu den klassischen Direktmarketing-Instrumenten. Neukunden, die ihre Waren online bestellen, um die Ware möglichst rasch zu erhalten, sollten auch zügig beliefert werden. Versandhandelsunternehmen müssen deshalb ihre Logistikprozesse für Online-Bestellungen so optimieren, dass sie den Erwartungen entsprechen können, die das schnelle Medium Internet bei den Kunden weckt.

Geeignete Auswahl der Instrumente

- Die genaue Planung und Kalkulation der Kampagne ist die Basis für die Auswahl der geeigneten Direktmarketing-Instrumente.
- Die Nutzung von adressierten Mailings ist insbesondere geeignet, wenn das Profil der Zielgruppe bekannt ist und sich die Mitglieder der Gruppe gut identifizieren lassen.
- Unadressierte Mailings (Postwurfsendungen, Selfmailer und Beilagen) sind unter Kostenaspekten oft eine erwägenswerte Alternative.
- Direct-Response-Anzeigen werden in ihrer Wirkung meistens unterschätzt. Sie können ebenfalls eine sinnvolle Alternative zur Neukundengewinnung für bestimmte Produktkategorien sein.
- In vielen Ländern ist die Verbundwerbung über Coupon-Hefte oder Card-Packs bei Verbrauchern sehr beliebt. Mit der Wahl der adäquaten Partner ist auch dieses Instrument eine gute Alternative, wenn eine breite und diffuse Zielgruppe vorliegt.
- Auch Direct-Response TV erfreut sich in den verschiedenen Nationen unterschiedlicher Beliebtheit. Dem Zielmarkt, der Zielgruppe und des Produktangebots entsprechend sollte dieses Instrument nicht von vorneherein ausgeschlossen werden.
- Das Telemarketing ist in den meisten Ländern zur Neukundengewinnung aus rechtlichen Gründen kaum nutzbar. Dies gilt zunehmend auch für das Internet in Bezug auf E-Mails und Newsletter. Bei dem Angebot eines Online-Bestellwegs sollte unbedingt darauf geachtet werden, dass auch der damit verbundenen Erwartung einer schnellen Lieferung der Ware entsprochen werden kann.

4 Direktmarketing ist auch im Ausland erfolgversprechend

Es gibt eine Vielzahl erprobter und erfolgversprechender Direktmarketing-Instrumente, die zur Gewinnung von Neukunden im Ausland effizient eingesetzt werden können. Zuvor müssen allerdings geeignete Bedingungen geschaffen, Marktforschung betrieben und der ausländische Markt analysiert werden. Denn vieles ist in ausländischen Märkten anders: die Rechtslage, der Datenschutz, die Zahlungsweise der Käufer, Einstellungen und Verbrauchergewohnheiten. Vor allem aber ist es die Sprache, die Probleme bereiten kann. Werbetreibende Unternehmen sollten deshalb viel Sorgfalt bei der Auswahl des richtigen Übersetzers walten lassen. Es ist ratsam, einen Muttersprachler einzusetzen, der auch die Feinheiten der fremden Sprache beherrscht.

Planung und Kalkulation stehen am Anfang jeder werblichen Aktivität, unabhängig vom einzusetzenden Direktmarketing-Instrument. Das Unternehmen muss über die vermutlichen Kosten und die sich daraus ergebenden Responsequoten sowie die zu erreichenden CpO- und CpI-Werte kennen. Werbung ist eine Investition, die sich amortisieren muss. Der schnelle Return on Investment ist gerade für mittlere und kleine Unternehmen ein notwendiges Kriterium. Nur effiziente Werbung, die messbar etwas »einbringt«, führt letztendlich zum wirtschaftlichen Erfolg.

Welche Direktmarketing-Instrumente eingesetzt werden, hängt vom Produkt ab: ob es niedrigpreisig oder höherpreisig ist, wie groß die Zielgruppe eingeschätzt wird, ob einstufig oder zweistufig vorgegangen werden muss. Hier sollten möglichst frühzeitig erfahrene Personen in die Planung und Durchführung eingebunden werden. Fakt ist allerdings, dass in den meisten Ländern der Brief immer noch als hohe Wertschätzung des Absenders gegenüber dem Empfänger angesehen wird. Daher sollte ein Mailing fester Bestandteil der Direktmarketing-Strategie sein.

Wenn alle diese verschiedenen Aspekte beachtet werden, wird der Eintritt in Auslandsmärkte auch für mittlere oder kleine Unternehmen von Erfolg gekrönt sein.

Diane Rinas

2.4 Segmentspezifisches Ethnomarketing

Internationales Direktmarketing in Inlandsmärkten

Überblick

- Die türkische Bevölkerung stellt in Deutschland eine interessante Zielgruppe dar, die bislang kaum bedarfsgerecht und spezifisch angesprochen wird. Es handelt sich um einen interessanten »Markt im Markt«.
- Mit Ethnomarketing lässt sich dieses Potenzial erschließen. Dabei sind deutliche Parallelen zwischen interkulturellem Marketing in Inlandsmärkten und grenzüberschreitenden Werbekampagnen festzustellen.
- Nur mit einer durchdachten Marktsegmentierung kann man die internationale Zielgruppe im Inlandsmarkt identifizieren. Diese lässt sich dann sehr spezifisch mit Direktmarketing-Instrumenten ansprechen.
- Anhand einer Fallstudie wird gezeigt, dass eine zielgruppenspezifische Direktmarketing-Lösung für Ethnomarketing in Deutschland ein erhebliches Potenzial hat.

1 Ethnische Zielgruppen: Internationale Märkte im Inlandsmarkt

Sie sind markenbewusst, kaufkräftig und offen für Werbebotschaften – die in Deutschland lebenden Türken sind eine traumhafte Zielgruppe für Unternehmen. Sie geben allein in Deutschland jedes Jahr 12,3 Mrd. Euro für Konsumgüter aus. Mit der Entscheidung, in der Bundesrepublik zu bleiben, haben diese Menschen die Spar-Mentalität vergangener Jahre längst aufgegeben. Das monatliche Einkommen der rund 720.000 türkischen Haushalte in der Bundesrepublik unterscheidet sich mit etwa 2.000 Euro nicht wesentlich von den finanziellen Rahmenbedingungen deutscher Familien. 70% der Türken in Deutschland sind zwischen 15 und 49 Jahren. Nur wenige Werbetreibende haben dieses Potenzial bisher erkannt. Ethnomarketing kommt deshalb oft nicht zum Einsatz oder die Zielgruppe wird wenig differenziert umworben, so dass die Werbebemühungen meistens wirkungslos bleiben (vgl. Krauss-Weysser, Ugurdemir-Bricks, 2002).

Ethnomarketing in Inlandsmärkten und internationales Direktmarketing weisen interessante Parallelen auf. Die Grundsätze des jeweiligen Kommunikationsansatzes zu verstehen bedeutet, die Instrumente und ihre kommunikative Wirkung im Ethno- als auch im internationalen Direktmarketing erfolgreicher einsetzen zu können. Bei internationalen Kampagnen müssen sich Werbetreibende mit zahlreichen Unwägbarkeiten auseinandersetzen, die sie vom Agieren in ihrem Heimatmarkt meistens nicht gewohnt sind. Dazu zählen teilweise gravierende wirtschaftliche, soziale und kulturelle Unterschiede in der Zielgruppe. Auch die oft schlechtere Adressverfügbarkeit, rechtliche Rahmenbedingungen und die fremde Sprache sind große Herausforderungen auf dem Weg einer grenzüberschreitenden Werbeaktion zum Erfolg. Wer allerdings denkt, dass der heimische Markt sehr homogen in Bezug auf Sprache und Kultur ist, der irrt. Gesellschaften wie Deutschland, die Niederlande oder auch die USA bestehen heute aus einem Mix verschiedenster ethnischer Gruppen. Gerade in kultureller, religiöser und sprachlicher Hinsicht leben diese Menschen vielfach in einer Art Subkultur, haben aber enge Bindungen an die Gesellschaft, in der sie leben. Deshalb stellen sie im jeweiligen Markt ein sehr interessantes Verbraucherpotenzial dar. Werbung muss hier ebenso wie über Landesgrenzen hinweg Normen und Wertevorstellungen dieser Konsumenten verstehen und ansprechen. Was in diesem Zusammenhang vielfach als interkulturelles Marketing bzw. Ethnomarketing bezeichnet wird, ist ein nicht zu unterschätzender Erfolgsfaktor auf inländischen Märkten und ein Schlüssel zum Aufbau einer interkulturellen und globalen Marketing-Strategie. Ethnomarketing funktioniert wie internationales Marketing, wird jedoch auf dem Inlandsmarkt umgesetzt. Wer es schafft, innerhalb seines Heimatmarktes unterschiedliche ethnische Gruppen für seine Produkte und Dienstleistungen zu begeistern, der wird dies mit dem dann vorhandenen Rüstzeug auch über Landesgrenzen hinweg erfolgreich realisieren können.

In diesem Zusammenhang stellt sich natürlich die Frage, wie diese grundsätzliche Erkenntnis in praktischen Nutzen umgewandelt werden kann. Wie lassen sich diese völlig neuen Zielgruppen in einem bereits erschlossenen Inlandsmarkt identifizieren, um sie anschließend bedürfnisgerecht zu umwerben? Lösungshilfen in dieser Situation bietet die Aufsplittung der Adressaten in Segmente, die Erstellung eines differenzierten Angebots und eine adäquate Ansprache der jeweiligen Zielgruppen.

Genau diese Zielsetzung verfolgt das Konzept der segmentorientierten Vermarktung, welches hier im Mittelpunkt steht. Die Anbieter müssen die Heterogenität und Vielschichtigkeit des Marktes erfassen. Ihre langfristige Existenzsicherung gelingt durch die Adaption der Leistung und der werblichen Ansprache im Direktmarketing an die unterschiedlichen Ansprüche der Segmente.

Daraus ergeben sich die folgenden zentralen Fragestellungen: Wie und mit welchen Erfolgen oder Schwierigkeiten lässt sich das Konzept der Marktsegmentierung auf die unternehmerische Praxis im Direktmarketing übertragen? Welche Segmentierungskriterien sind für das Ethnomarketing von besonderer Relevanz und wie lässt sich ein gezielter Einsatz der Direktmarketing-Instrumente im Hinblick auf die Zielsegmente bewerkstelligen? Trägt die Anwendung des Segmentierungskonzeptes zur Zielerreichung im Dialogmarketing bei?

Nicht sämtliche Detailfragen der Marktsegmentierung können hier behandelt werden. Vielmehr soll an einem Beispiel dargestellt werden, inwiefern ein segmentspezifisches Konzept zu einer erfolgreichen Produktvermarktung beiträgt. Demonstriert werden soll die praktische Umsetzung der Marktsegmentierung anhand eines Fallbeispiels aus dem Bereich des interkulturellen Direktmarketing. Es stellt eine sehr konsequente Form der segmentorientierten Vorgehensweise dar und lässt sich in seinem Prozedere auf andere Zielgruppen übertragen. Darüber hinaus ist interkulturelles Marketing durch einen kontinuierlich ansteigenden Ausländeranteil, vor allem in europäischen Märkten, von zunehmender Relevanz. Allein auf dem deutschen Markt stellt der Anteil der nicht Deutschstämmigen und Spätaussiedler mit 11,5% eine bedeutende Gruppe dar.

Das stetige Wachstum dieser ethnischen Segmente verdeutlicht die Notwendigkeit, diese Zielgruppen durch spezifische Maßnahmen anzusprechen. Der Grundgedanke des interkulturellen Markting stammt aus den USA (Ethnic Marketing). Seit den 1970er Jahren werden dort für spezielle ethnische Minderheiten unter Berücksichtigung ihrer kulturellen, sprachlichen und religiösen Eigenheiten spezifische Marketing-Konzepte entwickelt. Der Begriff »Ethnomarketing in Deutschland« bezieht sich natürlich nicht nur auf die türkischen Mitbürger als Zielgruppe. Gerade Osteuropäer stellen in der Bundesrepublik eine weitere, wichtige Verbrauchergruppe dar. Mit rund 2,5 Mio. Menschen stellen die Türken allerdings in Deutschland eine der größten und zugleich attraktivsten ethnischen Zielgruppen dar. Vor allem ihre Vorliebe für Qualitätswaren ist sehr interessant, weil sie bereit sind, dafür auch einen höheren Preis zu zahlen. Die Türken in Deutschland sind also eine wichtige Werbezielgruppe. Das gilt für den B2C-Bereich

Abbildung 2-4-1: Ausländer in Deutschland

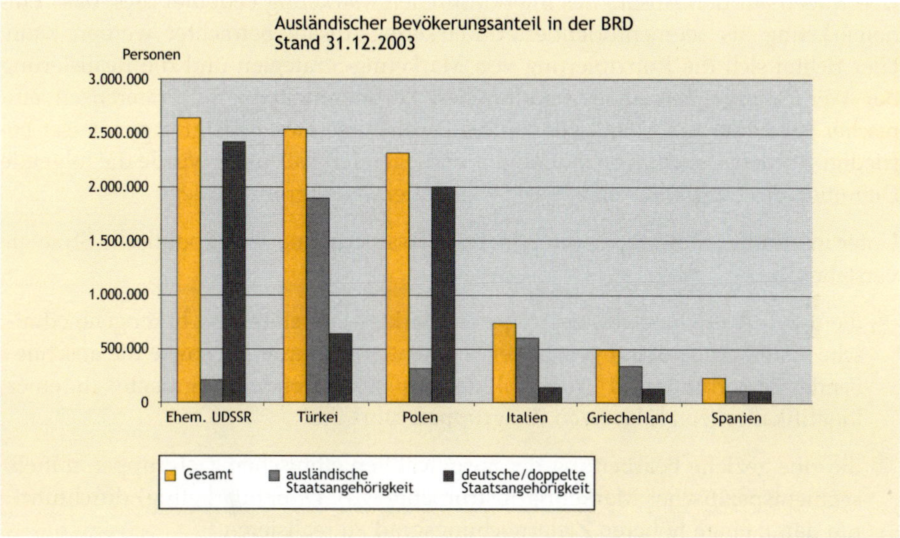

Quelle: Statistisches Bundesamt

ebenso wie für die B2B-Kommunikation. In Deutschland gibt es rund 60.000 türkische Unternehmen. Sie sind vor allem in den Branchen stationärer Handel und Versandhandel sowie im Dienstleistungssektor zu finden. Für deutsche Firmen eröffnet eine adäquate B2B-Kommunikation somit ein erhebliches Potenzial. Umso erstaunlicher ist es daher, dass die meisten Unternehmen dieses Potenzial bislang nicht erkannt haben und damit bedeutende Chancen in der Produktvermarktung ungenutzt lassen.

2 Segmentierte Märkte führen zum Geschäftserfolg

Wer einen speziellen »Markt im Markt« im Fokus hat, muss diesen sehr genau definieren und identifizieren können. Eine solche Zielgruppe können, wie in diesem Beitrag beschrieben, die Türken in Deutschland sein. Die Bezeichnung Marktsegmentierung steht für eine Aufspaltung eines heterogenen Gesamtmarktes in homogene Teilmärkte. In sich sollten die dabei gebildeten Kundengruppen möglichst gleichartig sein, im Vergleich zu anderen Segmenten jedoch sehr verschiedenartig.[1] Zugrunde liegt diesem Konzept die Erkenntnis, dass die Abnehmer unterschiedliche Präferenzen, Kaufwünsche, Einstellungen, Erwartungen und Wahrnehmungsgewohnheiten haben. Der Anbieter wird daher nicht mit einem undifferenzierten Markt konfrontiert, sondern steht einer in unterschiedliche Nachfragesegmente zerfallenden Gesamtnachfrage gegenüber. Die unterschiedlichen Bedürfnisstrukturen der Konsumenten erfordern eine Adaption der Marketing-Strategien.[2]

Übertragen auf den Ansatz des interkulturellen Marketing bedeutet dies, dass Ethnomarketing als segmentorientierter Marketing-Ansatz betrachtet werden kann. Hier richtet sich die Konzipierung von Marketing-Strategien und die Realisierung der Werbekampagnen an den kulturellen Besonderheiten und Präferenzen ethnischer Segmente aus. Damit können die Bedürfnisse dieser Zielgruppen besser befriedigt werden. Bei der Konzeption der vorliegenden Fallstudie wurde die folgende Definition der interkulturellen Marktsegmentierung zugrunde gelegt:

Unter interkultureller Marktsegmentierung lässt sich eine absatzpolitische Strategie verstehen,

- die durch Aufteilung des heterogenen Marktes in weitgehend homogene ethnische Teilmärkte anhand geeigneter Segmentierungskriterien sowie die anschließende Bewertung und Auswahl der zu bearbeitenden Segmente zu einer Identifikation von lukrativen Zielgruppen führt und
- die eine gezielte Bearbeitung der ausgewählten ethnischen Zielgruppen mittels segmentspezifischer Marketing-Instrumente (z.B. Direktmarketing) durchführt, um damit einen höheren Zielerreichungsgrad zu realisieren.[3]

Gerade in der Ermittlung von Kriterien, die zu einer sinnvollen Bildung homogener Teilmärkte führen, liegt eine zentrale Herausforderung der Marktsegmentierung. Dies gilt insbesondere für das Ethnomarketing. Die Auswahl der »richtigen« Segmentierungsvariablen entscheidet über Erfolg oder Misserfolg der Marktsegmentierung. Im interkulturellen Marketing werden zur Bildung der Segmente vor allem auch ethnische Merkmale benutzt, so dass kulturelle und sprachliche Gemeinsamkeiten bestehen. Daraus folgt eine direkte Ansprache und eine höhere Bedürfnisbefriedigung in der Zielgruppe.

Die Fülle der Kriterien lässt sich differenzieren nach geografischen, demografischen, sozioökonomischen und psychografischen Merkmalen sowie nach Charakteristika des Kaufverhaltens.

---

1 Vgl. bspw. Bauer (1976), S. 56/60; Bauer (1977), S. 32; Boyd/Massy (1972), S. 87; Freter (1995), S. 1803; Kirsch/Müllerschön (1996), S. 68; Pepels (1995), S. 125; Wöhe (1996), S. 626.

2 Vgl. Angehrn (1968), S. 39; Böhler (1977a), S. 12; Nieschlag/Dichtl/Hörschgen (1997), S. 82 f.

3 Vgl. Arndt (1974), S. 5. S. auch Böhler (1977a), S. 12; Breuer (1994), S. 107; Kaiser (1978), S. 14.

Die Aufgabe und ihre Besonderheiten

- Die genaue Segmentierung eines Marktes und die Identifizierung einer Zielgruppe im Gesamtmarkt (z.B. türkische Bevölkerung in Deutschland) ist ein wesentlicher Erfolgsfaktor für eine Werbekampagne.
- Durch eine Marktsegmentierung lassen sich Angebote zielgenauer an die Bedürfnisstrukturen ausgewählter Zielgruppen anpassen.
- Die Auswahl der richtigen Variablen entscheidet über den Erfolg einer Strategie der Marktsegmentierung.
- Im Rahmen des interkulturellen Marketing werden zur Bildung der Segmente vor allem ethnische Merkmale benutzt.

3 Die Kampagne: Brieflösungen für türkische Zielgruppen in Deutschland

Verschärfter Wettbewerb, gesättigte Märkte und die Notwendigkeit langfristiger Kundenbindung: dies sind Tendenzen, mit denen die meisten Anbieter konfrontiert werden. Im Spannungsfeld dieser verschärften Marktbedingungen kann eine Ethnomarketing-Strategie zusätzliche Geschäftspotenziale erschließen. Die Deutsche Post setzt schon seit mehreren Jahren auf eine zielgruppenspezifische Ansprache der türkischen Mitbürger. Für das Unternehmen sind diese Kunden von großer Bedeutung, denn sie pflegen enge Kontakte in die Heimat und nutzen dabei Briefe und Pakete als Kommunikationsmedien.

An ihren Bedürfnissen orientieren sich die Inhalte der Post-Kampagnen zur Erschließung des türkischen Potenzials in Deutschland. Die vorliegende Kampagne zeigt die Vorteile des Briefs als Kommunikationsmedium anhand zielgruppenspezifischer Botschaften auf, um damit das Versandvolumen dieser Kundengruppe zu steigern. Die Zielgruppe lernt die Deutsche Post über Ethnomarketing-Kampagnen als Partner für ihre persönlichen Kommunikationsbedürfnisse kennen. Durch Werbetexte in der Muttersprache und einer an den türkischen Bedürfnissen orientierten Bildsprache fühlt sich diese Bevölkerungsgruppe akzeptiert und ernst genommen.

Das Ziel ist, dass Türken in Deutschland eine Markenpräferenz gegenüber der Deutschen Post entwickeln. Für das Unternehmen ist damit ein deutlicher Imagegewinn und Verkaufserfolg bei der Zielgruppe verbunden. Die Zielgruppe sieht, dass die Deutsche Post als international agierendes Unternehmen ein wichtiger Partner zur Aufrechterhaltung der persönlichen und familiären Kontakte ins Ausland sein kann.

Abbildung 2-4-2: Zielgruppenspezifische 3-D-Postkarte

Mit ihren interkulturellen Marketing-Maßnahmen verfolgt die Deutsche Post aber nicht nur strategische, sondern auch produktspezifische Zielsetzungen: Die bei der Zielgruppenbetrachtung analysierten Bedürfnisse und Präferenzen führen zu weiteren Produktverbesserungen und dem Ausbau bedarfsgerechter Angebote. Das schließt neben dem privaten Briefverkehr auch die geschäftliche Korrespondenz der türkischen Zielgruppe mit ein. Die Deutsche Post positioniert sich also sowohl im B2C- als auch im B2B-Bereich als Partner für moderne Kommunikation. Das führt zu deutlichen Potenzialzuwächsen in einem eigentlich stagnierenden Markt und stärkt nachhaltig die Kundenbindung – wichtige Faktoren zur Erreichung von dauerhaften Wettbewerbsvorteilen.

Durch interkulturelle Direktmarketing-Konzepte lassen sich eine Vielzahl von Zielen realisieren. Das Konzept rückt damit einen neuen Markt mit all seinen Kommunikationsbedürfnissen auf privater und geschäftlicher Ebene in das Zentrum unternehmerischer Planungen. Zusammenfassend lässt sich also festhalten: Interkulturelles Marketing ist zielgruppenspezifisches Handeln.

Wer Ethnomarketing erfolgreich betreiben will, muss seine Ziele und die angestrebte Positionierung festlegen. In einem ersten Arbeitsschritt wird anhand von differenzierenden Variablen sinnvoll abgegrenzt und strukturiert. Danach werden die so identifizierten Segmente grob erfasst, definiert und voneinander abgegrenzt. So lassen sich die türkischen Konsumenten zweckmäßig segmentieren. Bereits in dieser Phase lässt sich erkennen, welche Möglichkeiten das neue Segment darstellt und welches Wachstumspotenzial es besitzt. Jetzt kann der Werbetreibende entscheiden, wie attraktiv das Segment für sein Geschäft ist. Außerdem erkennt er, welche neuen Anforderungen die Markterschließung an sein Leistungsangebot stellt und wie die Wettbewerber gegenüber den anvisierten Konsumenten aufgestellt sind. Dann können die betrachteten Segmente in einem Portfolio positioniert werden. Damit wird beabsichtigt, attraktive wie nicht attraktive Segmente zu visualisieren und die vom Werbetreibenden als wichtig erachteten Zielgruppen zu selektieren, vertieft zu erfassen und detailliert in einem Profil darzustellen. Konsumentenbedürfnisse, -präferenzen und -probleme sollten dabei durch Marktforschungsmethoden sorgfältig ergründet werden. Auf diesen Ergebnissen aufbauend werden in einem letzten Arbeitsschritt zur Marktsegmentierung für die wichtigen definierten Zielgruppen gezielte Marketing-Konzepte entworfen. Nach der Umsetzung der Direktmarketing-Kampagne und dem Rollout ist unbedingt eine Erfolgsmessung durchzuführen. Die Resultate sollten wiederum in die Zielsetzung und Markterfassung einfließen.

Die Deutsche Post hat diese Anforderungen im Rahmen ihrer Ethnomarketing-Kampagnen erfolgreich umgesetzt: Zunächst wurde mit Hilfe von Marktforschungsinstrumenten die große Zielgruppe der ausländischen Mitbürger in Deutschland mit ihren spezifischen Präferenzen und Besonderheiten analysiert. Hierfür wurden Institute (z.B. Data4U) genutzt, die sich ausschließlich auf Marktforschungsaktivitäten in ethnischen Zielgruppen spezialisiert haben.

Danach erfolgte die Selektion und Definition der für die Deutsche Post relevanten türkischen Zielgruppe. Für die im Weiteren beschriebene Kampagne entschied man sich für die türkischstämmigen Privatkunden in Deutschland. Die nun folgende Phase der Marktbearbeitung stellte die Konzeption und anschließende Realisation einer Direktmarketing-Kampagne in den Vordergrund.

Anknüpfungspunkt der Werbeaktion war das Neujahrsfest als traditionelles Grußfest der Türken. Die Kampagne unterstützte diese sehr familiäre und persönliche Form der Kontaktpflege. Den Türken in Deutschland wurden Brieflösungen der Deutschen Post angeboten, die ihre Kommunikationsbedürfnisse mit Verwandten und Freunden in der Türkei erfüllen. Die spezifische Ansprache der sehr schreibaffinen und großen türkischen Zielgruppe erfolgte über verschiedene Kommunikationskanäle. Um Aufmerksamkeit und einen hohen Zuspruch zu erreichen, wurde die Kampagne durch die sehr populären türkischen Musikstars Zerrin Özer und Yasar als Sympathieträger unterstützt. Doch auch beim Einsatz der Testimonials war eine gründliche Analyse notwendig, um einen negativen Effekt bereits im Vorfeld auszuschließen. So wurde die Wirkung der beiden türkischen Stars vorab mit einer Marktforschung getestet. Diese bescheinigte den beiden Sängern hervorragende Bekanntheits- und Sympathiewerte in der Zielgruppe. Zerrin Özer erreichte beispielsweise einen Bekanntheitsgrad von 87,4% und einen Sympathiewert von fast 80%.[4]

Die Deutsche Post nutzte im Rahmen des interkulturellen Marketing eine crossmediale Kampagne. Das bedeutet, es wurden verschiedene Instrumente entsprechend ihrer Kommunikationsstärke eingesetzt und mit den anderen Marketing-Werkzeugen verzahnt. Die Botschaft sollte durch diese Multikanalstrategie stets präsent sein und so einen hohen Wiedererkennungswert erzeugen.

4 Erhebung Data4U 2004 Werbebegleitstudie.

Abbildung 2-4-3: Zielgruppenadäquate Kommunikation

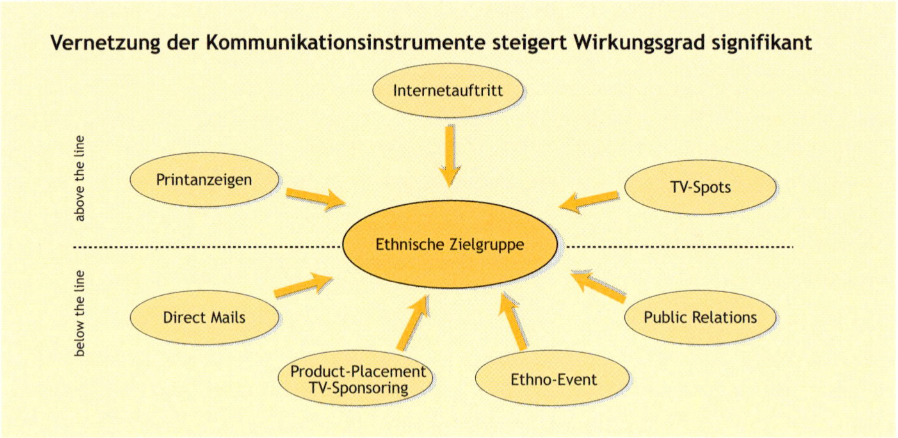

Quelle: Eigene Erstellung

Mailings

Kernelement der Werbeaktion war ein persönlich adressiertes bilinguales Mailing mit Response-Element, welches Mitte Dezember an 250.000 türkische Privathaushalte in Deutschland verschickt wurde. Zielpersonen waren Männer und Frauen zwischen 20 und 60 Jahren. Sowohl das Mailing als auch die weiteren verwendeten Werbeinstrumente wurden mentalitätsnah, zweisprachig und dialogorientiert aufgebaut. Bei der Gestaltung wirkten türkischstämmige Berater mit. Diese Zusammenarbeit sollte verhindern, dass durch Gestaltungselemente, die für ein deutsches Unternehmen völlig harmlos erscheinen, unter Umständen Befindlichkeiten der türkischen Zielgruppen verletzt werden.

Abbildung 2-4-4: Broschüren und Anschreiben

Zu den Elementen des Mailings gehörte ein bilinguales Anschreiben (türkisch/ deutsch) mit Dialogelement sowie eine türkischsprachige Informationsbroschüre, in der die Produkte verständlich und bildhaft erläutert wurden. Um dem Kunden eine besonders einfache Reaktion zu ermöglichen und ihn zur Antwort zu motivieren, wurde ein adressierter und frankierter Rückumschlag beigefügt. Das Interesse der Zielgruppe am Mailing sollte zusätzlich durch beigelegte Postkarten geweckt werden, auf denen in Bildern eine grafische Brücke zwischen Deutschland und der Türkei geschlagen wurde. Ein Preisausschreiben hatte eine zusätzliche und responseverstärkende Wirkung. Den Gewinnern winkten Preise wie beispielsweise ein Auto sowie ein exklusives Abendessen mit den populären türkischen Künstlern Kiraç und Funda Arar. Das Preisausschreiben wurde von allen crossmedial eingesetzten Werbeinstrumenten als tragendes Element inhaltlich genutzt. Dadurch konnte der Werbeempfänger eine starke Beziehung zwischen den einzelnen Instrumenten und damit zur Gesamtkampagne aufbauen.

Gerade bei der Konzeption eines Mailings sind wichtige ethnische Besonderheiten zu beachten. Dazu gehören Sprache und Ästhetik sowie spezielle Bedürfnisse und Wertvorstellungen der ethnischen Zielgruppe. Sprachliche Probleme der Zielgruppe stellen nur sekundär eine Barriere dar. Die türkische oder bilinguale Ansprache wird laut Marktforschung allerdings von den Adressaten eindeutig bevorzugt. Werden die Werbeempfänger in ihrer Muttersprache angesprochen, so stellt das für viele eine hohe Wertschätzung dar. Dadurch wird ein Gefühl von Akzeptanz, Verständnis und Vertrauen erzeugt. Wer mit türkischstämmigen Konsumenten in einen werblichen

Dialog treten möchte, sollte dabei nicht auf die wörtliche Übersetzung von deutschen Texten oder die Verwendung von Bildmotiven aus deutschen Kampagnen setzen. Türken mögen es »blumiger« und »wärmer«. Vor allem Farbvorlieben weichen oftmals von »deutschen« Präferenzen ab. So sind Rot-Töne bei der türkischen Zielgruppe außerordentlich beliebt. Sehr wirksam sind emotionale Motive oder Bilderwelten aus der ehemaligen Heimat mit bekannten türkischen Wahrzeichen. Die Erfahrungen der Deutschen Post bei den bislang durchgeführten Ethnomarketing-Kampagnen zeigen, dass bei personalisierten Mailings besondere Sorgfalt auf die Adressauswahl gelegt werden sollte. Diverse Adresslieferanten bieten türkische Adressen an. Diese lassen sich nach unterschiedlichsten Kriterien selektieren. Die Adressqualität ist jedoch einer der entscheidenden Erfolgsfaktoren der Direktmarketing-Maßnahme. Von zentraler Bedeutung ist es daher, dass die angemieteten Adressen nicht nur permanent gepflegt und aktualisiert werden, sondern dass in dem Bestand ausschließlich Adressen türkischer Herkunft enthalten sind. Oftmals bieten unseriöse Anbieter des Adresshandels Datensätze an, die lediglich aus Telefonbüchern nach phonetischen Kriterien entnommen wurden und daher keine Gewähr für die türkische Herkunft der Adressen bieten. Ein Name, der türkisch klingt, muss nicht unbedingt aus der Türkei stammen. Tritt ein Werbetreibender in ein solches Fettnäpfchen und werden deutsche oder andere Nationalitäten auf Türkisch angeschrieben, so führt dies oftmals zu Irritationen und möglicherweise sogar zur Verärgerung der Umworbenen. Um sicherzustellen, dass der Adressbestand nicht versehentlich deutschstämmige oder andere Nationalitäten enthält, sollten alle Adressen einzeln durch türkische Muttersprachler geprüft werden.

TV-Spots

Zeitgleich mit dem Versand des Mailings begann die Ausstrahlung von TV-Spots auf verschiedenen türkischen Sendern. Aufeinander aufbauende Werbespots wurden zur Prime Time auf den türkischen Kanälen Kanal D, ATV, Flash TV, Kanal 7 und TRT gezeigt. Ausdrücklich wurde in den Spots zum Dialog aufgefordert und Bezug auf die Verlosungsaktion genommen. Die Übergänge zwischen klassischen Werbeinstrumenten und Direktmarketing-Werkzeugen wurden somit fließend. Die bekannten Musikstars wurden hier ebenfalls in den Transport der Werbebotschaft eingebunden. Sie waren die inhaltliche Klammer über alle Werbemittel. Das gab der crossmedialen Kampagne einen hohen Wiedererkennungseffekt und war ihr wesentlicher Erfolgsfaktor.

Das Fernsehen hat bei Türken in Deutschland in aller Regel einen hohen Stellenwert. So schaut der durchschnittliche türkische Mitbürger mit 203 Minuten etwa 10 Minuten länger am Tag fern als sein deutscher Nachbar. Über 20 türkische TV-Stationen sind in Deutschland empfangbar. Laut der Studie Data4U 2003 (Analyse türkischer Werbeträger) nutzen deutlich mehr als die Hälfte (58%) der Türken in Deutschland überwiegend oder ausschließlich türkische Fernsehsender und nur ein knappes Fünftel (18%) überwiegend oder ausschließlich deutsche Fernsehsender. Die restlichen 22% orientieren sich an beiden Fernsehwelten. In einer integrierten Kampagne für die in Deutschland lebenden Türken ist also das Fernsehen eine gute Ergänzung zum Mailing und zu anderen Werbemitteln. Vorteilhaft ist dabei auch, dass die Mediabelegung bei türkischen TV-Sendern deutlich günstiger ist als bei vergleichbaren deutschen Sendern.

Print-Anzeigen

Abbildung 2-4-5: Anzeigen in türkischen Medien

Zur kommunikativen Abrundung der integrierten Kampagne der Deutschen Post wurden auch Imageanzeigen mit Response-Möglichkeit eingesetzt. Diese flankierende Maßnahme wurde in den auflagenstärksten türkischen Tageszeitungen Hürriyet und Milliyet geschaltet. Tageszeitungen haben in crossmedialen Kampagnen für Türken in Deutschland nicht den Stellenwert des TV. Nur etwa die Hälfte der Zielgruppe ist im Laufe einer Woche und nur etwa ein Viertel im Laufe eines Tages über das Medium Tageszeitung zu erreichen. Wenn eine Zeitung gelesen wird, so ist dies in aller Regel die türkische Zeitung Hürriyet. Dieser Titel beherrscht den Markt nahezu monopolartig und verfügt gleichzeitig auch durchgehend über die besten Imagewerte. Nach den Erkenntnissen der eigenen Marktforschung generiert Printwerbung in Tageszeitungen kaum zusätzliche Kontakte – wenn, dann kommt als Trägermedium die Zeitung Hürriyet in Frage.

Internet

Auch die Internetnutzung nimmt bei der überwiegenden Mehrheit der Türken in Deutschland kontinuierlich zu. Deshalb wurde dieses moderne Medium auch in die Ethnomarketing-Kampagnen der Deutschen Post integriert. Auf den Unternehmens-Webseiten hatten die User die Möglichkeit, Werbespots und Hintergrundinformationen zu den Lösungen der Deutschen Post für die spezielle Zielgruppe herunterzuladen. Auch hier wurde der Dialoggedanke integriert, um die Nähe zum Kunden aufzubauen.

Events

Der aufmerksamkeitsstarke Abschluss der crossmedialen Ethnomarketing-Kampagne war ein Event. Dieser Event dokumentierte die angestrebte Nähe des Unternehmens zu seinen türkischen Kunden. Schließlich gibt es keinen direkteren Dialog als das persönliche Gespräch. Bei der beschriebenen Kampagne der Deutschen Post hatte dieser Event Benefizcharakter. So wurden die Eintrittsgelder für Wohltätigkeitszwecke gestiftet (Erdbebenopfer in der Türkei sowie die medizinische Betreuung kranker Kinder), übertrugen zahlreiche türkische Fernsehsender. Die Programmpunkte waren die Gewinnziehung der ersten zehn Preise der Verlosungsaktion und ein Konzert der Kampagnen-Testimonials Zerrin Özer und Yasar. Unter den rund 3.000 Gästen der ausverkauften Veranstaltung waren auch sehr viele hochrangige Veranstaltungsteilnehmer wie Medienvertreter, Vertreter der türkischen Generalkonsulate, Vorsitzende von Unternehmerverbänden und sonstige Persönlichkeiten aus der Wirtschaft. Das führte zu einem sehr großen Interesse der türkischen Zeitungen an dem Event: ein multiplikativer PR-Effekt zum Abschluss der Kampagne.

Besonderheiten in der Vorgehensweise

- Die Deutsche Post setzte bei der Ethnomarketing-Kampagne vor allem auf die crossmediale Ansprache der Zielgruppe.
- Hinsichtlich sprachlicher und grafischer Gestaltung wurden die Präferenzen der Zielgruppe genau analysiert und die Kampagne entsprechend umgesetzt.
- Bei der türkischen Zielgruppe wurden beliebte Prominente als Testimonials zum Transport der Botschaft eingesetzt.
- Der Einsatz von Mailings im Rahmen einer crossmedialen Kampagne war besonders zielführend.

4 Internationale Kompetenz bewiesen

Insgesamt konnte die Deutsche Post durch die hier beschriebene Direktmarketing-Kampagne ihre Kompetenz als internationales Brief- und Transportunternehmen unterstreichen, das die Wünsche und Bedürfnisse seiner Kunden kennt und Lösungen dafür anbietet. Die überdurchschnittliche Responsequote von 24% bei der letztjährigen Kampagne zeigt, dass in diesem Bereich der richtige Weg eingeschlagen wurde. Die Aktionen der letzten Jahre verdeutlichen jedoch auch, dass die Durchführung von Ethnokampagnen sich nicht auf die reine Adaption von Kampagnen für deutsche Konsumenten beschränken kann. Es ist nicht zielführend, Mailings, Anzeigen und Werbespots wörtlich zu übersetzen. Ethnomarketing ist erfolgreich, wenn es einer langfristigen Strategie folgt und verschiedene Medien im koordinierten Zusammenspiel die Kampagne tragen. Dabei bietet es sich an, die potenziellen Kunden zu bestimmten Anlässen zu kontaktieren. Diese weichen jedoch von denen deutscher Konsumenten ab. Einem Moslem einen Weihnachtsgruß zukommen zu lassen verfehlt das kommunikative Ziel. Ramadan, das Opferfest, der Valentins- oder Muttertag sind hingegen erfolgversprechende Anlässe.

Abbildung 2-4-6: Erfolgsfaktoren/Learnings interkulturelles Marketing 1998 bis 2005

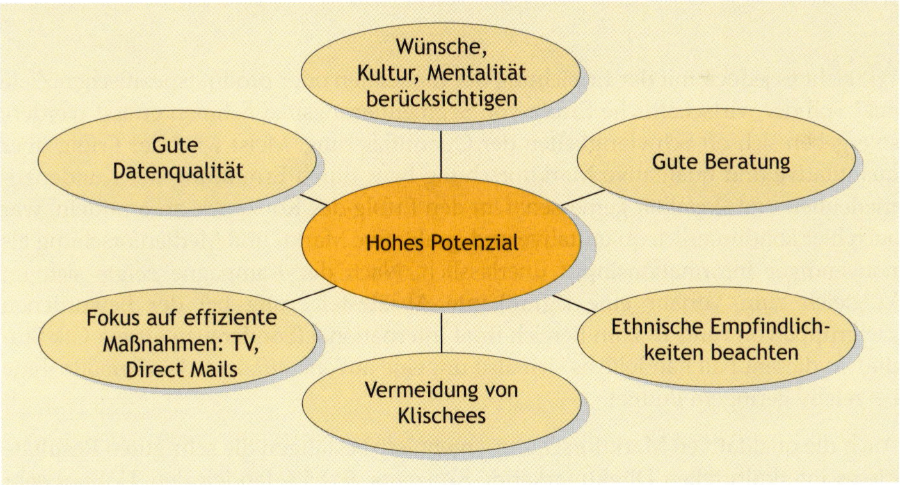

Darüber hinaus zeigte sich, dass sich die Zielgruppen nur bedingt über den isolierten Einsatz einzelner Marketing-Instrumente erreichen lassen. Vielmehr ist ein kombinierter Einsatz der Medien wirksam, um langfristig die marketingpolitische Zielsetzung zu realisieren. In diesem Zusammenhang wird oft der Vergleich mit einem Orchester herangezogen, das im Gleichklang schwingt, um Harmonie zu erreichen. Der gesamtheitliche integrierte Auftritt aller Marketing-Instrumente gegenüber den Zielgruppen am Markt ist von zentraler Bedeutung, um die absatzpolitischen Ziele effizient zu realisieren.

Abbildung 2-4-7: Türkische Zielgruppe

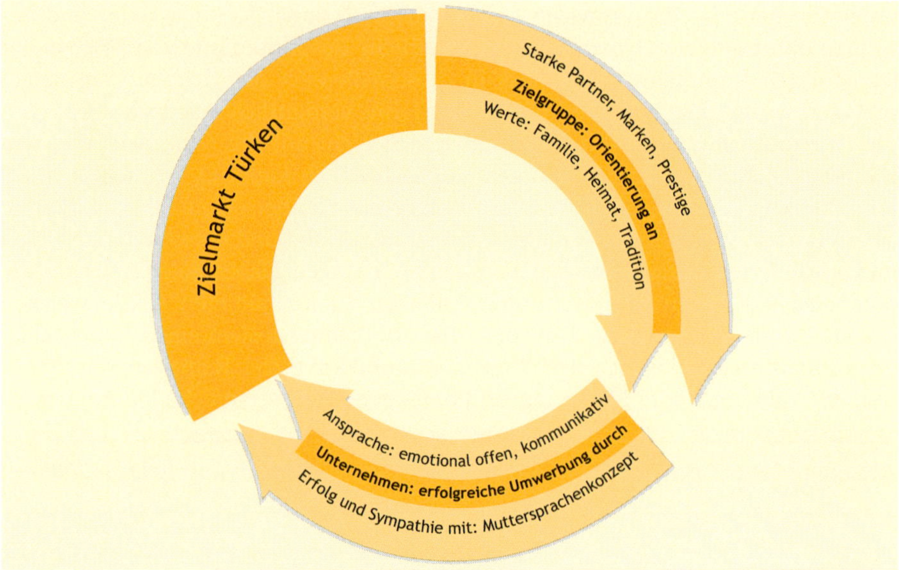

Wie sieht es jedoch mit der Erreichung der monetären oder produktspezifischen Ziele aus? Soll der wirtschaftliche Erfolg von Segmentierungsmaßnahmen erfasst werden, so ergeben sich oft Schwierigkeiten der Quantifizierung. Meist wird der Erfolg über quantitative und qualitative Marktforschung bzw. durch Ermittlung der Kundenzufriedenheit und -loyalität gemessen. Um den Erfolg des Konzeptes zu ermitteln, war auch hier kontinuierlich quantitative und qualitative Markt- und Medienforschung als notwendiger Informationsinput unerlässlich. Nach der Kampagne zeigte sich im Vergleich zum Vorjahr eine signifikante Absatzsteigerung bei der beworbenen Zielgruppe von rund 18% im Bereich Brief International (Sonderauswertung Gfk Studie). In diesem Fall handelte es sich also um eine äußerst effiziente Werbemaßnahme bei relativ geringem Budget.

Auch die qualitativen Marktforschungsergebnisse bestätigen die sehr guten Resultate dieses interkulturellen Direktmarketing-Konzepts: 95,85% fanden den TV-Spot sehr gut oder gut, 95% bewerteten die Anzeigenwerbung und 96,3% das Direct Mail als sehr positiv. 94,9% empfanden die Werbekampagne insgesamt als gelungen.[5]

Aus Sicht der Marktforschung ist die Kampagne der Deutschen Post somit als sehr erfolgreich zu bewerten. Leistungsstärkste Elemente waren dabei die Direct Mails und TV-Spots, während die Zeitungsanzeigen – die nur wenige zusätzliche Nettokontakte

5 Analyse Data4U 2003 Werbebegleitstudie.

generieren konnten – eher als Ergänzungsmaßnahmen zu bewerten sind. Auch die Gestaltung der Werbemittel traf den Geschmack der Zielgruppe. So beurteilten jeweils mehr als vier Fünftel der Zielgruppe die verschiedenen Werbemittel, Werbebrief, TV-Spots, Anzeigen positiv. Die Begeisterung für die Kampagnen in der Zielgruppe zeigte sich auch in den zahlreichen Zuschriften, zum Teil mit Widmungen und Bildern.

Zentrale Ergebnisse

- Durch die Marktsegmentierung und die damit genauere Zielgruppenansprache mittels Direktmarketing wurde eine überdurchschnittliche Responsequote von 24% erreicht.
- Der crossmediale Einsatz der Marketing-Instrumente bietet sich an, um langfristig die markenpolitische Zielsetzung des Anbieters zu realisieren.
- Kontinuierliche qualitative und quantitative Markt- und Meinungsforschung bringt den notwendigen Informationsinput.
- Die Deutsche Post konnte sich bei der Zielgruppe als Partner für grenzüberschreitende Kommunikation positionieren und eine hohe positive Awareness sowie eine signifikante Absatzsteigerung erreichen.

5 Zusammenfassung

Die Tatsache, dass Konsumenten sowohl im Ausland als auch im Inland unterschiedliche Präferenzen, Wünsche und Bedürfnisse aufweisen, bildet den Ausgangspunkt der beschriebenen Kampagne. Dieser Heterogenität trägt das Konzept der Marktsegmentierung Rechnung, indem die differierenden Bedürfnisstrukturen von Zielgruppen in der Konzeption und Umsetzung von Direktmarketing-Kampagnen berücksichtigt werden. Angestrebt wird eine Adaption von Produktangeboten und Marketing-Strategien an die verschiedenartigen Zielgruppen.

Eine Differenzierung, wie beispielsweise über interkulturelles Marketing, kann sogar noch in gesättigten Märkten Wachstum herbeiführen. Direktmarketing – insbesondere Direct Mails – sind hierbei eine sehr effiziente Marketingform zur Ansprache ethnischer Zielgruppen. Im Falle der türkischen Zielgruppe in Deutschland sind des Weiteren TV-Spots von großer Bedeutung, zumal sie wesentlich wirkungsvoller sind als andere Werbemittel wie beispielsweise Anzeigenschaltungen in Printmedien. Zu bedenken ist natürlich, dass die Schaltung und Produktion von TV-Spots sehr aufwändig sein kann, so dass in der vorliegenden Fallstudie der personalisierte Werbebrief die beste Wirkung erzielt.

Die verschärfte Wettbewerbslage zwingt auch in Zukunft die Anbieter zu einem Wettstreit um die Gunst der Konsumenten. Deshalb ist eine stärkere Zielgruppenorientierung dringend erforderlich, so dass ein segmentorientiertes

Direktmarketing sowohl national als auch international immer mehr Bedeutung erlangt. Dabei liegt die Erkenntnis zugrunde, dass ein großer Anteil an einem kleinen Marktsegment möglicherweise profitabler sein kann als ein kleiner Anteil an einem großen Markt. Diese Erkenntnis wird durch die vorgestellte Kampagne gestärkt. Die Deutsche Post konnte ihren Marktanteil in dem relativ kleinen, aber sehr profitablen Segment deutlich erhöhen.

6 Literaturverzeichnis

Weiterführende Literatur zum Thema Marktsegmentierung:

Angehrn, Otto (1968): »Marktsegmentierung als Absatzmethode«, in: GFM-Mitteilungen zur Markt- und Absatzforschung, 14. Jg., Heft 2/1968, S. 38–42.

Bauer, Erich (1976): »Markt-Segmentierung als Marketing-Strategie«, 1976 Berlin, zugl. Diss. Univ. Marburg 1976 (Betriebswirtschaftliche Schriften, Heft 83).

Bauer, Erich (1977): »Markt-Segmentierung«, 1. Aufl., 1977 Stuttgart.

Belz, Christian (1998): »Akzente im innovativen Marketing«, St. Gallen 1998.

Böhler, Heymo (1977a): »Methoden und Modelle der Marktsegmentierung«, 1. Aufl., Stuttgart 1977, zugl. Diss. 1976 Technische Hochschule Aachen (Betriebswirtschaftliche Abhandlungen, Bd. 33).

Boyd, Harper W./MASSY, William F. (1972): »Marketing Management«, New York u.a. 1972 (The Harbrace Series in Business and Economics).

Breuer, Wolfgang (1994): »Dynamisches Segmentmanagement auf Hochtechnologiemärkten«, Wiesbaden 1994, zugl. Diss. Univ. Köln.

Crone, Bernd (1977): »Marktsegmentierung – Eine Analyse zur Zielgruppendefinition unter besonderer Berücksichtigung soziologischer und psychologischer Kriterien«, Frankfurt am Main 1977 (Europäische Hochschulschriften, Reihe V, Volks- und Betriebswirtschaft, Bd. 153).

Freter, Hermann (1995): »Marktsegmentierung«, in: Tietz, Bruno/Köhler, Richard/Zentes, Joachim (Hrsg.): »Handwörterbuch des Marketing«, 2. Aufl., Stuttgart 1995 (Enzyklopädie der Betriebswirtschaftslehre, Bd. 4).

Kaiser, Andreas (1978): »Die Identifikation von Marktsegmenten«, Berlin 1978 (Schriften zum Marketing, Bd. 8).

Kirsch, Jürgen/Müllerschön, Bernd (1996): »Marketing kompakt«, Berlin 1996.

Pepels, Werner (1995): »Käuferverhalten und Marktforschung – eine praxisorientierte Einführung«, Stuttgart 1995 (UTB für Wissenschaft: Große Reihe).

Weiterführende Literatur zum Thema Ethnomarketing:

Kraus-Weysser, Folker/Ugurdemir-Bricks, B. Natalie: »Ethno-Marketing – Türkische Zielgruppen verstehen und gewinnen«, Redline Wirtschaft, München 2002.

Weitere Quellen der Deutschen Post:

Analyse Data 4 U/2003, MRSC: »Analyse türkischer Werbeträger«.

Erhebung Data 4 U: »Werbebegleitstudie 2004«.

Jon Williams, Thomas Curwen

2.5 Die HP HypeGallery

Eine inszenierte, eventorientierte Multimedia-Kampagne

Überblick

- Hewlett Packard (HP) möchte sich im globalen Druckermarkt langfristig neu positionieren. Hierzu soll in einem ersten Schritt in der Zielgruppe der »iMac-Generation« bzw. Grafikprofis eine Affinität zur Marke HP aufgebaut werden, weil diese Zielgruppe Signalwirkung für den Massenmarkt der Zukunft besitzt.
- Die Herausforderung: Grafikprofis gelten als besonders skeptisch und misstrauisch gegenüber großen Marken und Werbung im Allgemeinen.
- So entstand mit der »HypeGallery« eine interaktive Kampagne – eine Ausstellung, die von den Künstlern selbst geschaffen wurde – online ebenso wie in der wirklichen Welt. HP-Großformatprinter druckten die Motive aus. Alle Kunstwerke gelangten auf die Homepage www.hypegallery.com im Internet.
- Die integrierte Kampagne von Publicis nutzte zur Kommunikation mit der Zielgruppe überwiegend avantgardistische Direktmarketing-Medien, für welche die Zielgruppe besonders affin ist.
- Die Medien- und Zielgruppenresonanz war enorm: 4.000 Besucher hatte die »HypeGallery« in London, die internationale Website wurde weltweit über 5,5 Mio. Mal aufgerufen. Die nächste Station des internationalen Rollouts der »HypeGallery« war Paris.

1 Auf dem Weg zum Trendsetter

Hewlett Packard musste sich neuen Herausforderungen stellen: Drucker gelten gemeinhin als Gebrauchsprodukte – trotz ständiger technischer Verbesserungen, die auch auf den heimischen Schreibtischen Einzug halten. Viele Menschen erwerben ihre Drucker als Teil eines Komplettsets oder als Ersatz für nicht mehr funktionierende Geräte. Als Marktführer in diesem Bereich profitiert Hewlett Packard eigentlich von dieser Einstellung. Das Unternehmen musste jedoch erkennen, dass sein Ruf als Technologieführer in der Branche für jüngere Verbraucher eine immer geringere Rolle spielte. Gerade bei der »iMac-Generation«, das heißt, bei den Trendsettern für die Verbraucher von morgen, erzielte HP nicht mehr den gewünschten Verkaufserfolg.

Abbildung 2-5-1: www.hypegallery.com

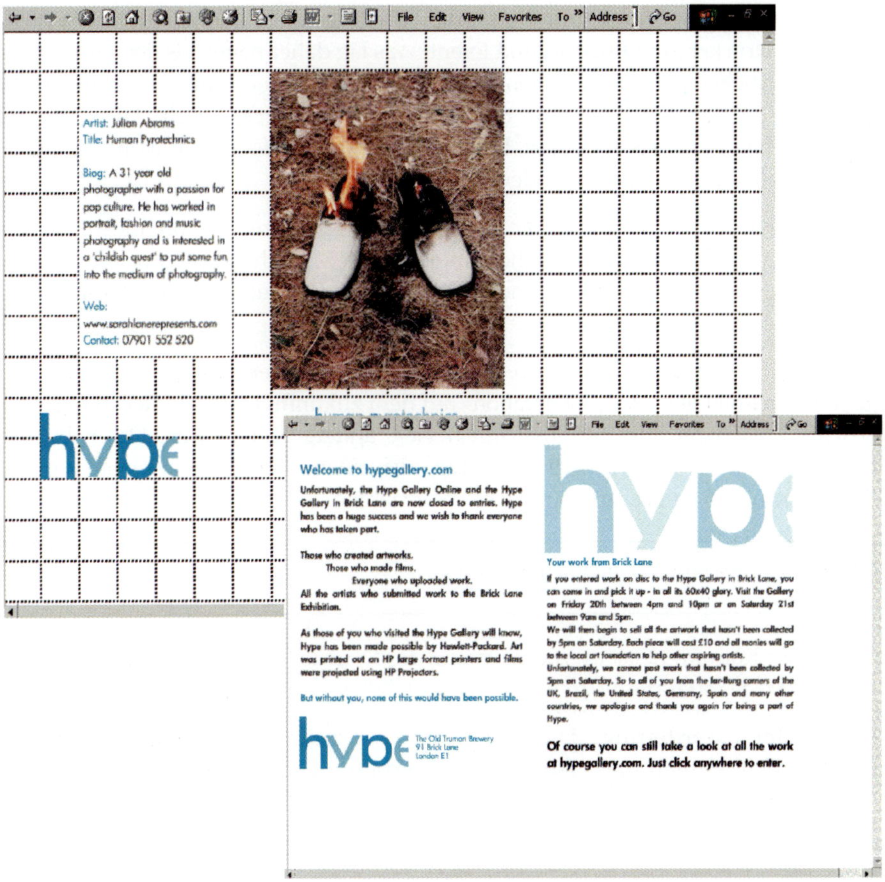

Das Marketing hatte diese Zielgruppe eher stiefmütterlich behandelt. Typischerweise sind HP-Werbebotschaften relativ rational gehalten: Im Zentrum der Kampagnen steht die Produktgattung Drucker als solche, entweder mit neuen technischen Merkmalen, Preisen oder neuen Versprechungen. Dieser Ansatz lässt die überaus skeptische Zielgruppe im wahrsten Sinne des Wortes kalt. Die Folge: Die Marke HP war nicht emotional aufgeladen und damit gegenüber einer »trendigen« Marke wie beispielsweise Apple strategisch im Nachteil. Apple hat es mit Hilfe einer imagebasierten Positionierung geschafft, das Vertrauen der Käufer zu gewinnen und Marktanteile zu erobern.

Hewlett Packard beauftragte deshalb die Werbeagentur Publicis mit einer neuen Kampagne. Das Ziel ist, die Marke HP im Bewusstsein der »iMac-Generation«, die als Trendsetter für den zukünftigen Massenmarkt gilt, emotional zu verankern. Diese ist in puncto Designästhetik überaus versiert. Sie hegt gleichzeitig ein ausgeprägtes Misstrauen gegenüber allen Formen traditioneller Werbung.

Um die Generation der iMac-Nutzer zu erreichen und ihr die besonderen Vorzüge von HP-Druckern zu verdeutlichen, hob sich die Herangehensweise an die Kampagne von klassischer Werbung ab. HP und Publicis mussten auf eine innovative Weise mit der Zielgruppe kommunizieren, um die Marke HP zu neuem Leben zu erwecken. Dazu wurde der Drucker zum Erlebnis und Event. Was lag daher näher, als den HP-Drucker als »Geburtshelfer« für Ideen in den Kreativprozess der Zielgruppe einzubinden? Bis dahin wurde der Drucker »auf den letzten Knopfdruck« nach Abschluss des schöpferischen Prozesses reduziert. Dies sollte sich mit Hilfe einer unkonventionellen Live-Darstellung der Produkte ändern.

Ausgangspunkt der Kampagne war die Erkenntnis, dass Kreative ihre Ideen und Vorstellungen auf Papier sichtbar machen und anderen Menschen präsentieren möchten. Damit hatte das Team ein starkes Bindeglied zwischen Zielpublikum und HP-Druckern gefunden.

Die Leistungsvorgaben, die Publicis schließlich mit HP vereinbarte, tragen der einflussreichen Rolle der »iMac-Generation« auf dem zukünftigen Markt Rechnung – jede erreichte Zielperson wird voraussichtlich viele andere beeinflussen. Der Fokus der Kampagne lag daher schwerpunktmäßig auf einem Bewusstseinswandel in der Zielgruppe und weniger auf konkreten Absatzzahlen.

Die Aufgabe und ihre Besonderheiten

- Ziel der Kampagne ist es, die Relevanz der Drucker-Marke Hewlett Packard in der »iMac-Generation« zu erhöhen.
- Die Herausforderung: Die Zielgruppe ist sehr misstrauisch gegenüber Großunternehmen und traditioneller Werbung. Diese Abwehrhaltung galt es zu überwinden.
- Der Ansatzpunkt für die Kampagne von Publicis: Kreative möchten ihre Ideen und Vorstellungen gern auf Papier bringen und anderen präsentieren.

2 HypeGallery - in drei Phasen in die Herzen der Zielgruppe

Herkömmliche Kontaktwege sind wenig wirksam bei Zielpersonen, die Werbung ignorieren, die ausgesprochene Gegner jeglicher Werbung sind und die noch dazu wenig Zeit haben. Für Publicis bedeutete das: Man musste neue Wege gehen.

Üblicherweise werden klassische PR- und Werbebotschaften über die Tagespresse und TV lanciert. HP und Publicis mussten jedoch eine neue Möglichkeit entwickeln, um den Zielpersonen »Appetit« auf die Drucker von Hewlett Packard zu machen und ihre Neugierde zu wecken. Der Ansatzpunkt war der Drang zur Selbstdarstellung der Zielgruppe und ihrem Bedürfnis nach Kommunikation sowie Anerkennung durch ihre Kollegen.

So entstand die »HypeGallery«, eine Kunstausstellung der Design-Community in der virtuellen ebenso wie in der wirklichen Welt. »Hype« verschafft jungen Künstlern genau das, was sie brauchen: die Möglichkeit, sich kreativ auszudrücken und dies einer breiten Öffentlichkeit zu präsentieren. »Hype« ist im Wesentlichen freier Galerieraum, in dem sich die Künstler kostenlos selbst promoten können.

Das Kampagnenteam entschied sich für den Standort »Brick Lane« im Londoner Künstler- und Studentenviertel East End. Die Straße liegt im Herzen der Design-Community der britischen Hauptstadt. In unmittelbarer Nähe gibt es mehrere Künstlergruppen. Sie waren für die Verbreitung der »Hype«-Idee innerhalb der Gemeinschaft unverzichtbar.

Abbildung 2-5-2: Fly Poster und Clean Graffiti auf dem Bürgersteig

Abbildung 2-5-3: Gezielter Schuss – Infrarot-Hypertags vom Plakat per SMS aufs Handy

Teilnahmebedingung für die Künstler war, dass die Buchstaben H und P im Titel der jeweiligen Arbeit der Künstler vorkommen mussten. Die Werke konnten online per Mail eingereicht bzw. auf die Website hochgeladen oder aber auf einer CD direkt in die Galerie in der Brick Lane gebracht werden. Dort druckten Mitarbeiter das Werk auf Großformatdruckern von HP aus – und stellten die Bilder aus.

Mit mehr als 160 Einzelwerken war die Ausstellung äußerst umfangreich; präzises Timing war deshalb unerlässlich. Das Team hatte die Exposition akribisch geplant und in Phasen konzipiert, um gleich zu Beginn einen positiven Eindruck zu machen und ihre Nachhaltigkeit in den Wochen zu sichern, in denen die Zielgruppe Kunstwerke schaffen und einreichen sollte.

Am Ende soll www.hypegallery.com zum Mittelpunkt einer weltweiten Community und zu einer wertvollen Ressource für die kreative Gemeinschaft beim – kostenlosen – Aufspüren neuer Talente werden.

Der kreative Teil der Kampagne lässt sich in drei Phasen einteilen:

- In Phase I der Kampagne gab es eine »Inspirations-Website«. Sie wurde Woche für Woche durch neu entstandene Kunstwerke aufgefrischt. Der vorläufige Inhalt sollte der Orientierung und Inspiration der Besucher dienen. Sie waren eingeladen, sich zur Schaffung einer Gemeinschaftsdatenbank registrieren zu lassen. Wöchentliche »Appetithäppchen« waren ausschlaggebend für die Akzeptanz.
- Phase II diente dem »Upload«, d.h., Künstler aus aller Welt konnten ihre Werke bei der Galerie abliefern. Die Datenerfassung am Eingang der Galerie und die Registrierung auf der Website – eine Voraussetzung für die Teilnahme an dem Kunstprojekt – waren die erste Grundlage für eine Datenbank. Sie soll im Zuge weiterer, ähnlicher Projekte europa- und weltweit und durch die Eingabe weiterer Kunstwerke aufgefüllt werden.
- In Phase III – drei Wochen später – erschienen die über das Internet hochgeladenen und auf CD in der Brick Lane vorbeigebrachten Werke auf der Website.

Dass HP mit im Spiel war, bemerkte die Zielgruppe erst, als ihre Kunstwerke in strahlendem Technicolor auf einem Großformatprinter der Firma ausgedruckt wurden. Die Wirkung war überwältigend. Die Kommentare, die das Kampagnenteam während des Ansturms auf die Galerie hörte und las, bestärkten es in seiner Überzeugung, dass diese Kampagne die öffentliche Wahrnehmung der Marke HP von Grund auf ändern würde.

Avantgardistische Kommunikation für eine scheue Zielgruppe

Zur Verbreitung der Galerie-Idee bediente sich das Kampagnenteam sämtlicher traditioneller und innovativer Medien sowie Kommunikationskanäle: Von Clean (legaler) Graffiti, Hypertags (kleine elektronische Etiketten), viralem Marketing und Fly Postern (»Flaggen«) bis hin zu Mailpaketen, Presse, Rundfunk, Kino, Websites, Online-Bannern, Websites, JVTV (ASTRA-TV) und Postkarten waren alle Medien in die Kampagne integriert. Sie wurden mit unterschiedlichen Schwerpunkten in den drei Phasen eingesetzt.

www.hypegallery.com/Phase 1: Mystery, Spannung und Aufmerksamkeit

Ausschlaggebend dafür, die geweckte Neugierde zu lenken und die »Hype«-Erfahrung lebendig werden zu lassen, ist die Website (http://www.hypegallery.com/). Sie erläutert »Hype«, dient zur Anmeldung sowie um Kunstwerke und Filme aus aller Welt hochzuladen. So kann z.B. ein Künstler aus Tokio in London ausstellen. Die Website entstand bereits einen Monat, bevor die Künstler ihre eigenen Arbeiten hochladen konnten.

Parallel dazu wurden die Zielpersonen beim Arbeiten oder Studieren »umzingelt«:

- Publicis beauftragte den bekannten Sprayer (»street brandalist«) Moose mit der Kreation legaler »Clean« Graffiti, die eine Mundpropaganda (»buzz«) auf den Websites der weltweiten Designer-Community auslösen sollte. Dies wurde durch ein Chatroom-Infiltrationsprogramm unterstützt. Das »HYPE«-Logo tauchte auf den Bürgersteigen, an Hauswänden, Telefonzellen und Ateliers des von Kunststudenten bevölkerten Londoner Viertels auf. »HYPE« erschien auf mysteriöse Weise über Nacht; jeweils nur ein Buchstabe auf den Stufen und an den Wänden der Kunsthochschulen St. Martins und Goldsmiths, Clean Graffiti lösten einen kettenreaktionsartigen Transport der Botschaft von der Community-Site aus. Sie erreichte im Verlauf von drei Monaten insgesamt mehr als 300 Websites, Message Boards, Foren und Newsgroups der Zielgruppe.
- Auch die Fly Poster, »Flaggen« mit Bildern und der Internetadresse an zentralen Stellen des Viertels, erzielten eine hohe Aufmerksamkeit.
- Kleinflächige Anzeigen in Zeitschriften mit Veranstaltungshinweisen, in denen Annoncen für Kunstausstellungen und Filmposter nachgeahmt wurden, warben für Einreichungen von Werken für die »HypeGallery«.
- Publicis installierte neuartige Plakate mit integrierten Infrarot-Hypertags. Dies sind kleine elektronische Etiketten, die die Leute in die Galerie locken sollten. Hypertags »wittern« den Mobiltelefon-Typ und »injizieren« Kalendereinträge per SMS in die Handys von Passanten. Am Tag der Eröffnung der Galerie klingelte dann nachmittags um halb fünf der Handywecker bei den Betreffenden, um sie an den Termin für die Gallery-Eröffnung zu erinnern. Dem Stil der gesamten Kampagne folgend, ist dies der weltweit erste Einsatz dieser neuen Technologie im öffentlichen Raum. Die Hypertags wurden an insgesamt fünf strategischen, besonders angesagten Aufenthaltsorten der Zielgruppe platziert. Diese Plakate erzielten 762 SMS-Interaktionen.
- Jede einzelne SMS-Interaktion kostete 4,53 £. Bemerkenswert ist allerdings der Ansteckungscharakter digitaler Informationen. Die durch das Überraschungsmoment »schau mal, was ich gefunden habe« ausgelöste Verbreitung der SMS-Botschaft zwischen den Endkonsumenten bzw. innerhalb des Peer-to-Peer-Netzwerks ist weitreichend und schier unermesslich.
- Zusätzlich wurden Informationspakete an Colleges geschickt, um sie für die Aufnahme von »Hype« in ihre Lehrpläne zu gewinnen. Die »schöpferische Phase« für die Gallery fiel in die Weihnachtsferien der Studenten. Sie sollte nicht mit ihren Semesterarbeiten kollidieren. Einige Hochschulen nahmen »Hype« in den Lehrplan auf.
- Einige eingereichte Filme wurden auf JVTV übertragen, einem webbasierten Breitbandnetz von Plasma-Schirmen in Einrichtungen von Studentenvereinigungen im ganzen Land.
- Die Filme wurden ebenfalls in Kinos vorgeführt.

www.hypegallery.com/Phase 2: Action und Penetration

Zum Start der zweiten Phase wurde die Website für weltweite Einreichungen geöffnet. Die ersten Werke werden in der Brick Lane ausgedruckt und ausgestellt. Nun galt es, die generierte Aufmerksamkeit in weitere Werke, Besuche und verstärkte Mundpropaganda umzusetzen:

- Die Website der »HypeGallery« wurde für Einträge aus allen Teilen der Welt geöffnet.
- Die Teilnahme an der »HypeGallery« wurde parallel auch mit einer Online-Kampagne mit Werbe- und Skyscraper-Bannern auf Zielgruppen-affinen Websites beworben.
- Mit Hilfe eines Outbound-E-Mail-Programms wurde eine spezielle Neukontaktstrategie für die Zielgruppe umgesetzt.
- Publicis ließ 60 Filme in einer Tiefgarage in Soho vorführen, um auch junge Filmemacher für Kurzfilme zum Thema »Hype« anzusprechen.

Abbildung 2-5-4: Kinospot – When all Hope Plummets

Abbildung 2-5-5: Kinospot – Hairy Pooches

www.hypegallery.com/Phase 3: PR und Breitenwirkung

In der letzten Phase der Kampagne sollten Multiplikatoreneffekte genutzt und hauptsächlich weitere Besucher für die Online- bzw. Offline- »HypeGallery« generiert werden. Zudem wurden die traditionellen Instrumente der PR-Kampagne verstärkt.

- Besucher für die »HypeGallery« wurden wieder mit einer Online-Kampagne über Werbe- und Skyscraper-Banner auf Zielgruppen-affinen Websites beworben.
- Gedruckte Anzeigen ließen den Galerieraum in den Printmedien neu entstehen. Auf mehreren aufeinander folgenden Seiten standen die Arbeiten, Namen und Titel von Künstlern und die Internetadresse hypegallery.com.
- Ähnliche Motive wurden auch als Postkarten kostenlos in Kneipen im Londoner Viertel verteilt, die als Direct Mail an Freunde und Bekannte geschickt werden konnten.

Von der nationalen zur internationalen Dimension

Die Offline-Kommunikation bezog sich ausnahmslos auf Großbritannien. Der Schwerpunkt war London. Auch hinsichtlich des Standorts der Galerie waren die Londoner natürlich im Vorteil. Die Website schuf jedoch einen weitaus größeren Einzugsbereich. Es war vorgesehen, Arbeiten auch aus anderen Teilen Großbritanniens zuzulassen. Deshalb reisten schließlich sogar Studierende aus Aberdeen an, um ihre Arbeiten persönlich in Augenschein zu nehmen. Das internationale Rollout war eigentlich später vorgesehen. Als die Seite aber aus über 140 Ländern aufgerufen wurde, nahm die Aktion frühzeitig internationale Dimensionen an.

»Hype« wurde als ein Toolkit mit Blick auf die Entstehung globaler Ableger ausgelegt. Im September 2004 gab es eine »HypeGallery« in Paris. Zudem sollte diese erfolgreiche Kampagne auf andere Märkte übertragen werden. Ziel der Galerien in den diversen Ländern ist es, die hypegallery.com-Website zu füttern und ein einzigartiges globales Depot neuer Designtalente anzulegen – Talente, die anderweitig nicht zwangsläufig in den Genuss der für Künstler so lebensnotwendigen Öffentlichkeit kommen würden.

Am Ende wurde www.hypegallery.com zum Mittelpunkt einer weltweiten Gemeinschaft und zu einer wertvollen Ressource für die kreative Gemeinschaft beim – kostenlosen – Aufspüren neuer Talente.

Abbildung 2-5-6: Werbebanner für Hype auf einer Website

Abbildung 2-5-7: Werbebanner für Hype auf einer Website

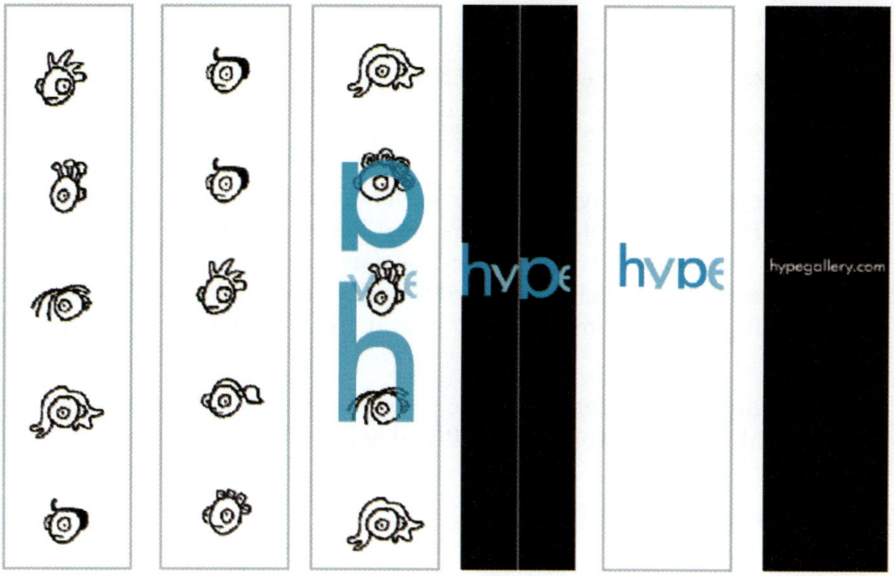

3 Weniger Verkaufsförderung, höherer Absatz

Hewlett Packard und Publicis haben gezeigt, wie eine Marke, die auf einem gesättigten Markt von den Konsumenten mit uninteressanten, technischen Produkten assoziiert wird, über eine phantasievolle Kampagne ihre Positionierung grundlegend ändern kann.

Der Erfolg dieser Kampagne beruht im Wesentlichen auf der radikalen Abkehr von klassischer Funk- und Fernsehwerbung hin zum konsequenten Direktmarketing und dem Einsatz innovativer Werbemittel wie beispielsweise Hypertags. Dies animierte die eigentlich unzugängliche Zielgruppe dazu, die Markenwerte von HP neu zu entdecken und persönlich zu erleben.

Insgesamt sind nach den Untersuchungen von HP 135.000 Personen der Zielgruppe direkt mit der Kampagne »Hype« in Berührung gekommen. Sie würdigten die Rolle von HP als »Facilitator« insbesondere, weil keine unmittelbare Verkaufsabsicht bestand. Das wichtigste positive Ergebnis ist eine verstärkte Sympathie für HP. Die Presse erreichte die Zielgruppe ebenfalls mit ihrer Berichterstattung. Hinzu kamen und kommen Effekte durch Mund-zu-Mund-Propaganda und virale Werbung; alles das ist nicht konkret messbar.

Insgesamt wurden rund 3.800 Werke eingereicht und eine Adressdatenbank von weltweit 80.000 Künstlern mit bestätigter Anmeldung (Double Opt-in) erfasst. Die kostenlosen Outbound-Mailinglisten und Newsletter gingen an 200.000 Personen weltweit.

Die Inhalte, Informationen und Links der »HypeGallery« erreichten schätzungsweise über drei Mio. Betrachter weltweit. Rund 420.000 davon waren Künstler, Designer oder Filmemacher – oder haben ein eigenes bzw. berufliches Interesse an den Künsten.

- Gesamtzahl Hits bislang 5.580.509
- Gesamtzahl Besuche bislang 130.245

Für HP war jedoch das Ergebnis einer weiteren Studie besonders wichtig: Das Image von HP in den Köpfen der Teilnehmer hatte sich zu einem Synonym für Kreativität gewandelt. Damit wurde das langfristige strategische Ziel der Kampagne erreicht, nämlich die Marke HP in der Community, die den Trend für den zukünftigen Massenmarkt setzt, neu zu positionieren und positiv aufzuladen.

Anhand von verschiedenen, vorher festgelegten Maßstäben sollte die Effektivität des Budgets von 1,6 Mio. Pfund gemessen werden.

- Das anfängliche Benchmark für die Kosten je Besucher der Galerie in der Brick Lane Gallery wurde auf 800 Pfund gesetzt. Dieser hohe Wert erschien HP gerechtfertigt, weil es sich bei den Besuchern um eine hochattraktive Zielgruppe mit weitreichendem Einfluss handelt. Aufgrund des unerwartet hohen Besucherandrangs resultierten letztlich nur Kosten in Höhe von 400 Pfund je Besucher.
- Das Benchmark für die Kosten je Online-Besucher der »HypeGallery« wurde mit 45 Pfund vorgegeben. Tatsächlich beliefen sich die Kosten nach 103.000 Einzelbesuchen bereits nur noch auf 15,50 Pfund je Besucher. Die Zahl der Einzelbesuche ist inzwischen auf 130.245 gestiegen, die Kosten sind damit weiter auf 12,20 Pfund gesunken.

Besondere Maßstäbe für die Reichweite der PR- oder Mund-zu-Mund-Propaganda waren nicht gesetzt worden. Allerdings wurde anhand von Studien festgestellt, dass mit den verbundenen Aktivitäten rund drei Mio. Zielpersonen in 142 Ländern zu Kosten von je 0,53 Pfund pro Person erreicht wurden. Die virale Kommunikation verbreitete sich sogar noch weiter. Ihr genauer Umfang ist indes nicht quantifizierbar.

Der innovative Ansatz, die Kreativität und die Ergebnisse der Kampagne wurden öffentlichkeitswirksam honoriert und auf Werbefestivals von einschlägigen Jurys mit wichtigen Preisen ausgezeichnet:

- Precision Marketing – Grand Prix
- Precision Marketing – Gold in der »Best Interactive Media Initiative«
- D&AD – Silber in der Interactive-Kategorie
- Cannes Lions Direct – Gold in der IT-Kategorie
- Cannes Lions Direct – Gold in der »Integrated«-Kategorie
- Campaign Direct – Silber in der »Best Use of Interactive«-Kategorie
- Campaign Direct – Silber in der Kategorie »Best IT Product«

Hauptergebnisse

- 5.500.000 Aufrufe der Website aus über 150 Ländern mit über 130.000 Besuchern
- Über 80.000 registrierte Künstler in der Adressdatenbank
- Über 3.800 von Einzelpersonen eingereichte Kunstwerke
- Rekordumsätze bei HP-Druckern und Umsatzsteigerungen bei anderen HP-Produkten
- Ein tiefgreifender, positiver Wandel in der Einstellung der »iMac-Generation« zur Marke HP

4 Verblüffend große Resonanz

Die zentrale Aufgabe bestand darin, Hewlett Packard als trendige Marke im Bewusstsein der »iMac-Generation« zu verankern, die für den zukünftigen Massenmarkt Signalfunktion besitzt. Dabei geht es um Menschen mit einem ausgeprägten Misstrauen gegenüber traditionellen Werbeformen und einer (anderweitigen) Produktpräferenz in den betreffenden Produktbereichen. Die Ignoranz der iMac-Nutzer gegenüber HP galt es zu überwinden und ihnen die besonderen Vorzüge von HP-Druckern persönlich erlebbar zu machen. Dies sollte mit Hilfe einer unkonventionellen Live-Darstellung der Produkte geschehen.

Die Herangehensweise musste sich notgedrungen von klassischen Werbeformen abheben, so dass Publicis auf innovative Weise mit der Zielgruppe kommunizierte und so die Marke HP zu neuem Leben erweckte.

So entstand die Idee der »HypeGallery«. Dabei handelt es sich um eine Kunstausstellung der so genannten Design-Community in der virtuellen ebenso wie in der wirklichen Welt. »Hype« ist im Wesentlichen ein freier Galerieraum, in dem sich

Abbildung 2-5-8: Hype-Postkarten als Direct Mail für Bekannte

die Künstler selbst promoten können. Dies ist ein besonderes und zentrales Motiv der Zielgruppe, das sich Publicis für die Kampagne zunutze machte. Dass HP mit im Spiel war, merkte die Zielgruppe erst, als ihre Kunstwerke in strahlendem Technicolor auf einem Großformatprinter der Firma ausgedruckt wurden.

Die Resonanz war verblüffend groß:

- 5,5 Mio. Zugriffe auf die Website und eine Datenbank von über 80.000 registrierten Künstlern, die sich für die Marke HP erwärmen ließen. Mehr als 130.000 einzelne Besucher aus 142 Ländern in allen Teilen der Welt besuchten die Internetseite. Während der Aktion wurden mehr als 3.800 Kunstwerke hochgeladen.
- Aufgrund ihres großen Erfolgs wird die Kampagne bereits europaweit wiederholt. Am Ende ist die Homepage der Mittelpunkt einer weltweiten Gemeinschaft und eine wertvolle Ressource beim – kostenlosen – Aufspüren neuer Talente.

Zur Verbreitung der Galerie-Idee bediente sich Publicis sämtlicher innovativer Medien und Kommunikationskanäle des Direktmarketing: Clean (legale) Graffiti, Hypertags (kleine, elektronische Etiketten), Mailpakete, Presse und Rundfunk, Kino, Websites, Online- und Skyscraper-Banner, virales Marketing, Fly Poster (»Flaggen«), Websites, JVTV (ASTA-TV), Postkarten etc. Unter anderem berichteten die Fernsehsender BBC und Bloomberg landesweit über die Ausstellung. Es gab Interviews im Lokalradio und Diskussionen in Weblogs und Designersites rund um die Welt.

Alastair Tempest

2.6 Robinson-Listen für effizientes Direktmarketing

Übersicht

- Die nationalen Direktmarketingverbände haben in vielen Ländern der Welt so genannte Robinson- oder Präferenz-Services eingeführt. Diese Dienste stellen sicher, dass Menschen, die nicht von Direktmarketing-Maßnahmen angesprochen werden wollen, solche Werbung auch nicht erhalten.
- Diese Services stehen allen Anbietern zur Bereinigung ihrer Marketinglisten zur Verfügung (in einigen Fällen ist ihre Nutzung sogar vorgeschrieben).
- Das werbetreibende Unternehmen kann dadurch ausschließen, Personen werblich anzusprechen, die niemals auf diese Werbung reagieren würden. Gleichzeitig werden die Wünsche der Verbraucher respektiert. Die Nutzung solcher Services ist daher sowohl für den Anbieter als auch für den Verbraucher von Vorteil.
- Mit einer Robinson-Liste wird der gesetzlichen Vorschrift Genüge getan, dem Verbraucher die Möglichkeit zu geben, die Zustellung von Werbung mittels des so genannten Opt-out-Verfahrens zu unterbinden.
- Robinson-Listen stärken das Vertrauen der Verbraucher in das Direktmarketing. Ihre Existenz zeigt den Konsumenten, dass Werbetreibende verantwortlich und sensibel mit ihren Wünschen in Bezug auf adressierte Haushaltswerbung umgehen.
- Robinson-Listen zu beachten steigert die Effizienz der Direktmarketing-Maßnahmen.

1 Einführung

Dieses Kapitel befasst sich mit den Vorteilen von Robinson-Listen (auch unter der Bezeichnung Präferenz-Systeme oder Präferenz-Services bekannt), wobei der Schwerpunkt dieser Fallstudie auf Robinson-Listen für Direktmarketing in Europa liegt.

Zunächst wird mit einer kurzen Übersicht über die Entwicklung des Direktmarketing begonnen. Dies vermittelt ein Bild von den Beteiligten und den Gründen, warum die Nutzung von Robinson-Listen aktiv betrieben werden sollte.

Wie bereits in anderen Kapiteln dieses Buches dargelegt, verzeichnet die Direktmarketing-Branche trotz der wirtschaftlichen Stagnation in den vergangenen zehn Jahren weiterhin stabile, gesunde Wachstumsraten. Die Techniken des Direktmarketing sind dem gesamten Konjunkturzyklus – vom rasanten Wachstum bis zur Rezession – viel besser angepasst als die meisten anderen Marketingformen, insbesondere gilt dies für die Werbung in den Massenmedien.

Auch nichtkommerzielle Nutzer von Dialogmarketing haben ihre Aktivitäten erheblich verstärkt – so zählen heute beispielsweise Wohlfahrtsverbände und gemeinnützige Organisationen, Regierungen und Politiker (insbesondere während des Wahlkampfs) zu den größten Nutzern des direkten Dialogs.

Direct Mail, Teleservices (Inbound und Outbound), E-Commerce (die Nutzung des Internets für Marketingzwecke), Direct-Response TV und Direct-Response in Print- und anderen Medien sind die Haupttechniken des Direktmarketing. Es ist nicht nur die Anpassungsfähigkeit der Direktmarketing-Techniken, die in vielen Ländern zu dem erfreulichen Wachstum der entsprechenden Aufwendungen beigetragen hat. Sie haben auch von technischen Entwicklungen, insbesondere von der Weiterentwicklung der Datenbanken und der breiten Einführung des Internets in den vergangenen zehn Jahren enorm profitiert. Der Traum eines jeden Ökonomen wurde Realität – die Kosten sind gesunken, die Effektivität gestiegen!

Die neuen Techniken haben neue Nutzer angezogen. Wie immer hat das B2B-Marketing hier eine Vorreiterrolle gespielt. Kleine und mittlere Unternehmen haben entdeckt, dass sie auch ohne große Werbebudgets mithalten können: Eine gut strukturierte, gepflegte Datenbank und eine gute Direktmarketing-Strategie helfen ihnen, sich auf dem Spielfeld gegenüber ihren größeren Konkurrenten zu behaupten.

Auch die Hersteller der großen Verbrauchermarken haben ihre Strategie geändert: Sie geben die herkömmliche Konzentration auf die Werbung in Massenmedien zunehmend auf und wenden sich integrierten Marketing-Strategien zu – mit dem Schwerpunkt Kundenbindung. Es ist zu erwarten, dass die großen Einzelhändler und Markenfabrikanten in den kommenden Jahren weiter verstärkt auf Direktmarketing-Techniken setzen werden. Direktmarketing sieht also einer erfolgreichen Zukunft entgegen.

Doch gute Ergebnisse sind nicht ohne harte Arbeit zu erreichen. So haben viele Postunternehmen beispielsweise gemeinsam mit den Direktmarketingverbänden in ihre Zukunft investiert, indem sie für das Direktmarketing aktiv Werbung betrieben haben.

Auf Schulung und Ausbildung wird inzwischen viel mehr Wert gelegt. Sie sind für das Direktmarketing aufgrund seiner Komplexität unverzichtbar. Es gibt Belege dafür, dass das Direktmarketing sich in denjenigen Ländern viel besser entwickelt hat, in denen es Schulungs- und Ausbildungsmöglichkeiten in diesem Bereich gibt. Die Weiterentwicklung der Techniken und das weltweite Wachstum des Direktmarketing in den vergangenen zehn Jahren haben für den Sektor jedoch auch einige neue Herausforderungen und unangenehme Überraschungen mit sich gebracht, die sich vermeiden lassen.

Der Aufstieg und kurzfristige Niedergang des Information-Highways in den späten 90er Jahren mit der Internet-Blase hat einigen Leuten gute Lektionen über Fernabsatz und insbesondere die Notwendigkeit eines effizienten Logistiksystems erteilt. Marketing über das Internet (oft als E-Commerce bezeichnet) hat auf den Boden der Tatsachen zurückgefunden. Man hat sich auf den langwierigen, mühsamen Aufbau des Geschäfts von Grund auf eingestellt – und es spricht einiges für den Erfolg dieser Strategie. Ein unangenehmes Abfallprodukt der elektronischen Kommunikationsrevolution ist jedoch E-Mail-Spam. Unter E-Mail-Spam versteht man massenhaft unerwünschte und nicht gezielt versendete E-Mails.

Spam ist das extremste Beispiel für den unverantwortlichen Missbrauch eines Direktmarketing-Instruments. Die Direktmarketingverbände überall auf der Welt lehnen diese höchst schädliche Werbeform ab. Ein Grund für die Spam-Flut: Das Sammeln von Verbraucherdaten ist heute sehr einfach geworden. Das wirft die Frage nach dem Schutz der Privatsphäre auf. Die Herausforderung für Anwender von Direktmarketing-Maßnahmen besteht folglich darin, einen Ausgleich zwischen effektivem Marketing und Respekt vor dem Kunden zu schaffen. Ein verantwortlicher Umgang mit dem Marketing ist also notwendig.

Betrachtet man die Sache aus einem anderen Blickwinkel, ist die Versendung unerwünschter Direktmarketing-Informationen, ganz gleich über welches Medium, eine Verschwendung von Werbeaufwendungen. Das kann sogar zu einer Negativwirkung führen. Einige Verbraucher wollen, um es mit den berühmten Worten Greta Garbos auszudrücken, »einfach nur in Ruhe gelassen werden« und reagieren auf jedweden Kontakt sehr ablehnend.

Die Versendung von Direktmarketing-Materialien an solche Zielgruppen steht dem ursprünglichen Zweck des Direktmarketing geradezu entgegen: Identifizierung und gezieltes Ansprechen der Zielgruppe zur Erlangung der höchsten Kapitalrendite (Return on Investment – ROI) und langfristigen Kundenbindung.

Die Regulierungsbehörden haben eine radikale Lösung für unerwünschte Direktmarketing-Kontakte parat, nämlich das so genannte Opt-in-Verfahren generell vorzuschreiben. Dieses Verfahren wurde 1996 in Italien als Gesetz verabschiedet. Demnach darf Direktmarketing nur an Verbraucher gerichtet werden, die sich nach dem »Opt-in«-Verfahren aktiv dafür entschieden haben. Es wurde trotz der EU-Richtlinie von 1995 verabschiedet, die das »Opt-out« für Direktmarketing (außer im Falle sensibler Daten) explizit erlaubt. Mit dem »Opt-out«-Verfahren hat der Verbraucher die Möglichkeit, sich aus den entsprechenden Adressbeständen von Werbetreibenden auszutragen. Das Ergebnis in Italien war praktisch ein Zusammenbruch der Direktmarketing-Investitionen. Viele große Direktmarketing-Unternehmen stellten ihren Geschäftsbetrieb einfach ein und verließen Italien. Andere wandten sich wieder der Werbung in den Massenmedien zu.

Die Politik der Regulierungsbehörden richtet sich im Hinblick auf die »eindringlicheren« Direktmarketing-Medien zunehmend darauf, ein aktives »Opt-in« von den Verbrauchern zu verlangen. Erst dann sollen die Direktmarketing-Methoden unter Einsatz solcher Medien angewandt werden dürfen. Manche Unternehmen haben auch interne Regelungen getroffen, nach denen nur diejenigen Verbraucher angesprochen werden, die sich auf ihren Marketinglisten eintragen. Dies ist eine kaufmännische Entscheidung, die zu Wettbewerbsvorteilen führen kann. Die Mehrzahl der Unternehmen benötigt jedoch die Berechtigung, Listen zu mieten oder ihre eigenen Marketinglisten für Direct Mail zu nutzen, ohne dass sich die Verbraucher vorab darin eintragen. Hier soll kein weiteres Kapitel der Debatte über das Thema »Opt-in/Opt-out« aufgeschlagen werden, das bereits in zahlreichen Veröffentlichungen behandelt wurde. Vielmehr soll sich dieses Kapitel mit dem Thema »Opt-out« und den dafür verfügbaren Lösungen befassen.

In der Lage zu sein, die Daten derjenigen Personen, die nicht angesprochen werden möchten, festzustellen und zu entfernen, ist kaufmännisch sinnvoll. Es entspricht gänzlich den Grundregeln des Direktmarketing und liegt sowohl im Interesse des Verbrauchers als auch des Anbieters. Die Pflege und ständige Aktualisierung der firmeneigenen Suppression Files (Unterdrückungsdateien) ist ein wichtiger Bestandteil des Direktmarketing.

2 Suppression Files

Suppression Files entfernen die Daten von Bestandskunden oder potenziellen Kunden von den Mailing-, Telefon-, Fax-, E-Mail-Listen usw. des Anbieters. Sie werden auf aktive Bestandskunden sowie auf ehemalige oder gelegentliche Kunden angewandt, die darum gebeten haben, nicht angesprochen zu werden. Ihr Einsatz dient selektiv auch dazu, die Wünsche des Kunden zu reflektieren: So möchte der Kunde vielleicht einen Katalog, entscheidet sich aber gegen die Weitergabe (»Opt-out«) seiner Daten an andere Firmen oder an Tochtergesellschaften des Anbieters. Der Kunde kann sich hierbei auf verschiedenen Wegen äußern: z.B. durch Ankreuzen eines Kästchens (»Opt-out« oder »Opt-in«) oder mit Hilfe eines Fragebogens. Mit diesem kann ein Werbetreibender herausfinden, ob der Kunde an weiteren Produkten interessiert ist. Die Suppression Files der Anbieter können daher sehr komplex und ausgetüftelt sein, um die Kundenwünsche bestmöglich zu erfüllen – zum beiderseitigen Vorteil von Kunde und Anbieter.

Zieht man die Nutzung jedweder Form von Robinson-Listen/Präferenz-Systemen oder Suppression File in Betracht, so ist unbedingt die Möglichkeit vorzusehen, einen Namen zu sperren, ohne ihn zu löschen. Teilt ein Verbraucher einer Firma oder dem Betreiber einer generischen Robinson-/Präferenz-Liste mit, dass er nicht mehr über Direktmarketing angesprochen werden möchte, und die Daten werden komplett gelöscht, kann Folgendes passieren: Bei der nächsten Aktion zur Gewinnung von Neukunden mietet diese Firma eine Liste, in der derselbe Verbraucher eingetragen ist. Ist dieser Name in der firmeneigenen Datenbank gesperrt, wird er erkannt und entfernt. Wurde der Name jedoch zuvor gelöscht, besteht diese Möglichkeit nicht. Aus diesem Grund wird in der EU-Datenschutz-Richtlinie von 1995 konkret auf die Sperrung von Namen Bezug genommen. Leider haben nicht alle EU-Mitgliedsstaaten dieses Konzept übernommen, was unnötige Irritationen verursacht. Die deutsche Regelung beispielsweise sieht die Sperrung nicht vor. So entsteht ein Verfahren, das die Absicht des Verbraucherschutzes gar nicht richtig erfüllt.

Suppression Files sind auch für die Registrierung der nicht mehr aktuellen Adressen (»Gone-aways«) unverzichtbar. Innerhalb von fünf Jahren ändern sich ca. 25–33% des Datenbestandes von Verbraucherdatenbanken: Telefonnummern wechseln, Menschen ziehen um, heiraten und nehmen neue Namen an, werden geboren oder sterben usw. Die E-Mail-Adressen verändern sich noch schneller: Schätzungen zufolge sind es jedes Jahr rund 25%. Weiter Mailings an Leute zu schicken oder sie anzurufen, obgleich sie umgezogen oder gar gestorben sind, ist nicht nur komplette Geldverschwendung, sondern kann auch zu großer Verärgerung führen. Wir werden auf diese Frage später noch einmal zurückkommen.

Jedenfalls sind interne Supression Files für das B2B- ebenso relevant wie für das B2C-Marketing. Sie haben die gleiche Daseinsberechtigung, und die Fluktuation von Arbeitskräften ist höher als die Änderungsrate von Haushaltsanschriften: Der Versand eines Mailings an Herrn Y als Produktleiter der Firma B Monate nach dessen Ausscheiden wirft kein gutes Licht auf den Anbieter. Was wir bisher besprochen haben, sind die firmeninternen Suppression Files. In vielen Ländern schreiben die Datenschutzgesetze deren regelmäßige Aktualisierung vor.

3 Robinson-/Präferenz-Services

In den 1970er Jahren erkannten führende Kapazitäten auf dem Gebiet des Direktmarketing in den USA, dass Verbraucher daran interessiert sein könnten, ihre Adressen für die Zusendung von Materialien bestimmter Marketing-Sektoren sperren zu lassen (»Opt-out«). Marketinglisten, insbesondere solche, die von anderen Firmen gemietet oder eingekauft werden, können irrelevante Daten enthalten: So ist beispielsweise bei der Vermarktung von Gartenartikeln die Liste der Abonnenten von Gartenzeitschriften eine wichtige Informationsquelle. Doch es ist durchaus möglich, dass auch Stadtbewohner Gartenzeitschriften kaufen, obwohl sie in einem Hochhaus leben. So wurde die Idee geboren, den Kunden eine selektive Abwahlmöglichkeit für Direktwerbung zu bieten. Die angelegten Dateien wurden »Preference Services« genannt und standen für eine Reihe von Branchen zur Verfügung: z.B. »Do it yourself«, Haushaltswaren, Finanzdienstleistungen usw. Theoretisch eine gute Idee, jedoch waren die Kosten für Einrichtung und Betrieb der Services viel zu hoch. Von Zeit zu Zeit schlägt zwar immer wieder mal jemand die Wiedereinführung von Branchen-Präferenzlisten vor, doch ihre Zeit ist wohl ein für allemal vorbei: Listbroker sind viel effektiver beim Aussortieren überflüssiger Namen und Datenbanken.

Die Bezeichnung Preference Service ist jedoch erhalten geblieben. In anderen Ländern wurde derselbe Service als »Robinson-Listen« bezeichnet. Der Name geht auf die von Daniel Defoe geschaffene Romangestalt Robinson Crusoe zurück. Er war ein glückloser Segler, der Schiffbruch erlitt, auf einer unbewohnten Insel strandete und keinesfalls mit seinen Nachbarn (Kannibalen) Kontakt haben wollte. Hier lassen sich Parallelen zum unerwünschten Werbekontakt ziehen.

In fast allen Fällen kann sich der Verbraucher kostenlos und in der Regel schriftlich direkt beim Service anmelden. Außerdem akzeptieren die Robinson- / Präferenz-Services zunehmend die Online-Registrierung. Dieser Vorgang ist für den Verbraucher immer kostenlos, das schreiben die meisten Datenschutzgesetze auch vor. Häufig wird dem Verbraucher anschließend eine Mitteilung mit der Bitte um Bestätigung geschickt, um die Identität der Person zu prüfen, die die Registrierung vorgenommen hat. In manchen Präferenz- / Robinson-Listen gelten die Eintragungen für unbestimmte Zeit, in anderen wiederum für einen befristeten Zeitraum (üblicherweise 2–3 Jahre). Nach Ablauf der Frist erhält der Verbraucher eine Postkarte mit der Nachfrage, ob er sich erneut eintragen möchte. Dadurch vermeidet man das Problem der Änderungen von Anschriften / Telefonnummern usw. Ein weiteres Problem bei der Erfassung in Robinson-Listen ist die große Anzahl von Varianten, die ein einziger Name hervorbringen kann. Denn neben dem Vor- und Nachnamen gibt es auch Initialen, offizielle oder inoffizielle Namen und natürlich Schreibfehler. Folglich wird in manchen Robinson- / Präferenz-Listen ein Individuum mehrfach aufgeführt, damit alle Möglichkeiten der Kontaktaufnahme gesperrt sind.

Präferenz- oder Robinson-Listen gibt es für Direct Mail (Mail Preference Services, MPS), Telefon (TPS), Fax (FPS), E-Mail (eMPS) sowie SMS, Mobiltelefone usw. Sie variieren je nach Land.

Tabelle 2-6-1: Präferenz-Services (x PS)/Robinson-Listen

	Mail (MPS)	Telefon (TPS)	Fax (FPS)	E-Mail (eMPS)	SMS/Mobile Phone (SMSPS/Mobile PS)
Australien*	X	X		X	X
Belgien	X	X		X	X
Dänemark	X				
Deutschland	X	X	X	X	X
Finnland	X	X		X	
Frankreich	X	X		X	
Griechenland	X	X	X	X	X
Irland	X	X	X		X
Italien *	X	X	X	X	X
Kanada	X	X	X		
Neuseeland	X	X	X		
Niederlande**	X	X		X	X
Norwegen	X	X			
Österreich	X			X	X
Polen	X				
Portugal	X				
Rumänien					
Russland					
Schweden	X	X			
Schweiz	X	X			
Slowakei	X				
Slowenien					
Spanien *	X				
Tschechische Rep.	X				
UK	X	X	X	X	
Ungarn					
USA ***	X	X		X	

Anmerkungen:

* In diesen Ländern sind die Listen in einem Service kombiniert.

** In den Niederlanden gibt es auch einen Präferenz-Service für Mobiltelefone und eine Marktforschungsliste.

*** In den USA gibt es einen Mobil (Wireless-Block)-Präferenz-Service und mit Unterstützung einiger anderer Direktmarketingverbände einen Auslands-Präferenz-Service.

4 Die internationale Ebene

Häufig wird der FEDMA die Frage gestellt, warum es denn keine internationalen oder zumindest europäischen Robinson-Listen gäbe.

Der Schaffung internationaler oder paneuropäischer Dateien ist die FEDMA bisher mit den Regeln der International Federation of Direct Marketing Associations (IFDMA) am nächsten gekommen. Im Rahmen der IFDMA gibt es eine generelle Vereinbarung über MPS, TPS und eMPS, die seit 1996 unterzeichnet werden kann.

IFDMA-Vereinbarung (1996)

In der IFDMA-Vereinbarung ist festgelegt:

»[Die Mitglieder verpflichten sich,] in Betrieb und Führung ihrer Geschäfte nach folgenden Richtlinien vorzugehen:

- Erhöhung der Standards und Professionalität des Direktmarketing bei ihren Mitgliedsorganisationen und der Branche insgesamt.
- Darstellung der positiven Werte des Direktmarketing gegenüber der Öffentlichkeit und Regierungsbeamten.
- Bereitstellung des Rahmens für die Durchführung von Initiativen, mit denen sichergestellt werden soll, dass der Direktmarketing-Prozess auf eine Weise abläuft, die bei Verbrauchern und Firmenkunden Vertrauen schafft.
- Gründung einer wirkungsvollen Lobby, um zu gewährleisten, dass die aktuelle und künftige Gesetzgebung der nationalen Regierungen den geschäftlichen Erwartungen unserer Mitglieder entspricht und die ausgewogenen Interessen aller Verbandsmitglieder vertritt.
- Einführung und Aufrechterhaltung relevanter und effektiver Programme zur freiwilligen Selbstkontrolle, wie Praxiskodexe (Codes of Practice), die angemessen durchgesetzt werden.
- Einführung und Aufrechterhaltung von Verbraucher-Präferenz-Services (Post und Telefon), um den Wünschen und Anliegen der Verbraucher entgegenzukommen.
- Verbesserung der Standards der Geschäftspraxis durch Einführung solcher Initiativen als Best-Practice-Richtlinien.
- Einführung, Aufrechterhaltung und Verbesserung professioneller Weiterbildungs- und Schulungsprogramme, welche die angemessenen Erwartungen der Arbeitgeber erfüllen und die Karrierechancen von Direktmarketing-Fachleuten fördern.
- Gründung eines Forums für Informationsaustausch und Vernetzung auf nationaler und internationaler Ebene.
- Unterstützung der IFDMA-Mitglieder im Hinblick auf die Erreichung der obigen Ziele sowie Bestärkung und Unterstützung der nicht vertretenen Länder im Hinblick auf die Einführung eines Vertretungsorgans für Direktmarketing.«

Jedes internationale Übereinkommen über Robinson-/Präferenz-Services regelt im Detail die gemeinsame Nutzung der Listen zum Abgleich der Dateien und skizziert die zu berücksichtigenden Aspekte. Diese Regeln verpflichten die Mitgliedsverbände zur Kooperation und zum Austausch von Dateien, wenn ein Anbieter per Telefon, Brief oder E-Mail in einem anderen Land Werbung machen möchte.

In allen 25 EU-Mitgliedsstaaten, im Europäischen Wirtschaftsraum und in der Schweiz ist gesetzlich vorgeschrieben, dass der Verbraucher immer das Recht auf ein kostenloses »Opt-out« haben muss. Dies gilt auch, wenn er sich ursprünglich durch »Opt-in« explizit für den Erhalt von Werbung ausgesprochen hatte. Bei den nationalen Datenschutzbehörden besteht generell eine Akzeptanz, dass Robinson-/Präferenz-Listen unverzichtbar sind. Dies spiegelt sich in der EU-Richtlinie und dem FEDMA-Code wider. In einigen Ländern sind diese Präferenz-/Robinson-Listen obligatorisch und nicht der freiwilligen Selbstkontrolle überlassen. In anderen Ländern bestehen diese obligatorischen »Opt-out«-Listen auch dann, wenn »Opt-in« vorgeschrieben ist. Dies gilt z.B. für Fax-Marketing, das nach den EU-Vorschriften ein »Opt-in« erfordert[1].

Die nationalen Regelungen sind ein Grund dafür, warum internationale oder paneuropäische Robinson-Listen praktisch nicht existieren. Bezüglich des Direct Mail ist ein weiterer Grund in der sehr unterschiedlichen Adressenformatierung innerhalb Europas zu suchen.

Belgien

Belgien verfügt über vier separate Robinson-/Präferenz-Listen (s. Tab. 2-6-2): für Post, Telefon, E-Mail und seit neuestem für SMS (Text-Nachrichten). Sämtliche Robinson-Listen betreibt der belgische Direktmarketingverband.

Dänemark

In Dänemark gibt es nur einen Robinson-/Präferenz-Service für Direktmarketing. Dieser Service wird von einer Regierungsstelle geleistet, dem Zentralen Personenregister (Tab. 2-6-3).

Ein Telephone Preference Service (TPS) steht nicht zur Verfügung. Nach § 2 des dänischen Gesetzes über Verbrauchervereinbarungen (Lov om visse forbrugeraftaler) ist es generell verboten, Verbraucher zum Zweck des Verkaufs von Waren oder Dienstleistungen unaufgefordert anzurufen. Hingegen sind solche Anrufe zum Verkauf von Versicherungen, Rettungsdiensten, bestimmten Lebensmitteln, Büchern und Zeitungs- und Zeitschriften-Abonnements erlaubt. Unaufgeforderte Anrufe sowie unverlangte Post- und Faxsendungen an Unternehmen sind erlaubt, sofern sich die Kontaktperson nicht ausdrücklich dagegen entschieden hat (»Opt-out«).

[1] Die Richtlinien über Fernabsatz (1997); ISDN und Datenschutz (1997); Fernabsatz von Finanzdienstleistungen (2002) sowie elektronische Kommunikation und Datenschutz (2002).

In Dänemark gibt es auch keine E-Mail-, SMS- oder Fax-Präferenz-Services. Seit dem 1. Juli 2000 ist die Versendung unverlangter Werbeinformationen über elektronische Post wie E-Mail, SMS, MMS, Telefax, automatische Anrufsysteme usw. verboten. Das Verbot gilt ungeachtet dessen, wer der Empfänger der Werbemitteilung ist.

Seit dem 25. Juli 2003 ist jedoch die Übermittlung von Werbeinformationen per E-Mail oder SMS/MMS (nicht Telefax) ohne vorherige Genehmigung erlaubt, sofern folgende Voraussetzungen erfüllt sind:

- Der Empfänger hat bei der Firma nach dem 25. Juli 2003 Waren oder Dienstleistungen gekauft.
- Der Empfänger hat in Verbindung mit dem Kauf seine elektronische Adresse (Telefonnummer/E-Mail) bekannt gegeben.
- Der Empfänger wurde darüber informiert, dass die elektronische Adresse für die Übermittlung von Werbeinformationen benutzt wird und ob dies per E-Mail oder SMS/MMS erfolgt.
- Dem Empfänger wurde im Zusammenhang mit dem Kauf die Möglichkeit gegeben, die Zusendung solcher Werbeinformationen abzulehnen.
- Der Empfänger kann sich nachträglich problemlos und kostenlos gegen die Zusendung weiterer Werbeinformationen aussprechen (»Opt-out«).
- Der Lieferant darf nur diejenigen seiner Waren oder Dienstleistungen bewerben, die den Waren oder Dienstleistungen ähnlich sind, die der Empfänger ursprünglich gekauft hat.

Beschwerden über unverlangte Mitteilungen auf elektronischem Wege sind zu richten an spam@fs.dk.

Frankreich

La Liste Robinson wird dreimal jährlich an die Unternehmen versandt, die bei diesem Service registriert sind. Die registrierten Firmen müssen den MPS innerhalb von zwei Monaten nach Erhalt des letzten MPS-Updates auf ihre Listen anwenden (Tab. 2-6-4).

Spanien

Die spanischen Robinson-/Präferenz-Services beinhalten zwei neue Entwicklungen. Erstens sind sämtliche Services in einer Datenbank kombiniert (ähnliche Systeme gibt es in Italien und Australien). Spanien hat aber auch eine »Positiv-« und eine »Negativ«-Liste: eine herkömmliche »Opt-out«-Liste, mit der man sich austragen kann, und eine Positiv-(»Opt-in«-)Liste, in die sich Verbraucher aufnehmen lassen können, die Direktmarketing-Mitteilungen erhalten möchten (Tab. 2-6-5).

Tabelle 2-6-2: Belgien

Kriterium/Liste	MPS	TPS	eMPS	SMS
Adresse	www.robinsonlist.be	www.robinsonlist.be	www.robinsonlist.be	www.robinsonlist.be
Anzahl registrierter Personen	18.849 (August 2004)	8.955 (August 2004)	6.926 (August 2004)	1.845 (August 2004)
Betreiber	Belgischer Direktmarketingverband (BDMA)			
Gesetzliche Vorschrift	nicht gesetzlich			
Kodex Landesverband	Praxiskodex des Belgischen Direktmarketingverbandes (BDMA) erfordert verbindliche Anwendung			
Registrierung	nur Privatpersonen			
Gebühren	kostenlos			
Kontakt Verbraucher	www.robinsonlist.be (Registrierung online)			
Kontakt Firmen	www.robinsonlist.be			

Tabelle 2-6-3: Dänemark

Kriterium / Liste	MPS
Adresse	www.cpr.dk
Anzahl registrierter Personen	465.054 (Juli 2004)
Betreiber	Det Centrale Personregister (CPR-Register)
Gesetzliche Vorschrift	ja
Kodex Landesverband	k.A.
Registrierung	nur Privatpersonen (kostenlos)
Gebühren	Robinson-Liste, ohne Suchmöglichkeit: 275 DKK auf CD-ROM, Abonnement (1 Jahr), mit Suchmöglichkeit: 1.000 DKK auf CD-ROM*
Kontakt Verbraucher	lokale Stadtverwaltung
Kontakt Firmen	CPR-Register, Tel.: 00 45 45 94 03 20, E-Mail: kc@cpr.dk

* Preise Stand Januar 2004 – einschließlich MwSt. und Gebühren für Porto und Verpackung

Tabelle 2-6-4: Frankreich

Kriterium / Liste	La Liste Robinson	e-Robinson
Adresse	www.fevad.com	www.e-robinson.com
Anzahl registrierter Personen	ca. 170.000 (November 2003)	k.A.
Betreiber	La Fédération des Entreprises de Vente à Distance (FEVAD – Verband der Fernabsatzunternehmen) als Mitglied der L'Union Française du Marketing Direct (UFMD – franz. Direktmarketingverband)	FEVAD
Gesetzliche Vorschrift	nicht bekannt	nicht bekannt
Kodex Landesverband	nicht bekannt	nicht bekannt
Registrierung	jeder kann sich registrieren (kostenlos)	jeder kann sich registrieren
Gebühren	Die Subskriptionsgebühr p.a. für Firmen beträgt entweder 500 Euro (einmalige Nutzung) oder 747 Euro (Mehrfachnutzung).	k.A.
Kontakt Verbraucher	UFMD, Liste Robinson/Stop Publicité, 60 rue La Boétie, F-75008 Paris, France, Kontaktperson: Véronique Milan, E-Mail: vmilan-beslay@fevad.com, Tel. +33 1 42 56 54 57.	www.e-robinson.com
Kontakt Firmen	SNA, 103 bis avenue Louis Didier, BP 238, 33506 Libourne Cedex, France, Tel: +33 5 57 55 29 00, Fax: +33 5 57 55 29 29	www.e-robinson.com/form/enterpri.asp

Tabelle 2-6-5: Spanien

Kriterium/Liste	Opt-out Listas Robinson	MP-Liste
Adresse	www.fecemd.org	www.fecemd.org
Anzahl registrierter Personen	32.000 (Juli 2004)	840 (Juli 2004)
Betreiber	Federación de Comercio Electrónico y Márketing Directo (FECEMD)	
Gesetzliche Vorschrift	Nein	
Kodex Landesverband	zwingend für Mitglieder der FECEMD	
Registrierung	nur Privatpersonen (kostenlos)	
Gebühren	für Nichtmitgliedsfirmen, die die Liste kaufen wollen: 450 € plus 16 % MwSt. kostenlos für FECEMD-Mitglieder	
Kontakt Verbraucher Kontakt Firmen	FECEMD, Avenida Diagonal 437, 5°, 1a, 08036 Barcelona, Spanien, Tel.: +34 9 3240 4070	

Großbritannien

Es gibt fünf Robinson- / Präferenz-Listen sowie eine Anzahl weiterer sehr interessanter Services. Von den fünf traditionellen Angeboten sind zwei gesetzlich vorgeschrieben, obwohl sie vom britischen Direktmarketing-Verband in Lizenz betrieben werden. Ein weiterer bezieht sich auf Fax-Mitteilungen, obgleich »Opt-in« hierfür vorgeschrieben ist (Tab. 2-6-6).

Die britischen Verbraucher können sich bei dem ersten globalen eMPS-Service eintragen, der vom US-amerikanischen DMV eingerichtet wurde. Privatpersonen können sich kostenlos registrieren lassen, indem sie ihre E-Mail-Adresse angeben und eine oder alle drei der folgenden Kategorien »abwählen«: Business to Consumers, Business to Business oder sämtliche unverlangte E-Mail-Werbung.

Die englischen Regierungen sind in der jüngsten Zeit daran interessiert, obligatorische Systeme einzuführen. Wie wir oben gesehen haben, ist der britische Telephone Preference Service (TPS) verbindlich und wird vom britischen Direktmarketing-Verband (DMV) in Lizenz betrieben. Ein neuer Firmen-TPS wurde dieses Jahr von der britischen Regulierungsbehörde für Telekommunikation (Ofcom) eingeführt, wird aber ebenfalls vom britischen DMV in Lizenz betrieben. Die Frage, wie dieser Service eingerichtet werden sollte, und die zur Verhinderung von Missbrauch zu ergreifenden Sicherheitsvorkehrungen wurden ausgiebig diskutiert. Wie der britische DMV herausstellte, als er die Lizenz mit Ofcom aushandelte, sind strikte Kontrollen mit einer Bestätigung seitens des Unternehmens erforderlich. Alle oder einige der im Firmen-TPS registrierten Firmen-Telefonnummern müssen bestätigt werden, damit nicht gar ein Wettbewerber die Nummern missbräuchlich registrieren lassen kann.

Australien

In Australien ist es im Rahmen des gesetzlichen Datenschutzes vorgeschrieben, dass Firmen, die Neukunden gewinnen wollen, Listen der Verbraucher führen müssen, die auf den Erhalt von Angeboten ausdrücklich verzichtet haben (»Opt-out«). Die Subskription des Service ist jedoch nicht gesetzlich vorgeschrieben. Doch trägt seine regelmäßige Nutzung dazu bei, dass eine Firma ihre gesetzlichen Verpflichtungen erfüllen kann. Dieser Service umfasst nicht die Entfernung aus den Listen derjenigen Unternehmen, bei denen der Verbraucher derzeit Kunde ist. Er verhindert auch nicht die Zustellung von Haushaltsflyern (unadressierte Sendungen) des örtlichen Einzelhandels, Telefonanrufe von Marktforschungsfirmen, Immobilienmaklern und ortsansässigen Geschäften (Tab. 2-6-7).

Eine weitere Frage ist die unterschiedliche Preisgestaltung für die Nutzung der Robinson- / Präferenz-Listen. Die australischen Robinson- / Präferenz-Services lassen sich beispielsweise preislich leicht vergleichen. Denn dort gibt es, wie in Spanien und Italien, eine zentrale Datenbank mit einer gut strukturierten Preisliste für Mitglieder und Nichtmitglieder.

Tabelle 2-6-6: UK

Kriterium/Liste	MPS	TPS	Facsimile FPS	eMPS
Adresse	www.mpsonline.org.uk/mpsr	www.tpsonline.org.uk	www.fpsonline.org.uk	www.dmaconsumers.org/emps.html
Anzahl registrierter Personen	1.790.308 Eintragungen (September 2004)	5.861.341 Eintragungen (September 2004)	1.594.433 Eintragungen	fast 165.000 Adressen bei eMPS registriert, plus 700 Domainnamen
Betreiber	(britischer) DMV	(britischer) DMV	(britischer) DMV	DMV USA
Gesetzliche Vorschrift	ja, Regelwerke für Werbung, Verkaufsförderung und Direktmarketing; Abgleich für Neukunden	Der TPS ist gesetzlich vorgeschrieben; der Abgleich ist sowohl gegen Neukunden- als auch gegen Bestandskundenlisten vorzunehmen	ja	wird nur für Werbekampagnen außerhalb der Europäischen Union benötigt, da unverlangte E-Mails nach EU-Gesetzgebung nur an diejenigen Adressen gesandt werden dürfen, die dies per Opt-in-Verfahren ausdrücklich gestattet haben
Kodex Landesverband	Bedingung des Praxiskodex des DMV	Bedingung des Praxiskodex des DMV	Bedingung des Praxiskodex des DMV	Bedingung des Praxiskodex des DMV
Registrierung	ist hauptsächlich für Geschäftskunden gedacht, registrieren können sich aber auch Privatpersonen			jede E-Mail registrierungsfähig
Gebühren	Die MPS-Subskription kann jährlich verlängert werden; die derzeitige Jahresgebühr beträgt £ 500 (Juli 2004). Für eine einmalige Datei beträgt die Gebühr £ 125.	a) jährliche Datenlieferung (für unbeschränkten Zugang zu den kompletten Daten über Internet-Download oder regelmäßiges Update alle 28 Tage auf CD oder als Hardcopy): komplette Datei £ 7.500 (Fax: £ 3.750); Teildateien £ 750 (£ 375) bis £ 5.625 (£ 2.810) je nach Dateigröße b) Ad-hoc-Datenlieferung (für Unternehmen, die die Datei nur gelegentlich benötigen): komplette Datei £ 1.000 (Fax £ 500; Teildateien £ 100 (£ 50) bis £ 750 (£ 375) je nach Dateigröße c) Es gibt auch einen Online-Service, über den Firmen Fax-/Telefonnummern über eine Website abgleichen können. Die Grundgebühr beträgt £ 50 + MwSt. pro Monat für)			12-Monats-Subskription: $ 600
Kontakt Verbraucher	www.mpsonline.org.uk, www.tpsonline.org.uk,www.tpsonline.org.uk/fps/, www.dmaconsumers.org/emps.html Tel.: + 44 845 70 34 599, Tel.: + 44 845 07 00 707, Tel.: + 44 845 07 00 702			
Kontakt Firmen	www.mpsonline.org.uk, http://corporate.tpsonline.org.uk, http://corporate.mpsonline.org.uk/fpsC/html/ Tel.: + 44 20 72 91 33 27, Tel.: + 44 20 72 91 33 26, Tel.: + 44 20 72 91 33 26 www.dmaconsumers.org/emps.html			

Tabelle 2-6-7 Australien – Do Not Contact Service

Ein Präferenz-System, in dem die MPS-, TPS-, eMPS- und Mobiltelefon-Listen zusammengefasst sind.

- www.adma.com.au
- 113.000 Eintragungen (2004)
- betrieben vom australischen Direktmarketingverband (ADMA)
- vorgeschrieben nach dem Praxiskodex des ADMA (ADMA-Mitglieder müssen den Service nutzen)
- nur Privatpersonen können sich registrieren lassen
- Gebühren (August 2004):

Do Not Mail / Do Not Call:	$ 450 (Mitglied), $ 1450 (Nichtmitglied)
Do Not Email:	$ 250 (Mitglied), $ 750 (Nichtmitglied)
M-Marketing Opt-Out:	$ 250 (Mitglied), $ 750 (Nichtmitglied)
Do Not Email / M-Marketing Opt-out:	$ 450 (Mitglied), $ 1450 (Nichtmitglied)
Komplettes Paket:	$ 750 (Mitglied), $ 2500 (Nichtmitglied)
Hinweis:	Alle Preise verstehen sich ohne GST (Goods and Services Tax) und pro Jahr. Updates werden monatlich versandt.

- Anlaufstelle für Verbraucher: ADMA – Do Not Contact Service, Kings Cross NSW 1340, Australia, E-Mail: info@adma.com.au
- Anlaufstelle für Firmen: ADMA , PO Box 464, Kings Cross NSW 1340, Australia, E-Mail: code@adma.com.au

Hierzu noch ein nützlicher Hinweis: In Australien ist im Rahmen des gesetzlichen Datenschutzes vorgeschrieben, dass Firmen, die Neukunden zu gewinnen suchen, Aufzeichnungen über Verbraucher führen müssen, die auf den Erhalt von Angeboten ausdrücklich verzichtet haben (»Opt-out«). Die Subskription des Service ist jedoch nicht gesetzlich vorgeschrieben. Doch trägt seine regelmäßige Nutzung dazu bei, dass eine Firma ihre gesetzlichen Verpflichtungen erfüllen kann. Dieser Service umfasst nicht die Entfernung aus den Listen derjenigen Unternehmen, bei denen der Verbraucher derzeit Kunde ist. Er verhindert auch nicht die Zustellung von Haushaltsflyern (unadressierte Sendungen) des örtlichen Einzelhandels, Telefonanrufe von Marktforschungsfirmen, Immobilienmaklern und ortsansässigen Geschäften.

5 Obligatorische Listen – Erfahrungen in den USA

Wie vorstehend beschrieben wurde, gibt es in einigen Ländern obligatorische Systeme, die von Regierungsstellen oder aber von Direktmarketingverbänden in Lizenz betrieben werden.

In den USA mussten aufgrund gesetzlicher Vorschriften 2003 durch die Federal Trade Commission (FTC) und die Federal Communications Commission (FCC, Bundesbehörde für das Fernmeldewesen) so genannte Do-Not-Call-Listen eingerichtet werden. Dies war das Ergebnis des fortgesetzten Missbrauchs durch einige größere Telemarketing-Firmen in den USA, die sich weigerten, Telephon Preference Services (TPS) der US-amerikanischen Direct Marketing Association (DMA) im Rahmen der freiwilligen Selbstkontrolle zu nutzen. Bisher sind über 62 Mio. Telefonnummern registriert, einige davon allerdings nicht von ihren Besitzern. Das Call-Center-Business in den USA steckt nun in der Krise und die Initiative kann durchaus Signalfunktion für die Regelungen in anderen Ländern haben.

In Europa sollen sich einige Regulierungsbehörden bereits in folgendem Sinne geäußert haben: Es sei wohl notwendig, sich beim Telefonmarketing dem Vorbild der USA anzuschließen – obwohl Marktsituation und -größe in Europa vollkommen anders sind. Eine Reihe von Bundesstaaten der USA haben darüber hinaus die Versendung unverlangter E-Mail-Nachrichten verboten. Dies wurde umgesetzt, obwohl die Federal Trade Commission (FTC) sich bisher dahingehend äußert, dass sie ihre Befugnisse nach dem »Can-Spam«-Gesetz von 2003 nicht nutzen wird, um einen bundesweit obligatorischen E-Mail Preference Service zu schaffen. In Europa gibt es bereits die Richtlinie für Datenschutz und elektronische Kommunikation von 2002, nach der unerwünschte E-Mail-Werbung verboten ist. Dennoch bleibt Spam eine ernst zu nehmende Bedrohung, da diese Werbung über das Internet von beliebigen Orten weltweit versandt werden kann und sich so jeder Regulierung entzieht. Ein großes Problem im Zusammenhang mit den »Do-Not-Call«-Listen der FTC und FCC sind die damit verbundenen Kosten. Firmen, die in den USA Outbound-Telefonmarketing betreiben wollen, sind jetzt gesetzlich zur Bereinigung ihrer Listen verpflichtet. Die von FTC und FCC dafür angesetzten Gebühren sind sehr hoch und die »Do-Not-Call«-Liste darf nur für jeweils eine Werbekampagne verwendet werden. Die Televermarkter können nicht mit einer einmaligen Zahlung die Nutzung der Listen für all ihre Kunden abgelten. Die Kosten für die Nutzung eines Systems der freiwilligen Selbstkontrolle sind deutlich geringer, zumal die Liste von einem Call-Center mehrfach für alle Kunden genutzt werden kann.

An dieser Stelle ist es interessant festzuhalten, dass zwischen Problemen im Direktmarketing-Sektor und einer Zunahme der Eintragungen in den Robinson-Listen ein eindeutiger Zusammenhang besteht. In Großbritannien führte beispielsweise die unsachgemäße Nutzung von Predictive Dialern, die nach einer bestimmten Zeit automatisch die nächste Nummer in der Datenbank anrufen und auf diese Weise den Arbeitsablauf des Call-Centers organisieren, zu einer Vielzahl »toter Anrufe«: Der Angerufene nahm den Hörer auf und auf der anderen Seite war niemand dran. Es kam daraufhin zu einer Pressekampagne gegen den Einsatz solcher Dialer. In der Folge stiegen die TPS-Eintragungen, also Menschen, die keine Werbung per Telefon wünschen, allein in 2003 von unter zwei Mio. auf über fünf Mio. Doch der Robinson-/Präferenz-Service bot den verärgerten Bürgern zumindest ein Ventil und umging somit eine restriktive Gesetzgebung, welche die verantwortlichen Call-Center-Betreiber für den Missbrauch hätte bestrafen können.

6 Neue Robinson-Listen: Entwicklungen

Seit einiger Zeit gibt es eine Reihe neuer und innovativer Robinson-/Präferenz-Services. In Großbritannien beispielsweise wurde vom britischen Direktmarketing-Verband ein »Baby Preference Service« eingeführt.

United Kingdom – Baby Mail Preference Service (Baby MPS)

Hier können sich Eltern registrieren lassen, die keine Werbung für Babyartikel erhalten möchten.

- http://mpsonline.org.uk/bmpsr/
- 2.500 Eintragungen (Juli 2004)
- betrieben vom britischen Direktmarketing-Verband (DMV)
- nicht gesetzlich, aber im Rahmen des Praxiskodex des (britischen) DMV vorgeschrieben (die Verbandsmitglieder müssen ihre Listen gegen diese Dateien abgleichen)
- Gebühren: uneingeschränkter Zugang für ein Jahr (£ 250 + MwSt.)
- Anlaufstelle für Verbraucher: http://mpsonline.org.uk/bmpsr/, Tel.: + 44 20 72 91 33 10, Anmeldeformulare liegen evtl. auch in Arztpraxen, Mütterberatungsstellen und gynäkologischen Stationen aus
- Anlaufstelle für Firmen: www.mpsonline.org.uk/BMPSR/HTML/, Tel.: + 44 20 72 91 33 27

Weitere Beispiele für die Entwicklung: In Großbritannien werden auch Verstorbene in so genannten Sterbedateien erfasst. In der Vergangenheit war man bei der Feststellung und Entfernung der Namen von Verstorbenen aus Direktmarketing-Listen von der Kooperation mit den örtlichen Standesämtern abhängig. Doch nicht alle Behörden verhielten sich kooperativ. Die Sterbedateien berühren eine sehr sensible Frage – nicht nur, weil die Angehörigen häufig dagegen protestieren, nach dessen Tod noch Post für den Verstorbenen zu erhalten (insbesondere beispielsweise Angebote für Lebensversicherungen). Solche Dateien gibt es nun auch in einer Reihe weiterer Länder, beispielsweise in Deutschland, wo sie von der Deutschen Post Adress geführt wird. Ebenso können Werbetreibende in den Niederlanden auf solche Datensammlungen Verstorbener zurückgreifen.

In unserem Beispiel Großbritannien gibt es zwei Sterbedateien, die beide von kommerziellen Organen betrieben werden.

United Kingdom – das Sterberegister (Deceased Register)

Das »Deceased Register« ist eine Datenbank, in der kürzlich verstorbene Personen erfasst werden. Die Daten werden in Zusammenarbeit mit Standesbeamten in ganz Großbritannien gesammelt. Dazu werden Postkarten herangezogen, welche die Standesbeamten in den jeweiligen Standesämtern ausfüllen und nach der Gebühr-bezahlt-Empfänger-Regelung verschicken. Todesfälle müssen normalerweise innerhalb von fünf Tagen gemeldet werden. Die aktualisierten Daten stehen den Firmen dann in der Folgewoche zur Verfügung.

- www.thedeceasedregister.com
- betrieben durch Active Media Limited
  (Mitglied der Direktmarketing Association, DMA)
- nicht gesetzlich vorgeschrieben
- Anlaufstelle für Verbraucher: Active Media Ltd., Tel.: +44 1332 222700,
  E-Mail: d.reg@activemedia.ltd.uk

Mortascreen^{tm}, gepflegt von Smee and Ford und vermarktet in Verbindung mit Millennium ADPM, ist eine weitere in Großbritannien verwendete Sterbedatei. Es ist die größte Datei ihrer Art in Europa: jeden Monat kommen etwa 40.000 neue Namen hinzu. Mortascreen^{tm} deckt England, Schottland und Wales ab, das »Deceased Register« das gesamte Vereinigte Königreich. Weitere Informationen unter http://www.smeeandford.co.uk/morta.html.

Das »Bereavement Register«, betrieben von der REaD Group (UK) Ltd., ist eine weitere britische Sterbedatei. Weitere Informationen unter www.the-bereavement-register.com/uk.

7 Adressänderungen – Umzugsdateien

Wer schon einmal umgezogen ist, kennt die Sorge, dass an die alte Anschrift adressierte Post womöglich nicht nachgesendet wird und man andererseits noch lange, nachdem der Vorgänger ausgezogen ist, haufenweise Post für diesen bekommt. Die meisten Postunternehmen haben ihre eigenen Umzugsdateien. Sie haben die Möglichkeit, diese Daten zum Vorteil ihrer eigenen Zustellungssysteme zu sammeln und zu nutzen. Zugleich können sie die Auftraggeber von Postwurfsendungen mit diesen Daten entsprechend beraten. In einigen Ländern funktioniert dieses System hervorragend. In anderen Ländern ist das Nachsenden von Post und die interne Nutzung von Umzugslisten durch die Postunternehmen nicht sehr effektiv.

Eine neue Firma in Großbritannien, die REaD Group, hat mit der vollen Unterstützung des gesamten Sektors im Jahre 2002 einen National Suppression File (NSF) eingerichtet, in der Verzogene, Retouren, Benachrichtigungen / Zustellungen sowie das Wählerverzeichnis kombiniert erfasst sind.

United Kingdom – National Suppression File (NSF)

Das NSF kombiniert verschiedene Daten von den Konsortialmitgliedern und kann in vier Hauptdatensätze aufgeschlüsselt werden, einschließlich Verzogene, Retouren, Benachrichtigungen / Zustellungen und Wählerverzeichnis

- www.readgroup.co.uk
- eingeführt vom britischen Direktmarketing-Verband, verwaltet von Hays Commercial Services und vermarket von der REaD Group
- nicht gesetzlich vorgeschrieben
- Gebühren: Die Kunden können NSF für die Entfernung Verzogener aus ihren Mailing-Dateien nutzen, indem sie einen professionellen Datenverarbeiter in Anspruch nehmen. Dieser nimmt einen Abgleich zu NSF vor und berechnet eine Gebühr für jeden gefundenen Treffer. Ist der Kunde Mitglied des Direktmarketing-Verbandes, berechnen sie £ 0,17 pro Treffer, bei Nichtmitgliedern beläuft sich die Gebühr auf £ 0,22 pro Treffer. Dazu kommt höchstwahrscheinlich noch eine Provision (von etwa £ 0,05 pro Treffer – diese liegt jedoch vollkommen im Ermessen des Datenverarbeiters).
- Kontakt: REaD Group, Tel.: +44 1732 460 000, E-Mail: sales@readgroup.co.uk

Angesichts des zunehmenden Wettbewerbs kann es sinnvoll sein, die Nutzung kommerzieller Services dieser Art in Betracht zu ziehen. Diese bietet nämlich auch eine spezielle »Robinson-Liste« für Verzogene (»Gone-aways«) an: die Gone-away-Suppression-Datei (GAS).

United Kingdom – die GAS

Die Gone Away Suppression ist die genaueste und umfassendste in Großbritannien erhältliche Gone-away-Datei.

- www.readgroup.co.uk
- eingeführt vom britischen Direktmarketing-Verband, verwaltet von Hays Commercial Services und vermarket von der REaD Group
- 9 Mio. Datensätze, quartalsweise Aktualisierung
- betrieben von der REaD Group (UK) Ltd.
- nicht gesetzlich vorgeschrieben
- Gebühren:
  A. ungezieltes und Neukunden-Screening: 20 Pence pro identifiziertem Gone-away
  B. Datenbankbereinigung: verlängerbare 12-Monats-Lizenzen erhältlich, zum Anbringen von Markern in der Datenbank des Werbetreibenden
- Kontakt: REaD Group, Tel.: +44 1732 460 000, E-Mail: sales@readgroup.co.uk

In Spanien – um ein weiteres Beispiel zu nennen – wird die Gone-away-Liste von Schober betrieben. Schober bietet in mehreren Ländern ähnliche Services an. In Deutschland verfügt die Deutsche Post Adress über eine sehr umfangreiche Umzugsdatenbank.

8 Systeme für die Nichtzustellung bei unadressierten Sendungen

Eine Übersicht der Robinson-/Präferenz-Services wäre nicht komplett ohne die Erwähnung der unadressierten Sendungen. Den Verbrauchern stehen auch hier Systeme zur Verfügung, um nichtadressierte Post von ihrem Briefkasten fernzuhalten. Sie heißen zwar nicht Robinson-Listen, haben jedoch dieselbe Wirkung – sie informieren Anbieter darüber, wer keine Werbesendungen erhalten möchte (»Opt-out«-Verfahren).

In den vergangenen zehn Jahren hat in den meisten Ländern das Volumen der unadressierten Werbesendungen zugenommen. Dies ist vor allem eine Folge preisgünstiger Druckverfahren. Der Platz in unseren Briefkästen ist inzwischen auch härter umkämpft: von kostenlosen Zeitungen, Regierungsbroschüren und Wählerinfos. Dies hat zwangsläufig dazu geführt, dass Verbraucher den Wunsch äußerten, von solchen Sendungen verschont zu werden. Es wurden mehrere, überwiegend inoffizielle Systeme auf nationaler oder meist auch auf lokaler Ebene eingeführt. In den USA gehört der Briefkasten dem US Postal Service, in den keine unadressierte Post eingeworfen werden darf – dort ist also von vornherein eine andere Situation gegeben. In manchen Ländern ist der Zugang zu den persönlichen Briefkästen teilweise stark eingeschränkt, beispielsweise in bestimmten Apartmenthäusern.

Das Thema unadressierte Sendungen ist in Urlaubszeiten besonders sensibel, wenn die Briefkästen nach und nach überquellen. Praktisch jeder Passant kann dann sofort erkennen, dass der Wohnungsinhaber verreist ist. Der niederländische Direktmarketing-Verband, der eines der am weitesten entwickelten Systeme zur Abwehr unadressierter Sendungen betreibt, stellt regelmäßig vor der Urlaubszeit einen deutlichen Anstieg der Nachfrage fest. Zum System gehören zwei Aufkleber: einer, mit dem man generell alle unadressierten Sendungen einschließlich kostenloser Zeitungen ablehnt, und ein weiterer, mit dem man nur Direct-Mail-Sendungen, nicht aber kostenlose Zeitungen ablehnt. In anschließenden Untersuchungen wurde bestätigt, dass viele Haushalte diese Aufkleber nur zeitweise auf ihren Briefkästen anbringen, wenn sie in Urlaub sind.

9 Schlussfolgerungen

Robinson-/Präferenz-Services gibt es in der Mehrzahl in den Ländern der Europäischen Union sowie in den anderen großen Märkten weltweit (USA, Kanada, Australien, Japan etc.). Polen hat inzwischen auch einen funktionierenden Robinson-/Präferenz-Service, in der Tschechischen Republik funktioniert er noch nicht richtig. Keine Robinson-/Präferenz-Systeme gibt es jedoch auf Zypern, Malta, in Estland, Lettland, Litauen oder Slowenien und auch nicht in Bulgarien, Kroatien, Rumänien sowie der Türkei. Dies stellt eine Herausforderung für den europäischen Direktmarketing-Sektor dar. Abschließend ist festzuhalten, dass die Datenschutzgesetze in den meisten Ländern die Nutzung von Robinson-/Präferenz-Listen durch Direktmarketing-Unternehmen aktiv fördern.

Selbst in Fällen, in denen »Opt-in« für Marketinglisten vorgeschrieben ist, haben sich Robinson-/Präferenz-Listen z.B. für die Bereitstellung eines Service für Firmen und insbesondere Kleinstunternehmen wie z.B. Freiberufler – Ärzte, Zahnärzte, Rechtsanwälte usw. – als hilfreich erwiesen.

Doch die Robinson-/Präferenz-Services dienen nicht nur der Erfüllung der Anforderungen gesetzlicher Vorschriften. Der Betrieb von Robinson-/Präferenz-Services bietet greifbare wechselseitige Vorteile für Verbraucher und Anbieter. Die Anbieter bieten den Verbrauchern die Möglichkeit, sich durch die kostenlose Eintragung in

Listen gegen unerwünschte Direktmarketing-Kontakte über die verschiedenen Medien (Post, Telefon, E-Mail, Fax, SMS und Mobiltelefon) zu wehren. Diejenigen, die sich in Robinson-/Präferenz-Services eintragen, haben kein Interesse an einer Ansprache durch die Unternehmen. Ein Anbieter, der dies dennoch täte, würde seine Ressourcen (Druck, Porto oder Telefongebühren usw.) verschwenden. Der Verbraucher wiederum hat das Gefühl, vom Anbieter respektiert zu werden, wenn er nicht von ihm angesprochen wird. Die Nutzung von Robinson-/Präferenz-Services zahlt also indirekt in das Image einer Marke ein.

Auf die Effizienz und konsequente Kundenausrichtung kommt es im Direktmarketing an, weil stets die Möglichkeit besteht, Kunden zu verärgern oder langfristig zu verprellen. Denn die meisten im direkten Kundendialog genutzten Medien sind »aufdringlicher« und persönlicher als die Massenmedien. Direktmarketing muss das Image eines verantwortlichen, positiven Umgangs mit den Verbrauchern haben. Andernfalls kommt es zu einem Vertrauensverlust und der Zorn des Gesetzgebers wird zudem heraufbeschworen. So führte beispielsweise der in den USA durch den unverantwortlichen Umgang mit Telefonmarketing entstandene Schaden zu sehr restriktiven gesetzlichen Regelungen. Die Europäische Union reagierte ebenso gegenüber dem Problem E-Mail-Spam. Es gibt viele weitere Beispiele für detaillierte Vorschriften, die zu schwerwiegenden praktischen Schwierigkeiten führen – zum Schaden des Verbrauchers wie der Wirtschaft. Solange die Branche selbst nicht eindeutig ihren verantwortlichen Umgang mit den persönlichen Daten nachweisen und die Verbraucher von den Vorteilen des von ihnen gewünschten Direktmarketing überzeugen kann, ist das gesunde Wachstum der Direktmarketing-Branche nach wie vor bedroht.

Robinson-/Präferenz-Services spielen daher eine zentrale und wichtige Rolle für den Schutz, die Förderung und den Erfolg des Direktmarketing und verdienen folglich die Unterstützung aller Beteiligten.

10 Zusammenfassung

Verbraucher möchten nicht immer per Post, Telefon, Fax, E-Mail, SMS usw. im Rahmen von Direktmarketing-Maßnahmen angesprochen werden. Gleichzeitig müssen die Unternehmen sicherstellen, dass ihre Direktmarketing-Maßnahmen effektiv sind. Es ist also vorteilhaft, die Namen derjenigen Verbraucher aus den Marketinglisten zu entfernen, die überhaupt nicht kontaktiert werden wollen.

Wir sehen, dass das Konzept der Robinson-/Präferenz-Services von vielen Regierungsbehörden übernommen wird, um bestimmte Probleme mit dem Verbraucherschutz zu lösen. In Großbritannien gibt es beispielsweise zwei obligatorische Robinson-Listen, die beim Telefonmarketing zu beachten sind. Die Verbraucher- und die Firmenliste werden im Auftrag der Telekommunikationsbehörde (Ofcom) vom britischen Direktmarketing-Verband in Lizenz betrieben. In den USA richteten die

Federal Communications and Trade Commissions (FCC und FTC) im Jahr 2003 »Do-Not-Call«-Listen ein, um dem ständigen Missbrauch des Telemarketing Einhalt zu gebieten. Einige der Telemarketing-Unternehmen hatten sich geweigert, den bereits etablierten Telefon-Präferenz-Service des US-amerikanischen Direktmarketing-Verbands zu nutzen. Diese obligatorischen »Do-Not-Call«-Listen in den USA haben auch gezeigt, wie kostspielig Regulierungssysteme sein können.

Inzwischen sind auch neue und innovative Robinson-/Präferenz-Services auf den Markt gekommen, die einen verantwortlichen Umgang der Werbewirtschaft mit dieser Problematik verdeutlichen. In Großbritannien, Deutschland und Spanien hat eine Reihe gewerblicher Organisationen mit Unterstützung des Direktmarketing-Sektors im Laufe der vergangenen vier Jahre Sterbedateien erstellt, in denen die Namen Verstorbener erfasst sind. Ebenso wurden eine Baby-Datei sowie Umzugsdateien eingerichtet.

Wie sieht die Zukunft der Robinson-/Präferenz-Listen aus? Die FEDMA ist der Auffassung, dass die nationalen Direktmarketingverbände auch weiter die größten Betreiber von Robinson-/Präferenz-Services sein werden. Voraussichtlich können diese Aufgaben langfristig weder von Regierungsbehörden noch von kommerziellen Anbietern übernommen werden. Doch angesichts der Herausforderung, vor der beispielsweise die kleinsten EU-Länder stehen, besteht die Möglichkeit, dass andere Organe als die nationalen Direktmarketingverbände die wesentlichen Robinson-/Präferenz-Services leisten werden.

Das wichtigste Ziel des Direktmarketing ist heutzutage, dafür zu sorgen, dass der Verbraucher ein guter, treuer Kunde bleibt. Beide Seiten haben etwas davon, wenn Werbetreibende mit der direkten, werblichen Ansprache verantwortungsbewusst umgehen. Die Robinson-/Präferenz-Services sind dafür ein zentrales Element, das zugleich das Direktmarketing effizienter macht.

11 Literaturhinweise und Links

Die Direktmarketingverbände (DMV)

AUSTRALIEN	ADMA	www.adma.com.au
BELGIEN	BDMA	www.bdma.be
FINNLAND	SSML	www.ssml-fdma.fi
FRANKREICH	UFMD	www.fevad.com
DEUTSCHLAND	DDV	www.ddv.de
UNGARN	DMSZ	www.dmsz.net
IRLAND	IDMA	www.idma.ie
ITALIEN	AIDIM	www.aidim.it
KANADA	CMA	www.the-cma.org
NIEDERLANDE	DDMA	www.ddma.nl

NORWEGEN	NORDMA	www.nordma.no
ÖSTERREICH	DMVÖ	www.dmvoe.at
POLEN	SMB	www.smb.pl
SLOWAKEI	ADIMA	klc@hermesplus.sk
SLOWENIEN	ZDMS	www.zdms.org
SPANIEN	FECEMD	www.fecemd.org
SCHWEDEN	SWEDMA	www.swedma.se
TSCHECH. REP.	ADMAZ	www.admaz.cz
U.K.	DMA UK	www.dma.org.uk
USA	DMA US	www.the-dma.org
EUROPA	FEDMA	www.fedma.org

12 Beispiele für Robinson-Listen

Frankreich – Listen Rouge, Orange und Safran

La Liste Rouge: ein Telefon-Präferenz-Service, mit dem sich ein Verbraucher dafür entscheiden kann, nicht in den Verzeichnissen der France Telecom aufgeführt zu werden. Mit einer Eintragung in der Liste Rouge unterbindet man nicht nur den Eingang unerwünschter Direktmarketing-Anrufe, sondern verhindert u.U. auch erwünschte Telefonanrufe, denn die Kontaktdaten der Personen auf der Liste Rouge werden von France Telecom nicht weitergegeben.

La Liste Orange: ein Telefon-Präferenz-Service, anhand dessen sich ein Verbraucher dafür entscheiden kann, nicht in die DM-Verzeichnisse der France Telecom aufgenommen zu werden. Im Gegensatz zur Eintragung in der Liste Rouge können die in der Liste Orange Eingetragenen sehr wohl für andere Zwecke als Direktmarketing-Zwecke kontaktiert werden.

Die von France Telecom betriebene Liste Safran war der französische Fax-Präferenz-Service. Er wurde jedoch eingestellt, da es in Frankreich seit 2001 verboten ist, Privatpersonen für Direktmarketing-Zwecke per Fax anzusprechen. FEVAD ist jedoch derzeit mit France Telecom über eine neue Liste Safran für B2B-Situationen im Gespräch.

Anlaufstellen für die Listen Rouge und Orange:

- www.francetelecom.com
- betrieben von France Telecom

United Kingdom – Corporate Telephone Preference Service (CTPS)

Seit dem 25. Juni 2004 können Firmen die Telefonnummern registrieren lassen, unter denen sie keine unverlangten Direktmarketing-Anrufe erhalten wollen.

- www.tpsonline.org.uk/ctps/what/
- etwa 111.636 Eintragungen (September 2004)
- betrieben vom (britischen) DMV
- Der Firmen-TPS ist im Rahmen der Vorschriften der EU-Richtlinie über Datenschutz und Elektronische Kommunikation (Änderung) von 2004 gesetzlich vorgeschrieben.
- Sich eintragen lassen können Körperschaften wie eine »limited company« in Großbritannien, eine »limited liability partnership« in England, Wales und Nordirland oder jedwede »partnership« in Schottland. Dies gilt auch für Schulen, Ministerien und Regierungsbehörden, Krankenhäuser, Aktiengesellschaften (public limited companies) und sonstige öffentlich-rechtliche Körperschaften.
- Gebühren:

  a) Die Kosten für die Nutzung des Service variieren je nach den Anforderungen des Unternehmens. Benötigt eine Firma eine volle Jahreslizenz für den gesamten Bereich des UK, belaufen sich die Kosten auf £ 3.750 (+ MwSt.). Teil- und Ad-hoc-Dateien sind ebenfalls erhältlich (eine Aufstellung der Kosten für alle Lizenzarten siehe unter http://corporate.mpsonline.org.uk/CTPSC/html/Cost.asp).

  b) Weitere Optionen für Unternehmen, die nur eingeschränkten Zugang zu der Datenbank benötigen, umfassen den Online-Rechercheservice, für den £ 50 monatlich in den Monaten berechnet werden, in denen der Service in Anspruch genommen wird – dafür kann man bis zu 500 Nummern in dem betreffenden Monat abgleichen. (Weitere Details siehe unter http://corporate.mpsonline.org.uk/CTPSC/html/AdditionalServices.asp)
- Anlaufstelle für Firmen: http://tpsonline.org.uk, Tel.: + 44 20 72 91 33 26

3. Kapitel: Marketingfakten

Einleitung

Globale Märkte und internationaler Wettbewerb verlangen nach weltweiter Kommunikation. Doch auch wenn Staatsgrenzen in unseren multinationalen Wirtschaftssystemen mittlerweile fließend sind, so hat doch jedes Land immer noch seine eigenen Anforderungen und sehr spezifischen Bedürfnisse hinsichtlich der Werbung. Diese gilt es zu kennen, wenn der Dialog mit den Kunden erfolgreich geführt werden soll. Mailings stehen auf der Beliebtheitsskala der internationalen Werbemedien nach wie vor weit oben. Besonders gut kommt das Dialogmarketing in Ost- und Südeuropa an. So gehört beispielsweise Polen mit einer Wachstumsrate von derzeit 5,4% zu den stärksten Volkswirtschaften der neuen EU-Länder. Eine gute Ausgangssituation für das Direktmarketing, das in Polen bereits akzeptiert ist und gute Responsequoten aufweist.

Dieses Kapitel ist ein unterstützendes Werkzeug bei der Planung internationaler Direktmarketing-Kampagnen und der Erschließung neuer Märkte. Verlässliche Grundlage der nachfolgend bereitgestellten Daten sind die exklusiven Marktforschungsergebnisse der Deutsche Post AG, die in Zusammenarbeit mit der Gesellschaft für Konsumforschung (GfK) ermittelt wurden. Die wichtigsten volkswirtschaftlichen Rahmendaten aus 17 europäischen Ländern, 6 Ländern aus dem asiatisch-pazifischen Raum und den USA komplettieren eine gute Einschätzung der vorhandenen Marktpotenziale für eine Expansion in diese Wirtschaftsräume bzw. zum weiteren Ausbau bestehender Präsenzen. Aussagen über Kaufverhalten, Konsum-Trends und Einstellungen gegenüber Produkten »Made in Germany« ermöglichen einen ganzheitlichen Eindruck von Zielländern. Vor allem nehmen die folgenden Beiträge aber Bezug auf die Wahrnehmung von Direktmarketing und stellen die Rahmenbedingungen für das One-to-one-Marketing in den einzelnen Staaten dar. Angaben über die Mediennutzung, Werbeausgaben und Budget-Verteilungen sind nützliche Planungshilfen. Dieses Wissen ist Erfolgsgrundlage für eine treffende Zielgruppenansprache.

Zunächst wird in einem Beitrag eine Querschnittsanalyse der einzelnen Länderergebnisse durchgeführt. Dies bietet vor allem den Vorteil der vergleichenden Darstellung zwischen den einzelnen Märkten in den jeweiligen Interessensgebieten für Werbeplaner, wie etwa geschlechtliche oder gesellschaftliche Einflussfaktoren auf den Werbeerfolg. Zur schnelleren Übersicht und klaren Darstellung widmet sich dieses Buch im folgenden Teil auch ausführlich den einzelnen Ländern. Grafiken unterstützen dabei die schnelle Informationsgewinnung bei der Planung erfolgreicher internationaler Werbekampagnen.

Anita Petersen

3.1 Dialogmarketing International: Aktuelle Trends 2005

Das Agieren in globalisierten Märkten ist längst nicht mehr nur eine Domäne weniger Großkonzerne. Zunehmender Wettbewerbsdruck verlangt auch vom Mittelstand eine immer stärker international geprägte werbliche Kommunikation. Sei es, um sich neue Märkte zu erschließen oder um Kunden an entfernten Orten an Marken und Unternehmen zu binden. Als wertvolle Grundlage für internationale Direktmarketing-Kampagnen dient eine breit angelegte Untersuchung, die gemeinsam von TNS Infratest und dem Market Research Service Center (MRSC) im Auftrag der Deutsche Post AG durchgeführt wurde. Von April bis Juni 2005 wurden 13.185 Konsumenten in 24 Ländern befragt. Ziel der Untersuchung war es, das Klima für internationales Dialogmarketing in den unterschiedlichen Wirtschaftsräumen darzustellen. Zusätzlich zum Vorjahr wurde der asiatisch-pazifische Raum einbezogen.

Im vorliegenden Beitrag werden Mailing-Affinität, Reaktionsverhalten, Medien-Image sowie die Konsumeinstellungen auf übergreifende Trends hin untersucht. Die breit angelegte, computergestützte Mehrthemenumfrage (je nach Verfügbarkeit CATI – telefonisch – oder z.T. CAPI – persönliche Interviews) wurde 2005 in folgenden Ländern durchgeführt: Deutschland, Schweiz, Österreich, Niederlande, Belgien, Frankreich, Spanien, Italien, Dänemark, Finnland, Schweden, Norwegen, USA, Großbritannien, Ungarn, Polen, Slowakei, Tschechien, China, Hongkong, Singapur, Japan, Australien, Neuseeland. Im folgenden Beitrag wird nun ein Quervergleich der Untersuchungsergebnisse von 2005 nach dem Modell der Erhebung von 2004 gezogen. Das schafft die nötige Transparenz, um die Ergebnisse der Studie als Unterstützung in die praktische Umsetzung von internationalen Direktmarketing-Strategien einfließen zu lassen.

1 Dialogmarketing-Klima im internationalen Vergleich

Mailings gelten hierzulande als Werbeinstrument mit geringen Streuverlusten durch eine exakte Zielgruppenansprache. Vor allem die neuen EU-Mitglieder in Osteuropa sind allerdings häufig noch »blinde Flecken« für eine grenzüberschreitende Mediaplanung. Bislang fehlt es an allgemein zugänglichen Kennzahlen für den Erfolg von Direktmarketing-Kampagnen, denn Responsequoten einzelner Aktionen sind oftmals wohl gehütete Geheimnisse der jeweiligen Unternehmen. Grundsätzlich sind Erfolg und Effizienz (z.B. über CPO, CPI ausgedrückt) eines spezifischen Mailings vorwiegend von Gestaltungsfaktoren und optimaler Zielgruppenselektion bestimmt. Darüber hinaus ist jedoch anzunehmen, dass – international betrachtet – Mailing-Affinität eine übergreifende Wirkung als Kulturmerkmal im Umgang mit Werbemedien besitzt. Anhand der vorliegenden Studie lässt sich das Dialogmarketing-Klima im internationalen Vergleich bestimmen. Als relevante Kennzahlen für die Akzeptanz von Mailings dienen die Auskünfte der repräsentativ befragten Personen in den jeweiligen Ländern. Aus den Antworten der Befragten werden die so genannte Aufmerksamkeitsquote und Reaktionsquote bestimmt. Die Aufmerksamkeitsquote gibt an, wie viele Mailing-Empfänger die Werbesendungen tatsächlich regelmäßig lesen und somit den Werbekontakt zulassen. Im zweiten Schritt gibt die Reaktionsquote an, wie viele derer, die sich auf den Werbekontakt einlassen, darauf auch reagieren.

Zunächst ist länderübergreifend festzustellen, dass die Mailingverbreitung in negativem Zusammenhang zur Aufmerksamkeitsquote steht. Das bedeutet: Je mehr Personen in einem Land Mailings erhalten, umso geringer ist die Quote derjenigen, die Mailings regelmäßig öffnen. In Osteuropa erhalten 73% der Bevölkerung Mailings per Post. In Westeuropa sind es 87%. Da wundert es nicht, dass vor allem in den wenig gesättigten Märkten Tschechien, Slowakei, Polen und Ungarn besonders hohe Aufmerksamkeitsquoten erzielt werden können (vgl. Abbildung 3-1-1).

Abbildung 3-1-1: Aufmerksamkeitsquoten in Europa

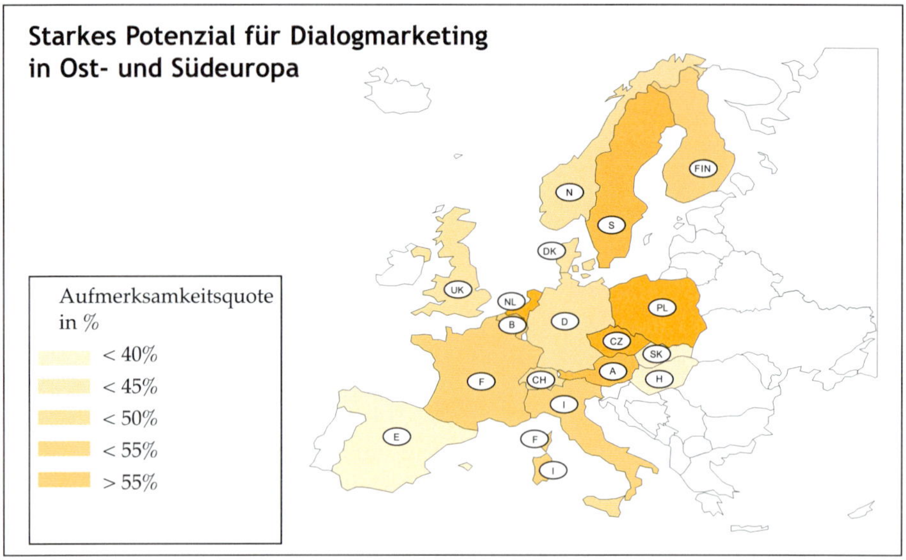

Quelle: MRSC/TNS Infratest 2006 (C)Deutsche Post AG

Die Aufmerksamkeitsquote

Die osteuropäischen Aufmerksamkeitswerte, also die Bereitschaft, den Werbekontakt mit Mailings zuzulassen, schwanken zwischen 52% in Polen und 68% in Ungarn. Absolute Traumquoten für westeuropäische Verhältnisse. In Westeuropa muss man sich bei den offenbar selektiver und anspruchsvoller rezipierenden Konsumenten mit deutlich niedrigeren Werten zufriedengeben. Zwischen 30% im werbekritischen Deutschland und immerhin 58% beim westeuropäischen Spitzenreiter Spanien schwanken die Werte. Neben dem auffälligen Ost-West-Gefälle lässt sich auch ein Nord-Süd-Gefälle ausgehend von Westeuropa beobachten. Sowohl in Südeuropa als auch in Skandinavien wird Mailings mehr Aufmerksamkeit geschenkt als in Westeuropa. In Skandinavien stechen Schweden und Finnland mit Aufmerksamkeitsquoten von über 40% hervor.

In Asien fällt zunächst die hohe Varianz der Mailingdichte auf: Während in Japan 91% der Befragten Mailings erhalten, sind die untersuchten Ballungsräume in China (die Provinzen Beijing, Shanghai, Guangzhou) mit 44% Mailingempfängern entsprechend wenig werblich durchdrungen. Singapur und Hongkong kommen auf gute 71 bzw. 66%. Bei der Aufmerksamkeitsquote liegt Japan mit 59% an der Spitze Asiens. In der USA-Pazifik-Region (inkl. Australien & Neuseeland) herrscht bei mittlerer Mailingverbreitung eine recht niedrige Aufmerksamkeitsquote für Mailings bei unter 40% vor.

Abbildung 3-1-2: Aufmerksamkeitsquoten

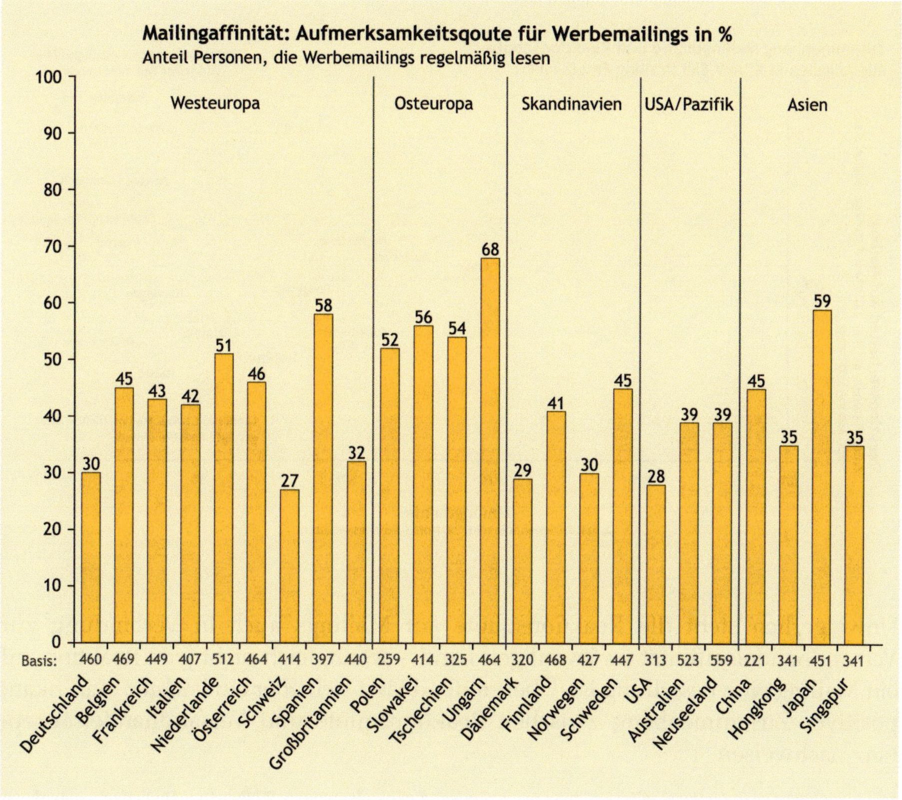

Quelle: MRSC/TNS Infratest 2006 (C)Deutsche Post AG

Die Reaktionsquote

Die Reaktionsquote (d.h. der Anteil Mailingempfänger, der mind. einmal in 12 Monaten auf ein Mailing reagiert hat) trennt Europa in zwei Lager. Hohe Mailingdichte (vgl. Abbildung 3-1-3) ist weithin vorhanden; nur die Schweiz, Norwegen, Großbritannien, Deutschland und Italien zählen noch zum weniger reaktionsfreudigen Lager. Vor allem die osteuropäischen EU-Länder sind gern zu Reaktionen auf Mailings bereit, wenngleich das Potenzial noch nicht voll ausgeschöpft wird (geringe Mailingdichte!).

Japan erreicht darüber hinaus als einziges außereuropäisches Land hohe Mailingdichte und hohe Reaktionsquoten (29%) – was diesen Markt für Direktmarketing-Aktivitäten besonders attraktiv macht. In der USA-Pazifik-Region und Asien werden dagegen Reaktionsquoten von um die 20% (der Mailingempfänger) erreicht.

Abbildung 3-1-3: Zusammenhang Mailingdichte und Reaktionsquote

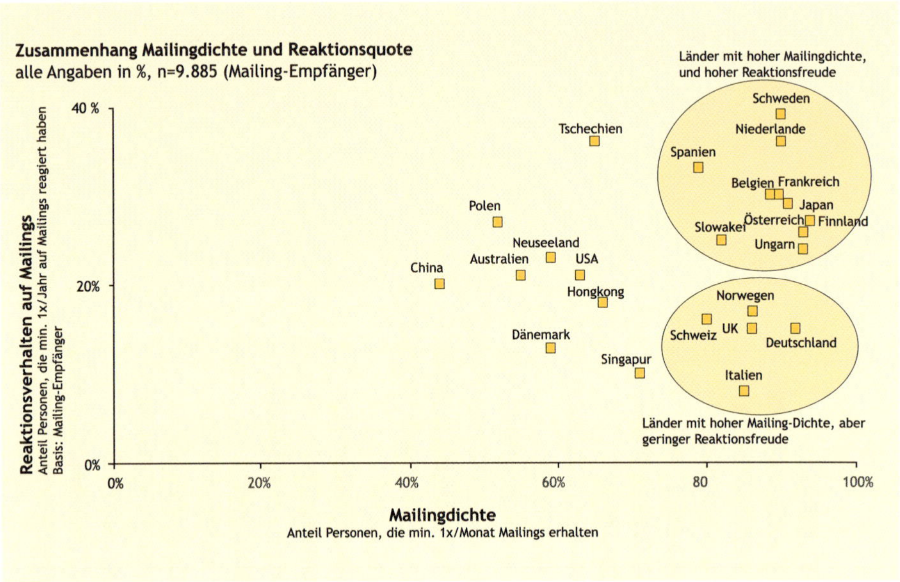

Quelle: MRSC/TNS Infratest 2006 (C)Deutsche Post AG

Unweigerlich steht die Reaktionsquote auf Mailings auch in Verbindung zur Versandhandelsaffinität im jeweiligen Land – wenngleich nicht jede Reaktion auf ein Mailing eine Bestellung ist. Übergreifend lässt sich aber ein leichter, signifikant positiver Zusammenhang zwischen Reaktionsquote und Versandhandelsakzeptanz nachweisen.

Japan sticht in diesem Sinne besonders in Asien hervor: 73% der Befragten haben in den letzten 12 Monaten den Versandhandel genutzt. Weite Teile Westeuropas (Deutschland, Frankreich, Großbritannien, Österreich, Schweiz) sind ebenfalls ausgesprochen versandhandelsorientiert. Die Nachzügler stammen aus Süd- und Osteuropa. Starkes Wachstumspotenzial scheint vor allem in Tschechien mit bereits 51% Versandhandelsnutzung vorzuliegen.

Abbildung 3-1-4: Versandhandelsaffinität

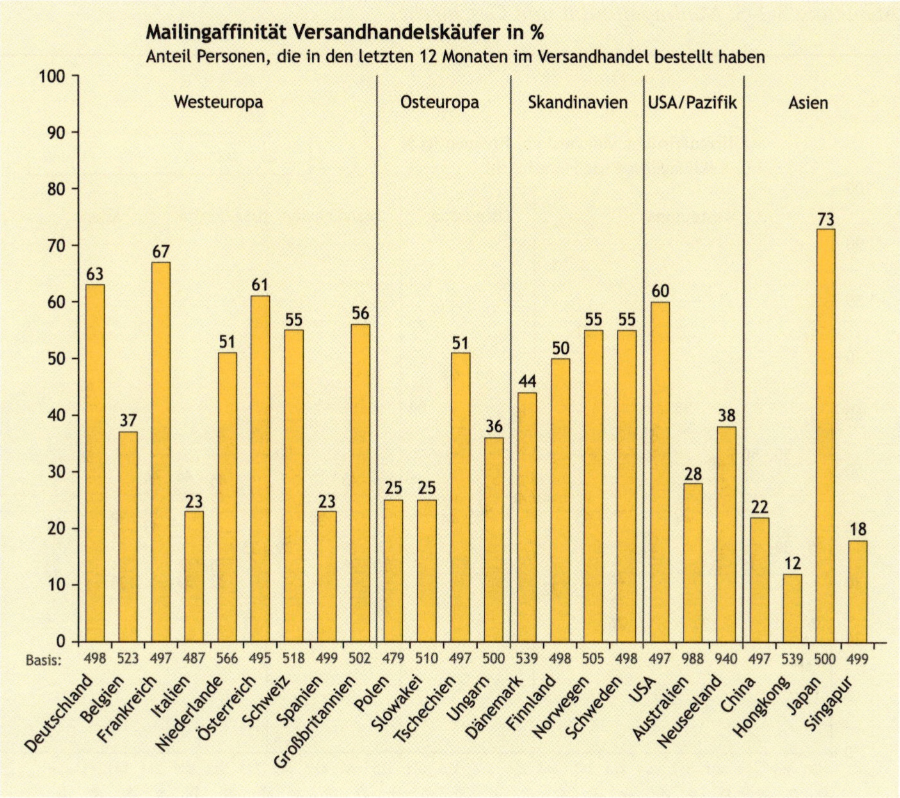

Quelle: MRSC/TNS Infratest 2006 (C)Deutsche Post AG

2 Soziokulturelles Profil der Mailing-Akzeptanz

Welche Zielgruppen in den jeweiligen Ländern erreicht werden können, ist für die genaue Planung einer Kampagne von zentraler Bedeutung. Besonders interessant ist in diesem Zusammenhang, bei welchen Bevölkerungsgruppen ein besonderes Bewusstsein für Mailings vorliegt. Als Akzeptant von Mailings gilt nachfolgend jeder, der regelmäßigen Werbekontakt mit Werbesendungen per Post zulässt (vgl. »Aufmerksamkeitsquote«), also prinzipiell für diese Form der Werbebotschaft offen ist. Länderübergreifend zeigt sich, dass die Aufgeschlossenheit gegenüber Mailings eine eher weibliche Eigenschaft ist. 57,5% der identifizierten Mailingaffinen sind Frauen. Männer sind dagegen mit 42,5% unterproportional vertreten (gegenüber 48,6% Anteil Männer insgesamt). Der überproportionale Anteil mailingaffiner Frauen zeigt sich in länderspezifischer Hinsicht besonders deutlich im USA-Pazifik-Raum sowie in Europa. In Asien dagegen sind Mailings nicht nur »Frauensache«: In allen vier untersuchten Ländern Asiens sind Männer ebenso mailingaffin wie Frauen.

Abbildung 3-1-5: Mailingaffinität und Geschlecht

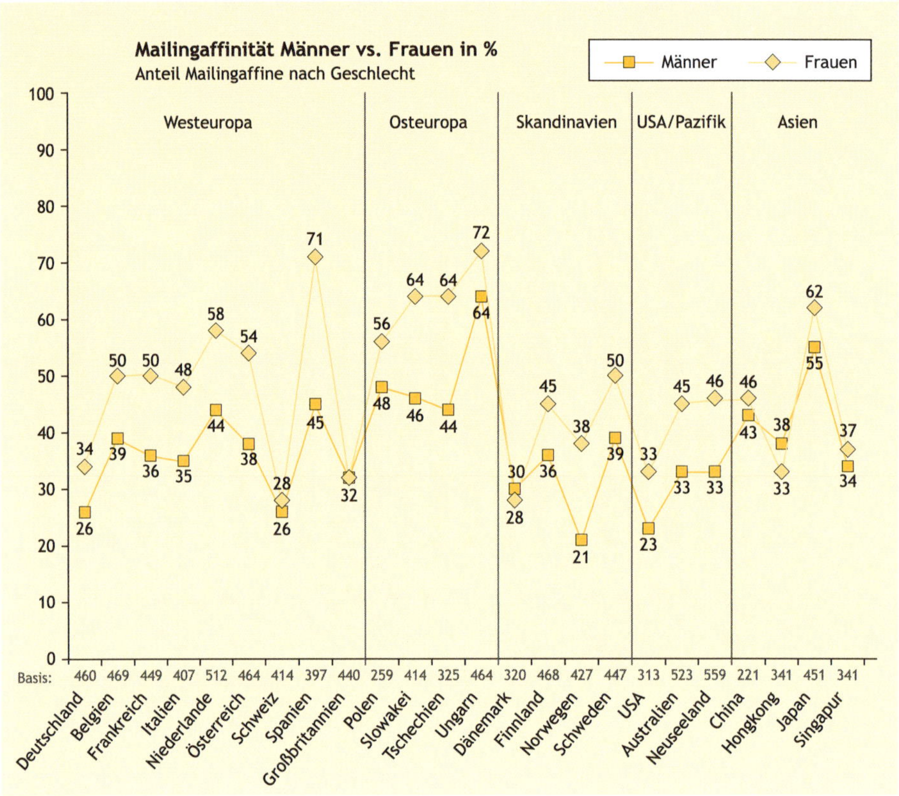

Quelle: MRSC/TNS Infratest 2006 (C)Deutsche Post AG

Die Altersverteilung (vgl. Abbildung 3-1-6) zeigt, dass die Akzeptanten von Mailings im Durchschnitt einige Jahre älter sind als die gegenüber Mailings neutral/kritisch eingestellten Segmente der jeweiligen Länder. Dies gilt durchgängig in Asien, im USA-pazifischen Raum und in Osteuropa. Ausnahmen von diesem durchgängigen Trend bilden Schweden, Niederlande, Belgien und Frankreich, Italien und Spanien.

Abbildung 3-1-6: Mailingaffinität und Alter

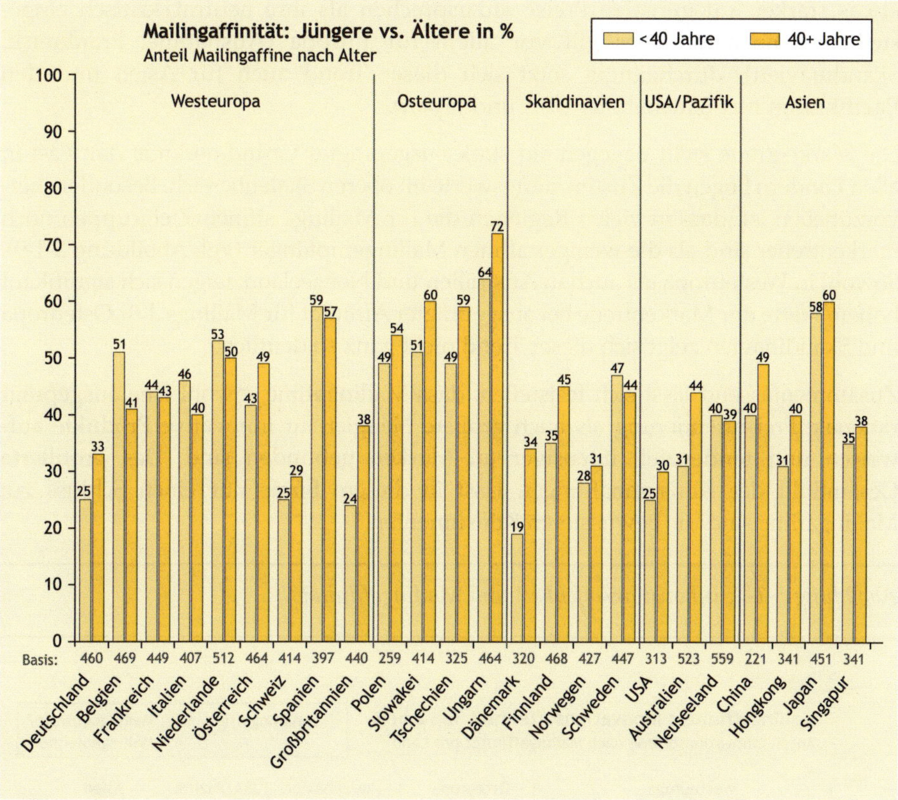

Quelle: MRSC/TNS Infratest 2006 (C)Deutsche Post AG

Besonders interessant ist das Konsumprofil der Mailingaffinen. Als Konsumprofil sind in diesem Zusammenhang Innovationsoffenheit, Konsumpatriotismus, Markentreue, Preisorientierung und Qualitätsbewusstsein skaliert abzubilden.

Die Aufgeschlossenheit gegenüber Werbung per Post geht einher mit einer offenen, neuen Produkten zugewandten Konsumhaltung. Fast durchgängig wird erkennbar (vgl. Abbildung 3-1-7), dass diejenigen, die Mailings regelmäßig lesen, besonders gerne neue Produkte ausprobieren (Innovationsoffenheit). Dieser visuelle Eindruck erweist sich in der Analyse für Deutschland, Belgien, Niederlande, Österreich, Spanien, Polen, Tschechien, Ungarn, Finnland, Schweden, USA, Australien und Hongkong als signifikant. Das Grundinteresse für innovative Produktideen ist somit ein festes Merkmal im Konsumprofil der Mailingaffinen und macht sie damit zur idealen Zielgruppe für die direkte Produktkommunikation.

Für eine Kaufentscheidung ist die Innovationsoffenheit bei weitem nicht das einzige Kriterium: »Preissensibilität« und »Markentreue« sollen das Konsumprofil noch abrunden. Preissensibilität als »Tendenz zum günstigsten Produkt« ist bei weitem nicht in allen Ländern angesagt (vgl. Abbildung 3-1-8). Die Preisorientierung ist in Osteuropa und Asien besonders ausgeprägt, während sich in Westeuropa ein heterogenes Bild zeigt. Grundsätzlich scheinen Mailingaffine noch etwas stärker auf günstige Preise anzusprechen als ihre neutral/kritisch eingestellten Landsleute. Dies gilt vor allem für Europa (Ausnahme: Frankreich, Skandinavien), durchgängig setzt sich dieser Trend auch für Asien und den Pazifikraum fort (Ausnahme: USA und Japan).

Die Markentreue stellt dagegen ein stark ausgeprägtes Grundmerkmal dar. Fast in allen Ländern liegen die Zustimmungswerte im oberen Skalenbereich. Besonders hervorzuheben ist, dass in vielen Regionen die für Mailings affinen Zielgruppen noch markentreuer sind als die weniger affinen Mailingempfänger (vgl. Abbildung 3-1-9). Sowohl in Westeuropa als auch in Australien und Neuseeland zeigen sich signifikant höhere Werte der Markentreue bei ausgeprägter Affinität für Mailings. Für Osteuropa und Skandinavien zeigt sich dieser Trend nicht ganz so deutlich.

Zusammenfassend lässt sich feststellen, dass Mailingaffine sowohl eine ausgeprägt rationale Preisorientierung als auch größere Neugier für innovative Produkte aufweisen und tendenziell intensiver an Marken gebunden sind. Das profilierte Gesamtbild der Konsumhaltungen lässt in diesem Sinne nur einen Schluss zu: Mailingaffine sind die bewussteren Konsumenten.

Abbildung 3-1-7: Innovationsoffenheit und Mailingaffinität

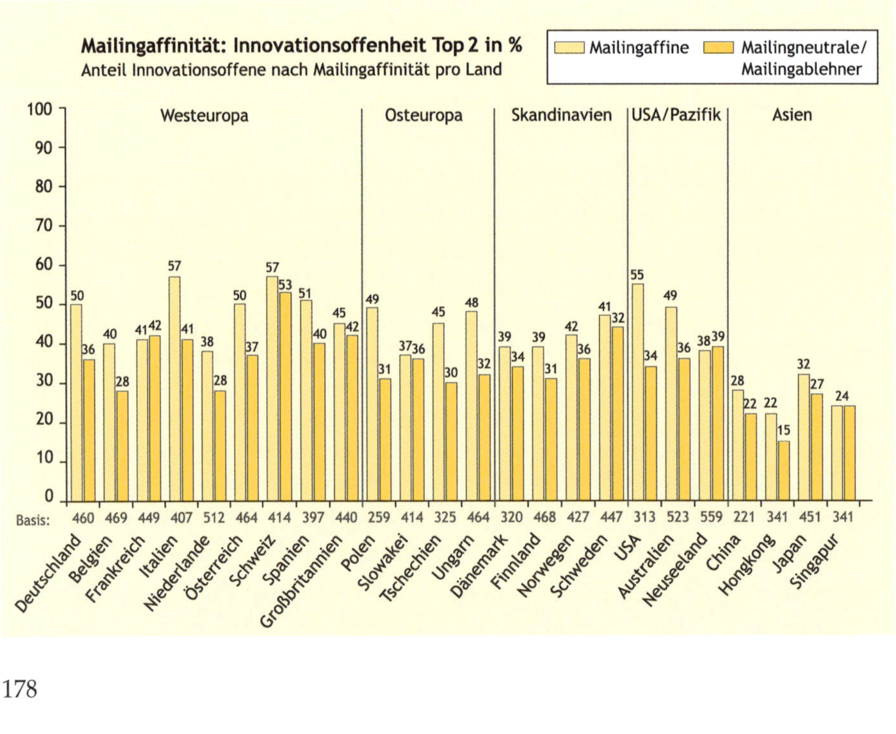

Quelle: MRSC/TNS Infratest 2006 (C)Deutsche Post AG

Abbildung 3-1-8: Preisorientierung und Mailingaffinität

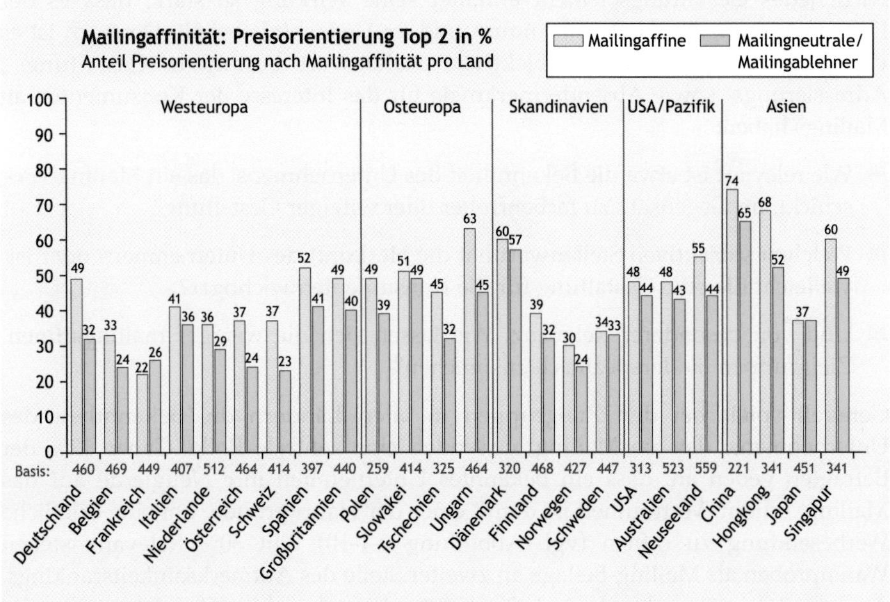

Quelle: MRSC/TNS Infratest 2006 (C)Deutsche Post AG

Abbildung 3-1-9: Markentreue und Mailingaffinität

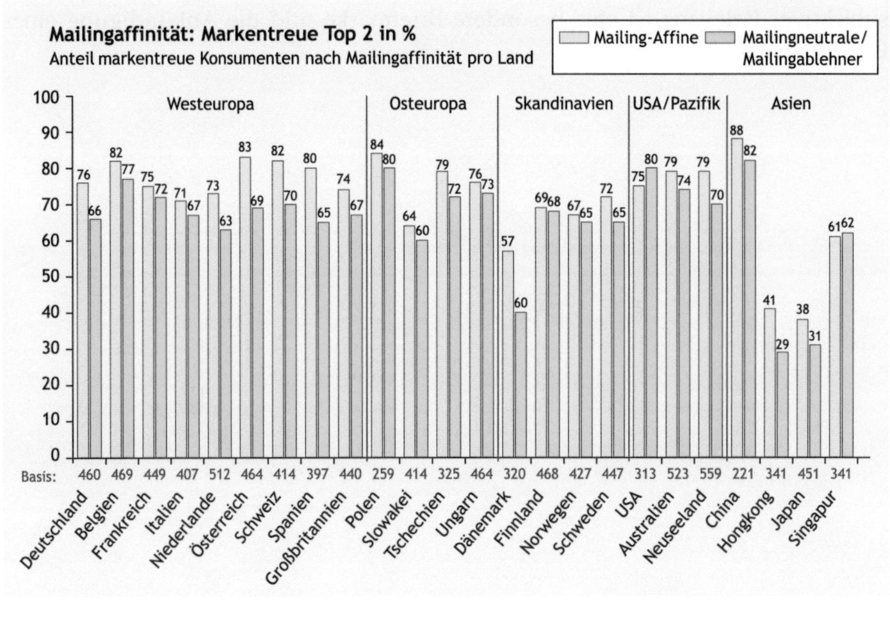

Quelle: MRSC/TNS Infratest 2006 (C)Deutsche Post AG

Anita Petersen

3 Das Auge öffnet mit: Gestaltungsmerkmale und ihre Wirkung

Nicht jedes Gestaltungselement entfaltet seine Wirkung so stark, dass es der Empfänger ganz bewusst wahrnimmt und im Gedächtnis behält. Dennoch ist es von Bedeutung, welchen subjektiven Stellenwert bestimmte Gestaltungs-, Adressierungs- sowie Absendermerkmale für das Interesse der Konsumenten an Mailings haben:

- Wie relevant ist etwa die Bekanntheit des Unternehmens, das ein Mailing verschickt, im Gegensatz zu farbenfroher oder witziger Gestaltung?
- Welchen subjektiven Stellenwert hat die Herkunft des Unternehmens oder ist vielleicht die edle Gestaltung für die Konsumenten wichtiger?
- Und von besonderer Relevanz: Wie lassen sich die weniger mailingaffinen Zielgruppen länderspezifisch ansprechen?

Generell spielt bei den Zielgruppen in allen Ländern die Bekanntheit des Unternehmens, das ein Mailing aussendet, eine zentrale Rolle. Ganze 32% der Befragten geben an, dass ein bekanntes Unternehmen ihre Neugierde auf das Mailing erhöht. Vertrautheit ist damit einer der Hauptgründe, um eine briefliche Werbesendung zu öffnen (vgl. Abbildung 3-1-10). Mit 30% Relevanz stehen Warenproben als Mailing-Beilage an zweiter Stelle des Aufmerksamkeitsrankings. Auch Gestaltungsmerkmale sind einem guten Viertel wichtig: Ob edel, witzig oder farbenfroh, die Konsumenten schauen offenbar genau hin, bevor sie ein Mailing öffnen. Die Herkunft des Anbieters wie auch die persönliche Anrede rangieren zudem unter den subjektiv recht bedeutenden Merkmalen. Offenbar von geringer subjektiver Relevanz ist eine besondere Briefmarke und die Ankündigung eines Gewinnspiels.

Abbildung 3-1-10: Gestaltungsmerkmale

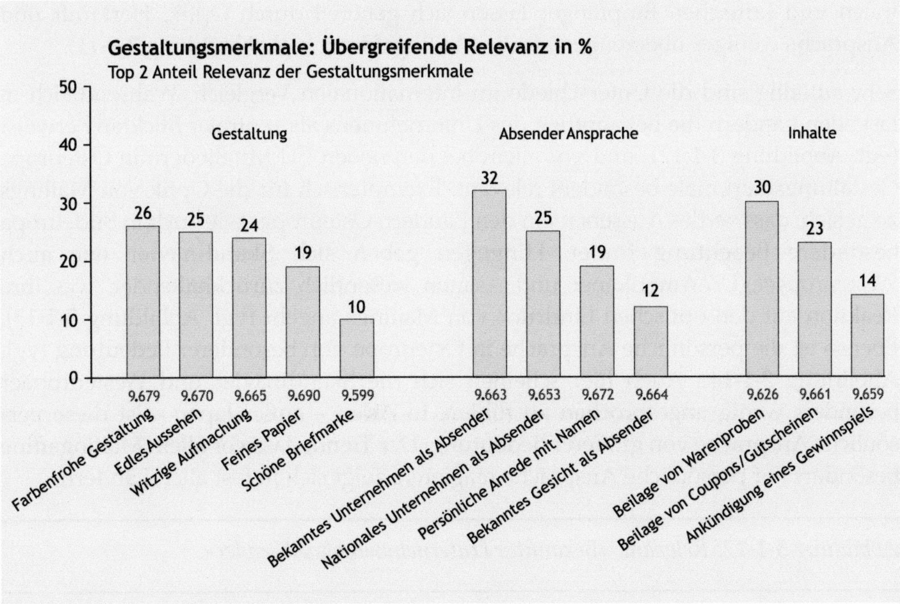

Quelle: MRSC/TNS Infratest 2006 (C)Deutsche Post AG

Abbildung 3-1-11: Gestaltungsmerkmale und Mailingaffinität

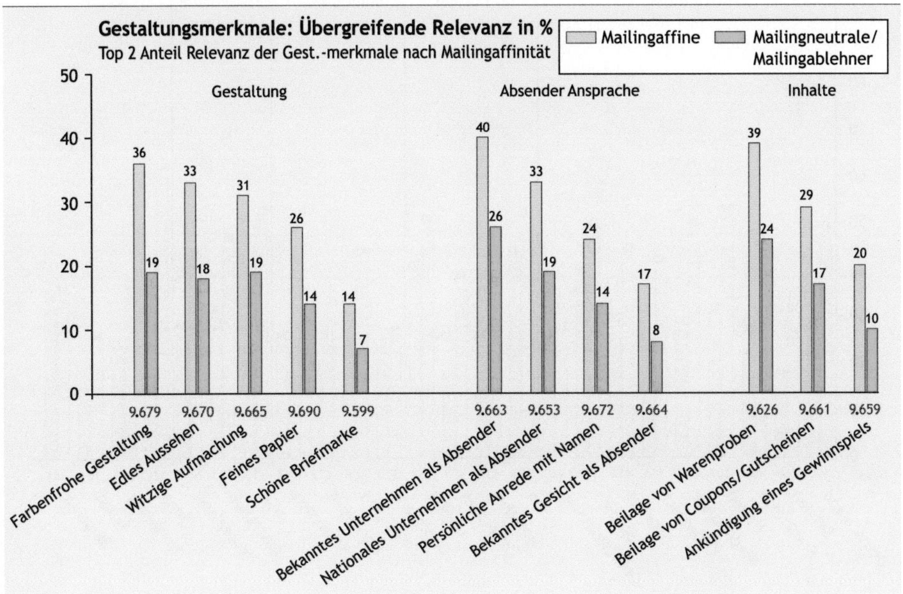

Quelle: MRSC/TNS Infratest 2006 (C)Deutsche Post AG

Die weitere Analyse hinsichtlich der Präferenzen einzelner Zielgruppen zeigt sehr auffällige Differenzen. Deutlich zeigt sich in diesem Zusammenhang, dass Mailings gegenüber aufgeschlossene Personen allen Gestaltungsmerkmalen durchgehend mehr Relevanz beimessen als neutral bzw. kritisch eingestellte Zielgruppen. Die neutralen und kritischen Empfänger lassen sich generell durch Optik, Herkunft und Ansprache weniger überzeugen als die Mailingaffinen (vgl. Abbildung 3-1-11).

Sehr auffällig sind die Unterschiede im internationalen Vergleich. Während sich in fast allen Ländern die Bekanntheit des Unternehmens als zentraler Blickfang erweist (vgl. Abbildung 3-1-12), sind vor allem bei den neuen EU-Mitgliedern in Osteuropa Gestaltungsmerkmale besonders relevant. Exemplarisch für die Optik von Mailings zeigt sich, dass »edles Aussehen« in den Ländern Osteuropas wie auch in Südeuropa besondere Beachtung findet. Hingegen geben sich Skandinavier wie auch Westeuropäer, US-Amerikaner und Asiaten wesentlich zurückhaltender, was ihre Reaktion auf den optischen Eindruck von Mailings angeht (vgl. Abbildung 3-1-13). Ebenso ist die persönliche Ansprache in Osteuropa von besonderer Bedeutung (vgl. Abbildung 3-1-14). Auch hier scheinen sich die Skandinavier und Westeuropäer besonders wenig angesprochen zu fühlen. In Asien – außer Japan – ist diese persönliche Ansprache von größerer Bedeutung. Der Trend, dass vor allem Mailingaffine besonders auf persönliche Ansprache reagieren, zeigt sich in fast allen Ländern.

Abbildung 3-1-12: Relevanz »Bekanntes Unternehmen als Absender«

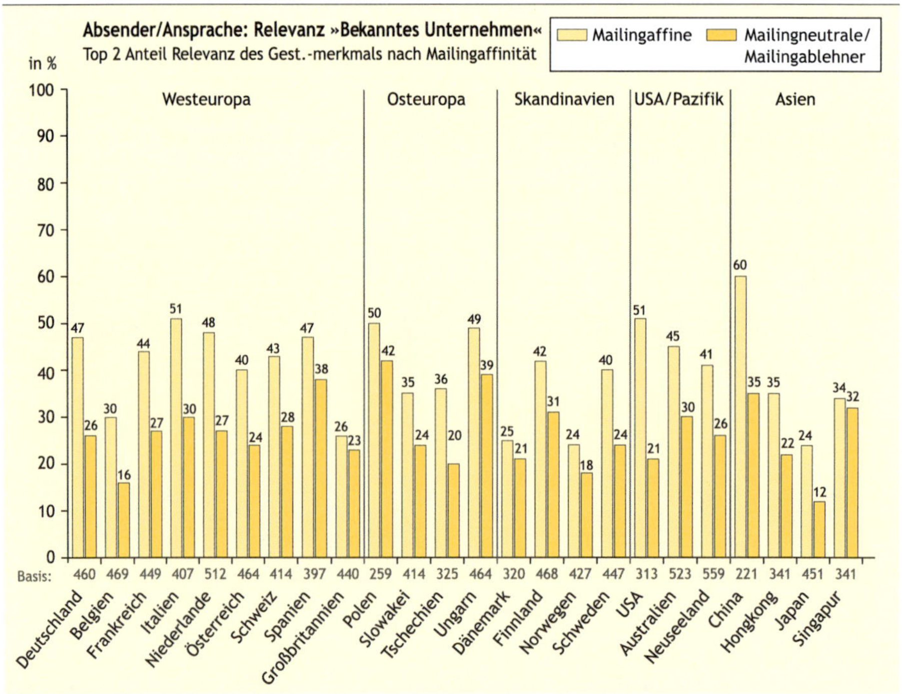

Quelle: MRSC/TNS Infratest 2006 (C)Deutsche Post AG

Abbildung 3-1-13: Relevanz »Edles Aussehen«

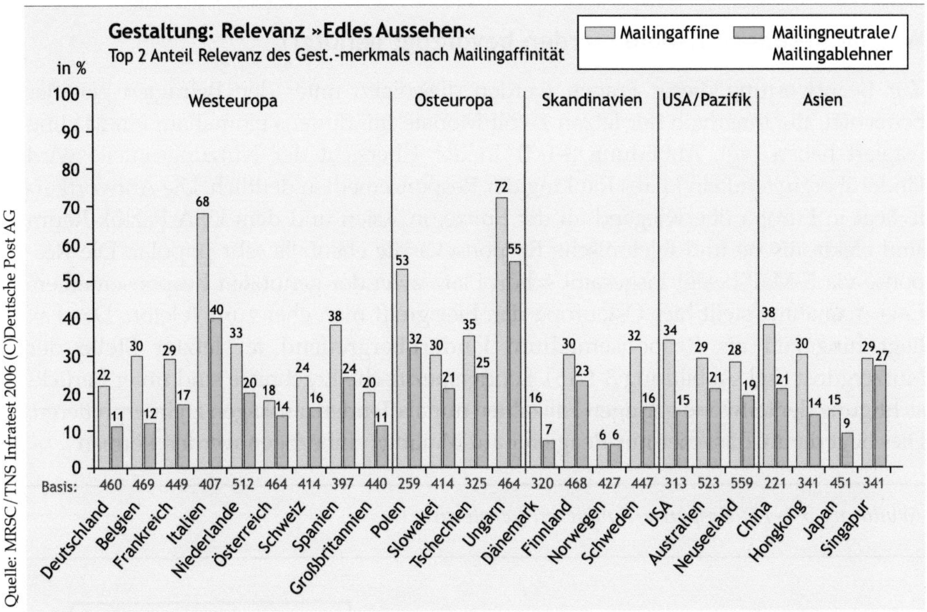

Abbildung 3-1-14: Relevanz »Persönliche Anrede«

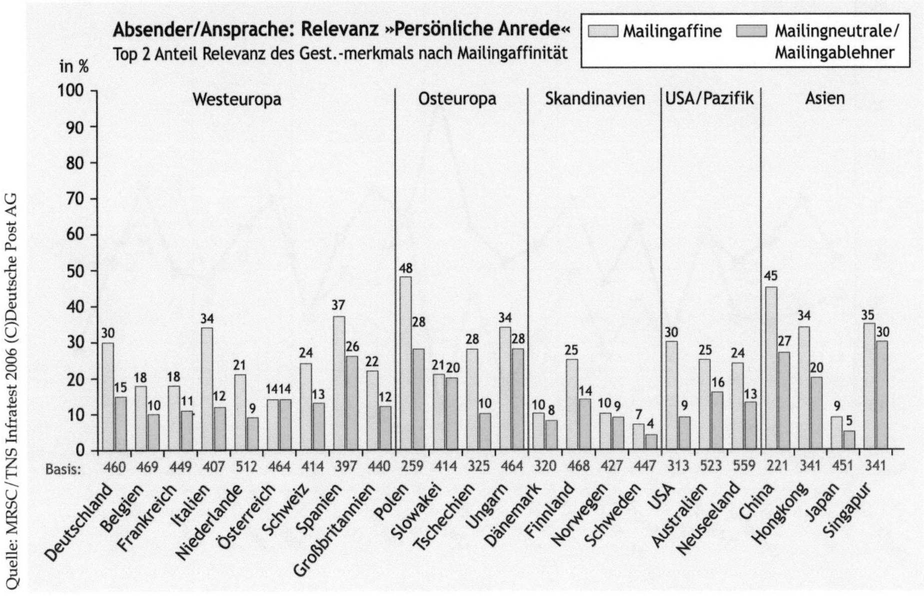

4 Viele Wege zur Response: Response-Kanäle im Vergleich

Welche Reaktion erfolgt bei den Konsumenten auf Werbemailings?

Welche Response-Kanäle werden bevorzugt genutzt?

Zur Beantwortung dieser Fragen werden diejenigen unter den Befragten genauer betrachtet, die innerhalb der letzen zwölf Monate mindestens einmal auf ein Mailing reagiert haben (vgl. Abbildung 3-1-3). In der Übersicht der Nutzungsanteile wird länderübergreifend ein klares Ranking der Responsemedien deutlich. Die Antwortkarte liegt in Europa überwiegend an der Spitze, in Asien und dem USA-Pazifik-Raum sind elektronische und telefonische Responsekanäle ebenfalls sehr populär. Die Response via E-Mail belegt insgesamt schon Platz zwei der genutzten Responsemedien. Eine Ausnahme stellt hier Osteuropa dar, hier greift man eher zum Telefon. Das Fax liegt hingegen als Responsemedium länderübergreifend an letzter Stelle der Nutzergunst (vgl. Abbildung 3-1-15). Länderspezifische Ergebnisse sind unter Berücksichtigung der teilweise geringen Fallzahlen nur als Tendenzaussagen zu interpretieren. Dies liegt daran, dass hier nur Reagierer auf Mailings einbezogen werden können.

Abbildung 3-1-15: Response-Kanäle im Vergleich

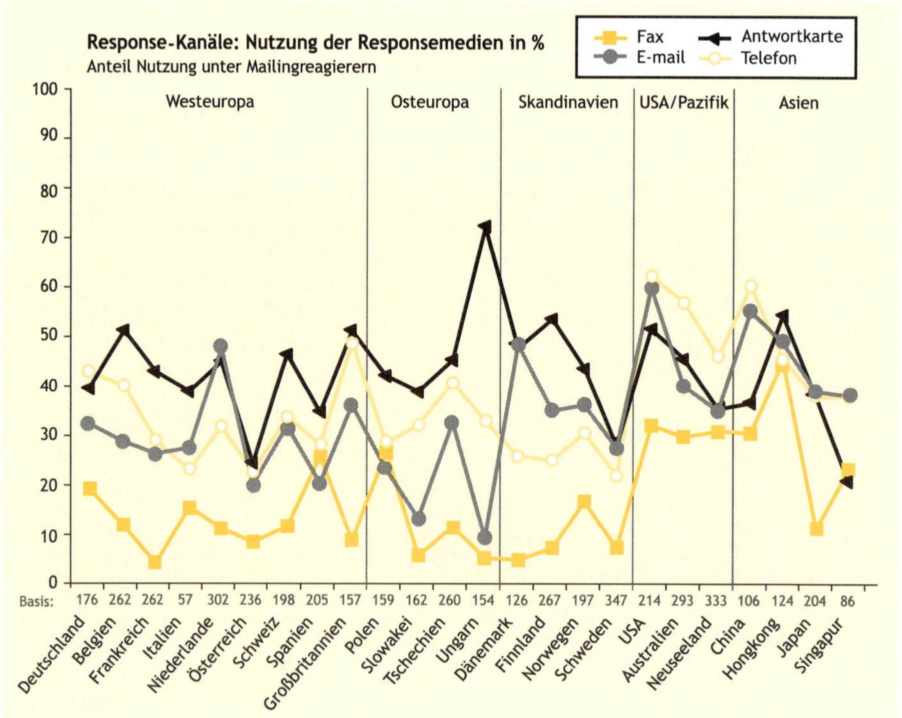

Quelle: MRSC/TNS Infratest 2006 (C)Deutsche Post AG

5 Konkurrenz der Kommunikationskanäle: Werbemedien im Vergleich

Um die Rolle des Dialogmarketing im Kontext der Werbemedien einzuordnen, ist die Beliebtheit verschiedener Werbemedien aus Konsumentensicht zu bestimmen. Als Indikator für die Akzeptanz dient die Erfassung des Anteils der Konsumenten, die Werbung in den jeweiligen Medien mögen und nicht nur tolerieren. Analog hierzu wird bestimmt, welchen Anteil die strikten Ablehner eines Werbemediums stellen. Wie Abbildung 3-1-16 veranschaulicht, kann Printwerbung insgesamt (über alle Länder betrachtet) mit 26% die höchste Akzeptanzquote erzielen. Zudem scheint dieses Werbemedium wenig zu polarisieren, denn es findet sich mit guten 37% im Mittelfeld der »Toleranzquote« (= weder harte Ablehnung noch ausdrückliche Beliebtheit) wieder. Entsprechend gering fällt die Ablehnungsquote mit 37% aus. An zweiter Stelle stehen TV-Werbung und Werbemailings, wobei der Anteil der Ablehner bei 58 bzw. 59% liegt. Zur Hörfunkwerbung nimmt schon ein größerer Anteil kritisch Stellung, während die Akzeptanzquote im Vergleich zu TV-Werbung und Mailing sinkt. Die deutlichste Polarisierung findet sich bei Internet-/Bannerwerbung: Hier ist die Toleranzquote sehr gering, während die Ablehnungsquote auf 80% ansteigt.

Betrachtet man darüber hinaus die Facetten Informativität und Unterhaltsamkeit, so wird ein eklatanter Unterschied zwischen Mailings und TV-Werbung deutlich: Obwohl beide in der Gesamtschau und in puncto Informativität ähnlich abschneiden, wird TV-Werbung als deutlich unterhaltsamer wahrgenommen.

Abbildung 3-1-16: Werbemedien im Vergleich

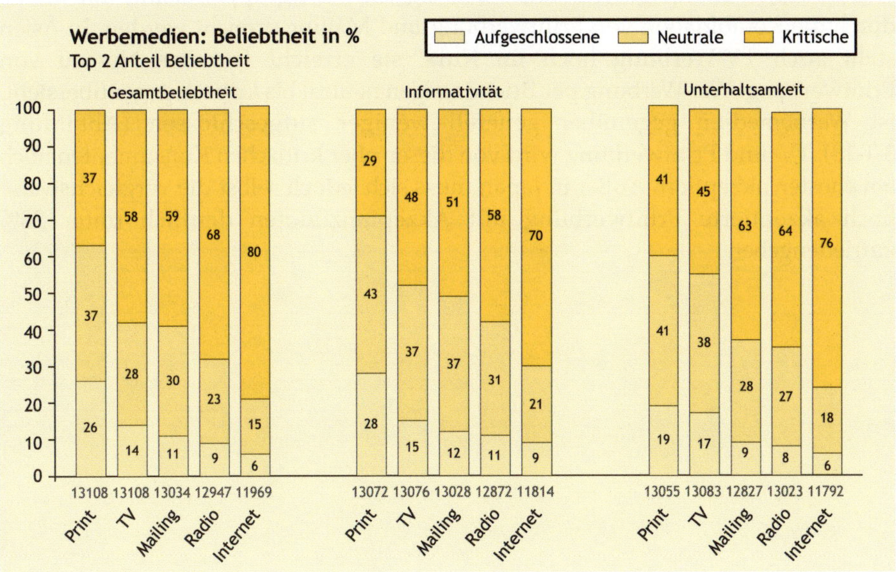

Quelle: MRSC/TNS Infratest 2006 (C)Deutsche Post AG

Als Erklärung für die unterschiedliche Beliebtheit der Werbemedien kommen drei Aspekte in Betracht: Zum einen ist die Invasivität eines Werbemediums, das heißt der Eingriff in den Rezeptionsprozess, von Relevanz. Hier können vor allem Printwerbung und Mailing punkten. Denn es findet keine zeitlich fixierte Unterbrechung der Medienrezeption statt wie beispielsweise bei einem Werbeblock im TV, im Hörfunk oder bei Pop-up-Fenstern im Internet. Zum anderen kann auch die Kontrollierbarkeit des Werbekontakts durch das eigene Verhalten von Bedeutung sein. Hierin könnte die hohe Ablehnungsquote von Internet-Bannerwerbung begründet liegen. Insbesondere bei Pop-up-Fenstern ist aktives Ausweichen (wie »Umschalten« oder »Umblättern«) erschwert, was in Kombination mit hoher Invasivität eine Reaktanz provozieren könnte. Ein dritter Aspekt ist der Entertainment-Faktor der Werbemedien – ein Merkmal, das möglicherweise zusätzlich in die Beliebtheit eines Mediums hineinspielt. Die Ergebnisse zur Unterhaltsamkeit von Werbemedien unterstützen diese These. Die vergleichsweise hohe Akzeptanz von Mailings erklärt sich somit wohl vor allem durch ihre geringe Invasivität und zugleich hohe Kontrollierbarkeit des Werbekontakts. Von einer Steigerung der Unterhaltsamkeit ist darüber hinaus noch eine deutliche Akzeptanzsteigerung für Mailings zu erwarten.

Mailingaffinität geht zudem mit allgemeiner Werbeaufgeschlossenheit einher. Dies wird im Vergleich beider Gruppen (Abbildung 3-1-17 und 3-1-18) deutlich: Mailingaffine sind vor allem gegenüber Print- und TV-Werbung aufgeschlossener als Konsumenten, die der Werbung per Brief neutral oder ablehnend gegenüberstehen. Bei mailingaffinen Konsumenten steht die Printwerbung so hoch im Kurs, dass sie in fast allen Ländern den Spitzenplatz belegt (Abbildung 3-1-17). Mailings setzen sich vor allem in Osteuropa und Teilen Mitteleuropas deutlich von der TV-Werbung ab, die in diesen Regionen weniger Akzeptanz erfährt. Im Rahmen von crossmedialen Kampagnen können mailingaffine Zielgruppen somit am besten durch die Kombination von Printwerbung und Mailing erreicht werden. In Asien steht auch TV-Werbung hoch im Kurs, sie erreicht fast das Niveau von Printwerbung. Wer Werbung per Brief dagegen neutral bis kritisch gegenübersteht, ist Werbemedien gegenüber generell weniger aufgeschlossen (Abbildung 3-1-18). TV- und Printwerbung wird von diesen eher kritischen Konsumenten noch am ehesten akzeptiert. Außer in Japan muss sich jedoch selbst die vergleichsweise hoch akzeptierte Printwerbung mit Akzeptanzquoten deutlich unter 30% zufriedengeben.

Abbildung 3-1-17: Werbemedien im Vergleich und Mailingaffinität

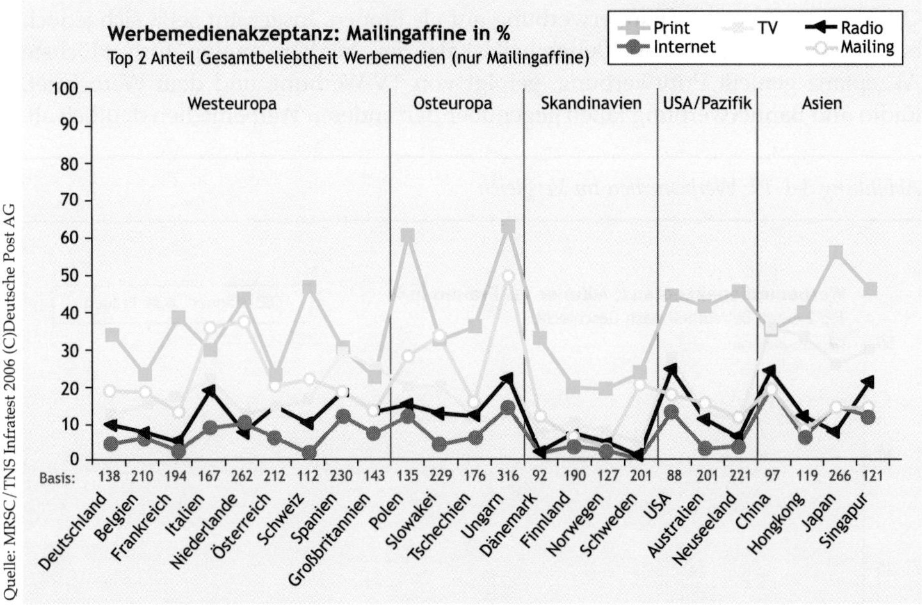

Abbildung 3-1-18: Werbemedien im Vergleich und Mailingaffinität

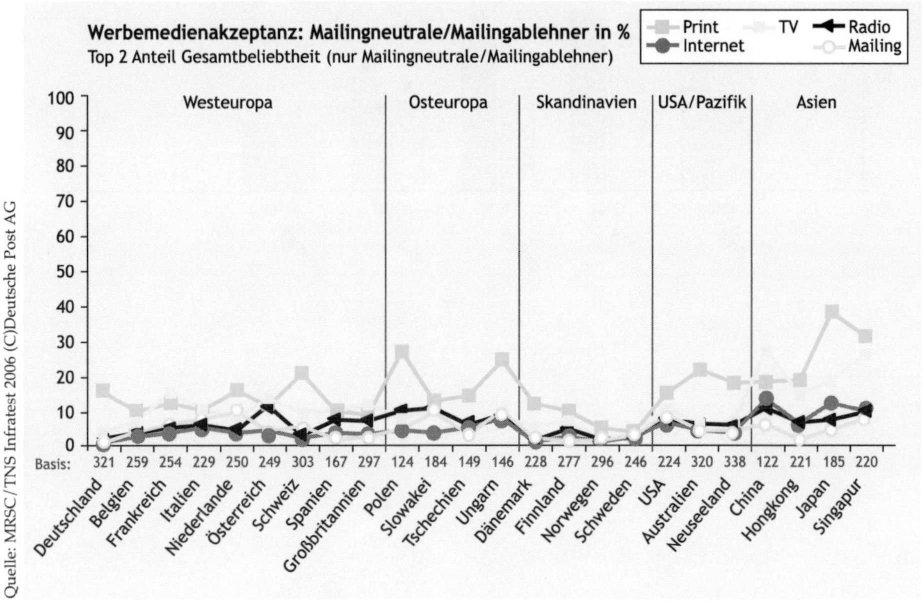

Aus länderübergreifender Perspektive fällt auf, dass Frauen eine Reihe von Werbemedien deutlich stärker akzeptieren als Männer (vgl. Abbildung 3-1-19). Vor allem Mailings, aber auch Printwerbung, stehen hoch in der Gunst weiblicher Konsumenten. Männer hingegen weisen – auf geringem Niveau – etwas mehr Offenheit für Internet-/Bannerwerbung auf als Frauen. Insgesamt setzt sich jedoch bei beiden Gruppen eine Beliebtheitsskala der Medien analog fort: Höchste Akzeptanz genießt Printwerbung, gefolgt von TV-Werbung und dem Werbebrief. Radio und Bannerwerbung fallen gegenüber den anderen Werbemedien deutlich ab.

Abbildung 3-1-19: Werbemedien im Vergleich

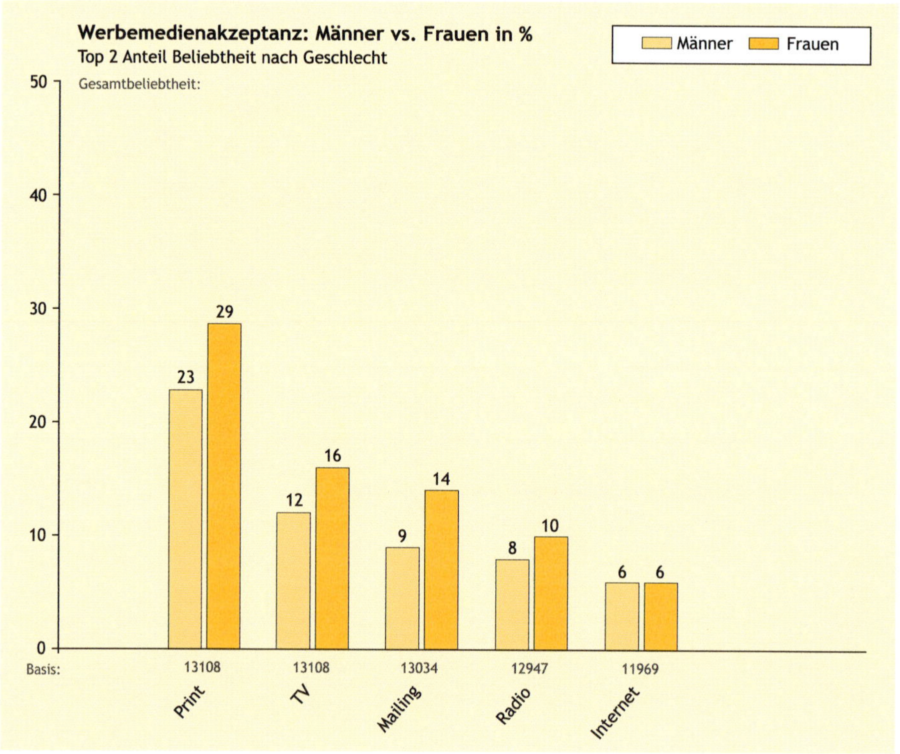

Quelle: MRSC/TNS Infratest 2006 (C)Deutsche Post AG

6 Direktmarketing-Image

Anhand der Image-Facetten lassen sich der internationale Status quo sowie die Optimierungspotenziale für Dialogmarketing beurteilen. Die in Abbildung 3-1-20 dargestellten, länderspezifischen Ergebnisse zeigen, dass Mailings abhängig vom beworbenen Produkt rezipiert werden. Diese interessegeleitete Zuwendung zu Mailings steht in weiten Teilen der befragten Regionen an der Spitze im Imageprofil. Vor allem in Osteuropa lässt man sich aber auch für Mailings begeistern, die ansprechend gestaltet sind, und ist insgesamt neugieriger auf Mailings. Damit bleibt Osteuropa der Spitzenreiter mit dem besten Direktmarketing-Image. Westeuropa, Skandinavien und der USA-Pazifik-Raum ähneln sich in ihrer Haltung gegenüber Direktmarketing: Man ist nicht per se auf jedes Mailing neugierig, Interesse wird erst über das Produkt initiiert.

Abbildung 3-1-20: Direktmarketing-Image

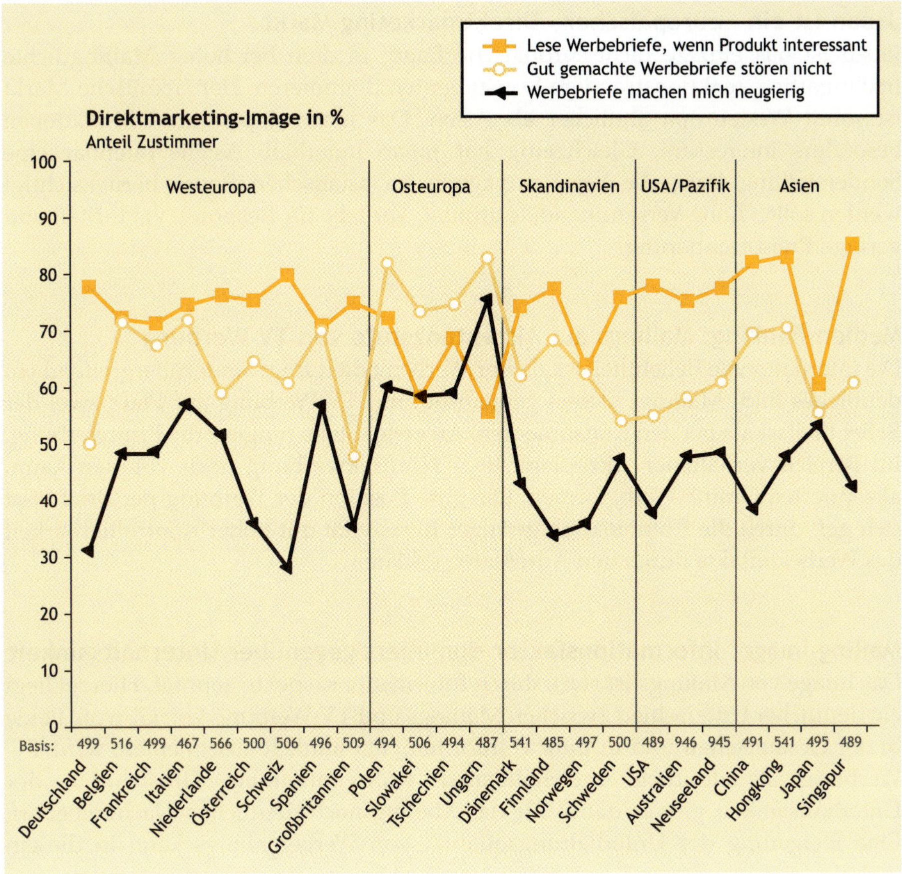

Quelle: MRSC/TNS Infratest 2006 (C)Deutsche Post AG

7 Fazit: Dialogmarketing International

Auf der Basis der vorliegenden Ergebnisse lassen sich einige Trends für das international ausgerichtete Dialogmarketing ableiten. Diese dienen als Basis für den Erfolg länderübergreifender Direktmarketing-Strategien.

Dialogmarketing-Klima: Starkes Potenzial für Dialogmarketing in Südeuropa, Osteuropa und Asien

Die Aufmerksamkeit der Konsumenten für Dialogmarketing ist in weiten Teilen Europas sehr zufrieden stellend. Bis zu 68% der Mailing-Empfänger eines Landes suchen den Werbekontakt mit Mailings bewusst und sind regelmäßige, interessierte Leser von Werbung per Brief. Besonderes Potenzial offenbart sich in Osteuropa (Ungarn, Tschechien, Slowakei und Polen) sowie in Südeuropa (Spanien und Italien) wie auch in Asien (vor allem Japan) mit besonders hoher Aufgeschlossenheit für Mailings.

Japan ist ein »europäischer« Direktmarketing-Markt

Japan ist das einzige nicht-europäische Land, in dem bei hoher Mailingdichte mailingaffine, reaktionsfreudige Konsumenten dominieren. Der japanische Markt ist somit Westeuropa ähnlicher als Asien. Das macht Japan für DM-Aktionen besonders interessant. Gleichzeitig hat Japan innerhalb Asiens offenbar eine Sonderstellung inne, die bei Kampagnen im asiatischen Raum berücksichtigt werden sollte: hohe Versandhandelsaffinität, Vorliebe für Response via E-Mail und geringe Preisorientierung.

Medien-Ranking: Mailings auf Akzeptanzstufe von TV-Werbung

Die internationale Beliebtheitsskala der Werbemedien zeigt länderübergreifend ein deutliches Bild: Mailings stehen gemeinsam mit TV-Werbung auf Platz zwei der Beliebtheitsskala bei den Konsumenten. An erster Stelle rangiert die Printwerbung. Im Bereich verhaltener Akzeptanz liegt Hörfunkwerbung noch vor den kaum akzeptierten Online-Werbeformen. Die gute Position der Werbung per Brief lässt sich ggf. durch die Kombination geringer Invasivität mit hoher Kontrollierbarkeit des Werbekontakts durch den Adressaten erklären.

Mailing-Image: Informationsfaktor dominiert gegenüber Unterhaltsamkeit

Das Image von Mailings ist stark durch Informationsaspekte geprägt. Hierbei liegt ein deutlicher Unterschied zwischen Mailings und TV-Werbung vor: Obwohl beide in der Gesamtschau und in puncto Informativität ähnlich abschneiden, wird TV-Werbung als deutlich unterhaltsamer wahrgenommen. Hinsichtlich der Unterhaltsamkeit gibt es damit für das Mailing noch deutlichen Nachholbedarf. Eine Steigerung der Unterhaltungsqualität von Werbemailings kann in diesem

Sinne als Herausforderung betrachtet werden, das Image von Mailings stärker emotional als rational zu verankern.

Crossmedia: Mailingaffine sind Werbemedien gegenüber aufgeschlossener

Im Hinblick auf crossmediale Kampagnen ist es von besonderer Relevanz, dass Mailingaffine nicht selektiv auf bestimmte Medien ansprechen, sondern Werbung generell aufgeschlossener gegenüberstehen. Die mailingaffine Zielgruppe ist ausgehend von der subjektiven Akzeptanz besonders gut durch eine Kombination von Mailing und Printwerbung zu erreichen.

Mailingaffine sind innovationsoffene, bewusste Konsumenten

Die Konsumhaltungen der mailingaffinen Zielgruppe sind länderübergreifend deutlich profilierter als bei den übrigen Befragten eines Landes. Wohin man auch schaut: Personen, die Mailings gegenüber aufgeschlossen sind, sind offener für Innovationen und neue Produkte. Sie haben außerdem eine tiefere Bindung an geschätzte Marken und sind zugleich preissensible Konsumenten. Fazit: Sie sind bewusste, aufgeschlossene Konsumenten mit klarem Profil. Dies macht das Mailing insbesondere auch für die Einführung von Neuprodukten interessant.

Frauen sind offener für Werbung per Brief als Männer

Frauen sind besser durch Mailings erreichbar als Männer – sie schenken ihnen durchgängig mehr Aufmerksamkeit. In allen befragten Ländern stellen Frauen einen überproportionalen Anteil der mailingaffinen Konsumenten. Die Zurückhaltung der Männer gilt jedoch auch für andere Webemedien: Auch gegenüber Print-, TV- und Hörfunkwerbung sind Frauen positiver eingestellt.

Gestaltungsmerkmale: Vertrautheit des Absenders wichtiger als Optik, Sampling und Couponing gewinnen das Interesse der Konsumenten

Die subjektive Relevanz verschiedener Merkmale von Werbebriefen für das Interesse der Konsumenten weist der äußeren Gestaltung von Mailings einen sekundären Stellenwert zu. Die farbenfrohe, witzige und unterhaltsame Gestaltung rangiert länderübergreifend an zweiter Stelle. Als viel relevanter stufen es die Konsumenten ein, dass ein vertrauter, bekannter Anbieter als Absender erkennbar wird. Vertrautheit spielt damit die wichtigste Rolle für die Konsumenten. Einige Konsumenten legen auf personalisierte Ansprache Wert. Diese Sichtweise ist vor allem in Ost- und Südeuropa ausgeprägt. Hier wird auch Gestaltungsmerkmalen ein etwas höherer Stellenwert beigemessen. Vor allem die »edle Gestaltung« ist vielen Osteuropäern wichtig. Im Hinblick auf das deutliche Potenzial für Mailing-Kampagnen in Osteuropa sind diese Aspekte besonders zu berücksichtigen. Besonders begeistern lassen sich die Konsumenten international aber für das Sampling: Beiliegende Warenproben wie auch Gutscheine erhöhen überall das Interesse.

Wer neue Märkte erschließen oder auf bereits bestehenden Märkten expandieren möchte, sollte die Erkenntnisse und Fakten dieser Untersuchung als Grundlage für seine Planungen verwenden. Je höher der Wissensstand über die ausländischen Wirtschaftsräume ist, desto einfacher lassen sich Konsumenten mit Werbebotschaften erreichen und desto besser lässt sich das grenzüberschreitende Geschäft ausbauen.

Direktmarketing

Daten und Fakten aus 24 Ländern

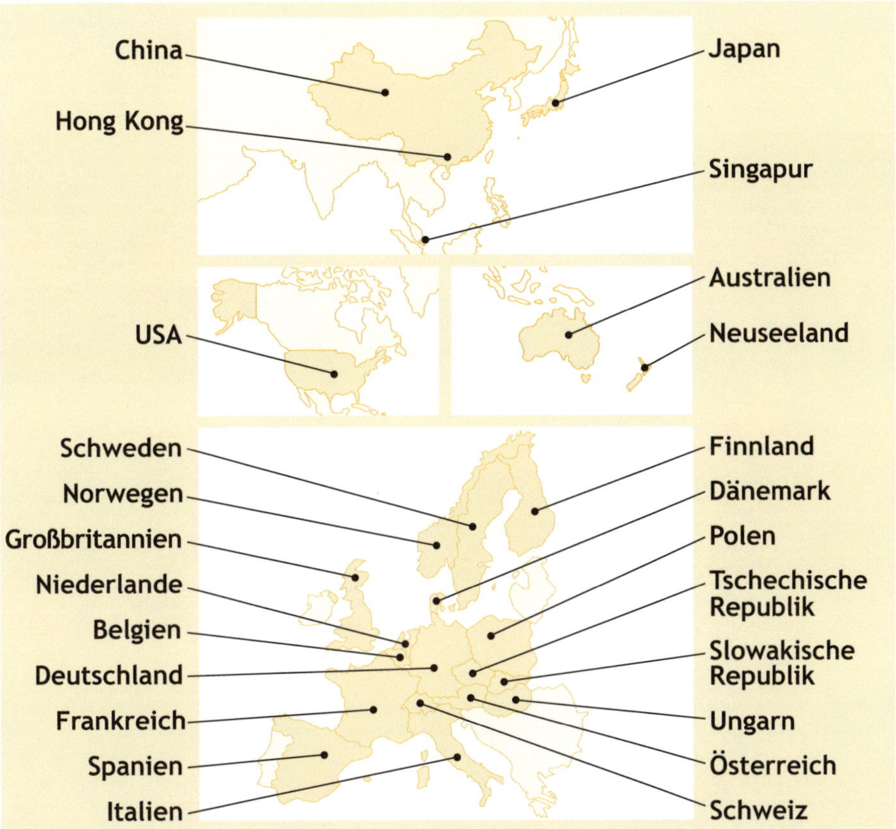

Wer neue Märkte erobern will, muss werben. Hier wird dafür die Basis geliefert: Daten, Fakten und Trends aus 17 europäischen Ländern, 6 aus dem asiatisch-pazifischen Raum sowie den USA. Dazu gehören ausgewählte soziodemografische und gesamtwirtschaftliche Daten zu den einzelnen Ländern, Informationen über Direktmarketing-Affinitäten, Mediennutzung, Ausgaben und Budget-Verteilungen.

1 China (PRC)

Das »Reich der Mitte« hat die Entwicklung vom Agrarstaat zum industriellen Boomland mit Bravour gemeistert. Das Bruttoinlandsprodukt wuchs 2005 um etwa 9,5%. Der rekordverdächtige Wirtschaftsaufschwung wirkt sich positiv auf die Kaufkraft der chinesischen Konsumenten aus und lädt zum Markteintritt ein. Erfolgreich ist aber nur, wer sich sorgfältig auf den Vielvölkerstaat mit seiner beziehungsorientierten Geschäftskultur vorbereitet. Im Direktmarketing erleichtert man sich den Zugang zum Verbraucher durch farbenfrohe, personalisierte Mailings, deren Ansprache das Vertrauen der Empfänger weckt.

Soziodemografische Daten

Fläche	9.572.419 km²
Bevölkerung	1.300,0 Mio.
Anzahl Haushalte	351,2 Mio.
Durchschnittliche Haushaltsgröße	3,4 Personen
Anzahl Internetnutzer	94,0 Mio.
Großstädte/Ballungsräume (Einwohner)	Shanghai (12.887.000), Peking (10.839.000), Tientsin (9.156.000), Wuhan (5.169.000), Chongqing (4.900.000), Shenyang (4.828.000)
Bevölkerung	
0 bis 14 Jahre	279,0 Mio.
15 bis 64 Jahre	922,0 Mio.
65 Jahre und älter	99,0 Mio.

(Quelle: Fischer Weltalmanach 2005, Bundesagentur für Außenwirtschaft 2005)

1.1 Direktmarketing-Trends (1)

Erhalt von Mailings

Die Mailingdichte in China liegt deutlich unter dem asiatischen Durchschnitt: 15% bekommen häufig Werbebriefe (vgl. Asien 35%), 29% selten (vgl. Asien 33%) und 56% so gut wie nie (vgl. Asien 32%).

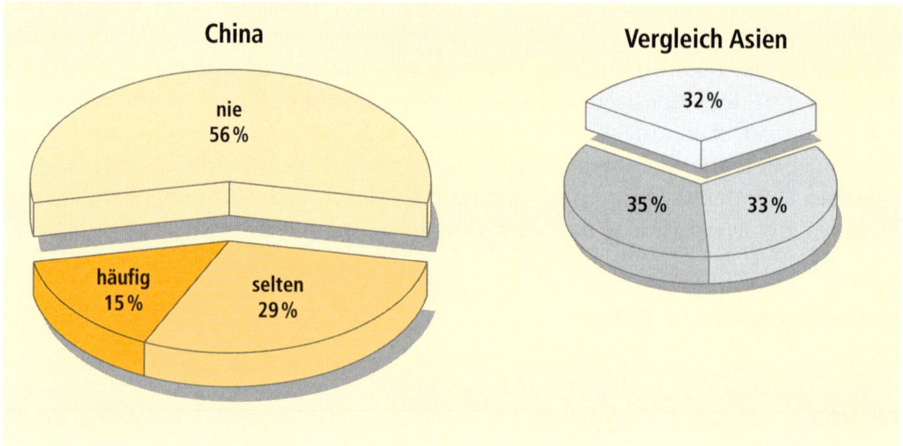

(Quelle: TNS Infratest/MRSC, 2005)

Basis China: Alle Befragten
N: 504
Befragungsgebiete: Peking, Shanghai und Guangzhou

Basis Asien: Alle Befragten
N: 2.052

seltener als 1x im Monat/nie — 1x bis mehrmals im Monat — 1x pro Woche und häufiger

Reaktionsverhalten auf Mailings

Das Reaktionsverhalten der chinesischen Konsumenten übertrifft leicht den asiatischen Durchschnitt: 45% lesen ihre Werbepost regelmäßig (vgl. Asien 44%), 20% reagieren mindestens einmal im Jahr (vgl. Asien 19%) und 7% noch häufiger (vgl. Asien 6%).

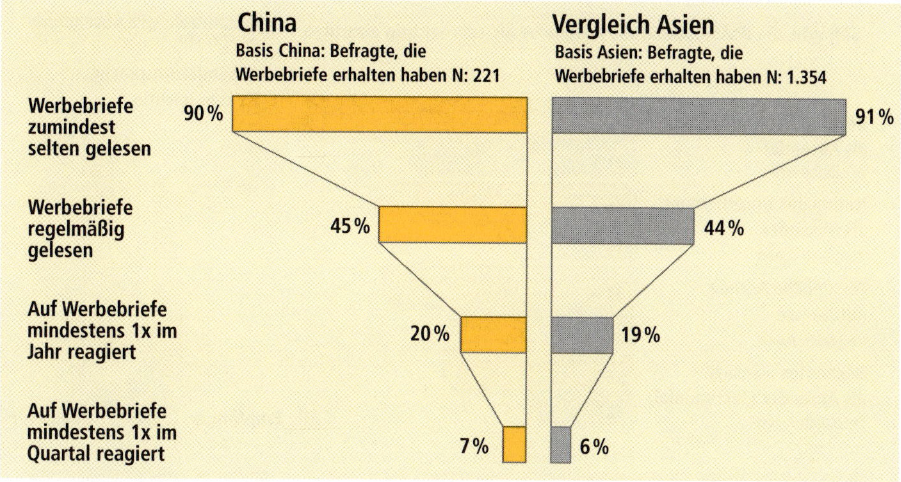

(Quelle: TNS Infratest/MRSC, 2005)

1.2 Direktmarketing-Trends (2)

Relevanz von Gestaltung, Absender/Ansprache und Inhalt

Vertrauen spielt eine große Rolle in China: 46% schätzen den bekannten Absender, 35% möchten persönlich angesprochen werden. Mit gestalterischen Mitteln können hingegen auch weniger bekannte Unternehmen überzeugen – insbesondere die Farbigkeit (42%), die Optik der Briefmarke (40%) und die Qualität des Papiers (38%) stoßen auf große Resonanz.

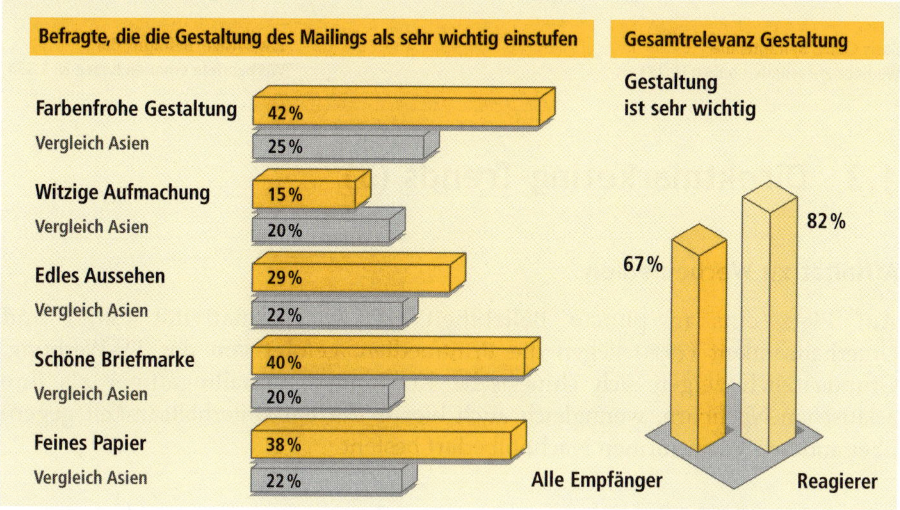

(Quelle: TNS Infratest/MRSC, 2005)

Basis China: Befragte, die Werbebriefe erhalten haben N: 221

Basis Asien: Befragte, die Werbebriefe erhalten haben N: 1.354

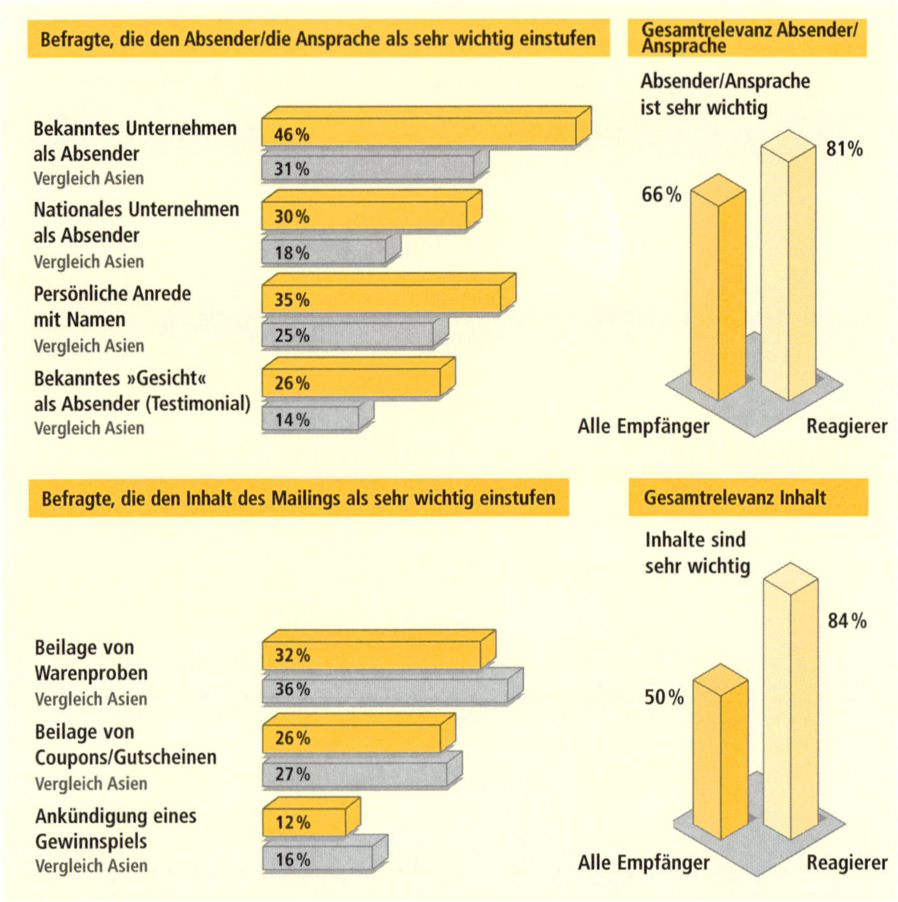

(Quelle: TNS Infratest / MRSC, 2005)

Basis China: Befragte, die Werbebriefe erhalten haben N: 221

Basis Asien: Befragte, die Werbebriefe erhalten haben N: 1.354

1.3 Direktmarketing-Trends (3)

Affinität zu Werbemedien

Auf Platz eins in puncto Beliebtheit (29%), Informativität (38%) und Unterhaltsamkeit (29%) liegen die Printmedien, gefolgt von der TV-Werbung. Grundsätzlich zeigen sich chinesische Konsumenten mailingaffiner als ihre asiatischen Nachbarn, wenngleich auch hier in Sachen Unterhaltsamkeit gegenüber anderen Werbeformen Nachholbedarf besteht.

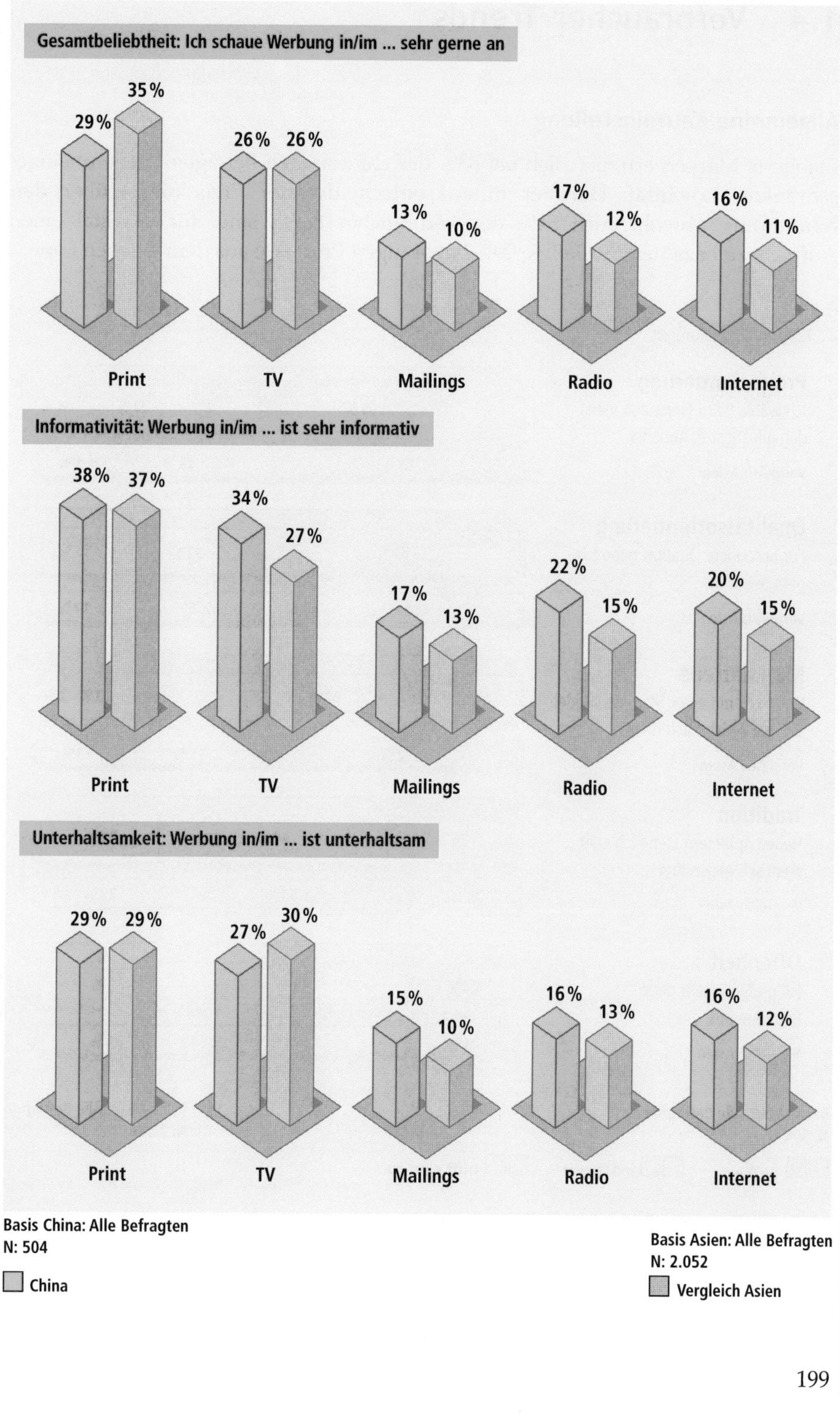

(Quelle: TNS Infratest/MRSC, 2005)

Basis China: Alle Befragten
N: 504

China

Basis Asien: Alle Befragten
N: 2.052

Vergleich Asien

1.4 Verbraucher-Trends

Allgemeine Kaufeinstellung

Etablierte Marken erfreuen sich bei 83% der chinesischen Befragten quasi uneingeschränkter Loyalität. Darüber hinaus entscheidet der Preis (69%) über den Kaufimpuls, obwohl auch 54% der Verbraucher bereit sind, für Qualität einen Aufpreis zu bezahlen. Auffällige 29% bevorzugen Produkte aus dem eigenen Land.

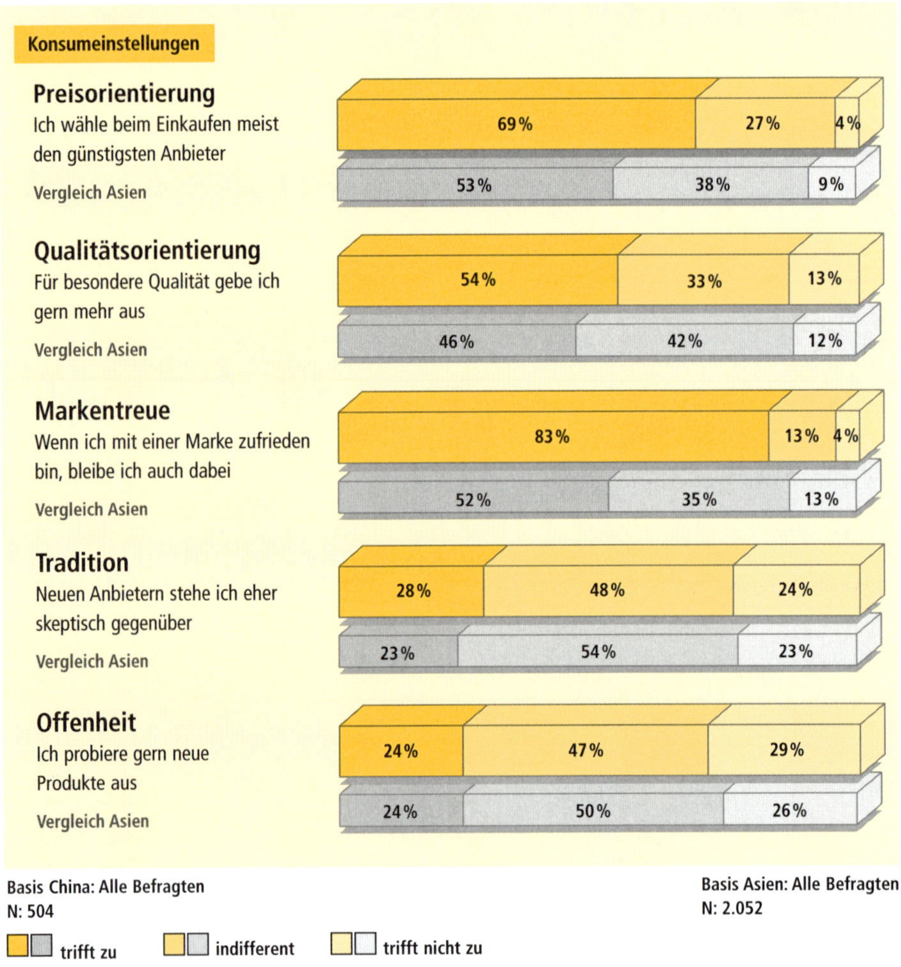

(Quelle: TNS Infratest/MRSC, 2005)

(Quelle: TNS Infratest/MRSC, 2005)

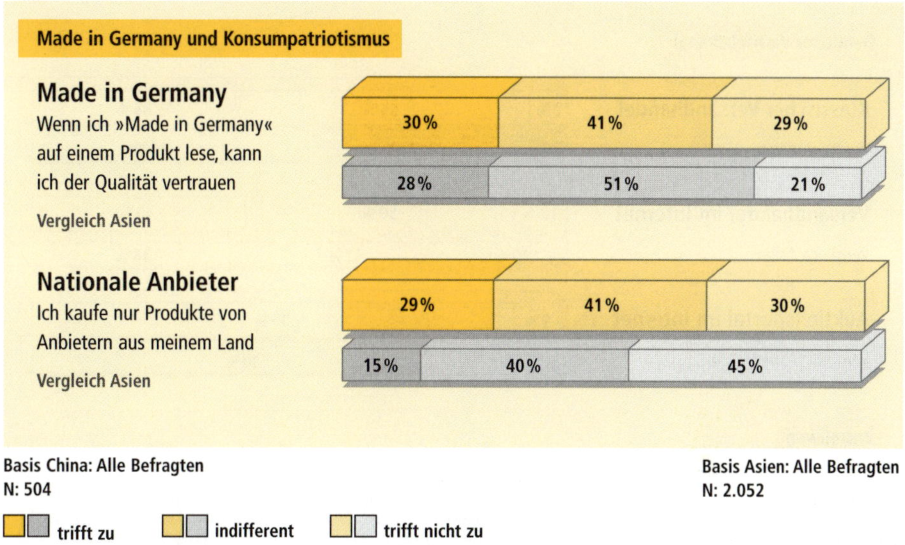

1.5 Versandhandelsaffinität

Kauf- und Bestellverhalten

Der chinesische Markt ist in puncto Versandhandel noch lange nicht gesättigt: Nur 6% bestellen dort häufig, 16% selten und 78% nie. Der klassische Versandhandel (62%) liegt knapp vor dem im Internet (60%). Als beliebtester Bestellweg erweist sich aber das Internet mit dennoch unterdurchschnittlichen 61% (vgl. Asien 73%).

(Quelle: TNS Infratest/MRSC, 2005)

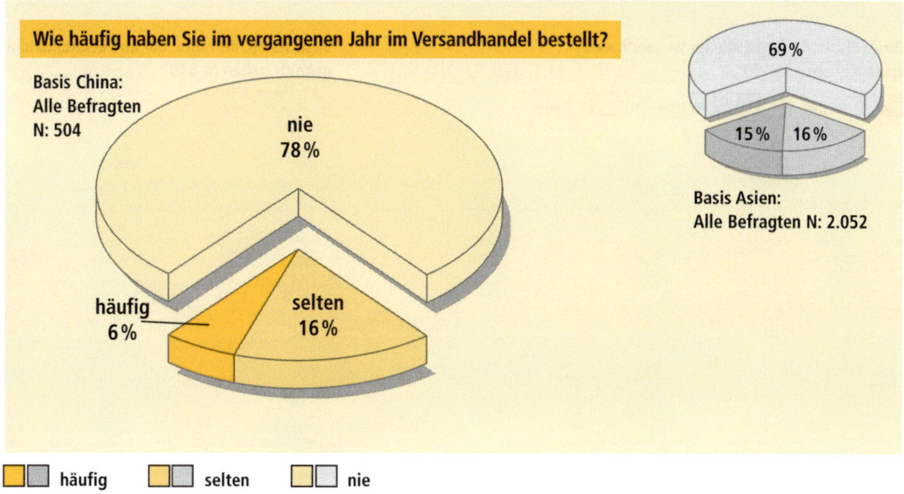

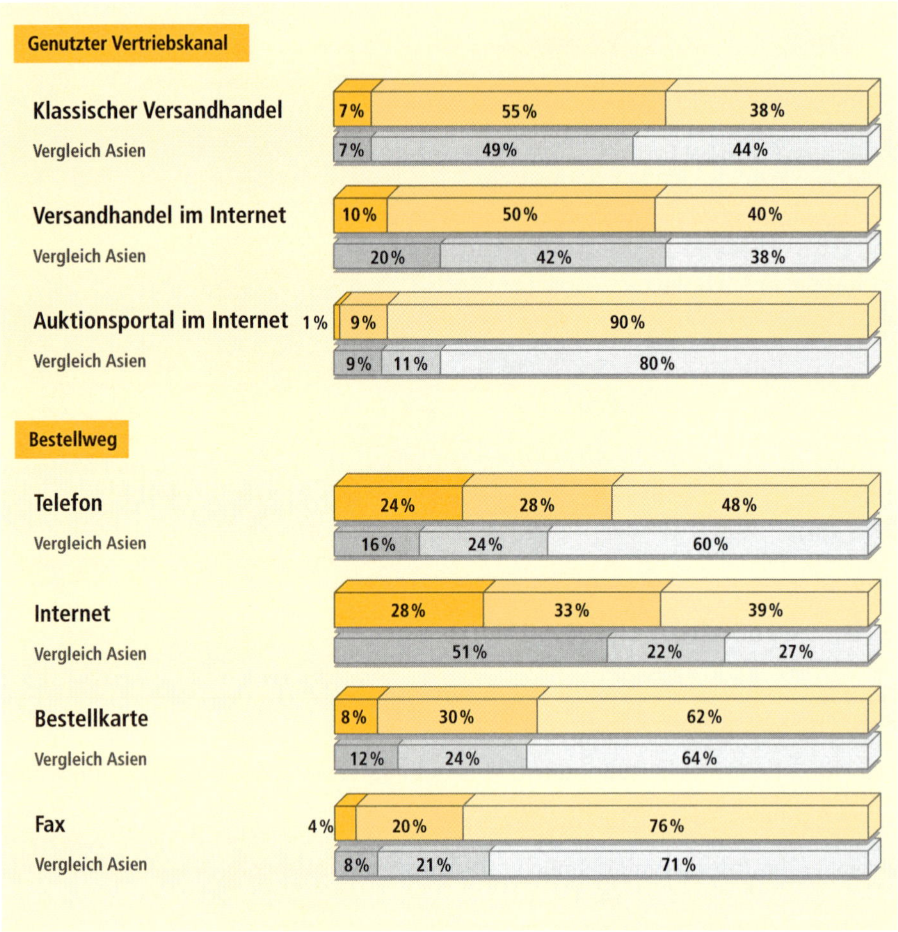

(Quelle: TNS Infratest/MRSC, 2005)

Basis China: Befragte, die im Versandhandel gekauft haben N: 110

Basis Asien: Befragte, die im Versandhandel gekauft haben N: 630

häufig selten nie

2 Hong Kong

Hong Kong verfügt über eine der fortschrittlichsten Informations-Infrastrukturen der Welt. Dies ist nur ein Beweis dafür, dass sich trotz seiner Zugehörigkeit zu China eine gesonderte Betrachtung dieses Marktes lohnt. Die als äußerst sicher geltende Finanzmetropole konnte im Jahr 2005 einen BIP-Zuwachs von über 7% verzeichnen. Seit 2004 steigt bei den von der Asienkrise immer noch gezeichneten Konsumenten zunehmend die Kauffreude. Im Direktmarketing gewinnt die zielgerichtete Ansprache: Die Identifikation von Produktinteressenten ist Erfolgsfaktor Nummer 1. Die Unterstützung durch Warenproben generiert zusätzliche Aufmerksamkeit und erhöht den Erfolg.

Soziodemografische Daten

Fläche	1.095 km²
Bevölkerung	6,9 Mio.
Anzahl Haushalte	2,2 Mio.
Durchschnittliche Haushaltsgröße	3,1 Personen
Anzahl Internetanschlüsse	2,5 Mio.
Großstädte/Ballungsräume (Einwohner)	Kowloon (2.021.669), Victoria City (1.063.646), Tuen Mun (522.370), Sha Tin (475.177), Tai Po (350.448), Tseung Kwan O (342.913)
Bevölkerung	
0 bis 14 Jahre	1,0 Mio.
15 bis 64 Jahre	5,1 Mio.
65 Jahre und älter	0,8 Mio.

(Quelle: Fischer Weltalmanach 2005, Bundesagentur für Außenwirtschaft 2005)

2.1 Direktmarketing-Trends (1)

Erhalt von Mailings

In puncto Mailingdichte zeigt sich Hong Kong quasi dreigeteilt: 31% erhalten mindestens einmal die Woche Werbebriefe, 35% mindestens einmal im Monat und 34% so gut wie nie.

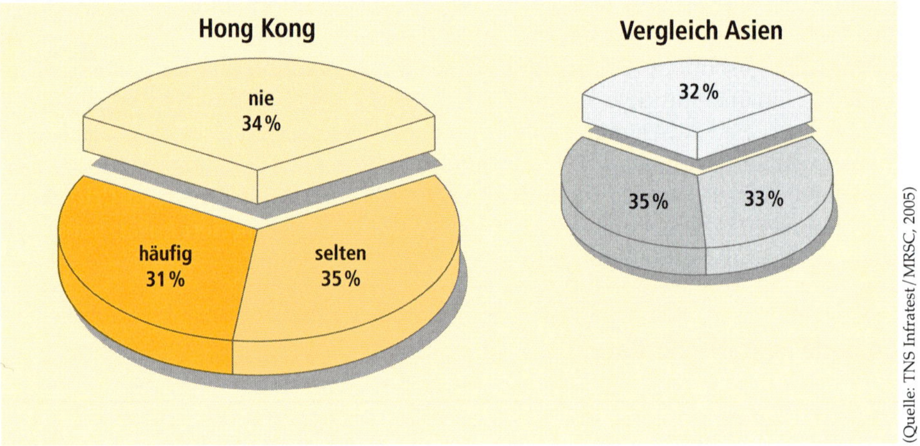

Basis Hong Kong: Alle Befragten
N: 547

Basis Asien: Alle Befragten
N: 2.052

seltener als 1x im Monat/nie | 1x bis mehrmals im Monat | 1x pro Woche und häufiger

Reaktionsverhalten auf Mailings

Fast alle Befragten Hong Kongs lesen ihre Werbebriefe, 35% der Mailing-Empfänger sogar regelmäßig. Das Response-Verhalten liegt in etwa im asiatischen Durchschnitt: 18% reagieren mindestens einmal im Jahr (vgl. Asien 19%) und 5% noch häufiger (vgl. Asien 6%).

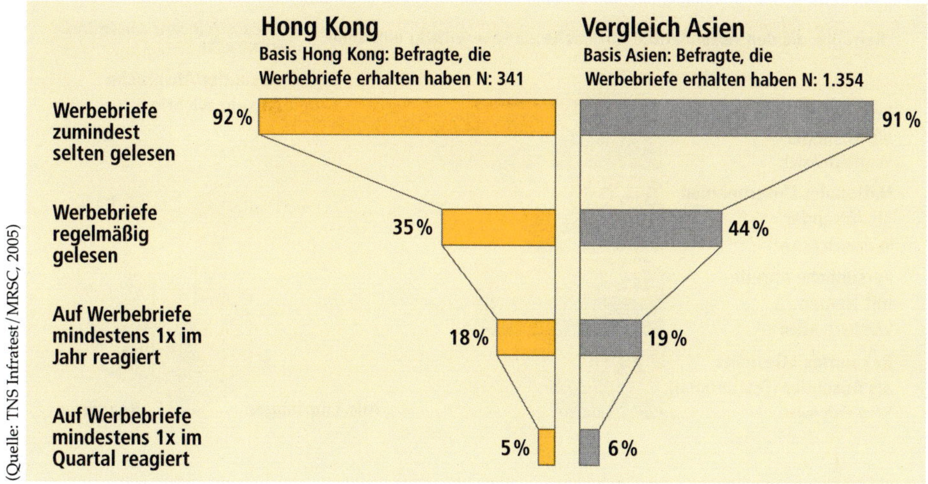

2.2 Direktmarketing-Trends (2)

Relevanz von Gestaltung, Absender/Ansprache und Inhalt

Die Verbraucher Hong Kongs (67% der Reagierer) mögen es, wenn mehr im Mailing steckt: Besonders erwünscht sind Warenproben (32%), aber auch Coupons (26%) werden gerne eingelöst. Ein Viertel gibt personalisierten Mailings eher eine Chance, genauso wie bekannten Unternehmen (27%).

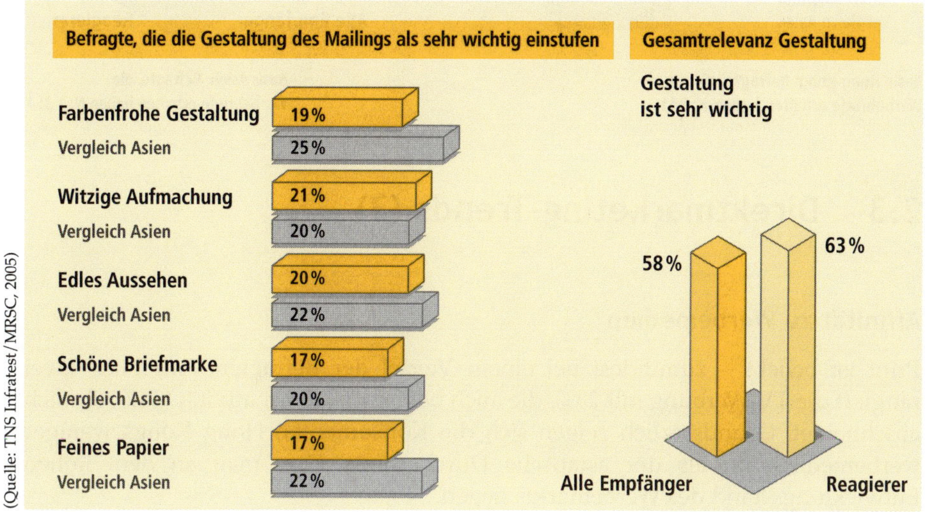

Basis Hong Kong: Befragte, die Werbebriefe erhalten haben N: 341

Basis Asien: Befragte, die Werbebriefe erhalten haben N: 1.354

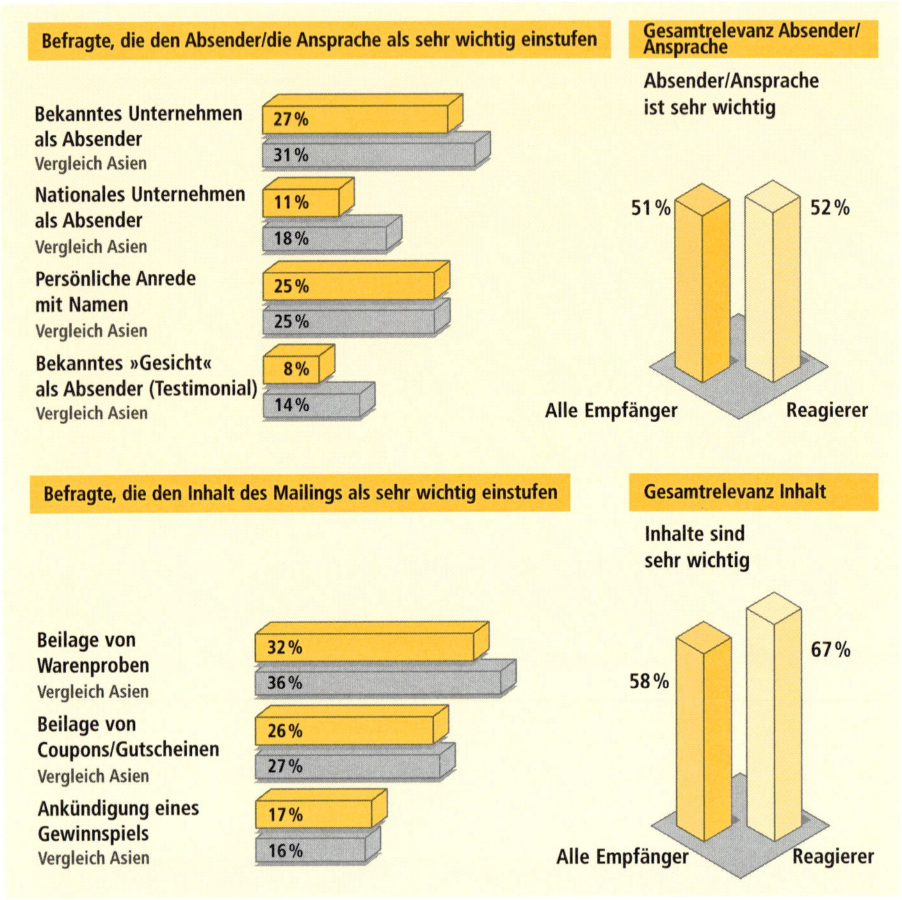

(Quelle: TNS Infratest/MRSC, 2005)

Basis Hong Kong: Befragte, die Werbebriefe erhalten haben N: 341

Basis Asien: Befragte, die Werbebriefe erhalten haben N: 1.354

2.3 Direktmarketing-Trends (3)

Affinität zu Werbemedien

Print ist beliebt – zumindest bei einem Viertel der Befragten. Auf Platz zwei rangiert die TV-Werbung mit 23%, die auch bezüglich Informativität (24%) ähnlich abschneidet. Grundsätzlich zeigen sich die Konsumenten Hong Kongs weniger werbemedienaffin als der asiatische Durchschnitt. Dies mag an dem hohen Entwicklungsstand des Werbemarkts liegen.

Gesamtbeliebtheit: Ich schaue Werbung in/im ... sehr gerne an

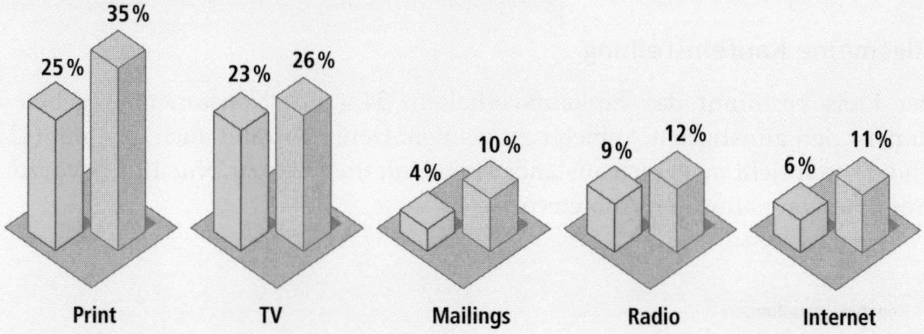

Informativität: Werbung in/im ... ist sehr informativ

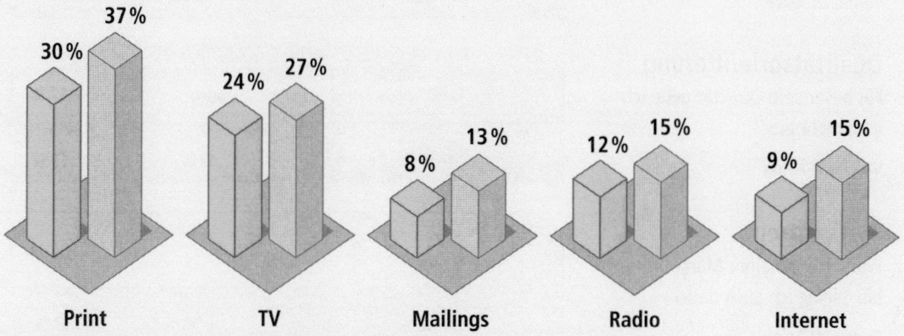

Unterhaltsamkeit: Werbung in/im ... ist unterhaltsam

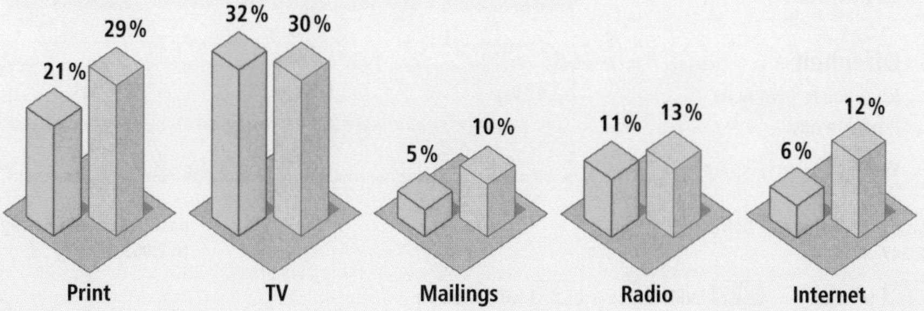

(Quelle: TNS Infratest/MRSC, 2005)

Basis Hong Kong: Alle Befragten
N: 547

Basis Asien: Alle Befragten
N: 2.052

☐ Hong Kong

☐ Vergleich Asien

2.4 Verbraucher-Trends

Allgemeine Kaufeinstellung

Der Preis bestimmt das Einkaufsverhalten: 54% der Konsumenten geben an, zumeist den günstigsten Anbieter zu wählen. Dennoch zählt auch Qualität (42%). Und diese spricht man auch ausländischen Unternehmen zu. Nur 10% bevorzugen Produkte von nationalen Anbietern.

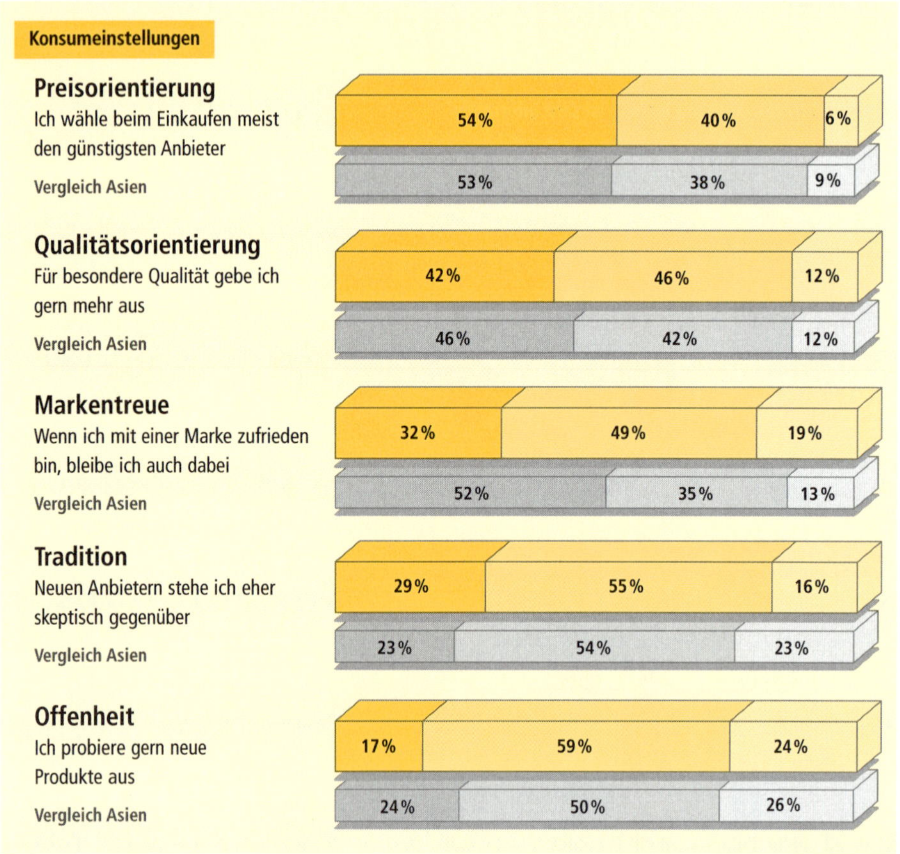

(Quelle: TNS Infratest/MRSC, 2005)

Basis Hong Kong: Alle Befragten
N: 547

Basis Asien: Alle Befragten
N: 2.052

trifft zu — indifferent — trifft nicht zu

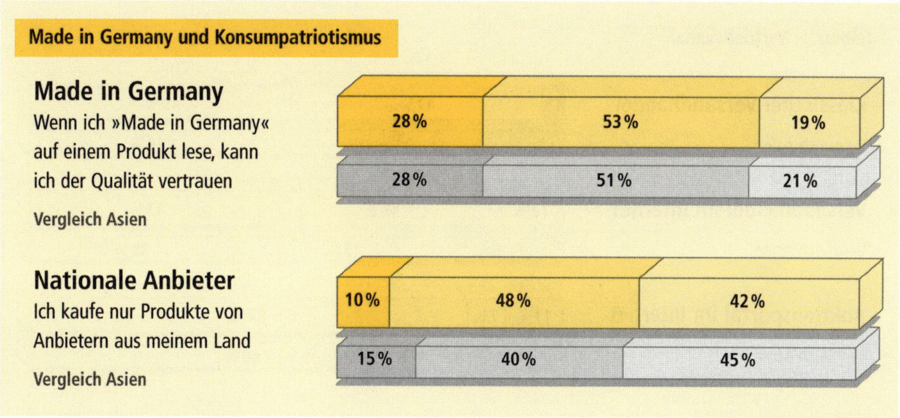

(Quelle: TNS Infratest/MRSC, 2005)

Basis Hong Kong: Alle Befragten
N: 547

Basis Asien: Alle Befragten
N: 2.052

trifft zu | indifferent | trifft nicht zu

2.5 Versandhandelsaffinität

Kauf- und Bestellverhalten

Der Versandhandel bietet in Hong Kong noch Perspektiven, denn die Wenigsten machen davon bereits Gebrauch: Nur 3% bestellen häufig, 10% selten und ganze 87% haben bisher noch nichts im Versandhandel bestellt. Schon auf diesem niedrigen Niveau dominiert bereits der Versandhandel per Internet (57%), dicht gefolgt vom klassischen Versandhandel (51%). Ähnliche Präferenzen zeigen sich beim Bestellweg – 76% bestellen bereits online.

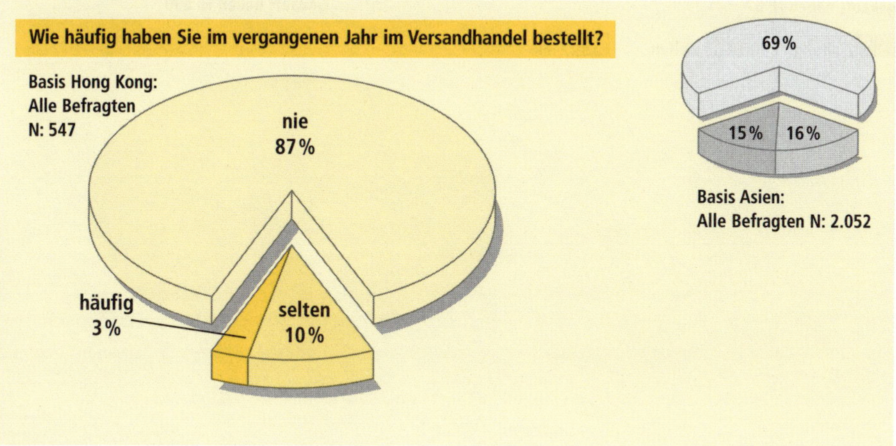

(Quelle: TNS Infratest/MRSC, 2005)

häufig | selten | nie

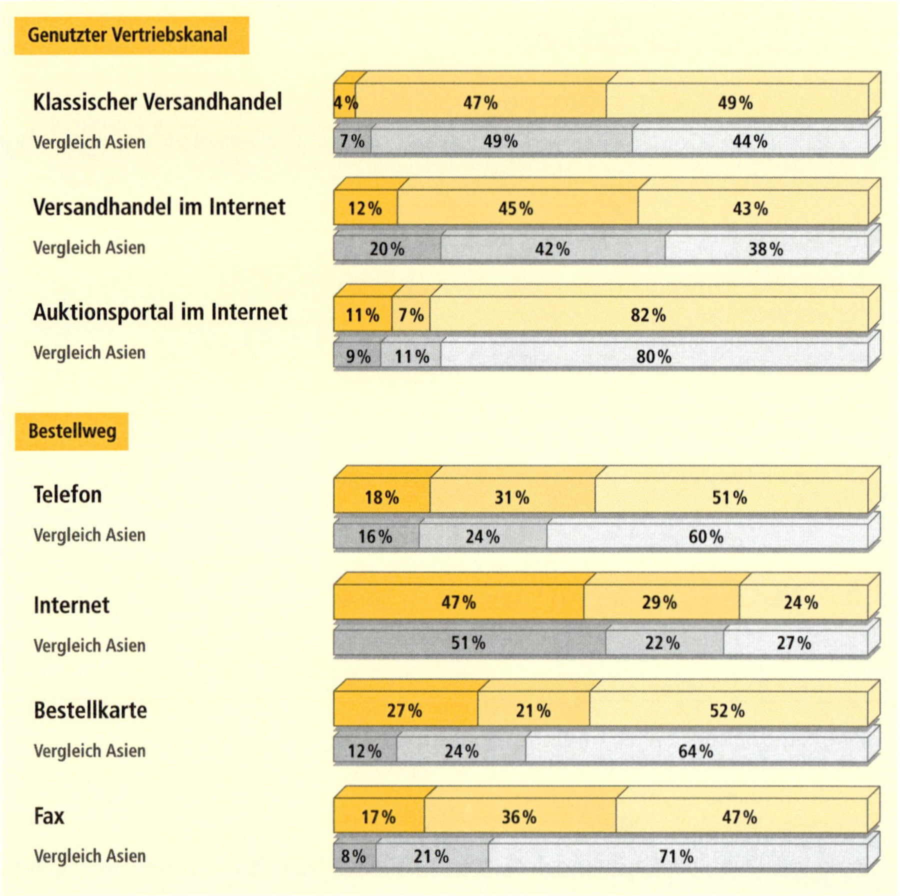

(Quelle: TNS Infratest/MRSC, 2005)

Basis Hong Kong: Befragte, die im Versandhandel gekauft haben N: 67

Basis Asien: Befragte, die im Versandhandel gekauft haben N: 630

häufig selten nie

3 Japan

Japans Konjunktur erholt sich: Das Wirtschaftswachstum hat 2005 um knapp 3% zugenommen und wird erwartungsgemäß im Jahr 2006 um weitere 2,4% steigen. Der Konsumentenvertrauens-Index zeigt wieder positive Tendenzen und der Konsum wird voraussichtlich in den nächsten Jahren um jeweils 1,5% wachsen. Geduld und Höflichkeit werden in Japan belohnt und das zahlt sich auch im Geschäftsleben aus. Die direktmarketingaffinen Japaner sind besonders neugierig auf Werbebriefe, die Warenproben enthalten.

Soziodemografische Daten

Fläche	377.837 km²
Bevölkerung	127,7 Mio.
Anzahl Haushalte	46,8 Mio.
Durchschnittliche Haushaltsgröße	2,7 Personen
Anzahl Haushalte mit Internetanschluss	41,2 Mio.
Großstädte/Ballungsräume (Einwohner)	Tokio (8.025.538), Yokohama (3.433.612), Osaka (2.484.326), Nagoya (2.109.681), Sapporo (1.822.992), Kobe (1.478.390)
Bevölkerung	
0 bis 14 Jahre	17,7 Mio.
15 bis 64 Jahre	85,0 Mio.
65 Jahre und älter	25,0 Mio.

(Quelle: Fischer Weltalmanach 2005, Bundesagentur für Außenwirtschaft 2005)

3.1 Direktmarketing-Trends (1)

Erhalt von Mailings

Japans Mailingdichte liegt klar über dem asiatischen Durchschnitt: Über die Hälfte der Befragten gibt an, mindestens einmal die Woche Werbebriefe zu erhalten (vgl. Asien 35%), 39% mindestens einmal im Monat (vgl. Asien 33%) und nur 9% so gut wie nie (vgl. Asien 32%).

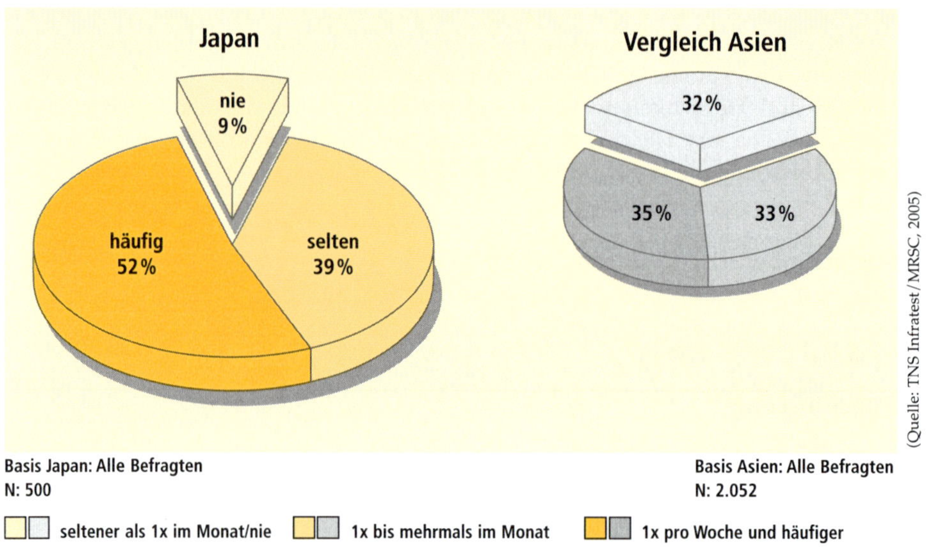

Reaktionsverhalten auf Mailings

Werbebriefe in Japan erreichen die Mehrheit der Verbraucher: 95% lesen gelegentlich Mailings, über die Hälfte sogar regelmäßig. Auch das japanische Reaktionsverhalten liegt deutlich über dem asiatischen Referenzwert: 29% reagieren mindestens einmal im Jahr (vgl. Asien 19%), 9% noch häufiger (vgl. Asien 6%).

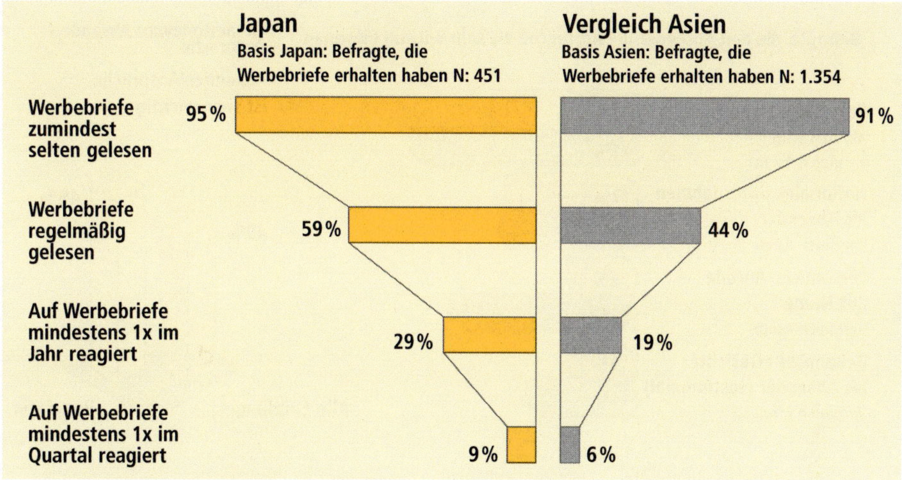

(Quelle: TNS Infratest/MRSC, 2005)

3.2 Direktmarketing-Trends (2)

Relevanz von Gestaltung, Absender/Ansprache und Inhalt

Besser, es steckt was drin: Denn dann bewerten 64% der Reagierer den Erhalt eines Werbebriefes positiv. Besonders beliebt sind Warenproben (42%) oder auch Coupons (31%). Fast alle anderen Mailing-Merkmale haben für japanische Konsumenten weniger Relevanz als für ihre asiatischen Nachbarn. Eine witzige Aufmachung (22%) aber kann auch sie aus der Reserve locken.

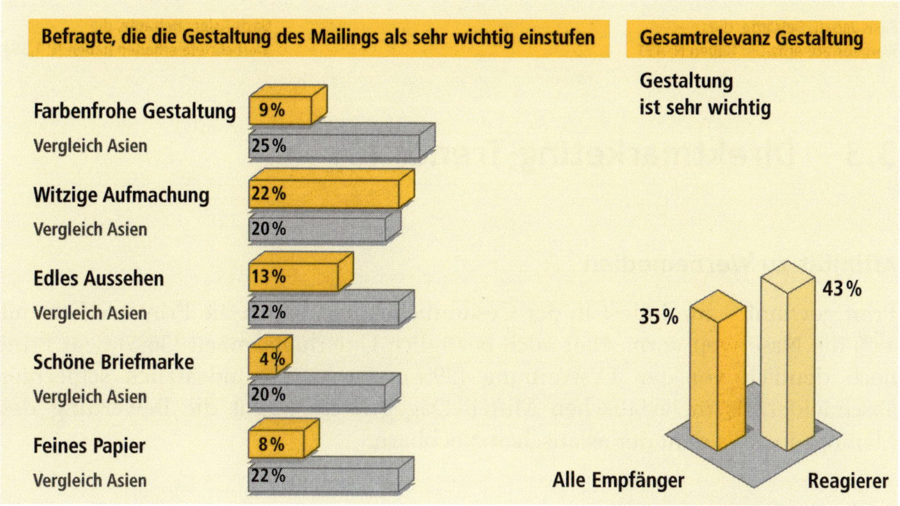

(Quelle: TNS Infratest/MRSC, 2005)

Basis Japan: Befragte, die Werbebriefe erhalten haben N: 451

Basis Asien: Befragte, die Werbebriefe erhalten haben N: 1.354

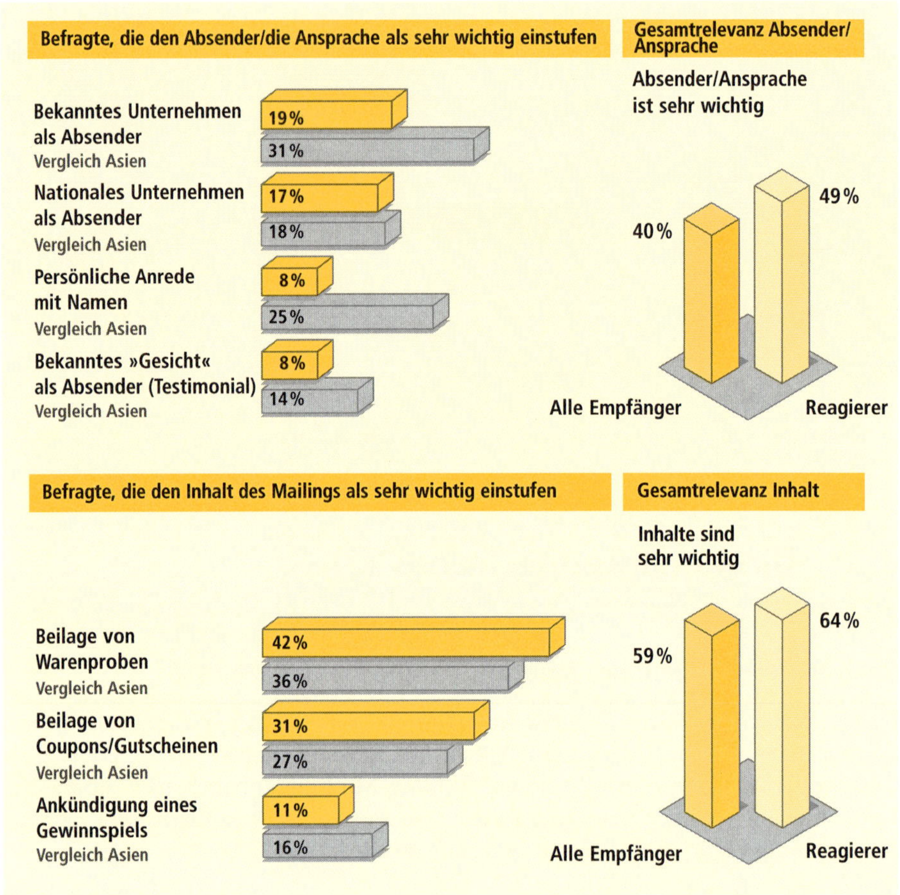

(Quelle: TNS Infratest/MRSC, 2005)

Basis Japan: Befragte, die Werbebriefe erhalten haben N: 451

Basis Asien: Befragte, die Werbebriefe erhalten haben N: 1.354

3.3 Direktmarketing-Trends (3)

Affinität zu Werbemedien

Print gewinnt – zumindest in der Gesamtbeliebtheit haben die Print-Medien mit 49% die Nase weit vorn. Aber auch bezüglich Unterhaltsamkeit (36%) liegt Print noch deutlich vor der TV-Werbung (29%), die hier grundsätzlich schlechter abschneidet als im asiatischen Mittel. Dagegen entspricht die Bewertung des Mailings in etwa dem der asiatischen Nachbarn.

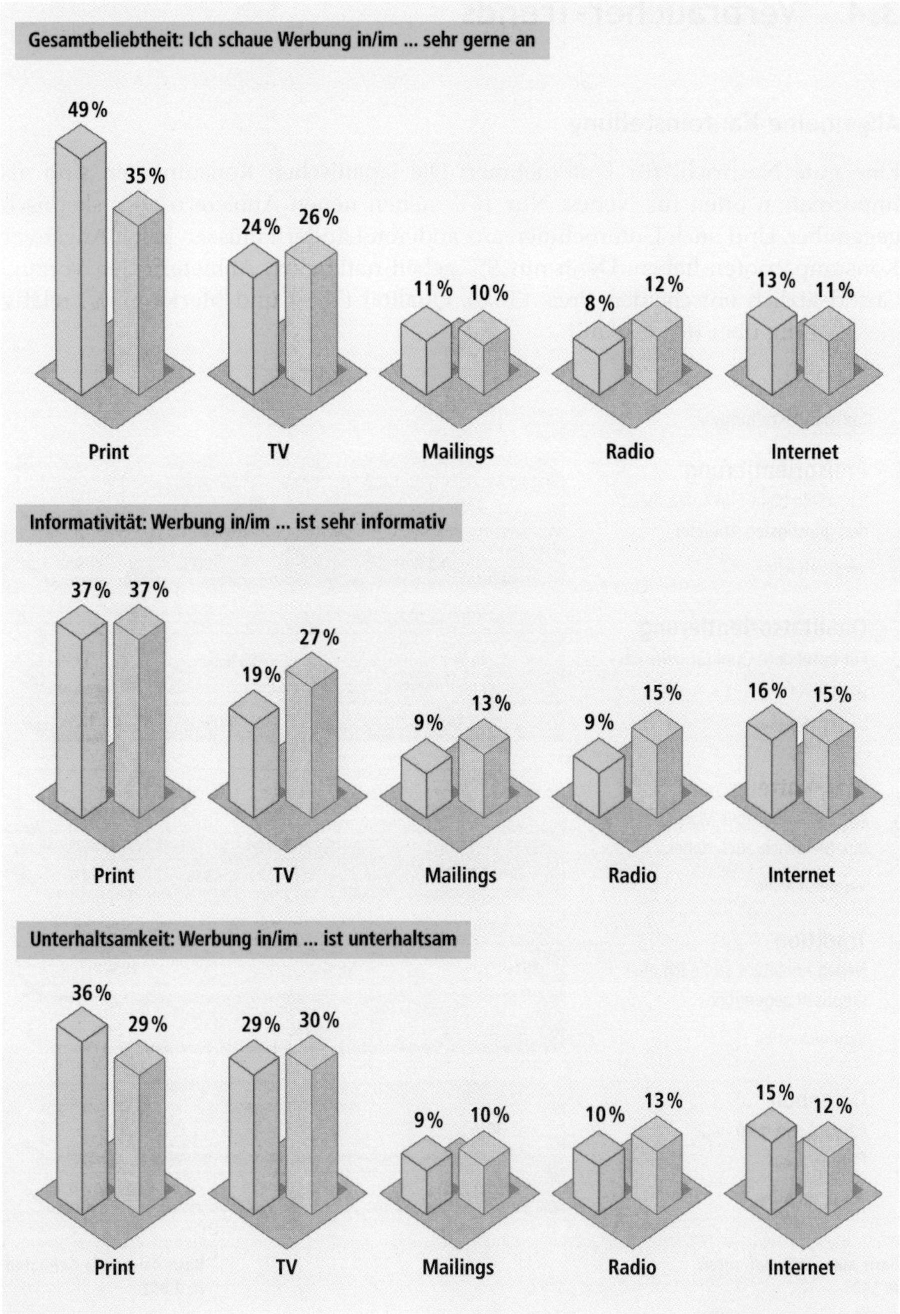

(Quelle: TNS Infratest/MRSC, 2005)

Basis Japan: Alle Befragten
N: 500

Basis Asien: Alle Befragten
N: 2.052

□ **Japan**

□ **Vergleich Asien**

3.4 Verbraucher-Trends

Allgemeine Kaufeinstellung

Eine gute Nachricht für Unternehmer: Die japanischen Konsumenten sind als Importnation offen für Neues: Nur 16% stehen neuen Anbietern eher skeptisch gegenüber. Und auch Unternehmen aus anderen Ländern müssen keine Angst vor Konsumpatrioten haben: Denn nur 9% geben nationalen Anbietern den Vorzug. Grundsätzlich entscheiden Preis (37%), Qualität (36%) und Marke (35%) relativ gleichwertig über den Einkauf.

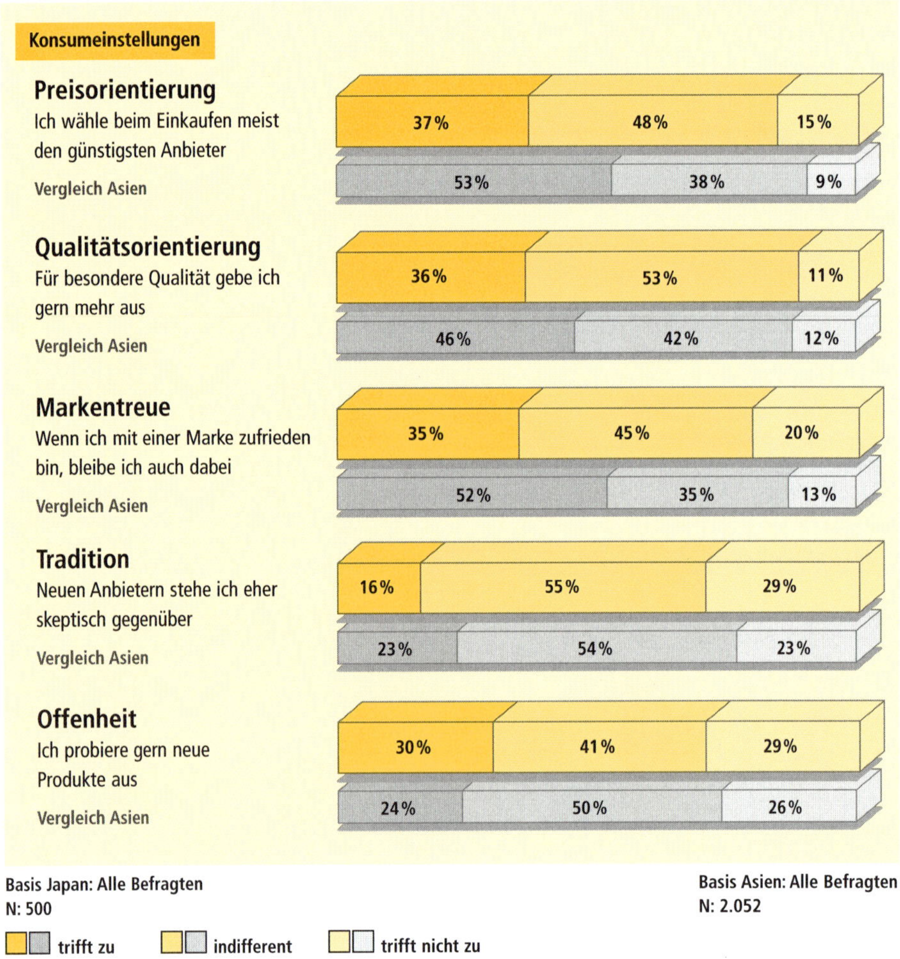

(Quelle: TNS Infratest/MRSC, 2005)

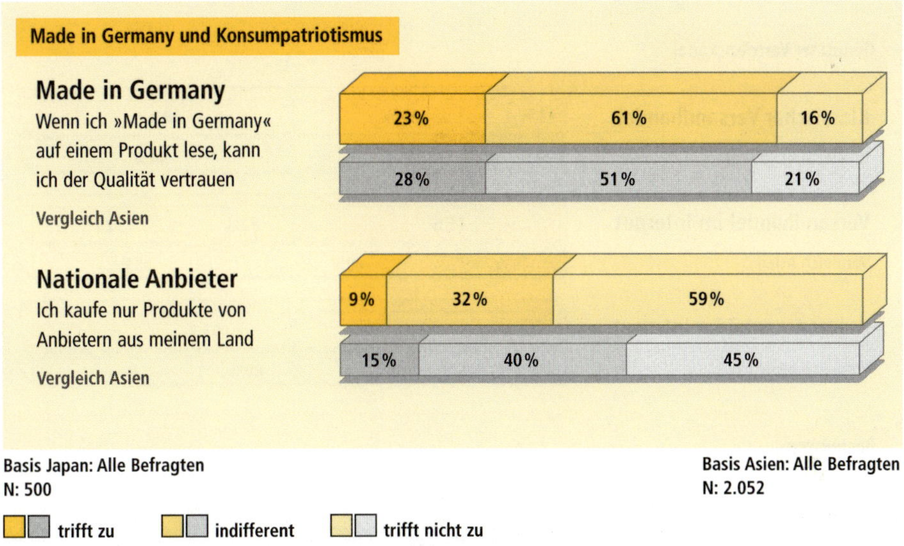

(Quelle: TNS Infratest/MRSC, 2005)

3.5 Versandhandelsaffinität

Kauf- und Bestellverhalten

Fast die Hälfte der japanischen Befragten nimmt den Versandhandel häufig in Anspruch, 26% selten und 27% nie. Dabei bevorzugen die meisten den Versandhandel im Internet (77%) und bestellen auch gerne online (84%).

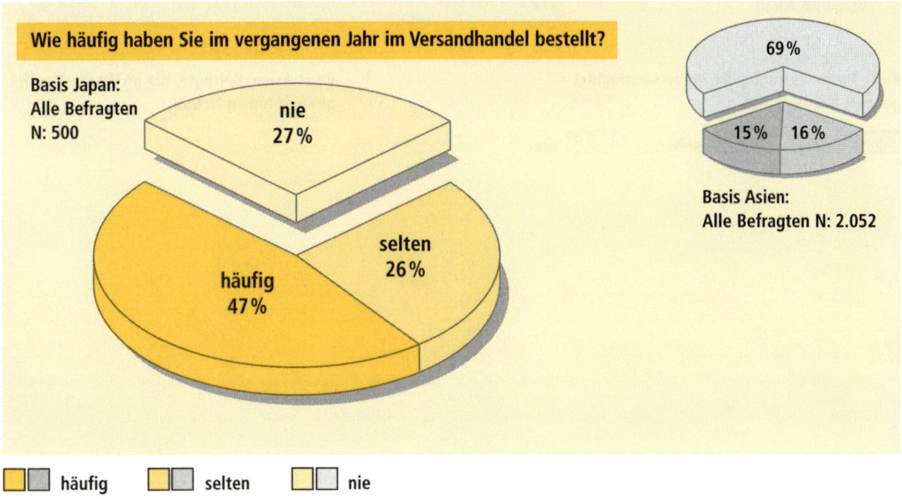

(Quelle: TNS Infratest/MRSC, 2005)

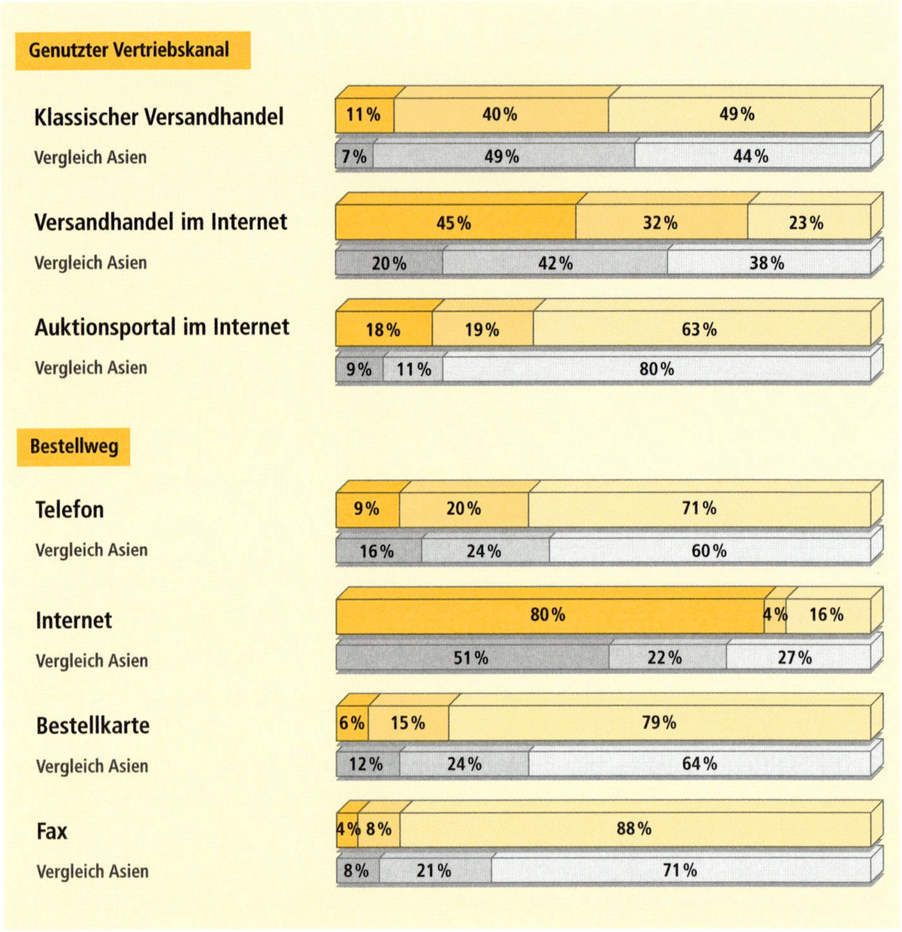

(Quelle: TNS Infratest/MRSC, 2005)

Basis Japan: Befragte, die im Versandhandel gekauft haben N: 365

Basis Asien: Befragte, die im Versandhandel gekauft haben N: 630

häufig   selten   nie

4 Singapur

Allein durch Know-how hat es dieser Stadtstaat geschafft, einen wirtschaftlichen Fortschritt zu erzielen, der seinesgleichen sucht. In 2005 gab es einen BIP-Zuwachs um 6,4%. Ein entspannter Arbeitsmarkt und steigende Nominallöhne konnten den privaten Konsum um 9% anheben – Tendenz steigend. Singapur zeichnet sich durch eine Vielzahl an Kulturen aus. Das sollte in der Kommunikation stets Beachtung finden. Dank seiner vielfältigen Segmentierungsmöglichkeiten verspricht das Direktmarketing hier große Erfolge: Hohe Resonanz lassen beispielsweise Mailings mit Warenproben erwarten.

Soziodemografische Daten

Fläche	682,7 km²
Bevölkerung	3,4 Mio.
Anzahl Haushalte	0,9 Mio.
Durchschnittliche Haushaltsgröße	3,7 Personen
Anzahl Haushalte mit Internetanschluss	2,1 Mio.
Großstädte/Ballungsräume (Einwohner)	Singapur ist ein Stadtstaat
Bevölkerung	
0 bis 14 Jahre	0,7 Mio.
15 bis 64 Jahre	2,4 Mio.
65 Jahre und älter	0,3 Mio.

(Quelle: Fischer Weltalmanach 2005, Bundesagentur für Außenwirtschaft 2005)

4.1 Direktmarketing-Trends (1)

Erhalt von Mailings

Die Mailingdichte in Singapur liegt leicht über dem asiatischen Durchschnitt: 41% erhalten mindestens einmal in der Woche Werbebriefe (vgl. Asien 35%), 30% mindestens einmal im Monat (vgl. Asien 33%) und 29% so gut wie nie (vgl. Asien 32%).

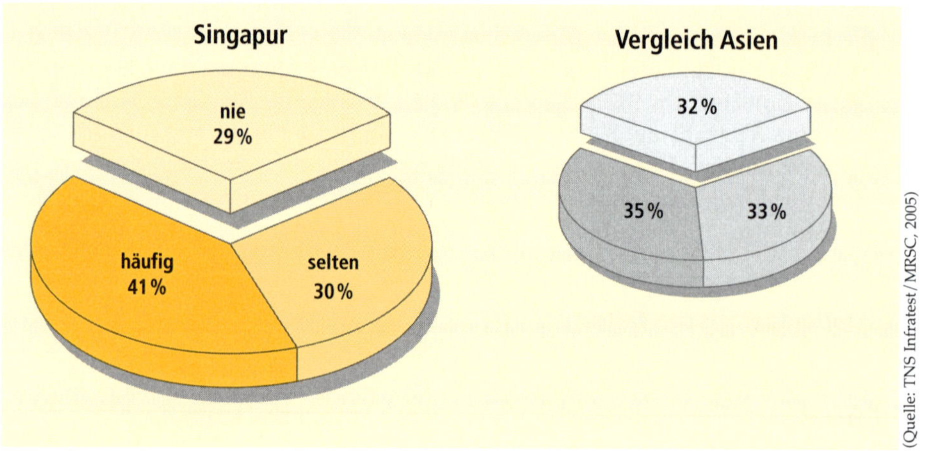

Basis Singapur: Alle Befragten
N: 501

Basis Asien: Alle Befragten
N: 2.052

seltener als 1x im Monat/nie — 1x bis mehrmals im Monat — 1x pro Woche und häufiger

Reaktionsverhalten auf Mailings

Die singapurischen Verbraucher reagieren etwas zurückhaltender auf Werbebriefe als ihre asiatischen Nachbarn: Weniger Befragte lesen Mailings – 85% der Werbebrief-Empfänger gelegentlich und 35% regelmäßig. 10% reagieren auf ihre Werbepost mindestens einmal im Jahr (vgl. Asien 19%) und 4% noch häufiger (vgl. Asien 6%).

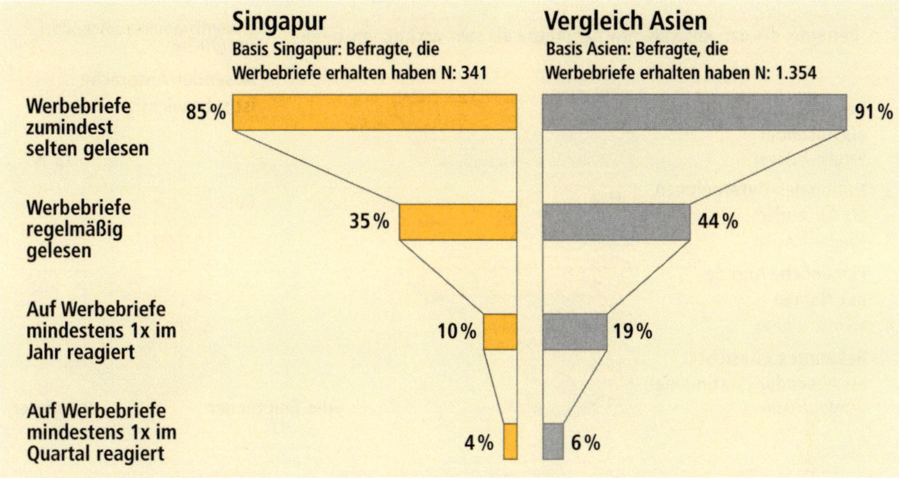

(Quelle: TNS Infratest/MRSC, 2005)

4.2 Direktmarketing-Trends (2)

Relevanz von Gestaltung, Absender/Ansprache und Inhalt

Mailings können in Singapur vor allem inhaltlich überzeugen: Für 85% der Reagierer ist der Inhalt wichtig. 37% der Befragten freuen sich über die Beilage von Warenproben. Ein Drittel der Verbraucher vertraut eher bekannten Absendern oder einer persönlichen Ansprache (31%). Weniger bekannte Unternehmen sollten sich die Mühe machen, den Werbebrief aufwändig zu gestalten, um positiv registriert zu werden.

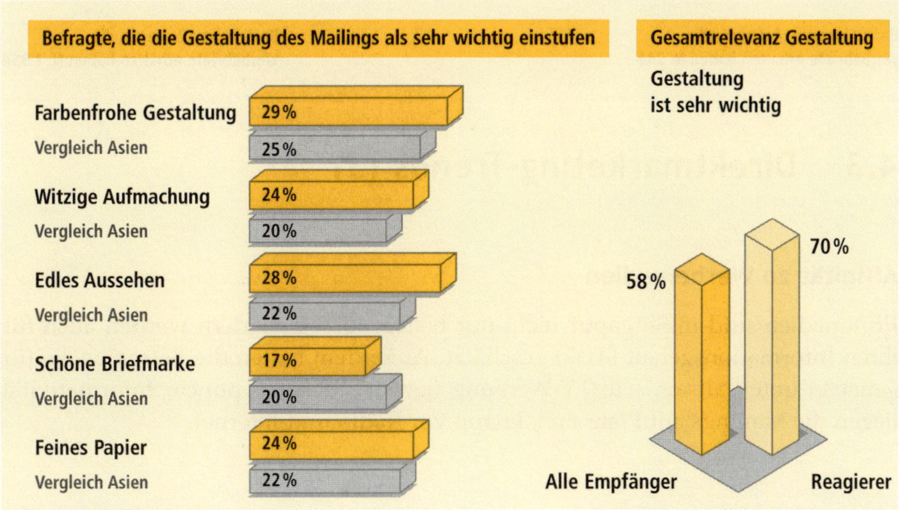

(Quelle: TNS Infratest/MRSC, 2005)

Basis Singapur: Befragte, die Werbebriefe erhalten haben N: 341

Basis Asien: Befragte, die Werbebriefe erhalten haben N: 1.354

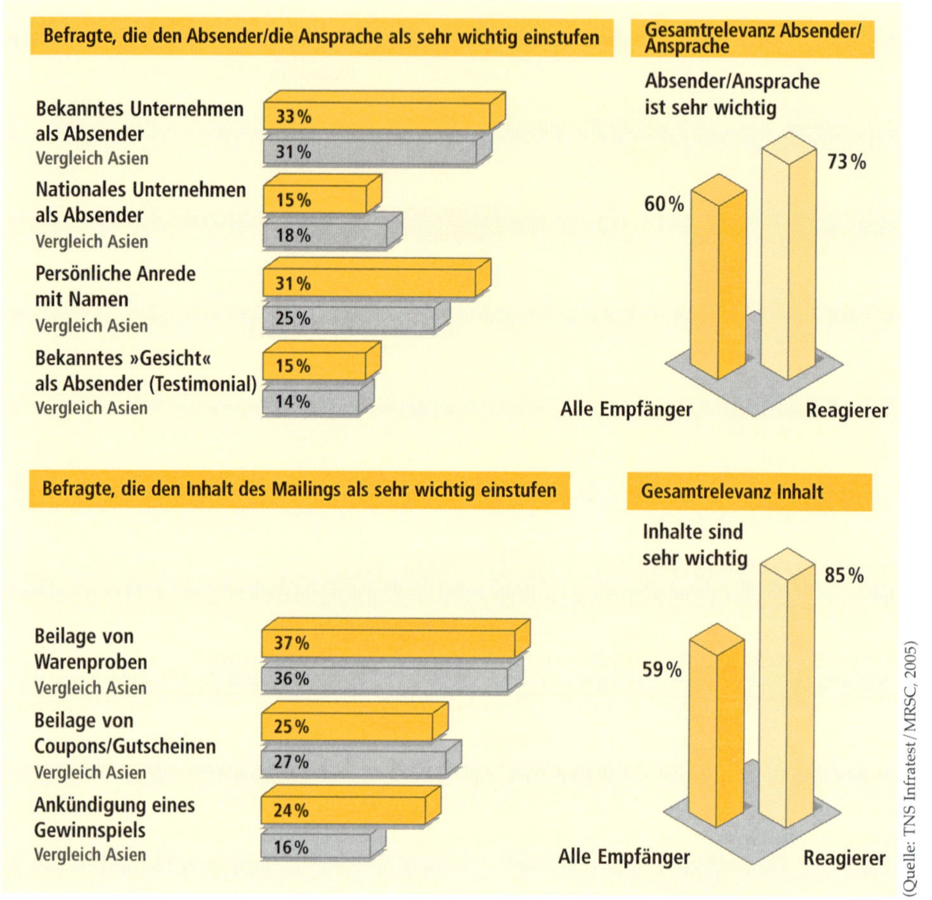

Basis Singapur: Befragte, die Werbebriefe erhalten haben N: 341

Basis Asien: Befragte, die Werbebriefe erhalten haben N: 1.354

4.3 Direktmarketing-Trends (3)

Affinität zu Werbemedien

Printmedien sind in Singapur nicht nur beliebt (37%), sondern werden auch für ihren Informationsgehalt (41%) geschätzt. Außerdem halten die Befragten sie für genauso unterhaltsam wie TV-Werbung (jeweils 31%). In puncto Informativität liegen die Mailings auf Platz drei, knapp vor Radio und Internet.

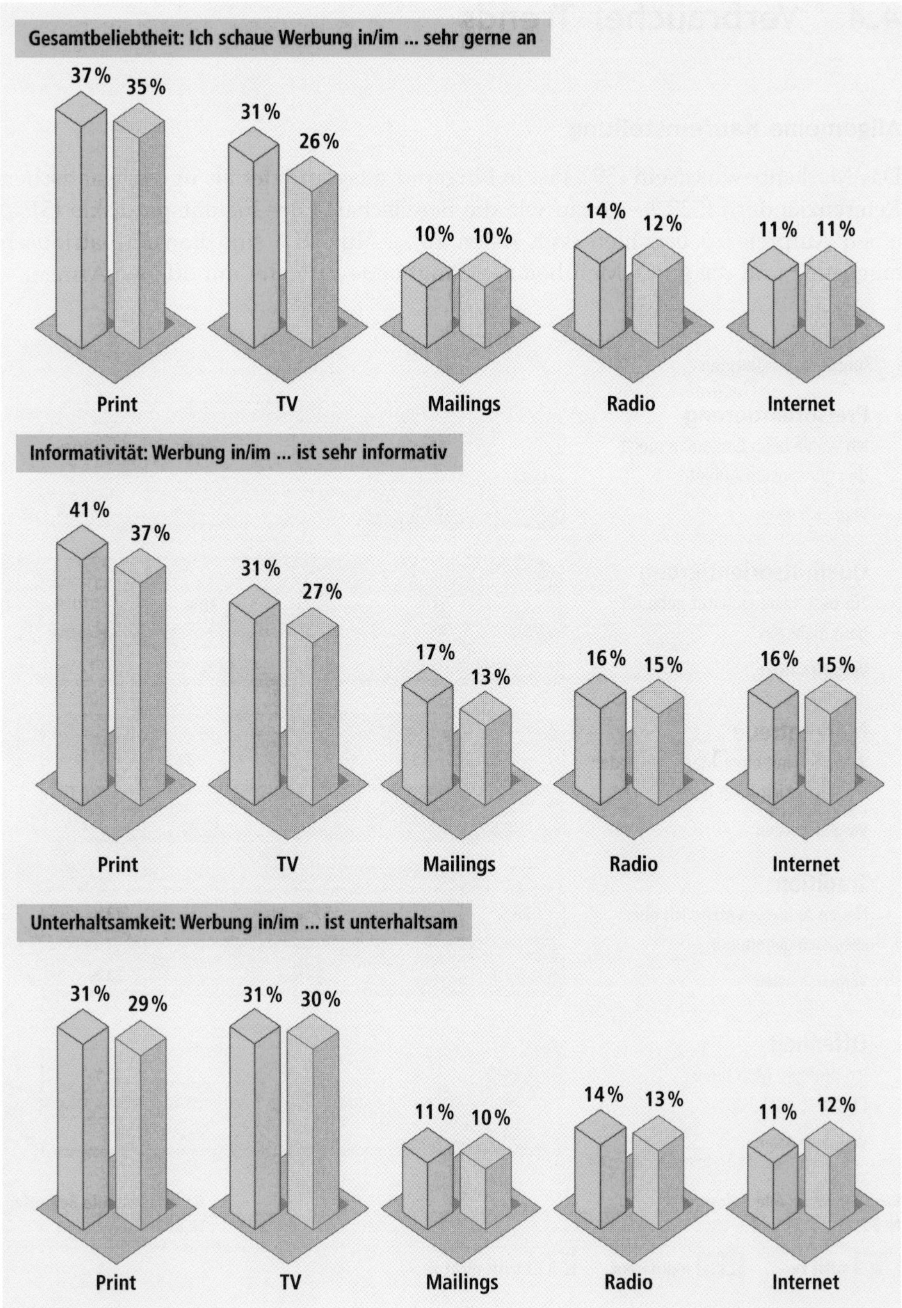

(Quelle: TNS Infratest/MRSC, 2005)

Basis Singapur: Alle Befragten
N: 501

Basis Asien: Alle Befragten
N: 2.052

□ **Singapur**

□ **Vergleich Asien**

4.4 Verbraucher-Trends

Allgemeine Kaufeinstellung

Das Markenbewusstsein (59%) ist in Singapur ausgeprägter als in den asiatischen Referenzländern (52%) – genau wie die Bereitschaft, für Qualitätsprodukte (51%) einen Aufpreis zu bezahlen (vgl. Asien 46%). Nur 10% sind konsumpatriotisch eingestellt und die große Mehrheit empfängt neue Anbieter mit offenen Armen.

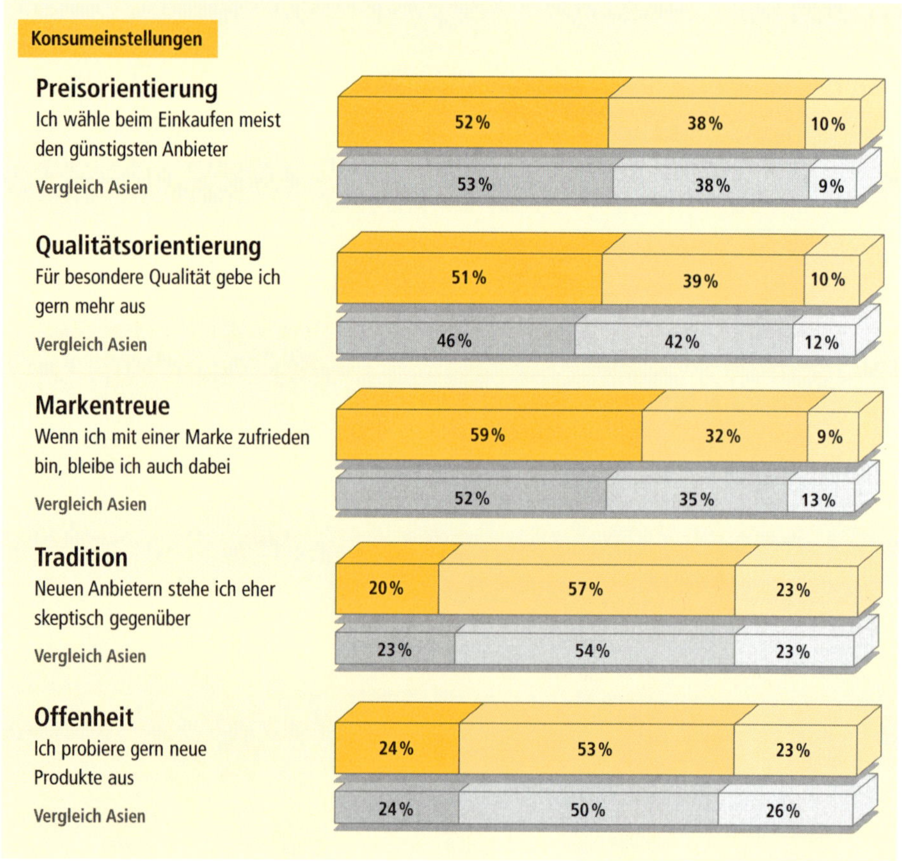

(Quelle: TNS Infratest/MRSC, 2005)

Basis Singapur: Alle Befragten
N: 501

Basis Asien: Alle Befragten
N: 2.052

trifft zu | indifferent | trifft nicht zu

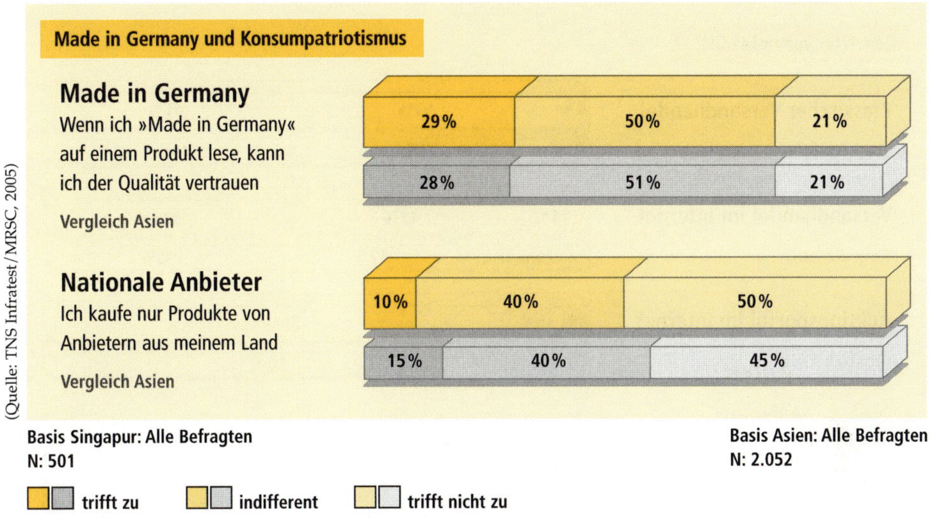

4.5 Versandhandelsaffinität

Kauf- und Bestellverhalten

Der Versandhandel im Stadtstaat erreicht für asiatische Verhältnisse nur geringe Bevölkerungsanteile: Nur 4% bestellen dort häufig, 14% selten und 82% nie. Dabei liegen der klassische Versandhandel (59%) und der Versandhandel im Internet (57%) in etwa Kopf an Kopf. Der beliebteste Bestellweg ist das Internet: 46% geben an, häufig online zu ordern.

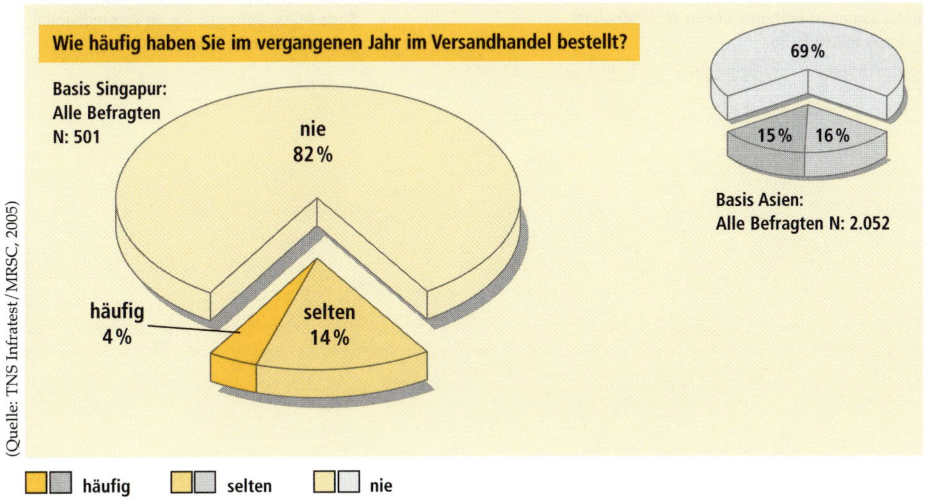

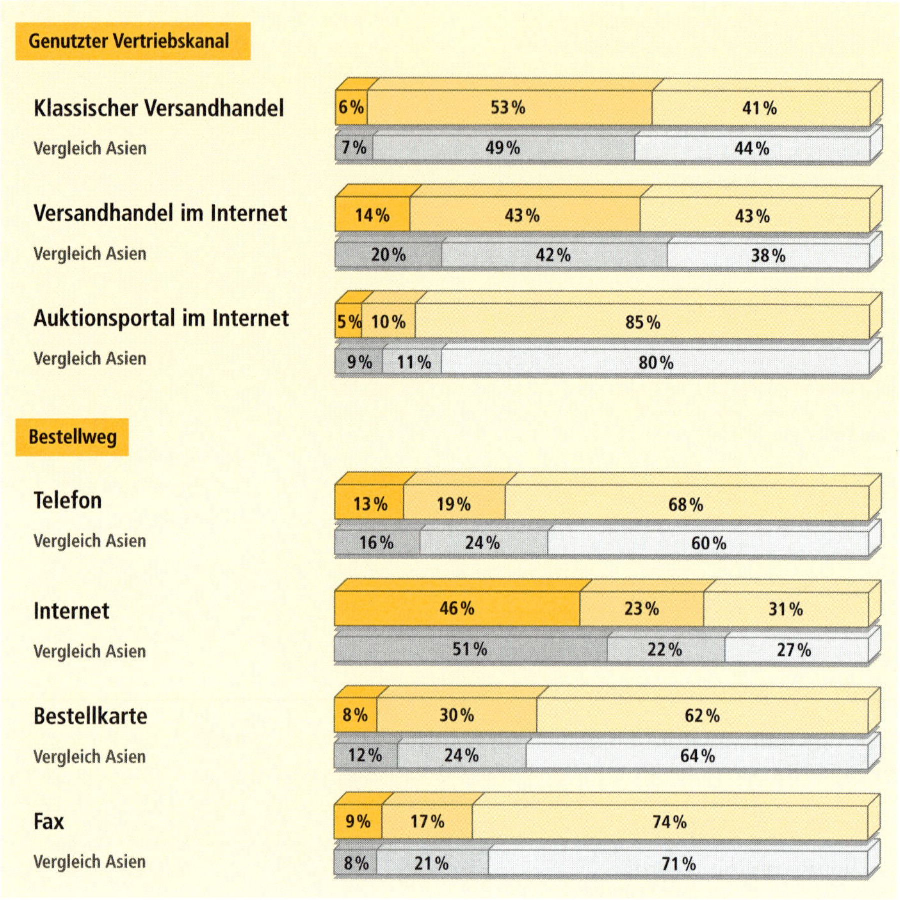

(Quelle: TNS Infratest/MRSC, 2005)

Basis Singapur: Befragte, die im Versandhandel gekauft haben N: 88

Basis Asien: Befragte, die im Versandhandel gekauft haben N: 630

häufig   selten   nie

5 USA

Das Bruttoinlandsprodukt zeigte 2005 einen Anstieg von 3,5%. Der Privatverbrauch überstieg nachhaltig die 3%-Wachstumsrate und wird 2006 voraussichtlich weiter zunehmen. Die amerikanischen Konsumenten werden täglich mit über 100 TV-Werbespots konfrontiert. So bietet sich insbesondere das Direktmarketing mit seinen unbegrenzten Personalisierungsmöglichkeiten an, ihre Aufmerksamkeit zu erreichen. Großen Wert legen die Werbebrief-Empfänger auf den Inhalt des Mailings: Warenproben und Coupons sind gleichermaßen beliebt und werden gerade von der weiblichen Zielgruppe mit erhöhter Response belohnt.

Soziodemografische Daten

Fläche	9,8 Mio. km²
Bevölkerung	291,1 Mio.
Anzahl Haushalte	108,4 Mio.
Durchschnittliche Haushaltsgröße	2,7 Personen
Anzahl Haushalte mit Internetanschluss	55 Mio.
Großstädte/Ballungsräume (Einwohner)	New York (8.084.316), Los Angeles (3.798.981), Chicago (2.886.251), Houston (2.009.834), Philadelphia (1.492.231), Phoenix (1.371.960)
Bevölkerung	
0 bis 14 Jahre	61,0 Mio.
15 bis 64 Jahre	193,0 Mio.
65 Jahre und älter	36,0 Mio.

(Quelle: Fischer Weltalmanach 2005, Bundesagentur für Außenwirtschaft 2005)

5.1 Direktmarketing-Trends (1)

Erhalt von Mailings

Die amerikanischen Konsumenten erhalten im Durchschnitt etwas häufiger Werbebriefe: 36% mindestens einmal pro Woche (vgl. USA / Pazifik 35%), 27% mindestens einmal im Monat (vgl. USA / Pazifik 24%). 37% geben an, so gut wie nie Mailings zu bekommen (vgl. USA / Pazifik 41%).

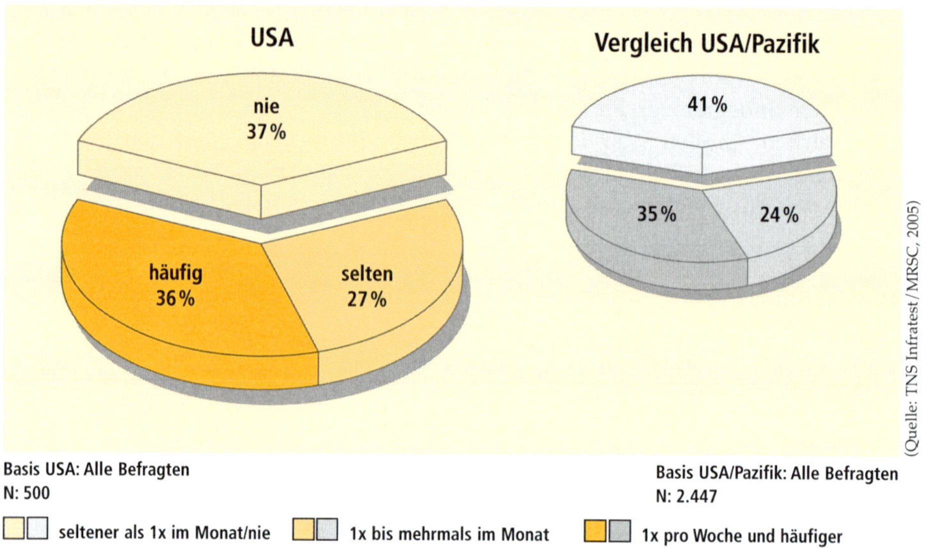

Reaktionsverhalten auf Mailings

82% der Befragten lesen ihre Werbebriefe zumindest selten, 28% sogar regelmäßig. Ihr Reaktionsverhalten liegt nur ganz knapp unter dem pazifischen Durchschnitt. 21% reagieren mindestens einmal im Jahr (vgl. USA / Pazifik 22%), 9% noch häufiger (vgl. USA / Pazifik 10%).

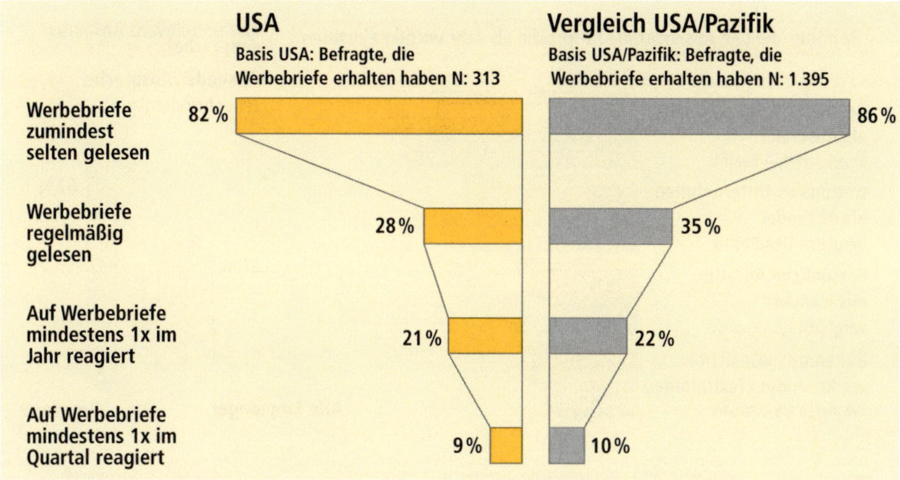

(Quelle: TNS Infratest/MRSC, 2005)

5.2 Direktmarketing-Trends (2)

Relevanz von Gestaltung, Absender/Ansprache und Inhalt

Der Inhalt des Mailings erzielt bei 75% der Reagierer die höchste Relevanz: Insbesondere Warenproben (37%) und Coupons (36%) erfreuen sich großer Beliebtheit. Das bekannte Unternehmen kann bei 29% der amerikanischen Verbraucher punkten, ein Viertel der Befragten bevorzugt eine farbenfrohe Gestaltung.

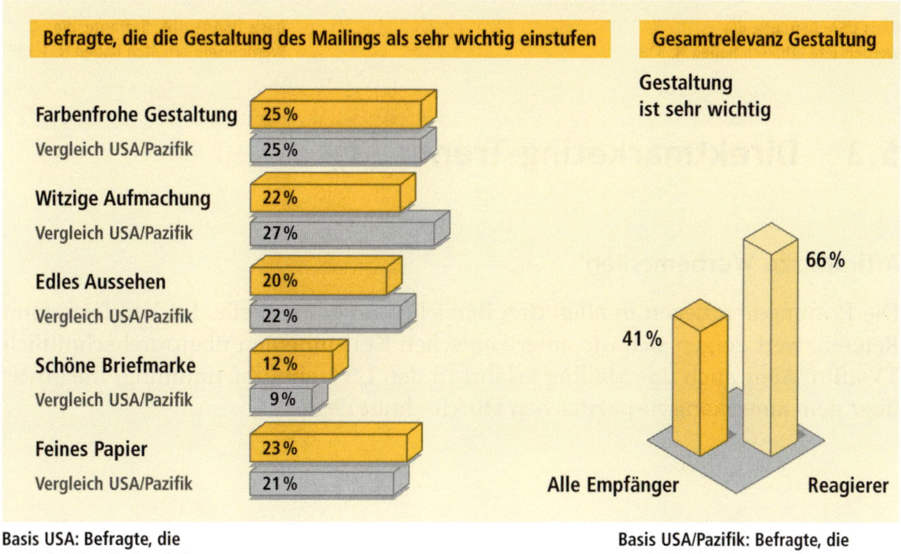

(Quelle: TNS Infratest/MRSC, 2005)

Basis USA: Befragte, die Werbebriefe erhalten haben N: 313

Basis USA/Pazifik: Befragte, die Werbebriefe erhalten haben N: 1.395

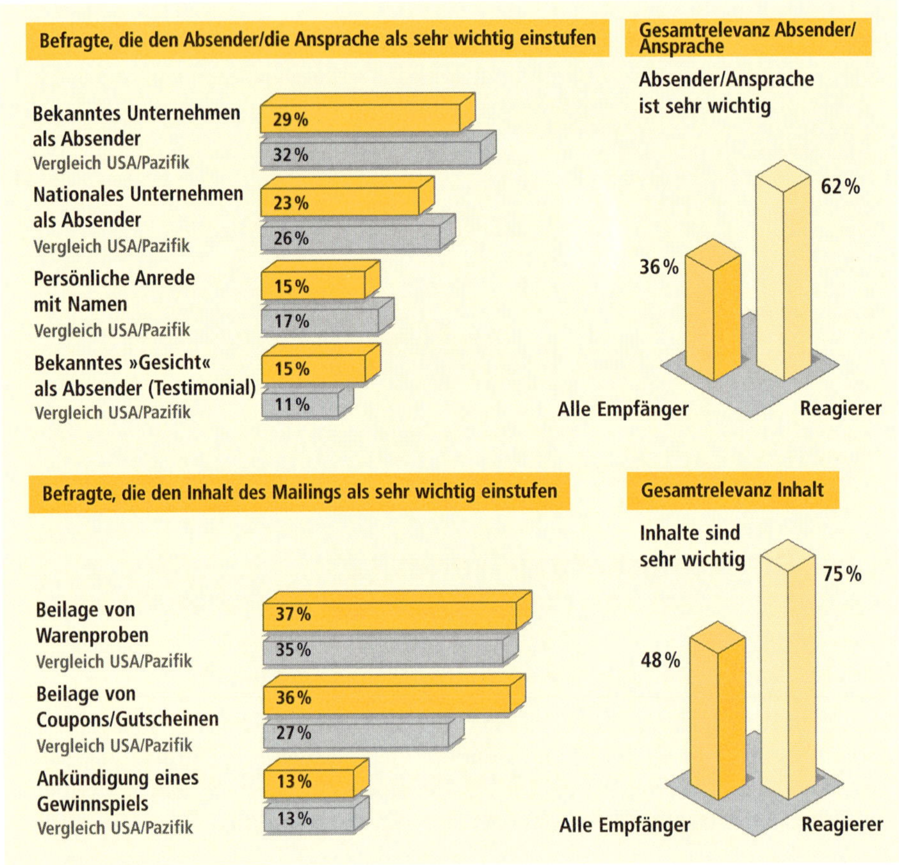

(Quelle: TNS Infratest/MRSC, 2005)

Basis USA: Befragte, die Werbebriefe erhalten haben N: 313

Basis USA/Pazifik: Befragte, die Werbebriefe erhalten haben N: 1.395

5.3 Direktmarketing-Trends (3)

Affinität zu Werbemedien

Die Printmedien liegen in allen drei Bereichen an erster Stelle. Im Vergleich zum Referenzwert zeigen sich die amerikanischen Konsumenten überdurchschnittlich TV-affin. Aber auch das Mailing erfährt in den USA eine Zustimmung, die etwas über dem amerikanisch-pazifischen Durchschnitt liegt.

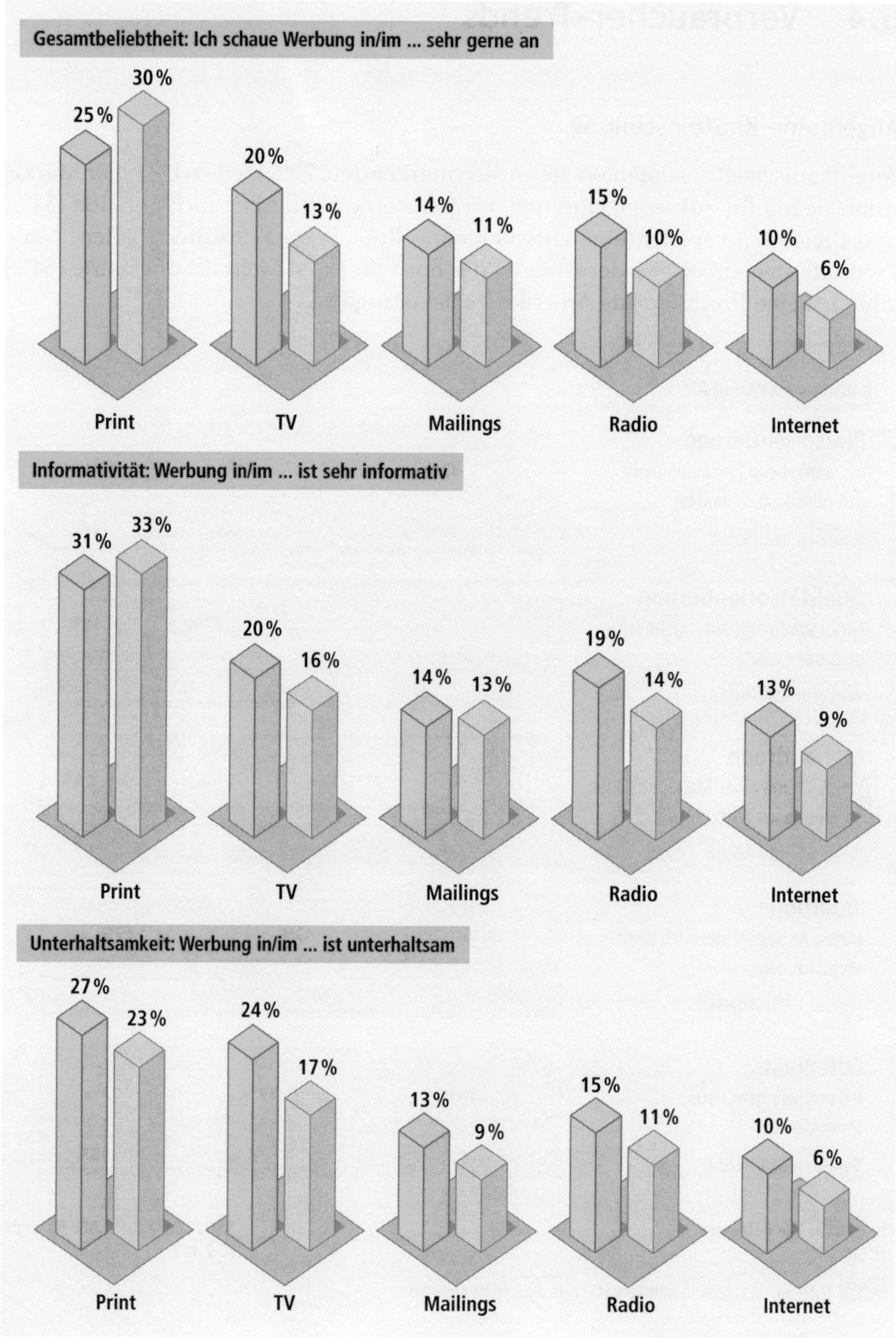

(Quelle: TNS Infratest / MRSC, 2005)

Basis USA: Alle Befragten
N: 500
USA

Basis USA/Pazifik: Alle Befragten
N: 2.447
Vergleich USA/Pazifik

5.4 Verbraucher-Trends

Allgemeine Kaufeinstellung

Amerikanische Konsumenten geben sich markentreu: 77% bleiben bei einer Marke, wenn sie mit ihr zufrieden sind (vgl. USA/Pazifik 75%). Aber auch Qualität (54%) und Preis (47%) spielen eine entscheidende Rolle beim Konsumverhalten. Neue Produkte stehen bei 39% der Amerikaner hoch im Kurs. Mehr als die Hälfte (54%) gibt an, keine Produkte aus Amerika zu bevorzugen.

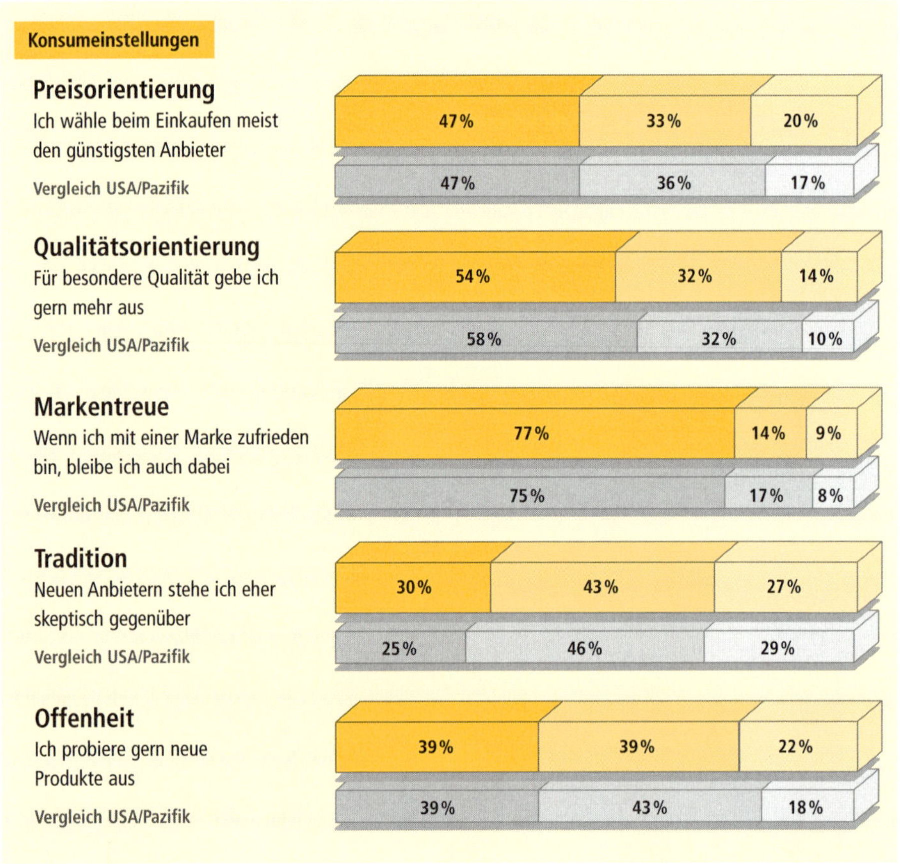

(Quelle: TNS Infratest/MRSC, 2005)

Basis USA: Alle Befragten
N: 500

Basis USA/Pazifik: Alle Befragten
N: 2.447

trifft zu | indifferent | trifft nicht zu

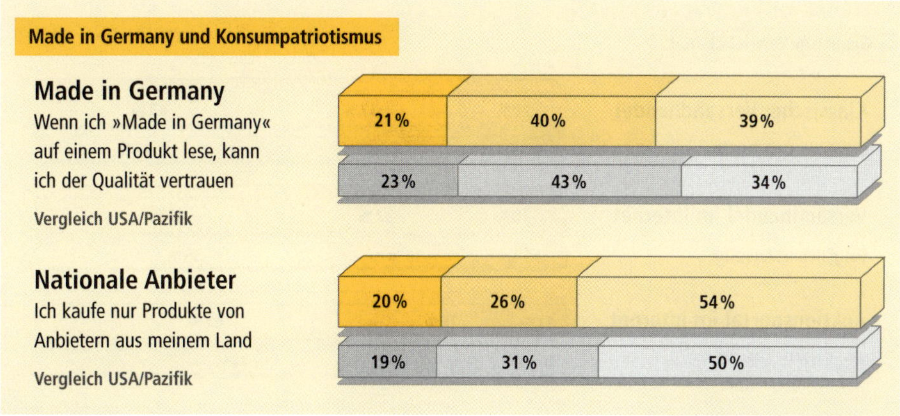

(Quelle: TNS Infratest/MRSC, 2005)

Basis USA: Alle Befragten
N: 500

Basis USA/Pazifik: Alle Befragten
N: 2.447

trifft zu | indifferent | trifft nicht zu

5.5 Versandhandelsaffinität

Kauf- und Bestellverhalten

Der Versandhandel ist bei den amerikanischen Verbrauchern überdurchschnittlich beliebt: 31% bestellen dort häufig (vgl. USA/Pazifik 17%), 29% hin und wieder (vgl. USA/Pazifik 25%) und nur 40% nie (vgl. USA/Pazifik 58%). Dabei liegen der klassische und der Versandhandel per Internet auf der Beliebtheitsskala mit 20% Kopf an Kopf. Das Land, in dem eBay erfunden wurde, zeigt erwartungsgemäß eine hohe Nutzung von Online-Auktionshäusern. Als Bestellweg erweist sich auch das Internet (49%) als meistgenutzt.

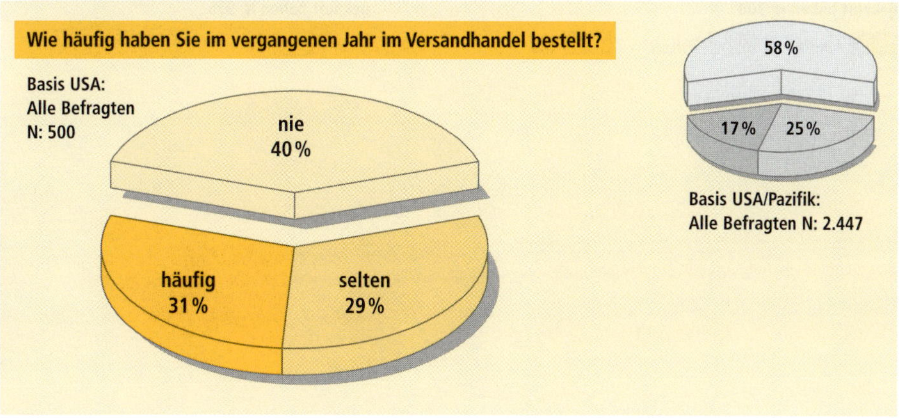

(Quelle: TNS Infratest/MRSC, 2005)

häufig | selten | nie

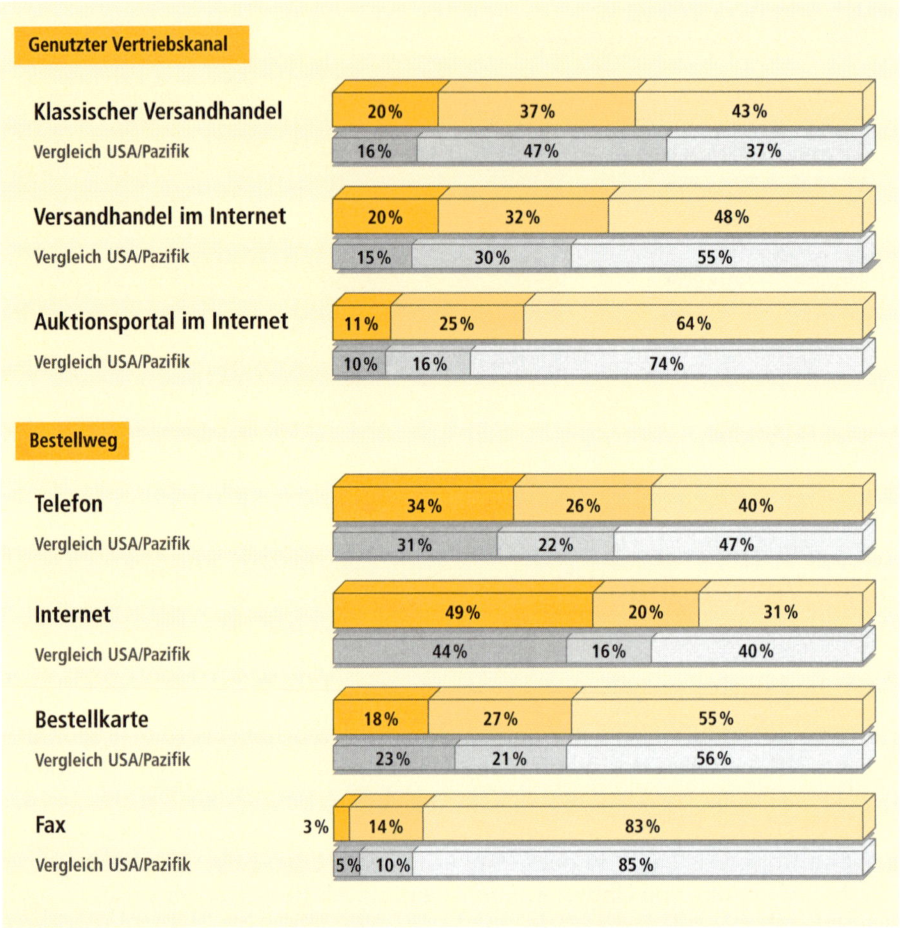

(Quelle: TNS Infratest / MRSC, 2005)

Basis USA: Befragte, die im Versandhandel gekauft haben N: 300

Basis USA/Pazifik: Befragte, die im Versandhandel gekauft haben N: 936

häufig   selten   nie

6 Australien

Neben solidem Wirtschaftswachstum erfreut sich Australien einer sehr positiven Arbeitsmarktlage. In 2005 stieg das BIP um real 2,5% an. Jedes Jahr wachsen die ethnischen Gruppen durch neue Einwanderer. Die ideale Voraussetzung für gut selektiertes Zielgruppen-Marketing. Jeder zweite Befragte steht Werbebriefen generell neugierig gegenüber. Noch größer ist die Resonanz auf Mailings, deren Angebote gezielt dem Produktinteresse der Werbebriefempfänger entsprechen.

Soziodemografische Daten

Fläche	7.692.030 km²
Bevölkerung	19,2 Mio.
Anzahl Haushalte	7,5 Mio.
Durchschnittliche Haushaltsgröße	2,6 Personen
Anzahl Haushalte mit Internetanschluss	3,5 Mio.
Großstädte/Ballungsräume (Einwohner)	Sydney (4.154.700), Melbourne (3.488.800), Brisbane (1.653.400), Perth (1.397.000), Adelaide (1.110.500), Newcastle (494.400)
Bevölkerung	
0 bis 14 Jahre	4,0 Mio.
15 bis 64 Jahre	12,8 Mio.
65 Jahre und älter	2,4 Mio.

(Quelle: Fischer Weltalmanach 2005, Bundesagentur für Außenwirtschaft 2005)

6.1 Direktmarketing-Trends (1)

Erhalt von Mailings

Die australischen Befragten erhalten seltener Werbebriefe als der amerikanisch-pazifische Durchschnitt: 32% bekommen häufig Mailings (vgl. USA / Pazifik 35%), 23% selten (vgl. USA / Pazifik 24%) und 45% so gut wie nie (vgl. USA / Pazifik 41%).

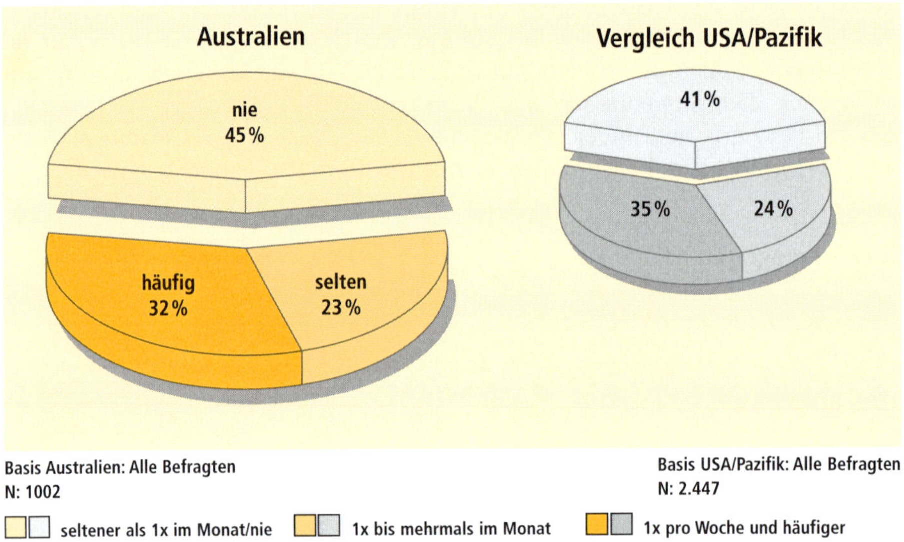

(Quelle: TNS Infratest / MRSC, 2005)

Reaktionsverhalten auf Mailings

Australiens Daten sind in puncto Reaktionsverhalten in etwa identisch mit den amerikanisch-pazifischen Referenzdaten: Nur die regelmäßigen Leser (39%) sind prozentual überlegen (vgl. USA / Pazifik 35%), während die Reagierer mit der niedrigeren Frequenz (21%) ganz knapp unter dem regionalen Durchschnitt (22%) liegen. 10% reagieren mehrmals im Jahr auf Werbebriefe.

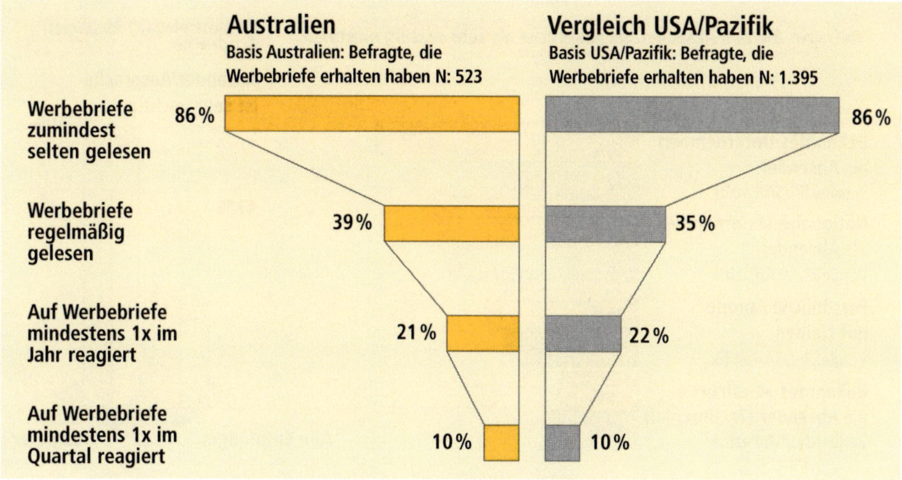

(Quelle: TNS Infratest/MRSC, 2005)

6.2 Direktmarketing-Trends (2)

Relevanz von Gestaltung, Absender/Ansprache und Inhalt

Bekannte Unternehmen haben es etwas leichter, die Aufmerksamkeit der befragten Australier (36%) zu erlangen. Insgesamt sagen 70% der Reagierer, dass der Absender und die Ansprache eine sehr hohe Priorität haben. Mit kreativem Witz (32%) gelingt es aber auch weniger bekannten Absendern, die Australier anzusprechen.

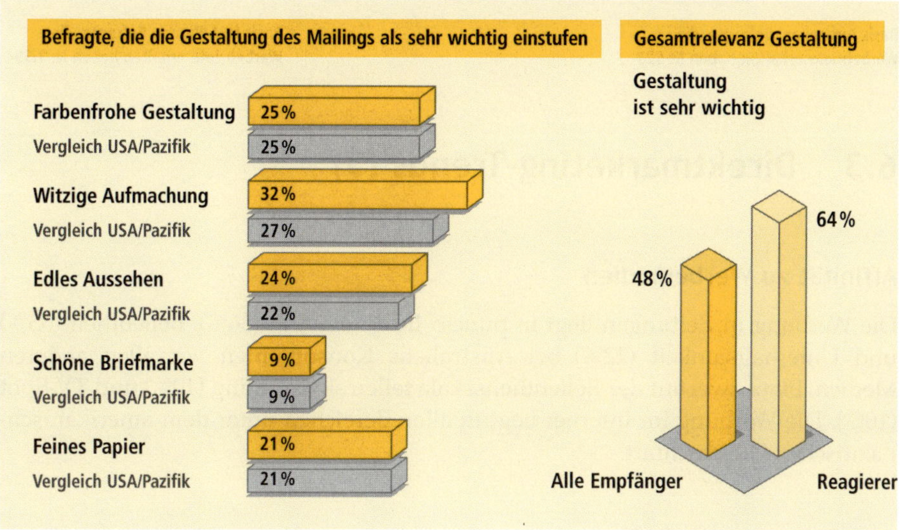

(Quelle: TNS Infratest/MRSC, 2005)

Basis Australien: Befragte, die Werbebriefe erhalten haben N: 523

Basis USA/Pazifik: Befragte, die Werbebriefe erhalten haben N: 1.395

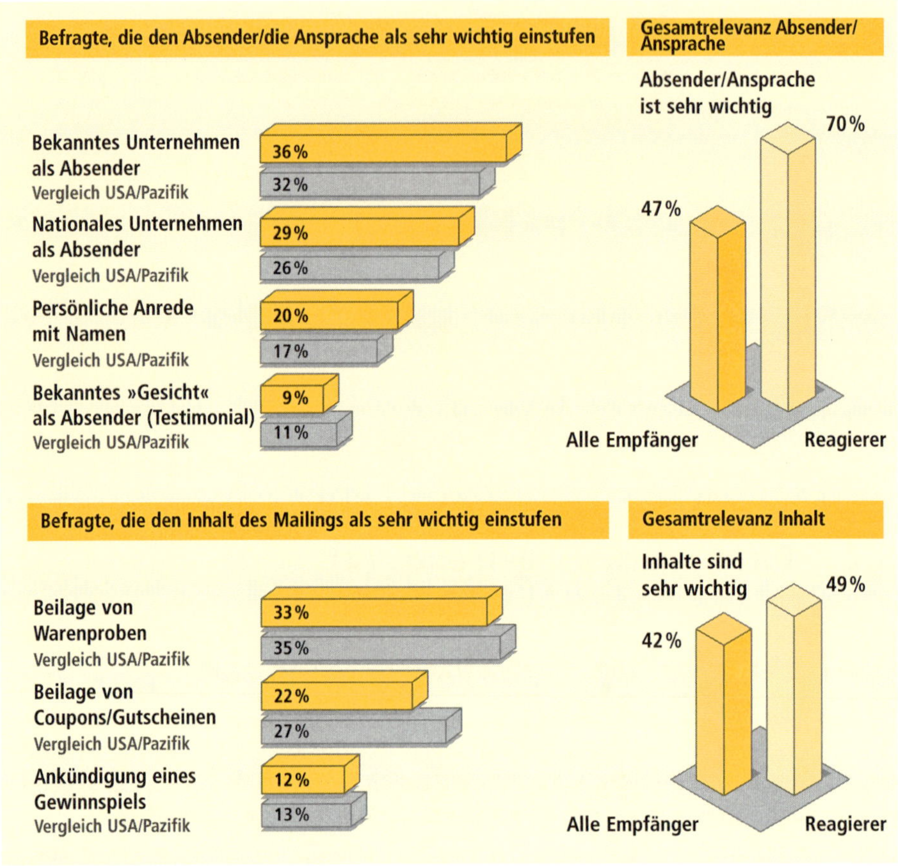

(Quelle: TNS Infratest/MRSC, 2005)

Basis Australien: Befragte, die Werbebriefe erhalten haben N: 523

Basis USA/Pazifik: Befragte, die Werbebriefe erhalten haben N: 1.394

6.3 Direktmarketing-Trends (3)

Affinität zu Werbemedien

Die Werbung in Zeitungen liegt in puncto Informativität (36%), Beliebtheit (33%) und Unterhaltsamkeit (22%) bei Australiens Konsumenten vor allen anderen Medien. Platz zwei auf der Beliebtheitsskala teilen sich Mailing (10%) und TV-Spot (10%). Die Werbung im Internet liegt in allen Bereichen unter dem amerikanisch-pazifischen Durchschnitt.

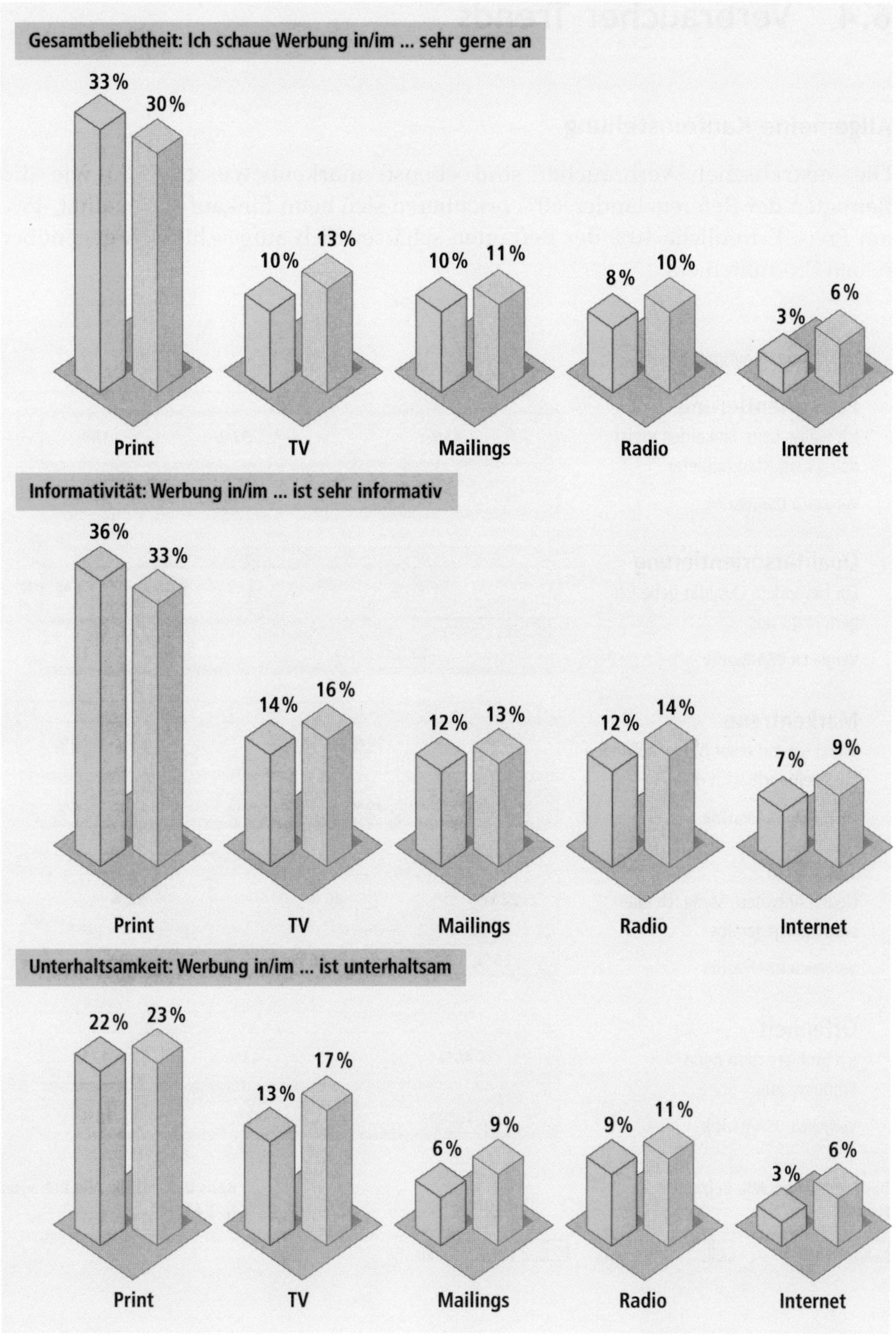

(Quelle: TNS Infratest/MRSC, 2005)

Basis Australien: Alle Befragten
N: 1002

Basis USA/Pazifik: Alle Befragten
N: 2.447

☐ Australien

☐ Vergleich USA/Pazifik

6.4 Verbraucher-Trends

Allgemeine Kaufeinstellung

Die australischen Verbraucher sind ebenso markenbewusst (75%) wie die Befragten der Referenzländer. 60% orientieren sich beim Einkauf an Qualität, 45% am Preis. Erfreuliche 40% der Befragten schätzen sich aufgeschlossen gegenüber neuen Produkten ein.

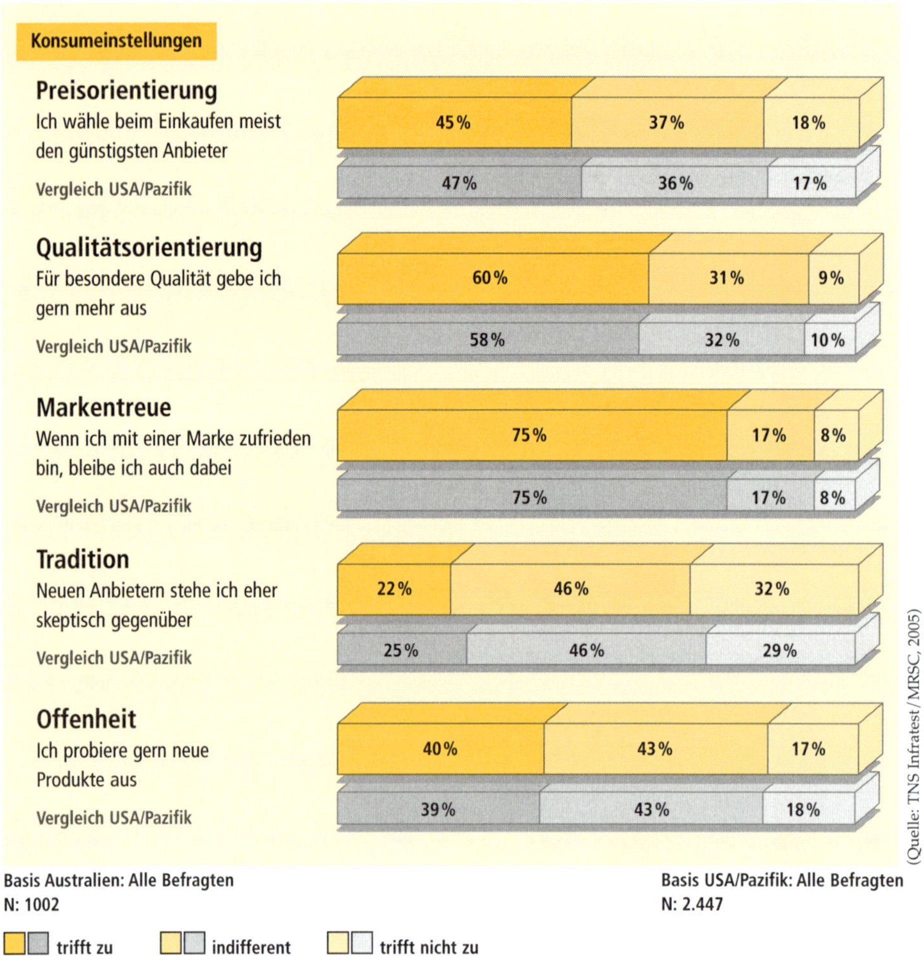

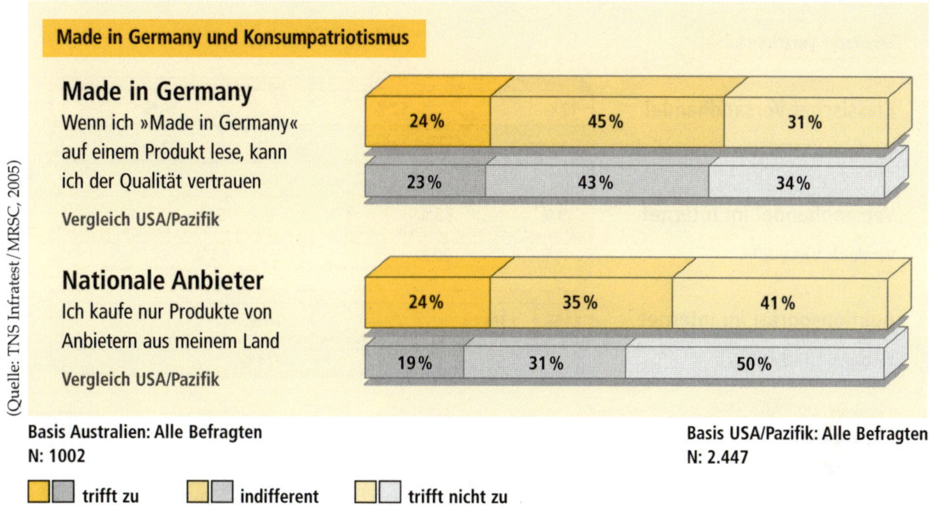

6.5 Versandhandelsaffinität

Kauf- und Bestellverhalten

Der Versandhandel hat in Australien eine eher kleine Fangemeinde: Nur 10% bestellen dort häufig, 19% selten und 71% nie. Dabei liegt der Versandhandel im Internet mit 13% nur knapp vor dem klassischen Versandhandel (12%) und dem Auktionsportal im Internet (11%). Die meisten Befragten nutzen das Internet (45%) auch häufig als Bestellweg.

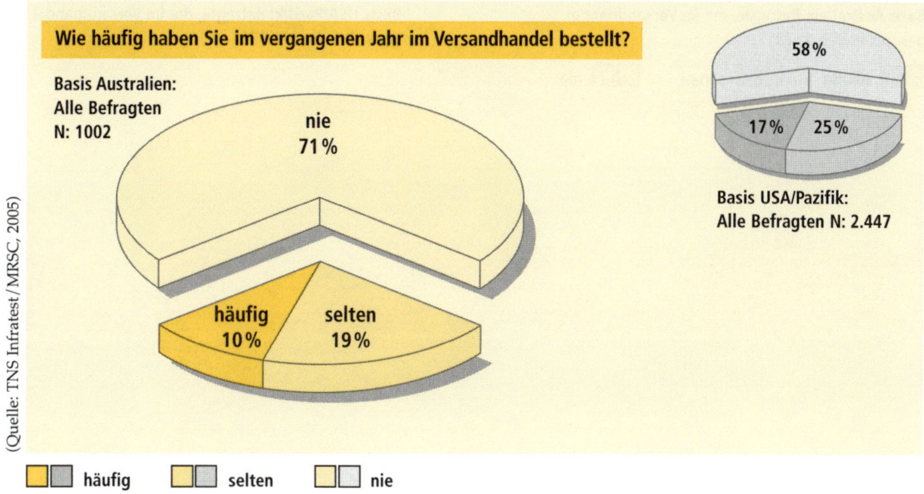

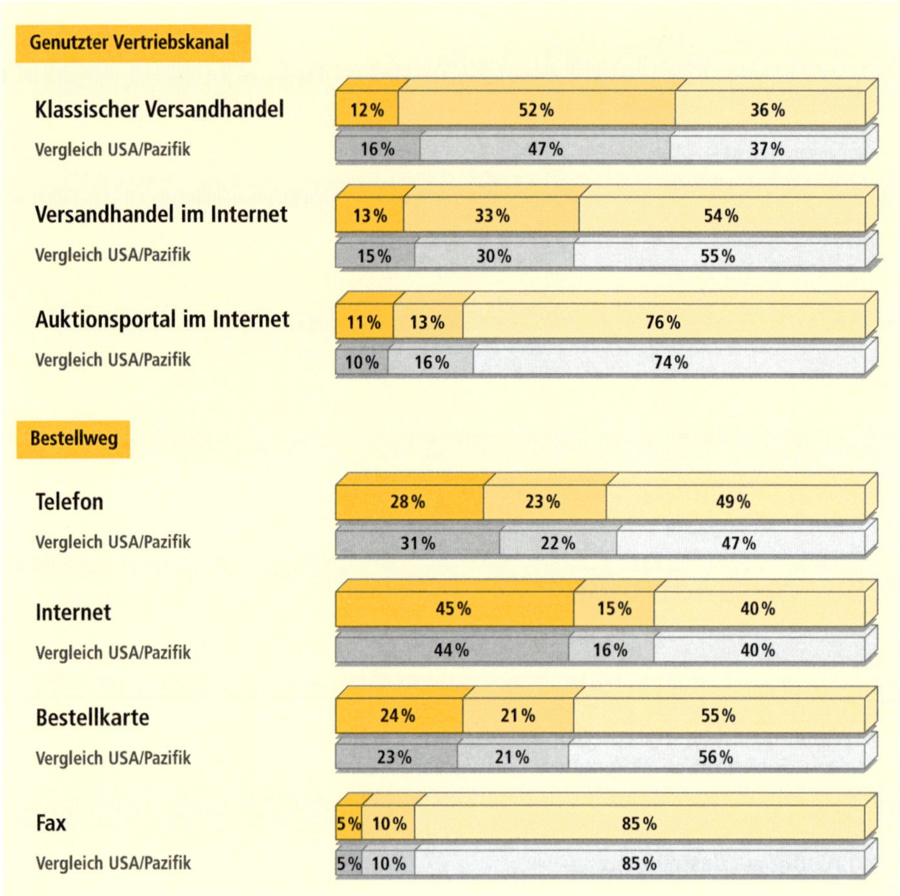

(Quelle: TNS Infratest/MRSC, 2005)

Basis Australien: Befragte, die im Versandhandel gekauft haben N: 281

Basis USA/Pazifik: Befragte, die im Versandhandel gekauft haben N: 936

häufig selten nie

7 Neuseeland

Die wirtschaftliche Konstitution Neuseelands war auch 2005 wieder sehr zufrieden stellend. Dank der soliden Gewinnsituation der Unternehmen und steigender Gehälter bleibt die Investitionsbereitschaft hoch. Der Zuwachs des Bruttoinlandsproduktes betrug 3,6%. Der neuseeländische Konsument zeigt eine hohe Reaktionsbereitschaft auf direkte Mailings. Jeder zehnte Werbebrief-Empfänger reagiert mindestens einmal pro Quartal auf persönliche und informative Werbebriefe.

Soziodemografische Daten

Fläche	270.534 km²
Bevölkerung	4,0 Mio.
Anzahl Haushalte	1,5 Mio.
Durchschnittliche Haushaltsgröße	2,7 Personen
Anzahl Haushalte mit Internetanschluss	k.A.
Großstädte/Ballungsräume (Einwohner)	Auckland (337.382), Christchurch (322.188), Manukau (281.607), North Shore (184.287), Waitakere (167.172), Wellington (165.945)
Bevölkerung	
0 bis 14 Jahre	0,8 Mio.
15 bis 64 Jahre	2,7 Mio.
65 Jahre und älter	0,5 Mio.

(Quelle: Fischer Weltalmanach 2005, Bundesagentur für Außenwirtschaft 2005)

7.1 Direktmarketing-Trends (1)

Erhalt von Mailings

Die Mailingdichte in Neuseeland entspricht in etwa dem Referenzwert: 38% erhalten mindestens einmal pro Woche Werbebriefe (vgl. USA / Pazifik 35%), 21% mindestens einmal im Monat (vgl. USA / Pazifik 24%) und 41% so gut wie nie (identisch mit USA / Pazifik).

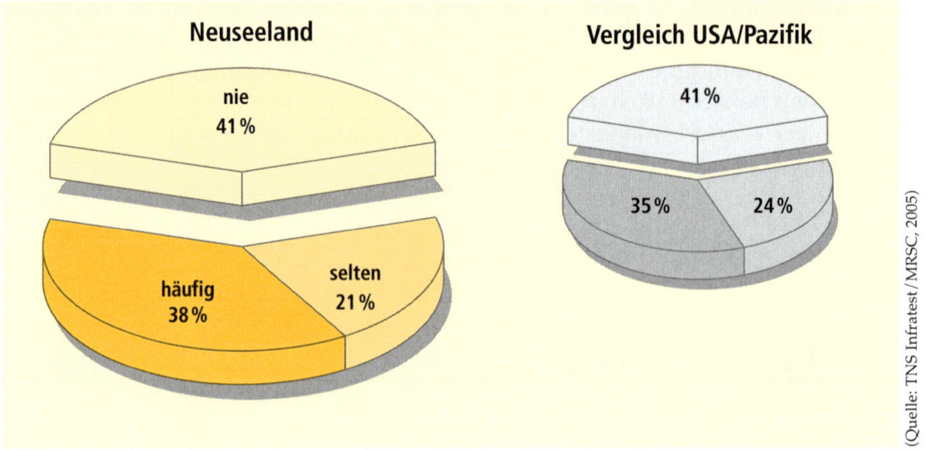

Basis Neuseeland: Alle Befragten
N: 945

Basis USA/Pazifik: Alle Befragten
N: 2.447

seltener als 1x im Monat/nie | 1x bis mehrmals im Monat | 1x pro Woche und häufiger

Reaktionsverhalten auf Mailings

Neuseelands Verbraucher geben sich etwas mailingaffiner als der amerikanisch-pazifische Durchschnitt: 90% lesen Werbebriefe hin und wieder (vgl. USA / Pazifik 86%), 39% sogar regelmäßig (vgl. USA / Pazifik 35%). 23% reagieren mindestens einmal im Jahr (vgl. USA / Pazifik 22%), 11% noch häufiger (vgl. USA / Pazifik 10%).

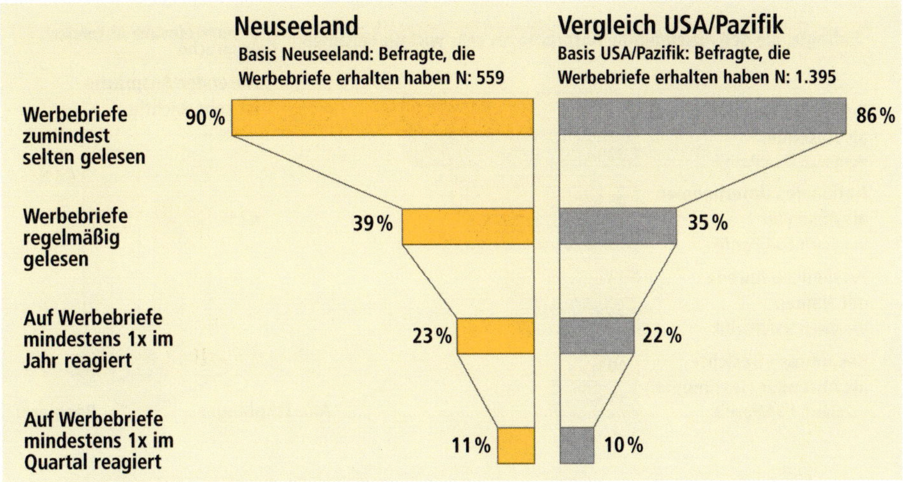

(Quelle: TNS Infratest/MRSC, 2005)

7.2 Direktmarketing-Trends (2)

Relevanz von Gestaltung, Absender/Ansprache und Inhalt

65% der Reagierer empfinden den Inhalt eines Mailings als äußerst wichtig: So freut sich ein Drittel der Neuseeländer über die Beilage von Warenproben. Der Werbepost eines bekannten Unternehmens scheinen 32% eher zu vertrauen – gute Chancen haben auch nationale Anbieter (25%). 28% legen Wert auf eine witzige Aufmachung.

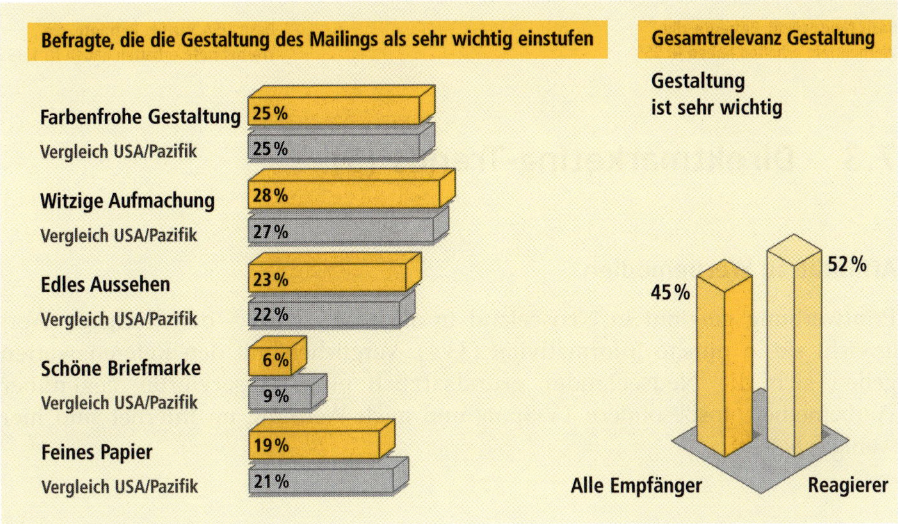

(Quelle: TNS Infratest/MRSC, 2005)

Basis Neuseeland: Befragte, die Werbebriefe erhalten haben N: 559

Basis USA/Pazifik: Befragte, die Werbebriefe erhalten haben N: 1.395

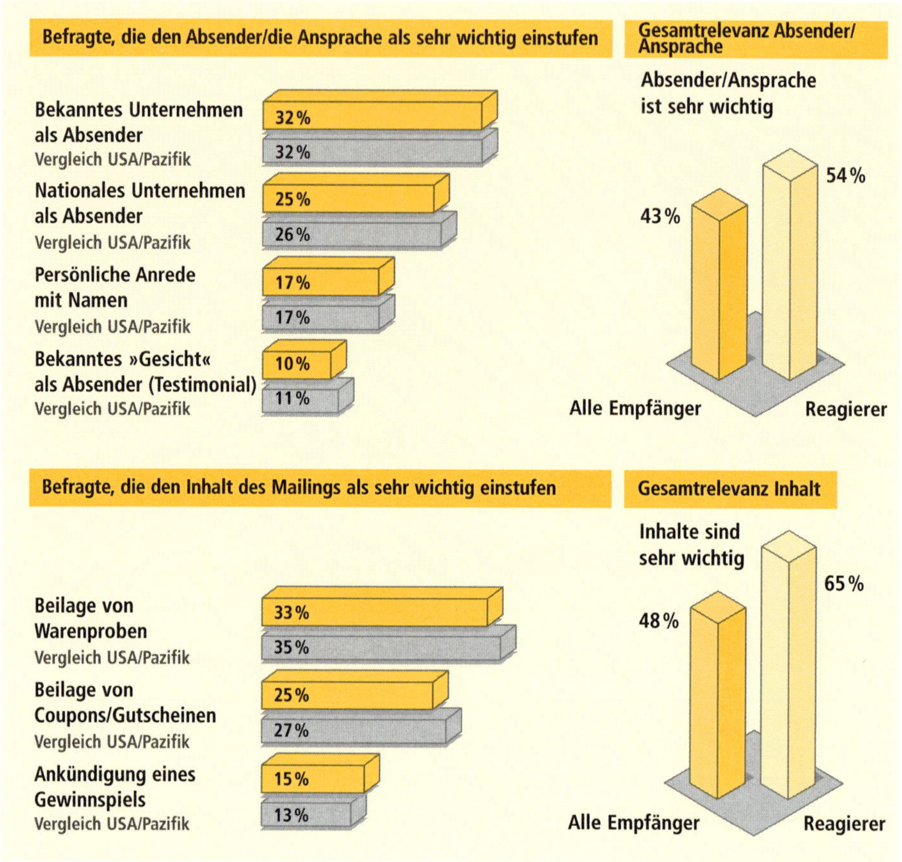

Basis Neuseeland: Befragte, die Werbebriefe erhalten haben N: 559

Basis USA/Pazifik: Befragte, die Werbebriefe erhalten haben N: 1.395

7.3 Direktmarketing-Trends (3)

Affinität zu Werbemedien

Printwerbung gewinnt in Neuseeland in allen Bereichen – den höchsten Wert erreicht sie in puncto Informativität (33%). Verglichen mit den Referenzwerten geben sich die Neuseeländer grundsätzlich etwas reservierter gegenüber Werbemedien. Insbesondere TV-Spots und auch Werbung im Internet sind hier weniger beliebt.

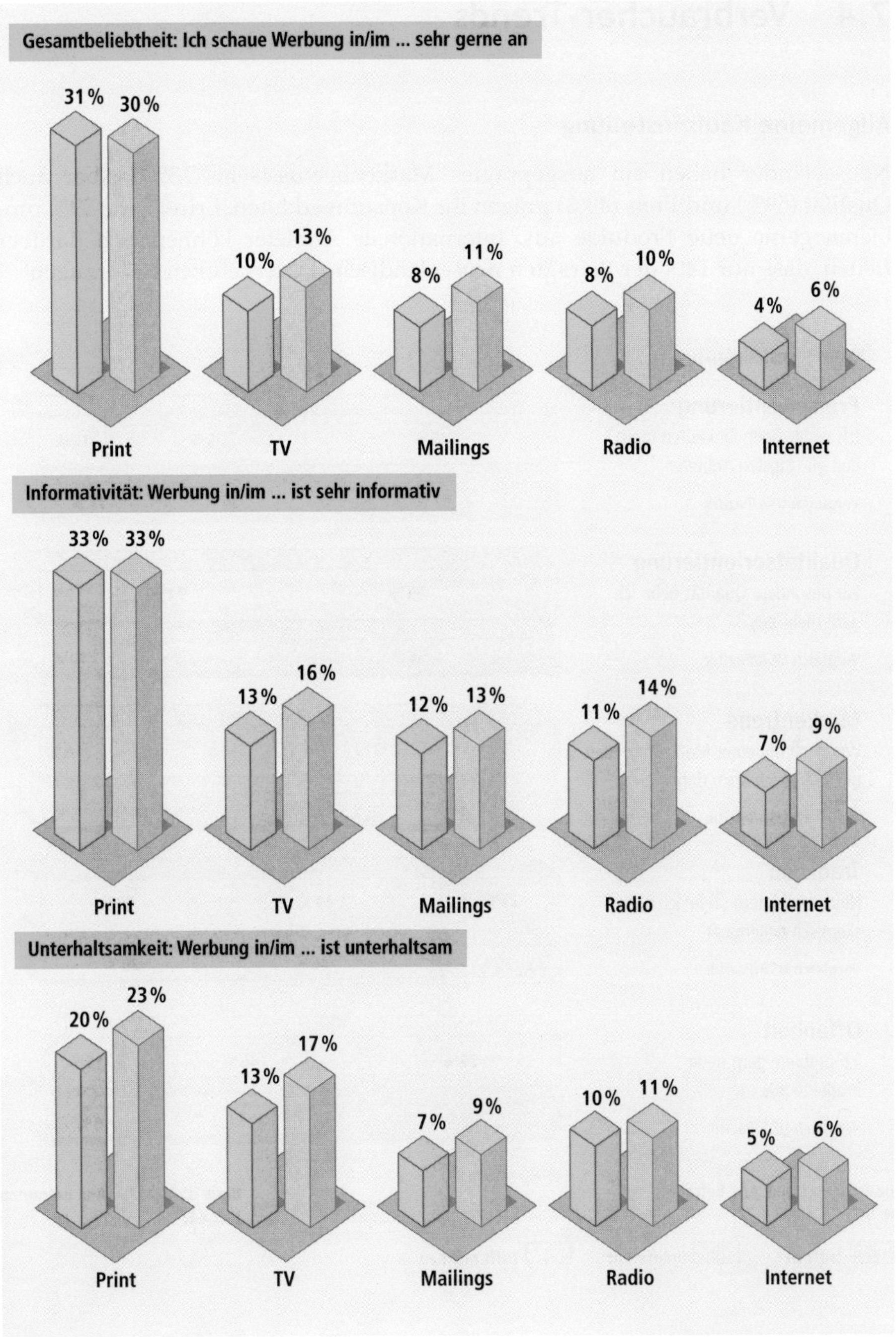

(Quelle: TNS Infratest/MRSC, 2005)

Basis Neuseeland: Alle Befragten
N: 945

Basis USA/Pazifik: Alle Befragten
N: 2.447

☐ **Neuseeland**

☐ **Vergleich USA/Pazifik**

7.4 Verbraucher-Trends

Allgemeine Kaufeinstellung

Neuseeländer haben ein ausgeprägtes Markenbewusstsein (73%). Aber auch Qualität (59%) und Preis (49%) prägen ihr Konsumverhalten. Erfreuliche 39% probieren gerne neue Produkte aus. Internationale Anbieter können sich darüber freuen, dass nur 14% der Befragten neuseeländische Unternehmen bevorzugen.

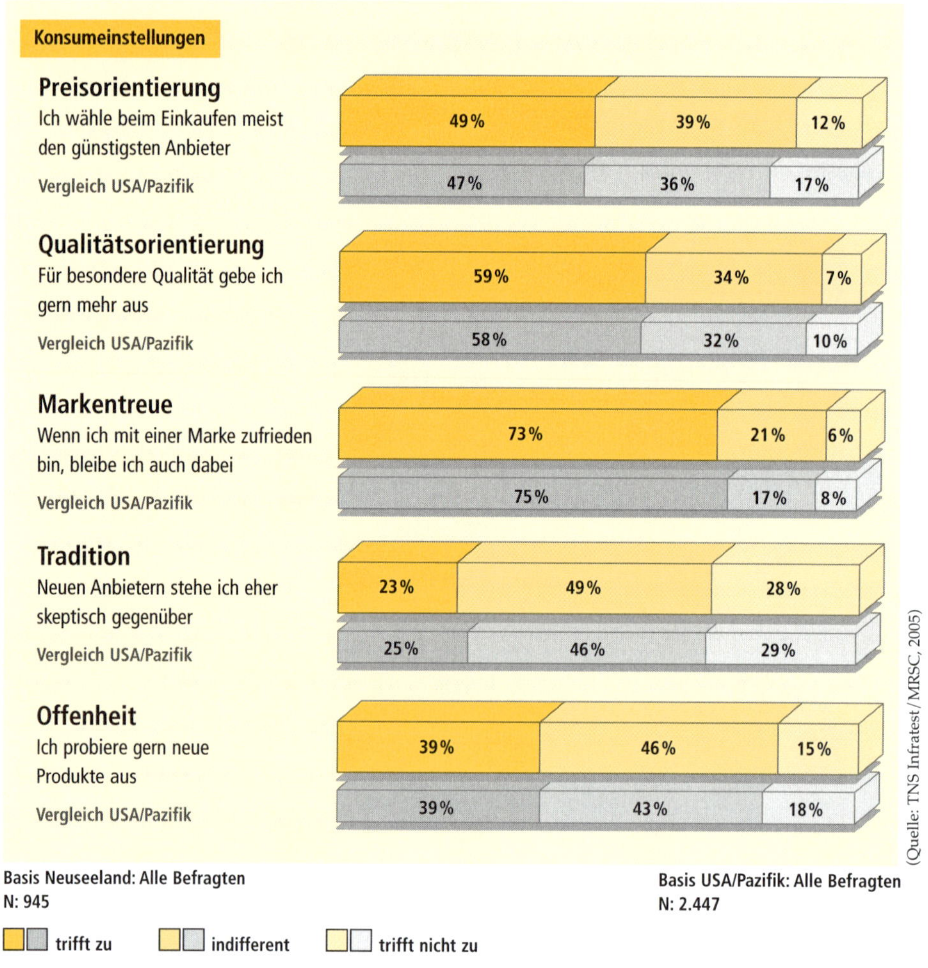

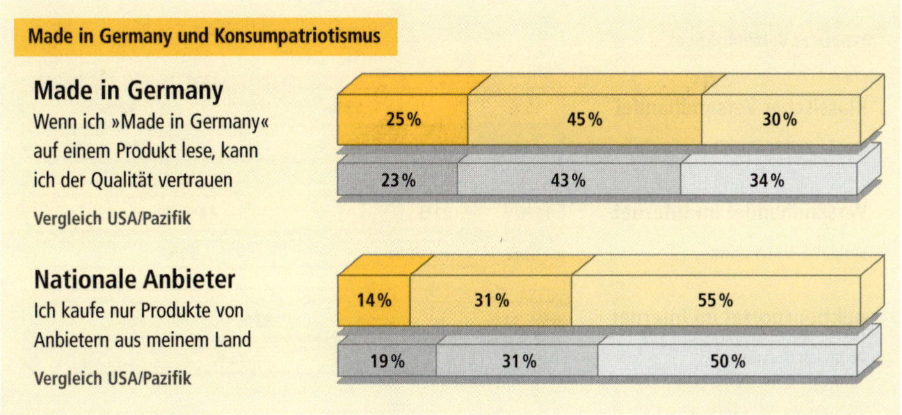

(Quelle: TNS Infratest/MRSC, 2005)

Basis Neuseeland: Alle Befragten
N: 945

Basis USA/Pazifik: Alle Befragten
N: 2.447

trifft zu | indifferent | trifft nicht zu

7.5 Versandhandelsaffinität

Kauf- und Bestellverhalten

Die Affinität zum Versandhandel liegt in Neuseeland etwas unter dem amerikanisch-pazifischen Durchschnitt: 11% bestellen dort häufig (vgl. USA/Pazifik 17%), 27% selten (vgl. USA/Pazifik 25%) und 62% nie (vgl. USA/Pazifik 58%). Der klassische Versandhandel (68%) liegt deutlich vor dem Internet (38%). Die meisten Befragten (52%) bestellen aber gern online, wenngleich sich die Internetplattform und E-Auktionen noch nicht so durchgesetzt haben wie im übrigen Raum USA/Pazifik.

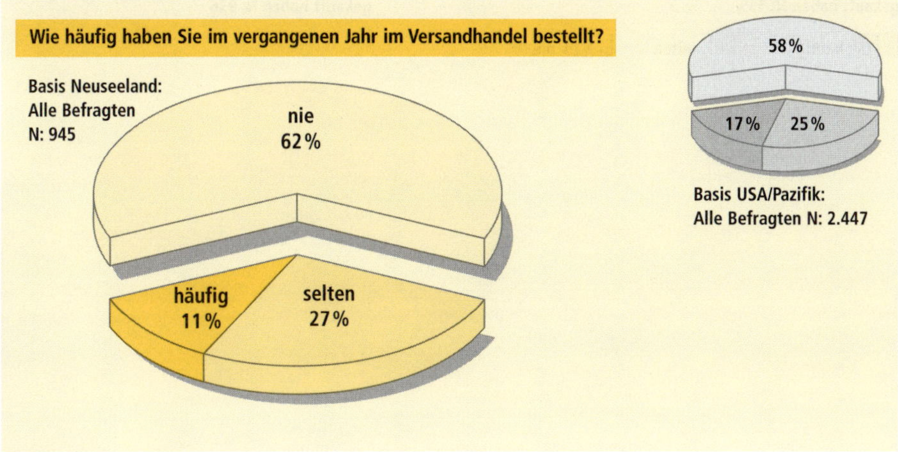

(Quelle: TNS Infratest/MRSC, 2005)

häufig | selten | nie

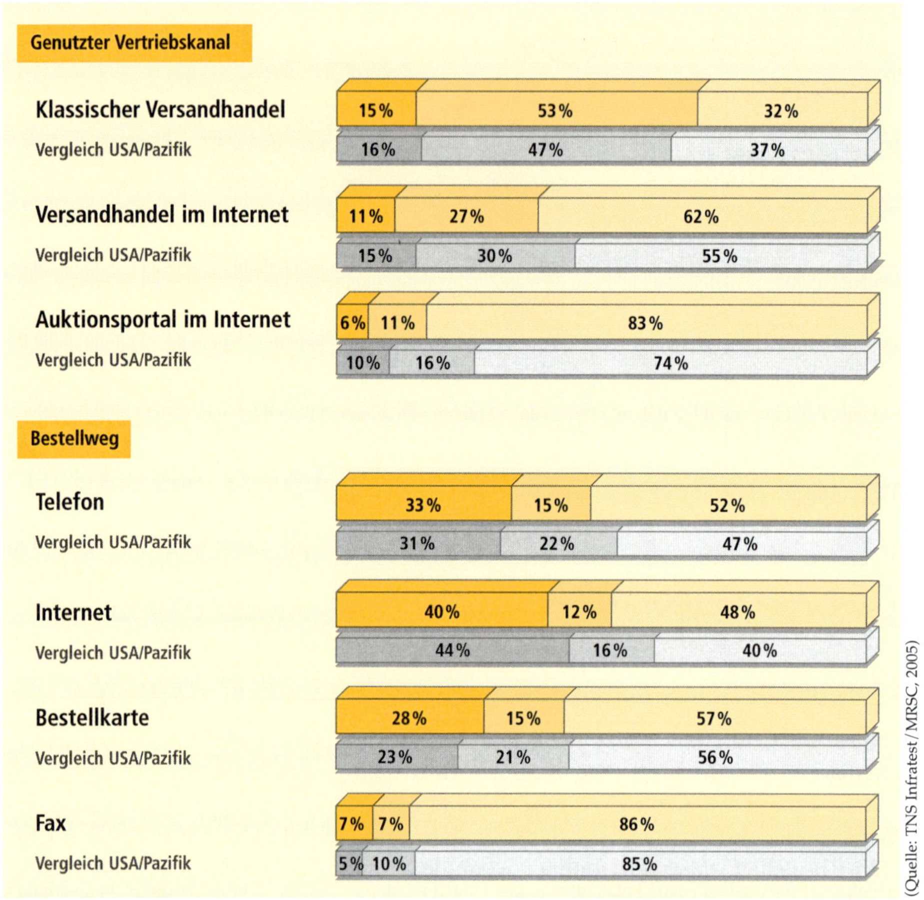

Basis Neuseeland: Befragte, die im Versandhandel gekauft haben N: 355

Basis USA/Pazifik: Befragte, die im Versandhandel gekauft haben N: 936

häufig selten nie

8 Belgien

Für die nächsten Jahre stehen die Prognosen für die belgische Wirtschaft auf solidem Wachstumskurs. 2005 bis 2010 soll das Bruttoinlandsprodukt durchschnittlich um ca. 2,2% pro Jahr wachsen. Die positiven Erwartungen an die Wirtschaft stärken auch das Vertrauen der Konsumenten. So wird dem privaten Konsum für 2006 ein Anstieg von 2,3% vorhergesagt. Das Direktmarketing hat der TV-Werbung in puncto Gesamtbeliebtheit, Unterhaltung und Informativität den Rang abgelaufen.

Soziodemografische Daten

Fläche	32.545 km^2
Bevölkerung	10,4 Mio.
Anzahl Haushalte	3,9 Mio.
Durchschnittliche Haushaltsgröße	2,7 Personen
Anzahl Haushalte mit Internetanschluss	1,5 Mio.
Großstädte/Ballungsräume (Einwohner)	Brüssel (978.384), Antwerpen (448.709), Gent (226.220), Charleroi (200.578), Lüttich (185.131), Brügge (116.836)
Bevölkerung	
0 bis 14 Jahre	1,8 Mio.
15 bis 64 Jahre	6,8 Mio.
65 Jahre und älter	1,8 Mio.

(Quelle: Fischer Weltalmanach 2005, Bundesagentur für Außenwirtschaft 2005)

8.1 Direktmarketing-Trends (1)

Erhalt von Mailings

Zwei Drittel aller befragten Belgier erhalten öfter als einmal in der Woche Werbebriefe. Damit liegen die Belgier zwar noch leicht unter dem westeuropäischen Durchschnitt (68%), allerdings ist die Mailingdichte in Belgien grundsätzlich höher als in Westeuropa: Nur 11% der belgischen Konsumenten erhalten keine Werbebriefe (13% in Westeuropa).

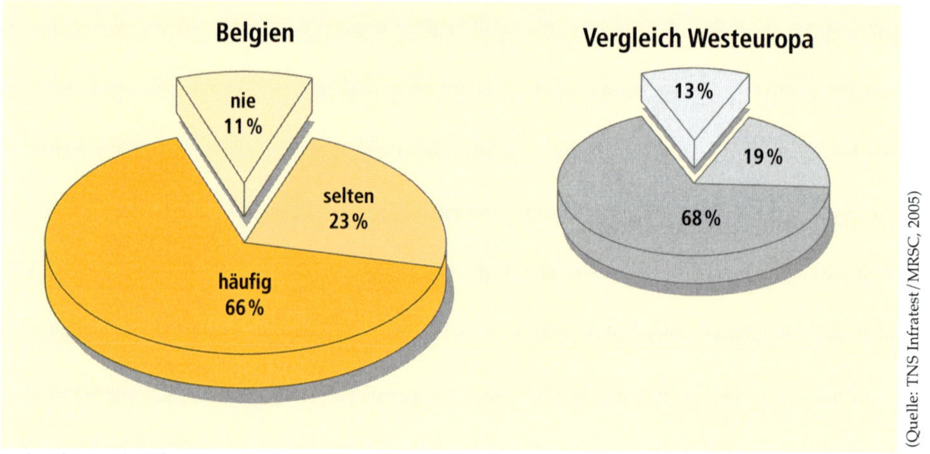

Basis Belgien: Alle Befragten
N: 526

Basis Westeuropa: Alle Befragten
N: 4.621

seltener als 1x im Monat/nie — 1x bis mehrmals im Monat — 1x pro Woche und häufiger

Reaktionsverhalten auf Mailings

Mailings erfreuen sich in Belgien großer Aufmerksamkeit: Ganze 91% der Werbebrief-Empfänger lesen ihre Post zumindest hin und wieder. Auch die Response-Intensität bei Mailings liegt in Belgien höher als in den westeuropäischen Nachbarländern: 30% reagieren mindestens einmal jährlich und 16% sogar mehrmals im Quartal auf ihre Werbepost.

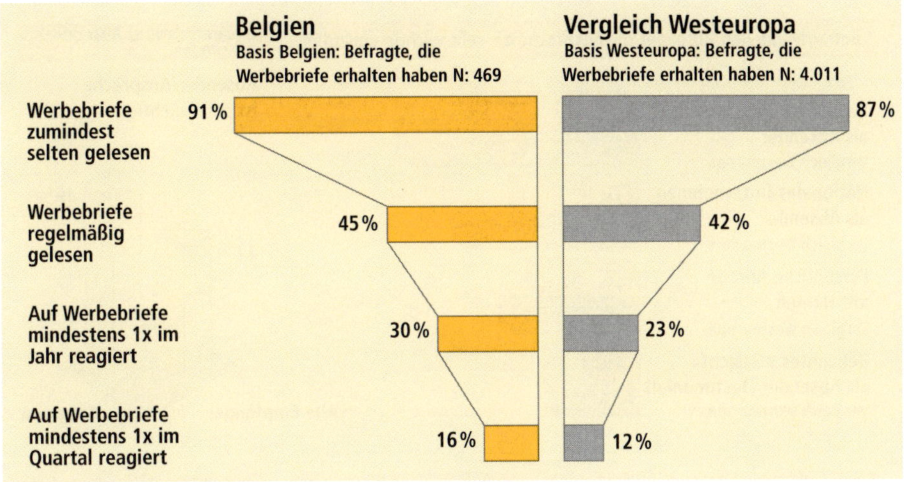

(Quelle: TNS Infratest/MRSC, 2005)

8.2 Direktmarketing-Trends (2)

Relevanz von Gestaltung, Absender/Ansprache und Inhalt

Die Ästhetik spielt in Belgien eine wichtige Rolle. Und solange der Inhalt der Werbesendung stimmt, erzielen auch internationale Absender die Aufmerksamkeit der Belgier. Insbesondere, wenn diese anhand der beigefügten Warenprobe (35%) das Produkt testen können. Für die Gruppe der belgischen Reagierer steht eindeutig fest: Ansprache und Absender (46%) sind nicht annähernd so relevant wie Gestaltung (63%) und Inhalt (65%).

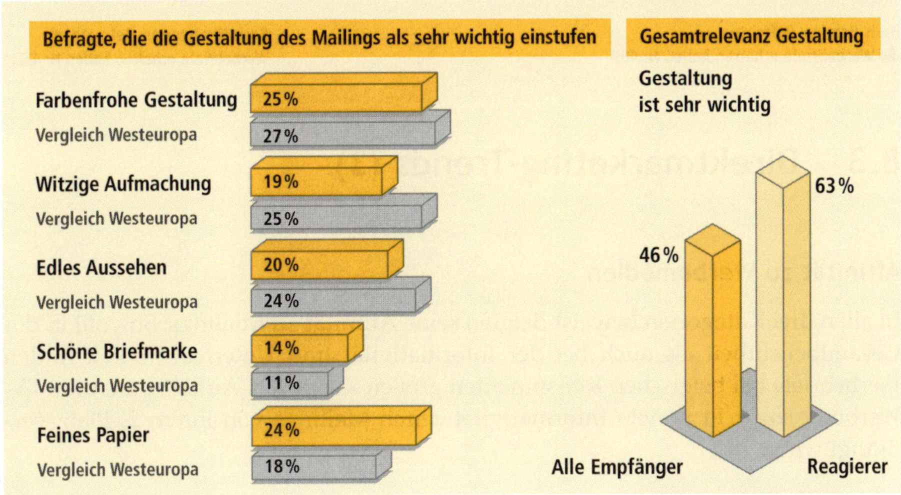

(Quelle: TNS Infratest/MRSC, 2005)

Basis Belgien: Befragte, die Werbebriefe erhalten haben N: 469

Basis Westeuropa: Befragte, die Werbebriefe erhalten haben N: 4.011

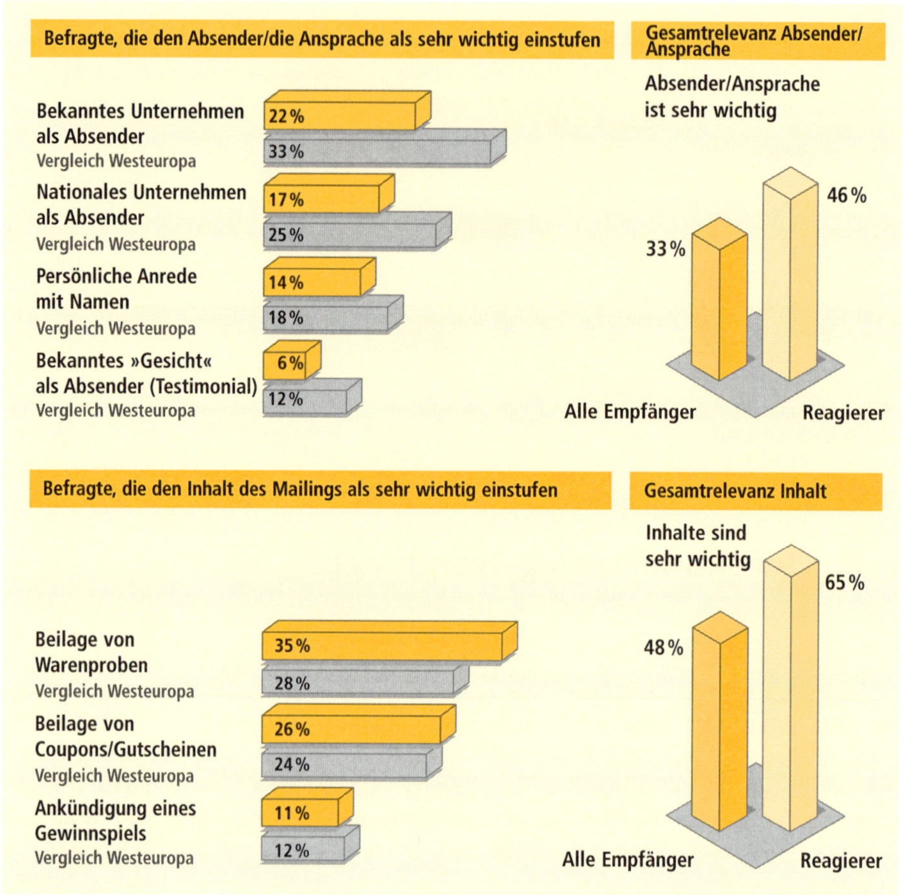

(Quelle: TNS Infratest / MRSC, 2005)

Basis Belgien: Befragte, die Werbebriefe erhalten haben N: 469

Basis Westeuropa: Befragte, die Werbebriefe erhalten haben N: 4.011

8.3 Direktmarketing-Trends (3)

Affinität zu Werbemedien

In allen drei Kategorien beweist Belgien seine Affinität zu Mailings: Sowohl in der Gesamtbeliebtheit als auch bei der Informativität und Unterhaltsamkeit finden Werbebriefe bei belgischen Konsumenten großen Zuspruch. Auffällig ist, dass TV-Werbung sogar in puncto Informativität durch Mailings von ihrem 2. Platz verdrängt wird.

Gesamtbeliebtheit: Ich schaue Werbung in/im ... sehr gerne an

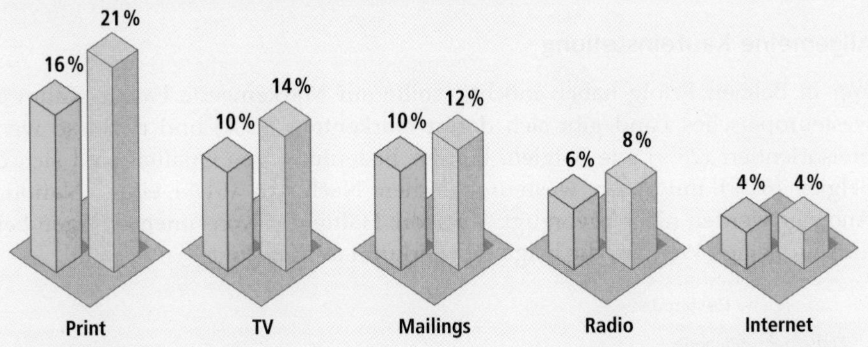

Informativität: Werbung in/im ... ist sehr informativ

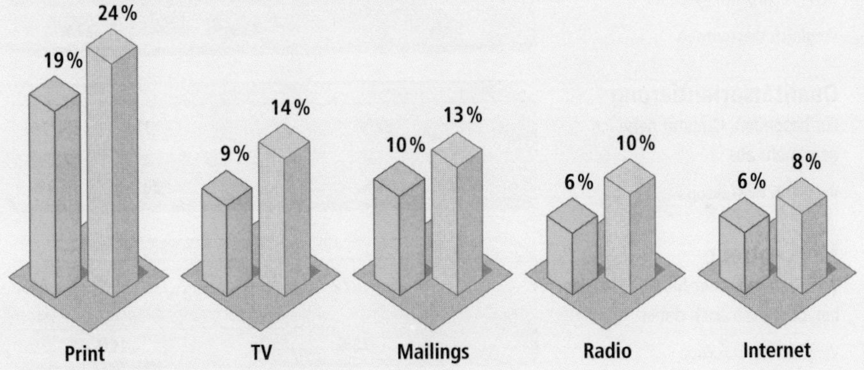

Unterhaltsamkeit: Werbung in/im ... ist unterhaltsam

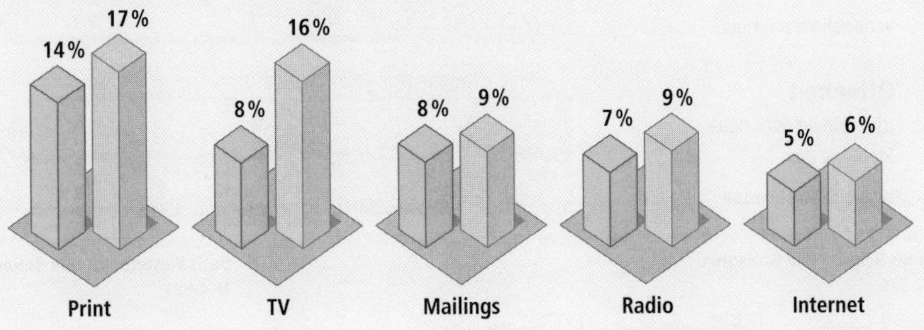

(Quelle: TNS Infratest/MRSC, 2005)

Basis Belgien: Alle Befragten
N: 526

Basis Westeuropa: Alle Befragten
N: 4.621

☐ Belgien

☐ Vergleich Westeuropa

8.4 Verbraucher-Trends

Allgemeine Kaufeinstellung

Wer in Belgien Erfolg haben möchte, sollte auf Markenwerte bauen. Kaum ein westeuropäisches Land gibt sich derart markentreu (79%) und dabei so wenig preisorientiert (28%) wie Belgien. Bei der Bedeutung von Qualität sind sich die Belgier (62%) mit ihren westeuropäischen Nachbarn (61%) einig. Nationale Anbieter werden nicht bevorzugt: Über die Hälfte der Konsumenten legen beim Einkauf keinen Wert auf die belgische Herkunft der Produkte.

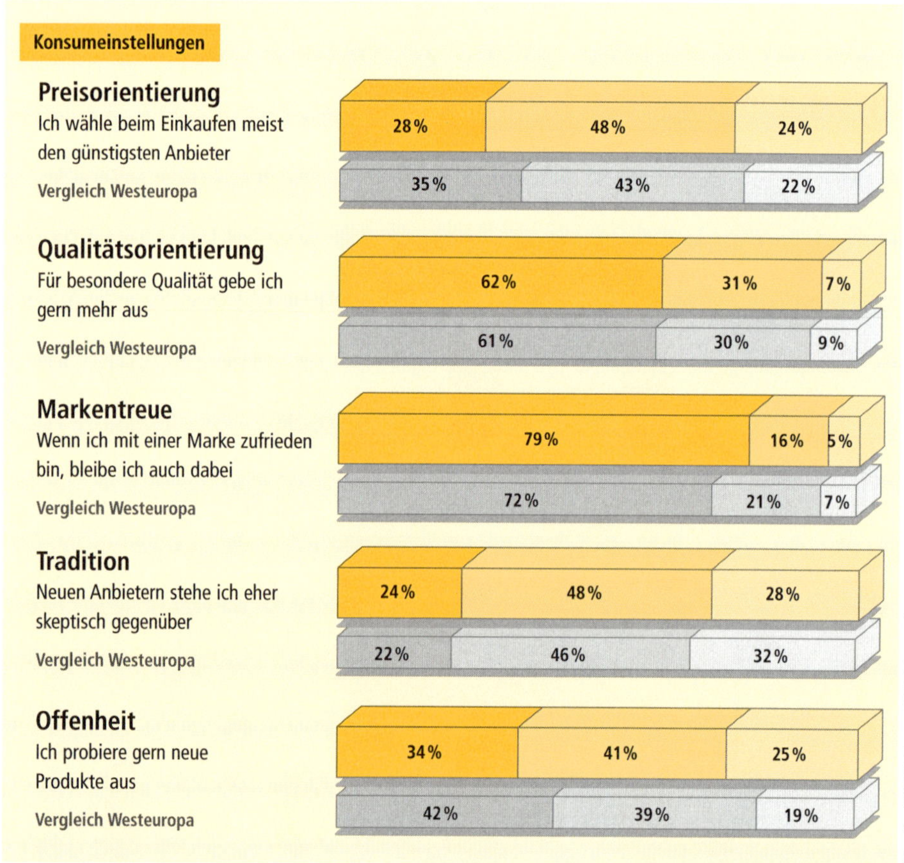

(Quelle: TNS Infratest / MRSC, 2005)

Basis Belgien: Alle Befragten
N: 526

Basis Westeuropa: Alle Befragten
N: 4.621

trifft zu | indifferent | trifft nicht zu

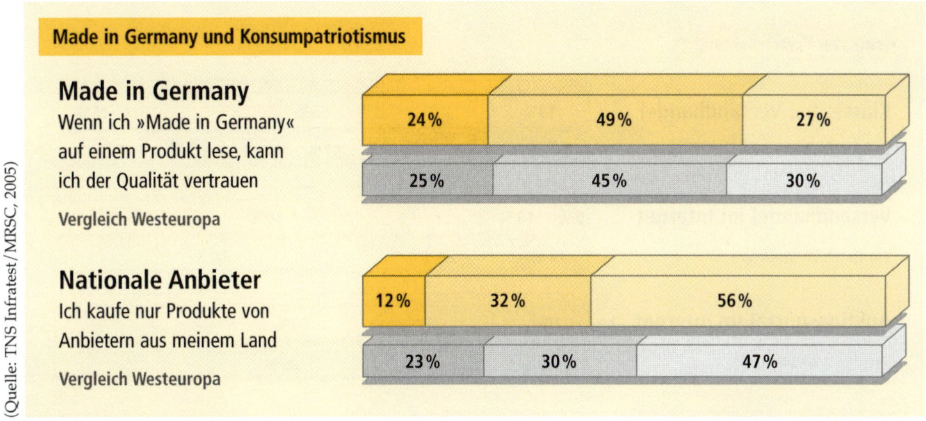

Basis Belgien: Alle Befragten
N: 526

Basis Westeuropa: Alle Befragten
N: 4.621

trifft zu | indifferent | trifft nicht zu

8.5 Versandhandelsaffinität

Kauf- und Bestellverhalten

Im Versandhandel kaufen nur 11% der belgischen Konsumenten regelmäßig ein, ganze 63% haben noch nie hierüber bestellt. Mit diesen Werten erreicht der Versandhandel nicht den westeuropäischen Durchschnitt. Die wenigen, die per Katalog ordern, bevorzugen die Bestellkarte (46%) als Response-Mittel.

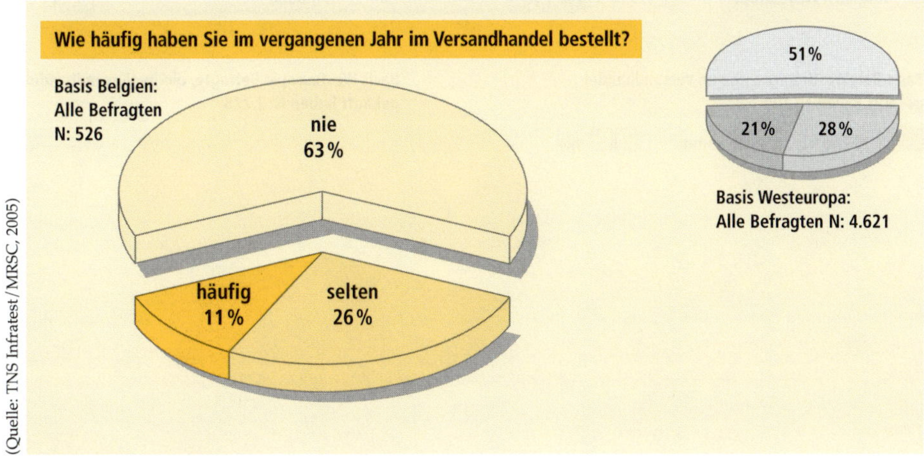

häufig | selten | nie

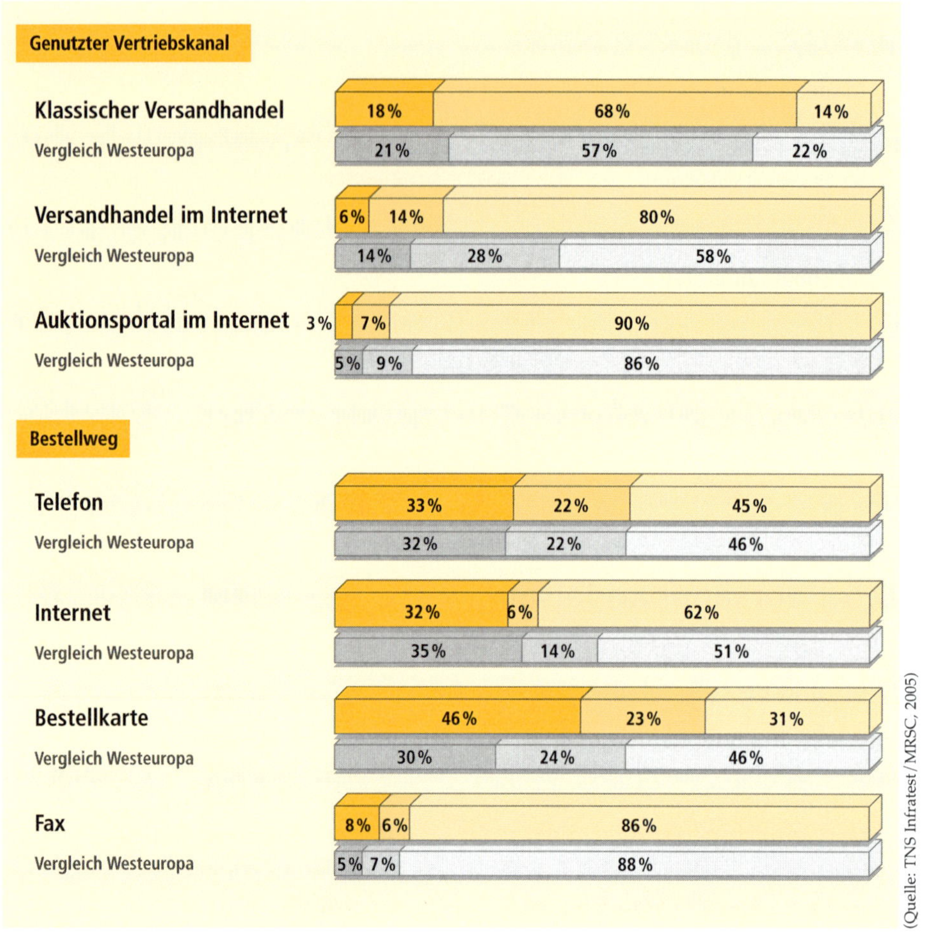

Basis Belgien: Befragte, die im Versandhandel gekauft haben N: 194

Basis Westeuropa: Befragte, die im Versandhandel gekauft haben N: 2.228

häufig selten nie

9 Deutschland

Die Fußballweltmeisterschaft soll den richtigen Anstoß für gesteigerten Konsum im Jahr 2006 geben. Nicht zuletzt lässt auch die neue Regierung auf eine nachhaltige Besserung der wirtschaftlichen Lage hoffen. Direktmarketing gewinnt weiter an Bedeutung. Zielgerichtete Mailings, die das Produktinteresse der Empfängergruppe treffen und einen hohen Personalisierungsgrad aufweisen, können auch in einem Land mit hoher Mailingdichte nennenswerte Erfolge erzielen.

Soziodemografische Daten

Fläche	357.027 km^2
Bevölkerung	82,5 Mio.
Anzahl Haushalte	38,9 Mio.
Durchschnittliche Haushaltsgröße	2,1 Personen
Anzahl Haushalte mit Internetanschluss	18,2 Mio.
Großstädte/Ballungsräume (Einwohner)	Berlin (3.392.425), Hamburg (1.728.806), München (1.234.692), Köln (968.639), Frankfurt a. Main (643.726), Dortmund (590.831)
Bevölkerung	
0 bis 14 Jahre	12,1 Mio.
15 bis 64 Jahre	55,5 Mio.
65 Jahre und älter	14,9 Mio.

(Quelle: Fischer Weltalmanach 2005, Bundesagentur für Außenwirtschaft 2005)

9.1 Direktmarketing-Trends (1)

Erhalt von Mailings

Kaum ein Deutscher kennt sie nicht – die Werbebriefe. Ganze 73% der Deutschen erhalten mindestens einmal pro Woche Mailings. Diese Zahl liegt noch über dem westeuropäischen Mittel von 68%. Nur 8% der befragten Deutschen geben an, fast noch nie Werbebriefe erhalten zu haben.

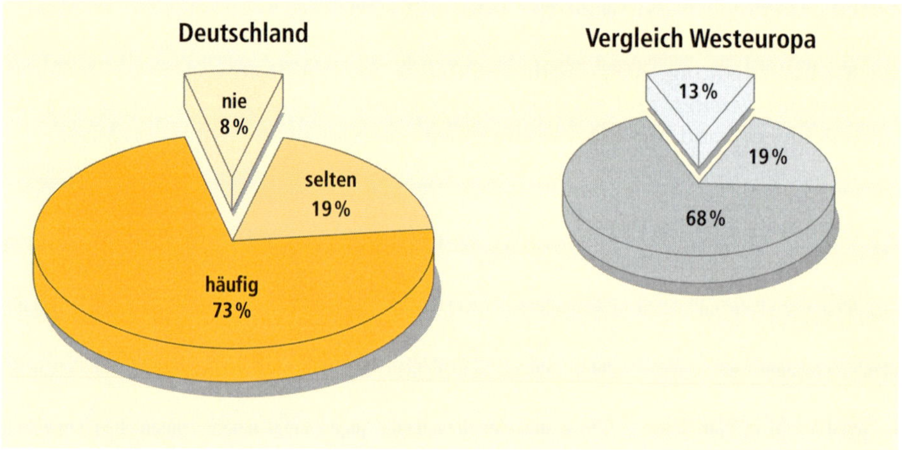

(Quelle: TNS Infratest/MRSC, 2005)

Basis Deutschland: Alle Befragten
N: 500

Basis Westeuropa: Alle Befragten
N: 4.621

seltener als 1x im Monat/nie — 1x bis mehrmals im Monat — 1x pro Woche und häufiger

Reaktionsverhalten auf Mailings

Ganze 87% der deutschen Werbebrief-Empfänger sind erreichbar, 30% lesen ihre Mailings sogar häufig, verglichen mit Westeuropa (42%) allerdings ein geringerer Anteil. Auch die Response-Intensität liegt etwas unterhalb des westeuropäischen Mittels: 7% aller Befragten, die Werbepost erhalten und sie regelmäßig lesen, haben im letzten Jahr häufig auf diese reagiert.

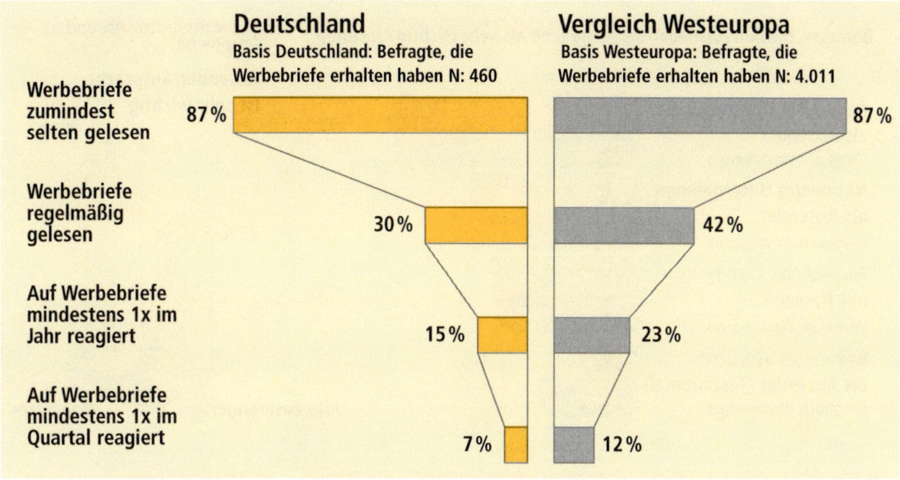

(Quelle: TNS Infratest/MRSC, 2005)

9.2 Direktmarketing-Trends (2)

Relevanz von Gestaltung, Absender/Ansprache und Inhalt

Den Empfängern von Werbepost in Deutschland ist die Bekanntheit des Absenders und die persönliche Ansprache bei Mailings besonders wichtig. Gestaltungsmerkmalen misst man weniger Bedeutung bei als im westeuropäischen Durchschnitt. Warenproben stufen immerhin 21% der Befragten als sehr wichtig ein. Absender, Ansprache und Inhalte des Mailings gewinnen bei Reagierern noch deutlich an Bedeutung.

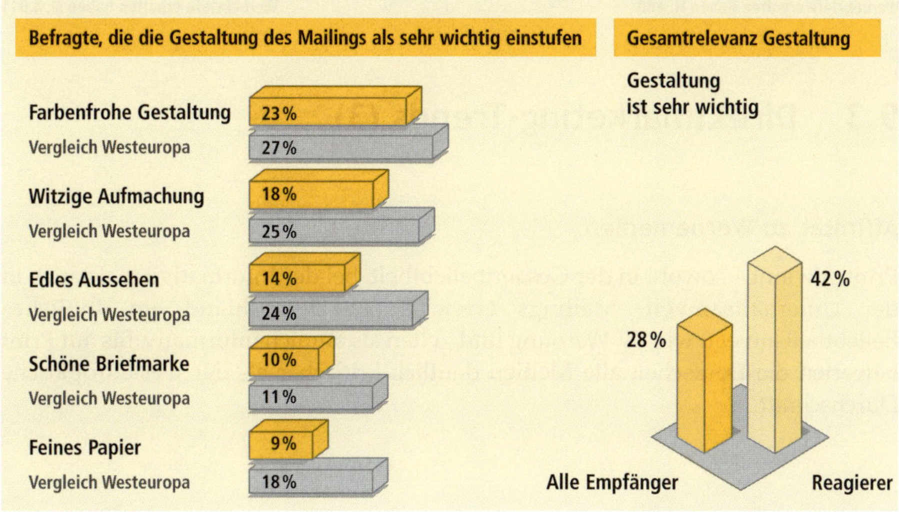

(Quelle: TNS Infratest/MRSC, 2005)

Basis Deutschland: Befragte, die Werbebriefe erhalten haben N: 460

Basis Westeuropa: Befragte, die Werbebriefe erhalten haben N: 4.011

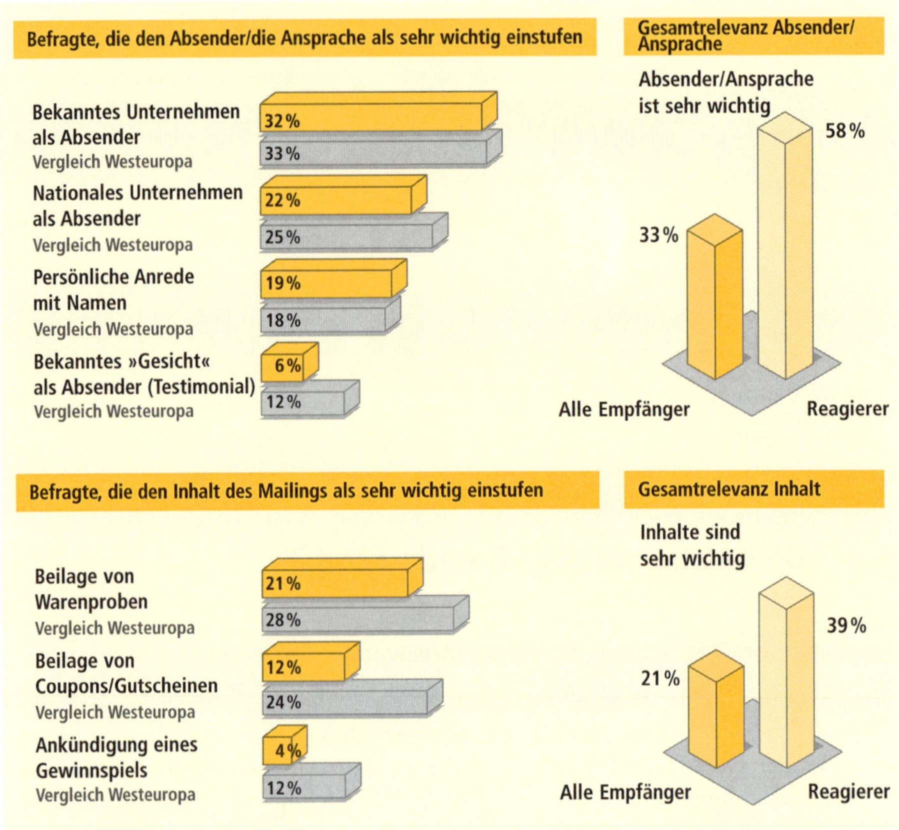

(Quelle: TNS Infratest/MRSC, 2005)

Basis Deutschland: Befragte, die Werbebriefe erhalten haben N: 460

Basis Westeuropa: Befragte, die Werbebriefe erhalten haben N: 4.011

9.3 Direktmarketing-Trends (3)

Affinität zu Werbemedien

Print gewinnt – sowohl in der Gesamtbeliebtheit, bei der Informativität als auch in der Unterhaltsamkeit. Mailings erreichen in Deutschland ein ähnliches Beliebtheitsniveau wie TV-Werbung und gelten als ähnlich informativ. Bis auf Print bewerten die Deutschen alle Medien deutlich kritischer als der westeuropäische Durchschnitt.

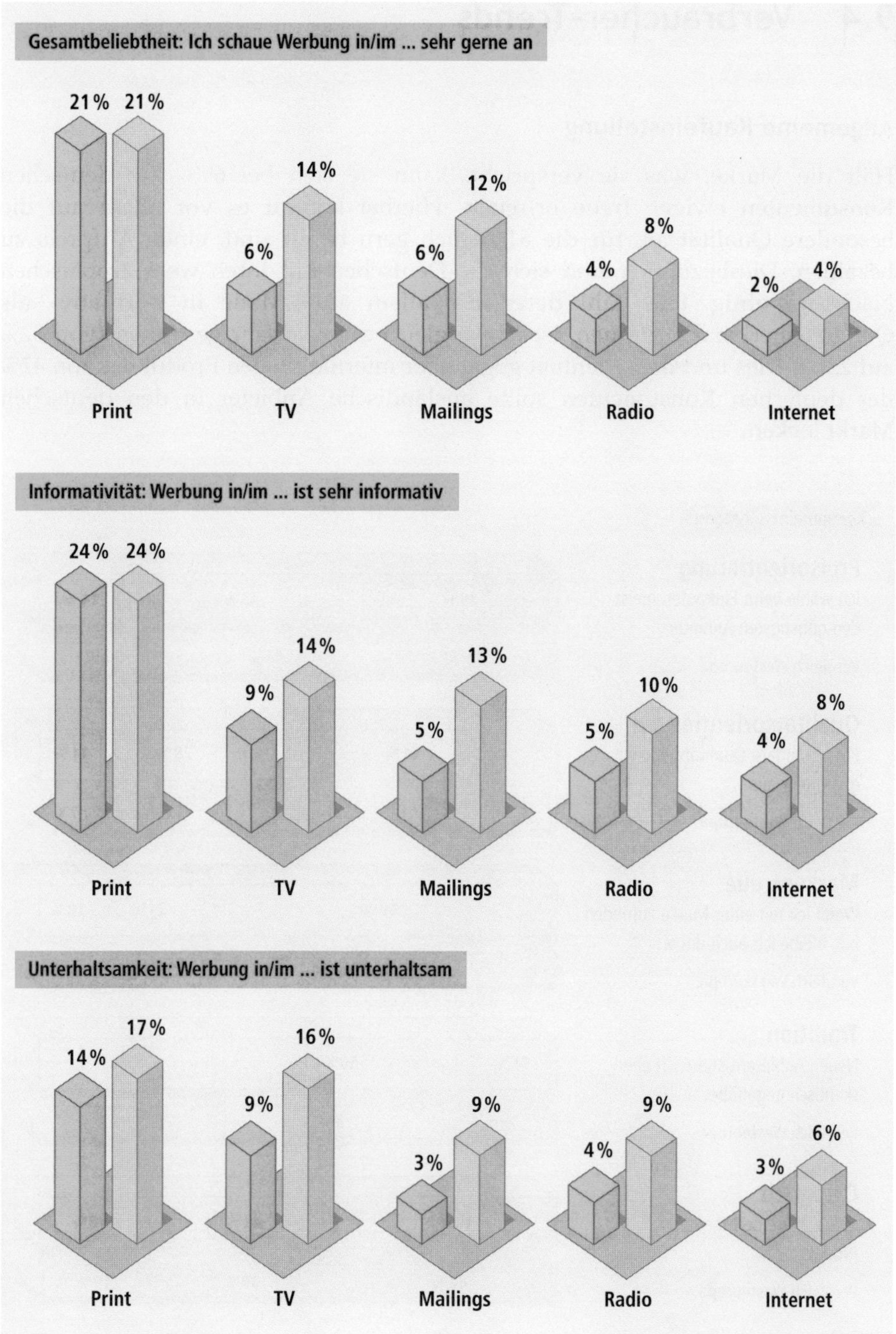

(Quelle: TNS Infratest/MRSC, 2005)

Basis Deutschland: Alle Befragten
N: 500

Basis Westeuropa: Alle Befragten
N: 4.621

☐ Deutschland

☐ Vergleich Westeuropa

9.4 Verbraucher-Trends

Allgemeine Kaufeinstellung

Hält die Marke, was sie verspricht, kann sie sich bei 69% der deutschen Konsumenten ewiger Treue erfreuen. Hierbei kommt es vor allem auf die besondere Qualität an, für die 61% auch gern bereit sind, einen Aufpreis zu bezahlen. Diesbezüglich sind sich die Deutschen mit ihren westeuropäischen Nachbarn einig. Die Zahl derer, die allein auf »Made in Germany« als Qualitätsmerkmal vertrauen, ist im Vergleich zum Vorjahr gesunken (von 32% auf 23%). Dies und die Offenheit gegenüber internationalen Produkten von 42% der deutschen Konsumenten sollte ausländische Anbieter in den deutschen Markt locken.

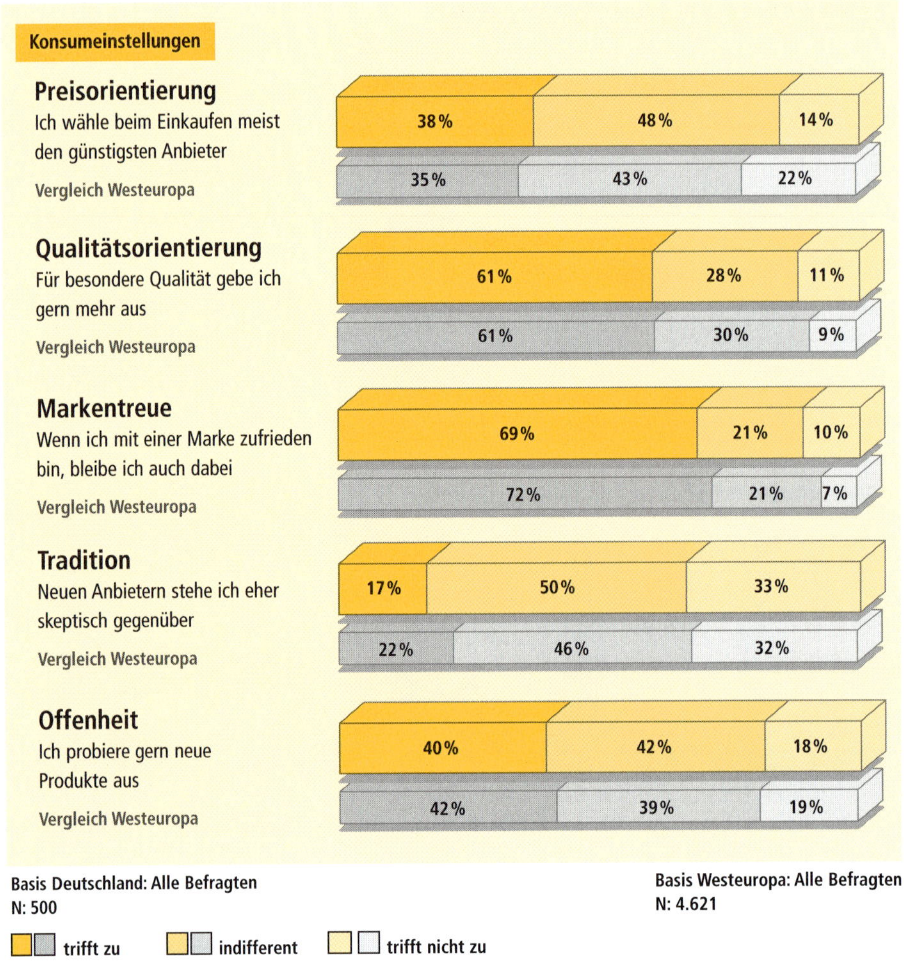

(Quelle: TNS Infratest/MRSC, 2005)

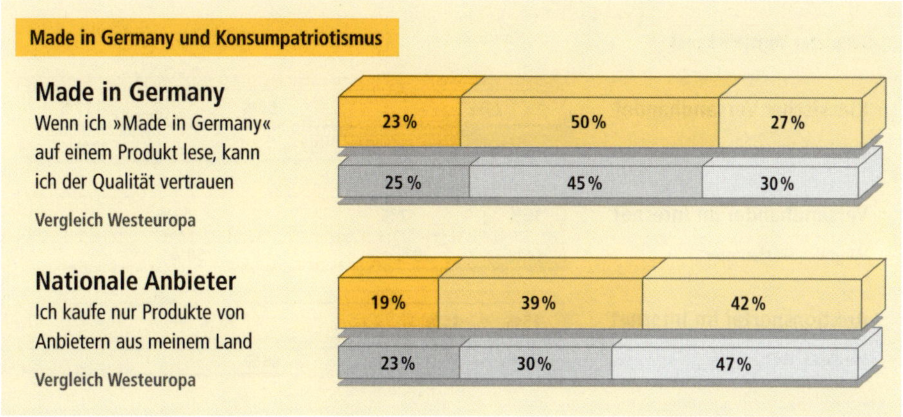

(Quelle: TNS Infratest/MRSC, 2005)

Basis Deutschland: Alle Befragten
N: 500

Basis Westeuropa: Alle Befragten
N: 4.621

trifft zu | indifferent | trifft nicht zu

9.5 Versandhandelsaffinität

Kauf- und Bestellverhalten

Verglichen mit Westeuropa erfreut sich der Versandhandel in Deutschland außerordentlich großer Beliebtheit: 34% der Deutschen bestellen häufig im Versandhandel. Eindeutig bevorzugt wird nach wie vor der klassische Katalog als Vorlage zur Bestellung (29%) und nicht etwa das Internet (15%). Die Bestellung selbst erfolgt am häufigsten telefonisch (49%), das Internet rangiert hier schon auf Platz zwei. Die Bestellkarte wird mit 21% seltener genutzt als im westeuropäischen Trend.

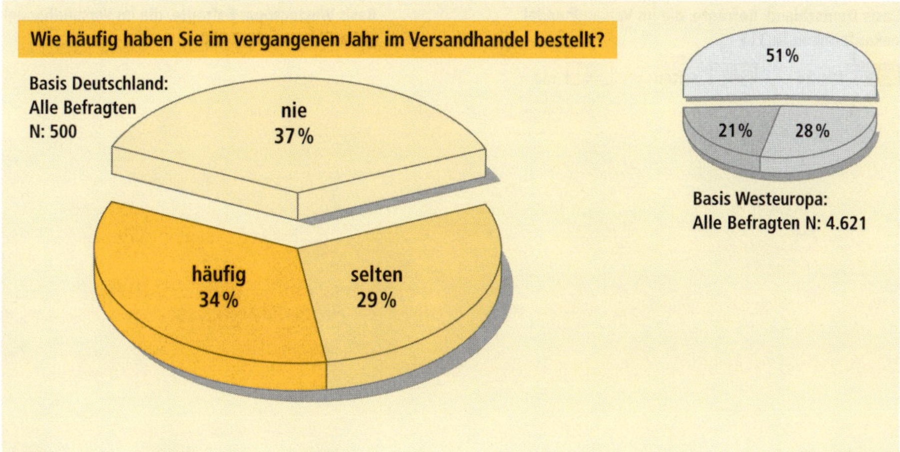

(Quelle: TNS Infratest/MRSC, 2005)

häufig | selten | nie

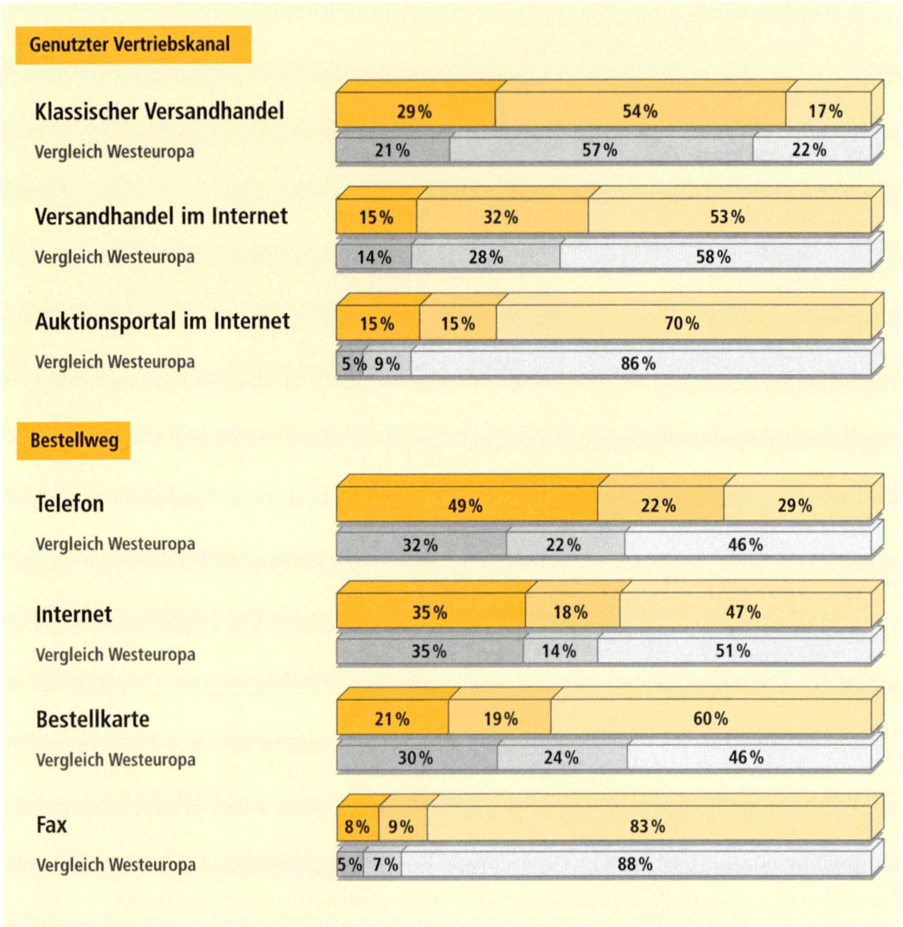

(Quelle: TNS Infratest/MRSC, 2005)

Basis Deutschland: Befragte, die im Versandhandel gekauft haben N: 315

Basis Westeuropa: Befragte, die im Versandhandel gekauft haben N: 2.228

häufig selten nie

10 Frankreich

Die französische Wirtschaft zeigte seit Mitte des Jahres 2005 einen leichten Aufschwung. Außerdem können in Privathaushalten und Unternehmen positive Investitionsimpulse verzeichnet werden. Nicht zuletzt aufgrund prognostizierter Lohnsteigerungen wird für 2006 mit einem Zuwachs des Privatverbrauchs von ca. 2% gegenüber dem Vorjahr gerechnet. Direktmarketing hat sich in Frankreich nachhaltig und erfolgreich durchgesetzt: Produktinteresse vorausgesetzt, können insbesondere Mailings mit beigefügten Coupons auf große Resonanz treffen.

Soziodemografische Daten

Fläche	543.965 km²
Bevölkerung	62,4 Mio.
Anzahl Haushalte	25,5 Mio.
Durchschnittliche Haushaltsgröße	2,4 Personen
Anzahl Haushalte mit Internetanschluss	7,7 Mio.
Großstädte/Ballungsräume (Einwohner)	Paris (2.115.757), Marseille (797.700), Lyon (416.263), Toulouse (390.712), Nizza (341.016), Straßburg (268.683)
Bevölkerung	
0 bis 14 Jahre	15,7 Mio.
15 bis 64 Jahre	36,6 Mio.
65 Jahre und älter	10,1 Mio.

(Quelle: Fischer Weltalmanach 2005, Bundesagentur für Außenwirtschaft 2005)

10.1 Direktmarketing-Trends (1)

Erhalt von Mailings

90% der befragten Franzosen erhalten Werbung per Post. Somit liegt die Verbreitung von Werbebriefen in Frankreich leicht über dem westeuropäischen Durchschnitt (87%). Allerdings erhalten die französischen Konsumenten (62%) nicht so häufig Mailings wie ihre westeuropäischen Nachbarn (68%).

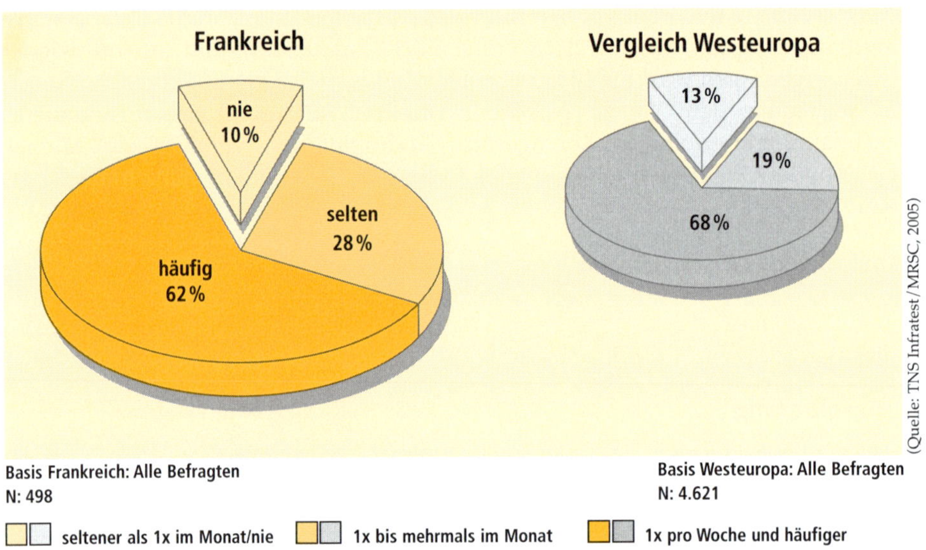

Reaktionsverhalten auf Mailings

89% der französischen Werbebrief-Empfänger lesen ihre Post, 43% sogar regelmäßig. 30% der befragten Franzosen, die Mailings erhalten und regelmäßig lesen, reagieren zumindest einmal jährlich – eine Zahl, die das westeuropäische Mittel (23%) deutlich übersteigt. Ganze 13% reagieren mehrfach pro Quartal.

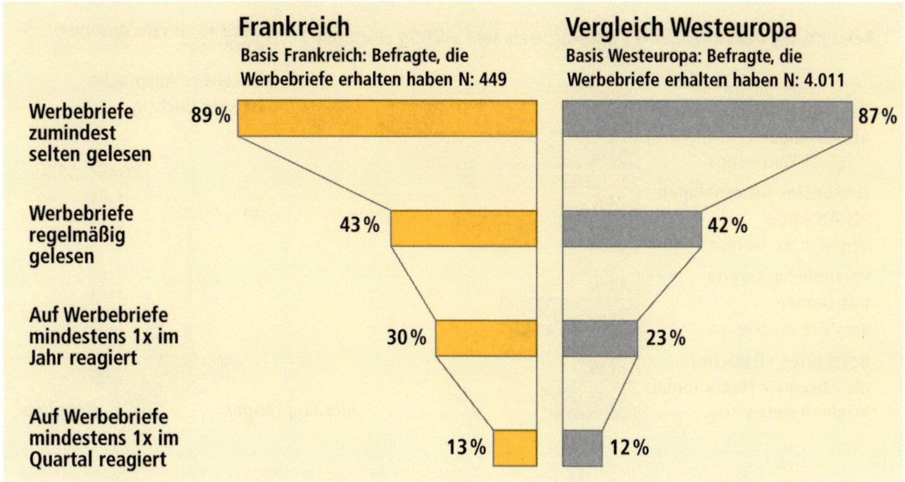

(Quelle: TNS Infratest/MRSC, 2005)

10.2 Direktmarketing-Trends (2)

Relevanz von Gestaltung, Absender/Ansprache und Inhalt

Während man in Frankreich auf die Gestaltung eines Mailings und die persönliche Ansprache etwa so viel Wert legt wie die Nachbarn im westeuropäischen Durchschnitt, fallen die Franzosen in ihrer Vorliebe für Couponing (40% zu 24%) deutlich aus dem Rahmen. Vor allem für 66% der Mailing-Reagierer ist der Inhalt des Mailings ausschlaggebend für die Aufmerksamkeit.

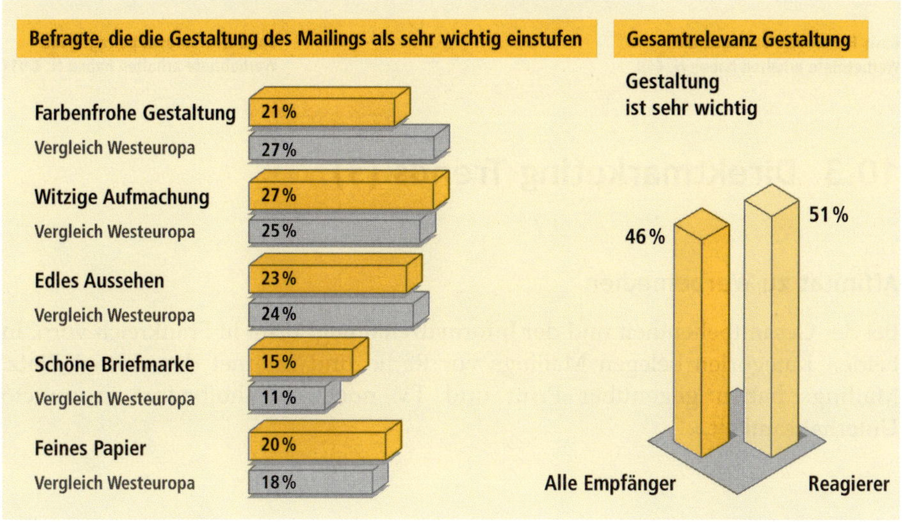

(Quelle: TNS Infratest/MRSC, 2005)

Basis Frankreich: Befragte, die Werbebriefe erhalten haben N: 449

Basis Westeuropa: Befragte, die Werbebriefe erhalten haben N: 4.011

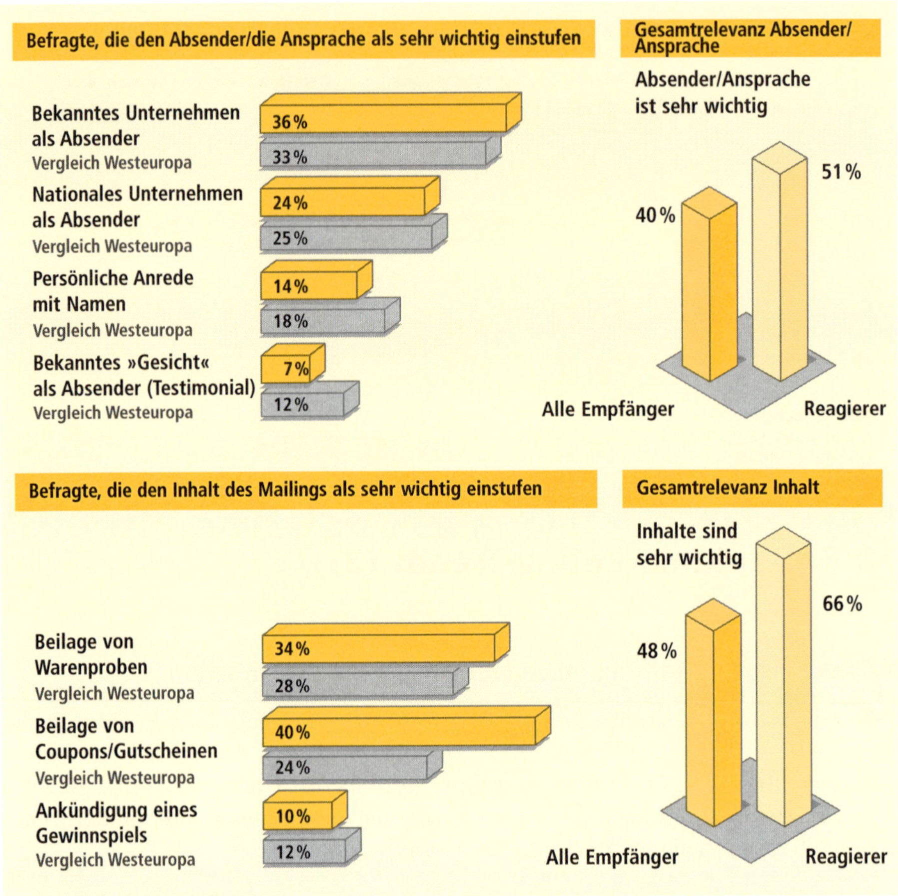

(Quelle: TNS Infratest/MRSC, 2005)

Basis Frankreich: Befragte, die Werbebriefe erhalten haben N: 449

Basis Westeuropa: Befragte, die Werbebriefe erhalten haben N: 4.011

10.3 Direktmarketing-Trends (3)

Affinität zu Werbemedien

Bei der Gesamtbeliebtheit und der Informativität liegt Print in Frankreich vorn. In beiden Kategorien belegen Mailings vor Radio und Internet den dritten Platz. Mailings haben gegenüber Print und TV noch Nachholbedarf in puncto Unterhaltsamkeit.

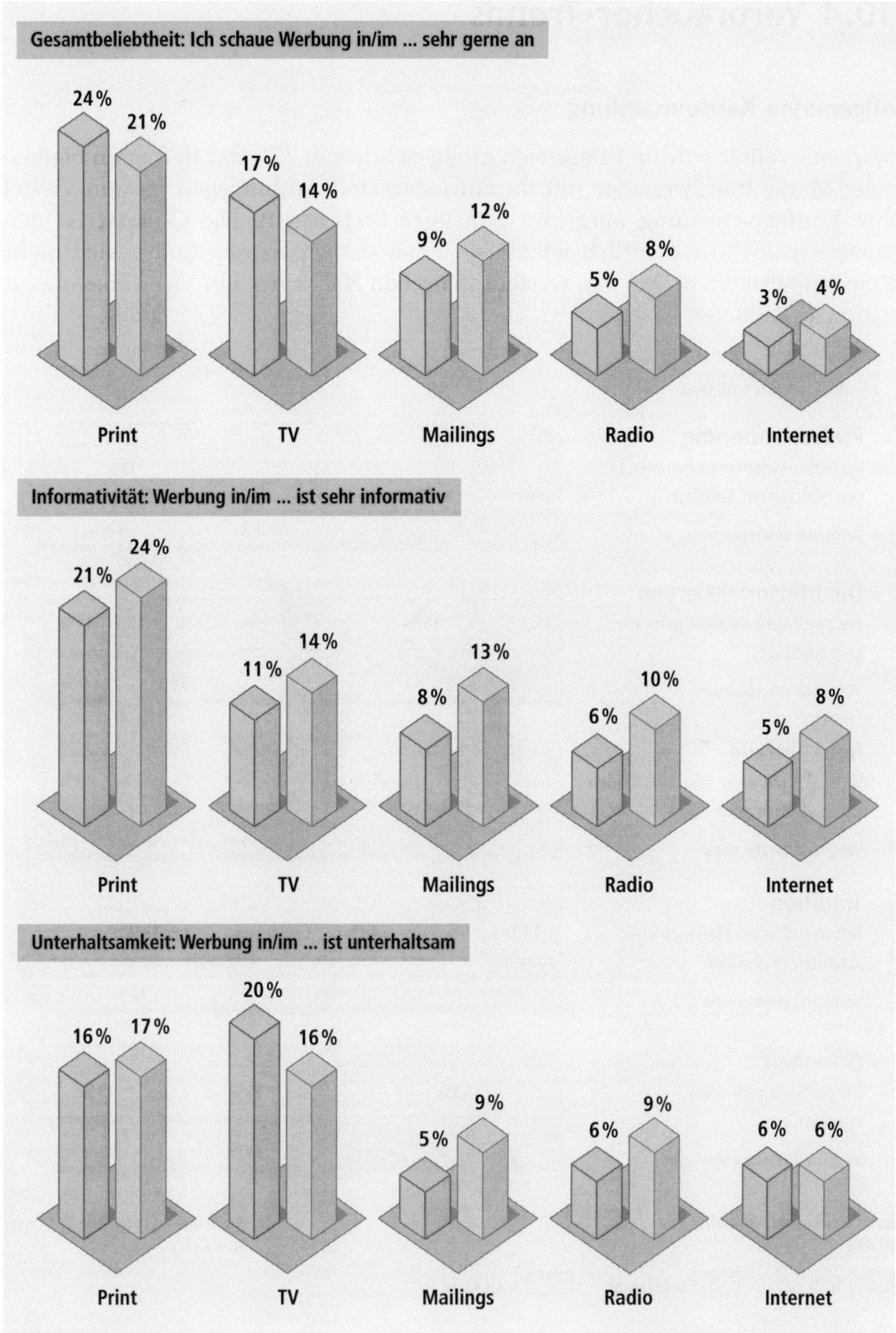

(Quelle: TNS Infratest/MRSC, 2005)

Basis Frankreich: Alle Befragten
N: 498

Basis Westeuropa: Alle Befragten
N: 4.621

☐ Frankreich

☐ Vergleich Westeuropa

10.4 Verbraucher-Trends

Allgemeine Kaufeinstellung

Markenloyalität wird in Frankreich großgeschrieben: 75% der Befragten bleiben einer Marke treu, wenn sie mit ihr zufrieden sind. Wohingegen nur ein Viertel ihre Kaufentscheidung aufgrund günstiger Preise trifft. Die Qualität ist den Franzosen (54%) wesentlich wichtiger. Unter den Franzosen finden sich mehr Konsumpatrioten als bei den westeuropäischen Nachbarn: Ein Viertel bevorzugt nationale Anbieter.

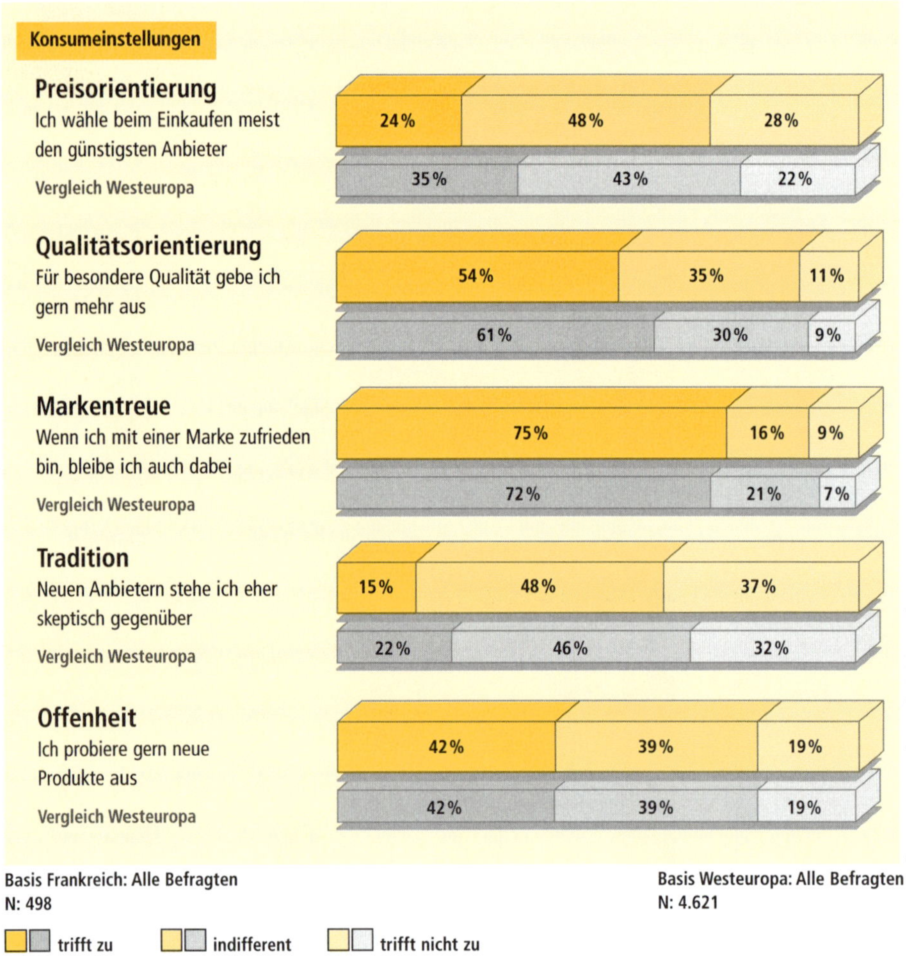

(Quelle: TNS Infratest/MRSC, 2005)

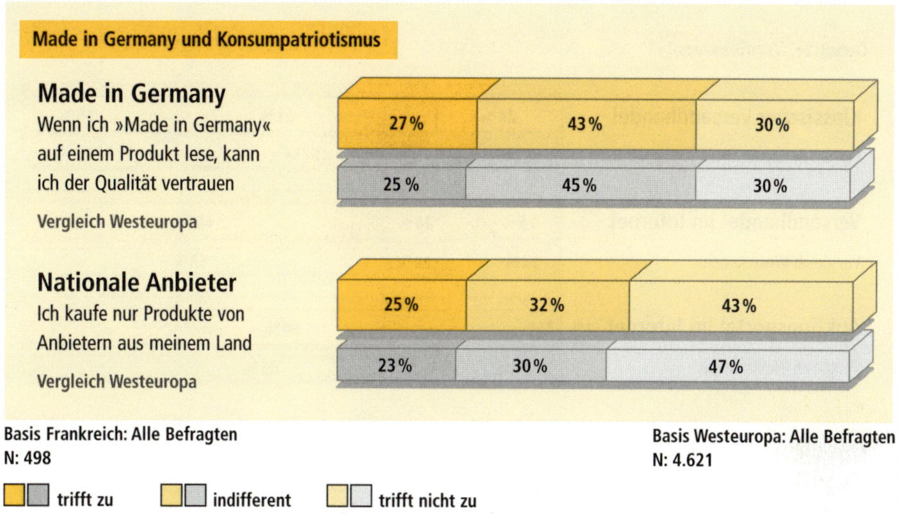

(Quelle: TNS Infratest/MRSC, 2005)

10.5 Versandhandelsaffinität

Kauf- und Bestellverhalten

Die Mehrheit der Franzosen shoppt zumindest gelegentlich via Versandhandel. Dem Internet gelingt als Vertriebskanal nicht der Durchbruch, die Befragten bevorzugen den klassischen Katalog. Als Bestellweg weicht ein Drittel der Versandhandels-Käufer häufig auf das Internet aus, am liebsten bestellen aber 45% der Franzosen – weitaus mehr als die Westeuropäer im Schnitt – mit Hilfe der Bestellkarte.

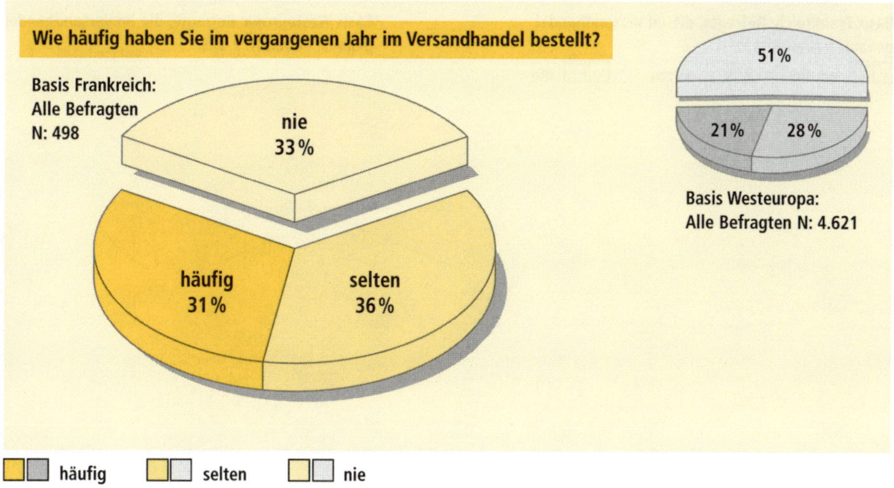

(Quelle: TNS Infratest/MRSC, 2005)

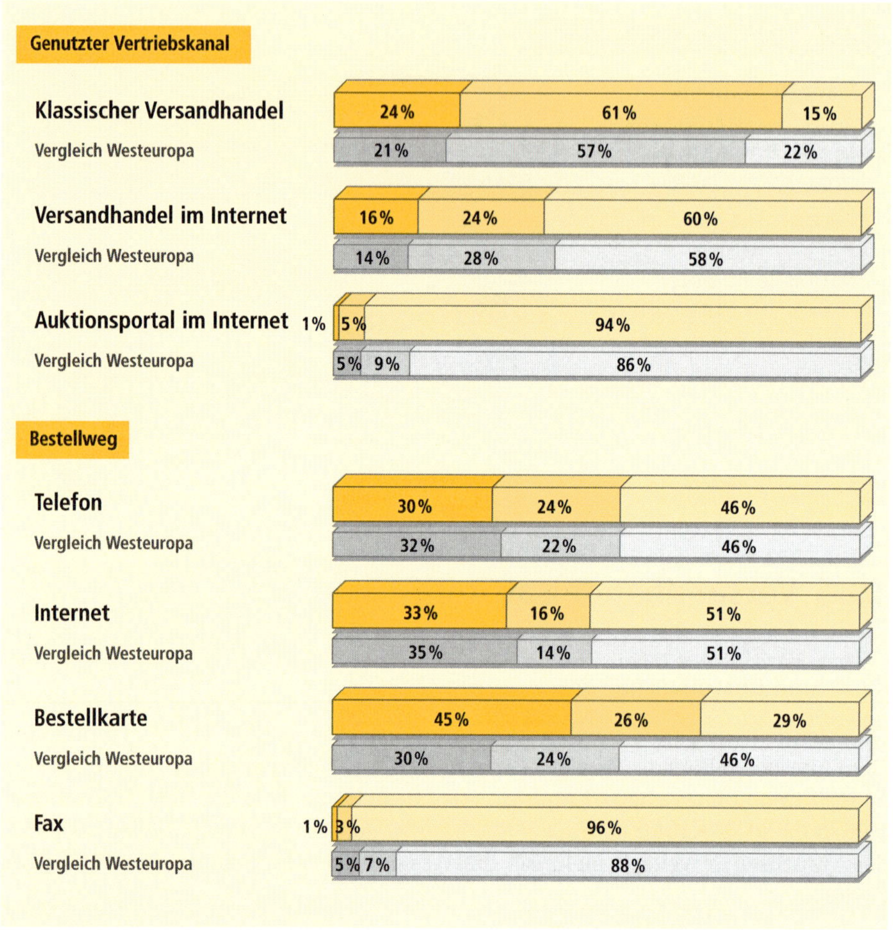

Basis Frankreich: Befragte, die im Versandhandel gekauft haben N: 331

häufig selten nie

Basis Westeuropa: Befragte, die im Versandhandel gekauft haben N: 2.228

11 Großbritannien

Seit bereits 10 Jahren hält der erfreulich positive Trend der britischen Wirtschaft an und wurde auch in 2005 fortgesetzt. Sowohl der Konsumgütersektor als auch der gesamte Gesundheitsbereich verzeichnen Erfolge. Positive Stimmung herrscht darüber hinaus vor allem in der Kommunikations- und IT-Branche. Und es geht weiter aufwärts: Der private Verbrauch soll 2006 um 2,4% ansteigen. Ein subtiler, entwaffnender Humor, eben britischer Humor im Direktmarketing hat positiven Einfluss auf die Response-Ergebnisse.

Soziodemografische Daten

Fläche	242.910 km²
Bevölkerung	58,8 Mio.
Anzahl Haushalte	25,2 Mio.
Durchschnittliche Haushaltsgröße	2,3 Personen
Anzahl Haushalte mit Internetanschluss	12,6 Mio.
Großstädte/Ballungsräume (Einwohner)	London (7.357.100), Birmingham (1.010.400), Leeds (726.100), Glasgow (609.400), Sheffield (530.100), Bradford (486.100)
Bevölkerung	
0 bis 14 Jahre	11,9 Mio.
15 bis 64 Jahre	36,1 Mio.
65 Jahre und älter	10,8 Mio.

(Quelle: Fischer Weltalmanach 2005, Bundesagentur für Außenwirtschaft 2005)

11.1 Direktmarketing-Trends (1)

Erhalt von Mailings

65% der befragten Briten erhalten häufiger als einmal wöchentlich Werbebriefe. Das entspricht in etwa dem westeuropäischen Durchschnitt. Die Zahl der Briten, die nie oder sehr selten Mailings beziehen (13%), spiegelt exakt das westeuropäische Mittel wider.

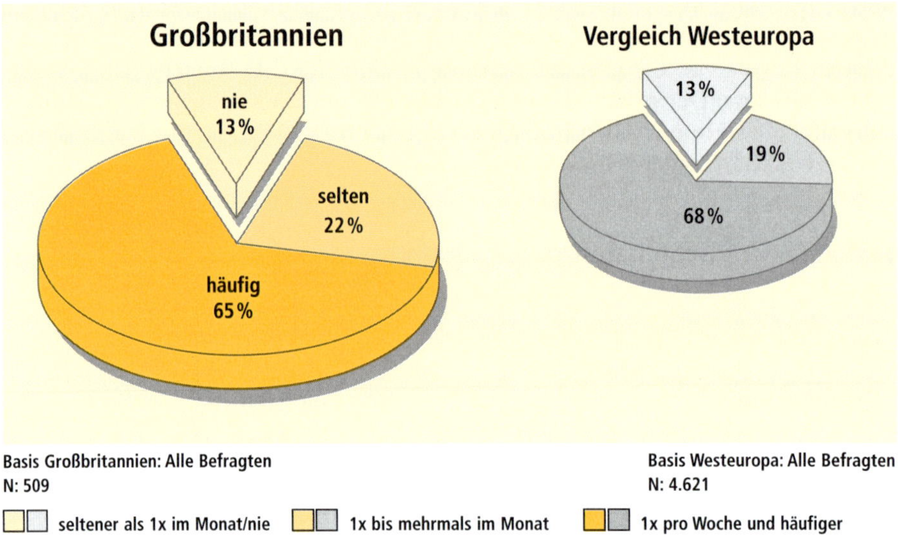

(Quelle: TNS Infratest/MRSC, 2005)

Reaktionsverhalten auf Mailings

In ihrem Reaktionsverhalten demonstrieren die britischen Werbebrief-Empfänger Zurückhaltung: 15% der Befragten, die Werbebriefe erhalten und sie regelmäßig lesen, reagieren zumindest einmal jährlich auf diese. Verglichen mit Westeuropa lesen die Briten ihre Mailings seltener (74% zu 87%) und reagieren nicht so häufig auf diese (7% zu 12%).

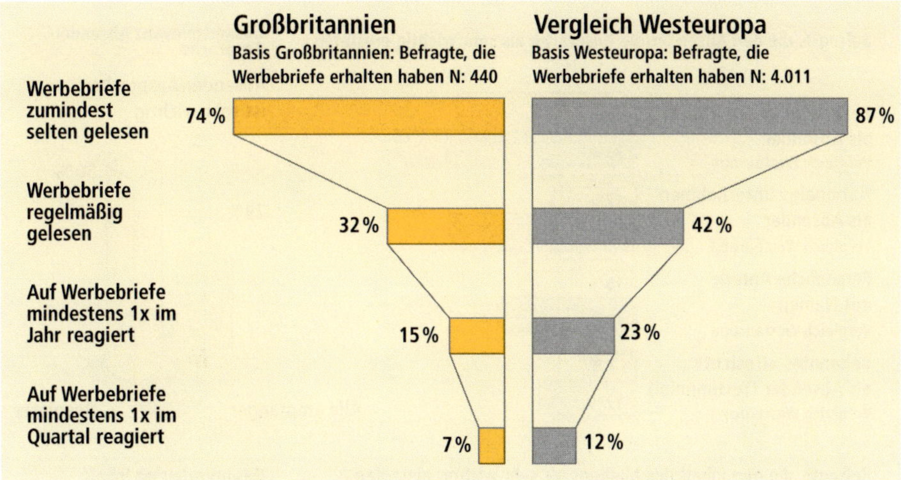

(Quelle: TNS Infratest / MRSC, 2005)

11.2 Direktmarketing-Trends (2)

Relevanz von Gestaltung, Absender/Ansprache und Inhalt

Bei der Relevanz von Warenproben (27%) und Coupons (22%) stimmen die britischen Werbebrief-Empfänger ihren westeuropäischen Nachbarn zu. Besonders die Teilgruppe der Reagierer (54%) stuft den Inhalt des Mailings als besonders wichtig ein. Gestalterische Besonderheiten empfinden die Briten als weniger wichtig im Vergleich zu den Westeuropäern.

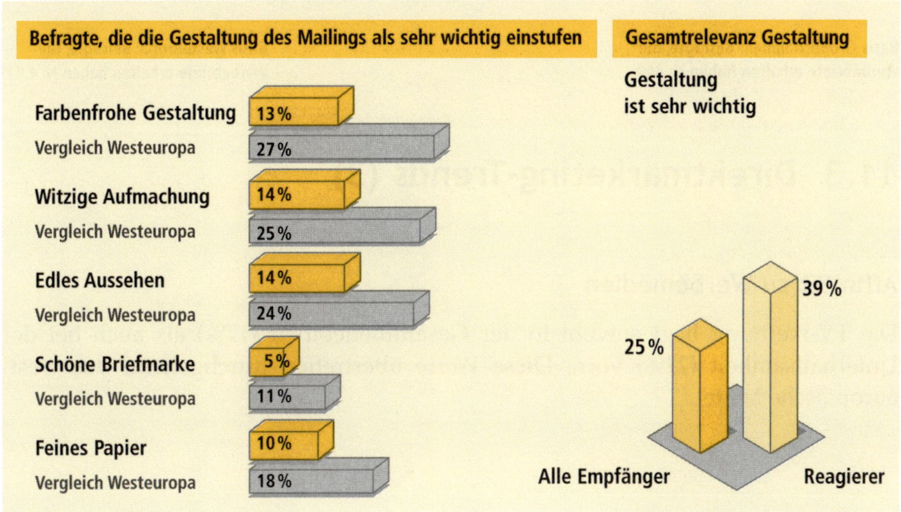

(Quelle: TNS Infratest / MRSC, 2005)

Basis Großbritannien: Befragte, die Werbebriefe erhalten haben N: 440

Basis Westeuropa: Befragte, die Werbebriefe erhalten haben N: 4.011

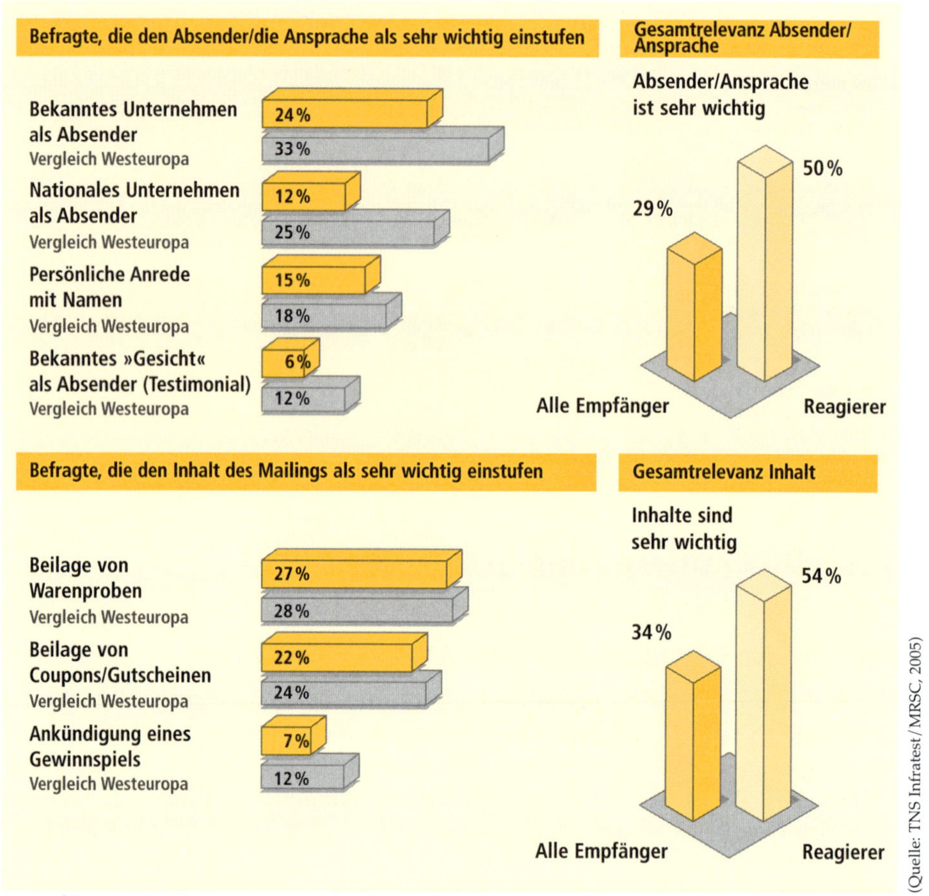

Basis Großbritannien: Befragte, die Werbebriefe erhalten haben N: 440

Basis Westeuropa: Befragte, die Werbebriefe erhalten haben N: 4.011

11.3 Direktmarketing-Trends (3)

Affinität zu Werbemedien

Die TV-Werbung liegt sowohl in der Gesamtbeliebtheit (17%) als auch bei der Unterhaltsamkeit (22%) vorn. Diese Werte übertreffen durchgehend das westeuropäische Mittel.

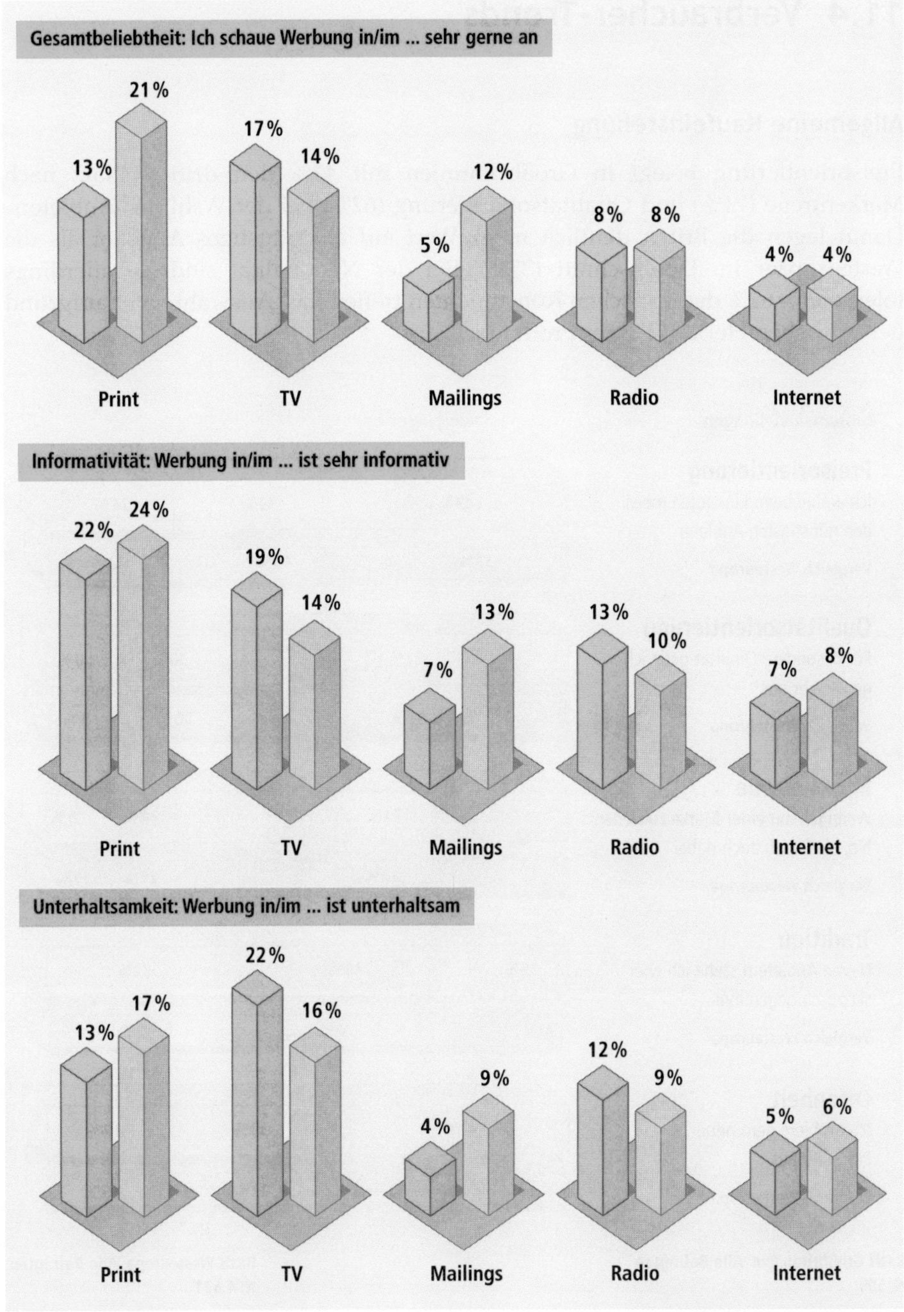

(Quelle: TNS Infratest/MRSC, 2005)

Basis Großbritannien: Alle Befragten
N: 509
Großbritannien

Basis Westeuropa: Alle Befragten
N: 4.621
Vergleich Westeuropa

11.4 Verbraucher-Trends

Allgemeine Kaufeinstellung

Preisorientierung belegt in Großbritannien mit 43% den dritten Platz nach Markentreue (71%) und Qualitätsorientierung (62%) bei der Wahl des Anbieters. Damit legen die Briten deutlich mehr Wert auf ein günstiges Angebot als die Westeuropäer im Durchschnitt (35%). Bei der Nationalität sind sie allerdings toleranter – 62% der britischen Konsumenten treffen ihre Auswahl nicht aufgrund der britischen Herkunft eines Produktes.

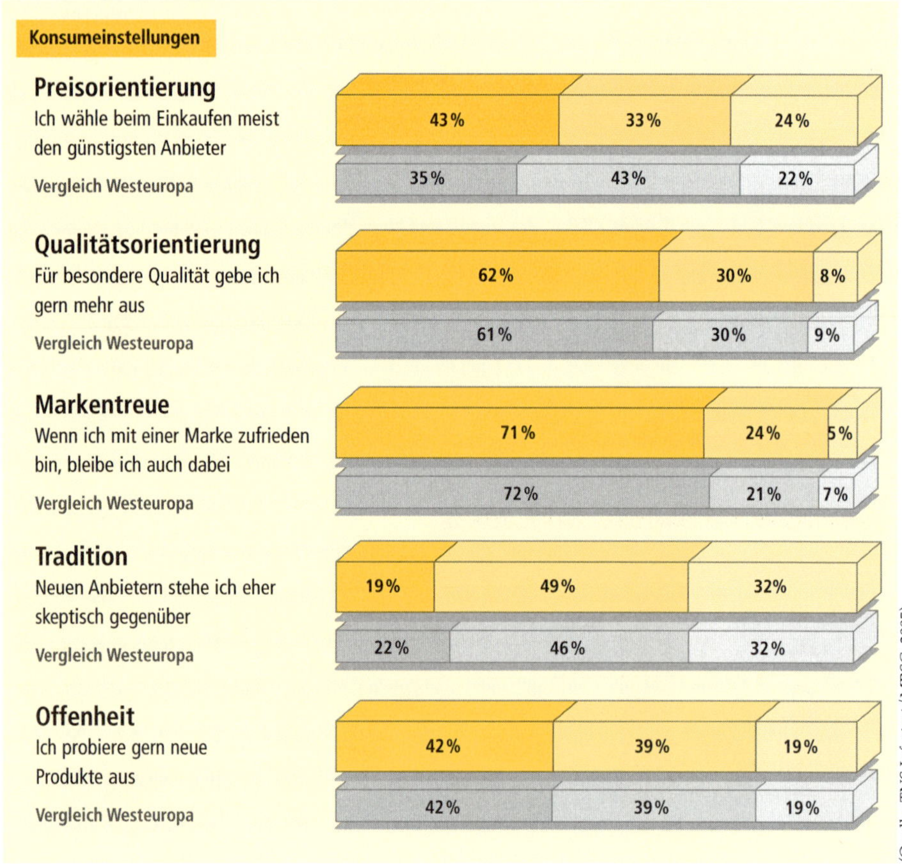

(Quelle: TNS Infratest/MRSC, 2005)

Basis Großbritannien: Alle Befragten
N: 509

Basis Westeuropa: Alle Befragten
N: 4.621

trifft zu | indifferent | trifft nicht zu

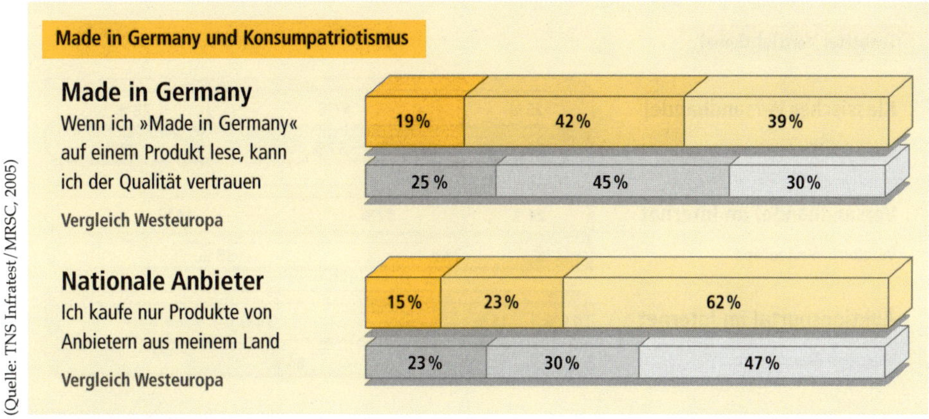

Basis Großbritannien: Alle Befragten
N: 509

Basis Westeuropa: Alle Befragten
N: 4.621

trifft zu | indifferent | trifft nicht zu

11.5 Versandhandelsaffinität

Kauf- und Bestellverhalten

Für gelegentliche Einkäufe bestellen die Briten gern im Versandhandel: Nur 43% haben diesen Kanal noch nie genutzt – weitaus weniger, als es durchschnittlich in Westeuropa der Fall ist (51%). Für ihre Bestellung verwenden sie auch gern das Internet (48%) oder das Telefon (44%).

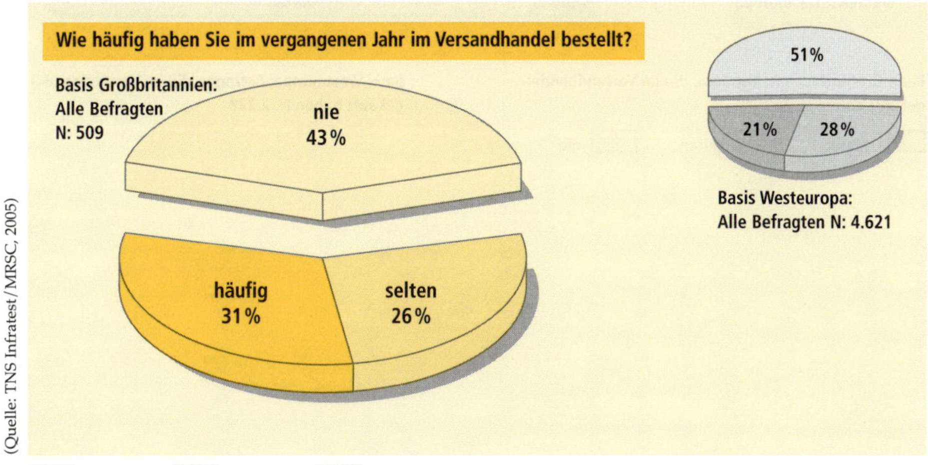

häufig | selten | nie

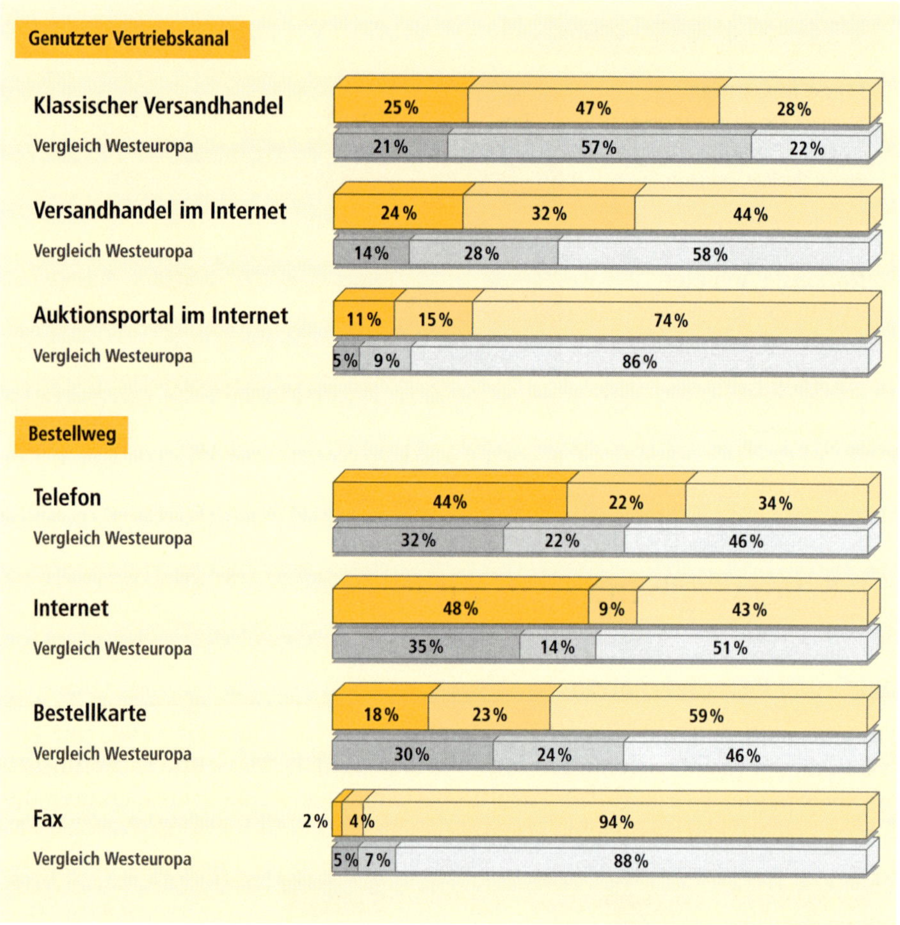

(Quelle: TNS Infratest/MRSC, 2005)

Basis Großbritannien: Befragte, die im Versandhandel gekauft haben N: 283

Basis Westeuropa: Befragte, die im Versandhandel gekauft haben N: 2.228

häufig · selten · nie

12 Italien

Die zunehmend durch die asiatischen Niedrigpreise unter Wettbewerbsdruck geratene italienische Konjunktur kam auch 2005 noch nicht wieder richtig in Schwung. Einige Großprojekte, wie die Hochgeschwindigkeitsverbindung Turin-Mailand-Neapel, sollen das Wirtschaftswachstum antreiben. Der private Konsum wird im Jahr 2006 voraussichtlich um beinahe 1% ansteigen. Direktmarketing hilft durch die Personalisierungsmöglichkeiten nicht nur, den regionalen Unterschieden der italienischen Bevölkerung gerecht zu werden. Es stößt auch auf großen Zuspruch bei den Verbrauchern: in puncto Beliebtheit rangieren Werbebriefe noch vor TV- und Print-Werbung

Soziodemografische Daten

Fläche	301.336 km²
Bevölkerung	58,1 Mio.
Anzahl Haushalte	22,4 Mio.
Durchschnittliche Haushaltsgröße	2,6 Personen
Anzahl Haushalte mit Internetanschluss	23,5 Mio.
Großstädte/Ballungsräume (Einwohner)	Rom (2.540.829), Mailand (1.247.052), Neapel (1.008.419), Turin (861.644), Palermo (682.901), Genua (604.732)
Bevölkerung	
0 bis 14 Jahre	8,7 Mio.
15 bis 64 Jahre	35,7 Mio.
65 Jahre und älter	13,7 Mio.

(Quelle: Fischer Weltalmanach 2005, Bundesagentur für Außenwirtschaft 2005)

12.1 Direktmarketing-Trends (1)

Erhalt von Mailings

Die Angaben der italienischen Verbraucher entsprechen in etwa dem westeuropäischen Durchschnitt: 65% der Befragten erhalten mindestens einmal pro Woche Werbebriefe (vgl. Westeuropa 68%), 15% so gut wie nie (vgl. Westeuropa 13%).

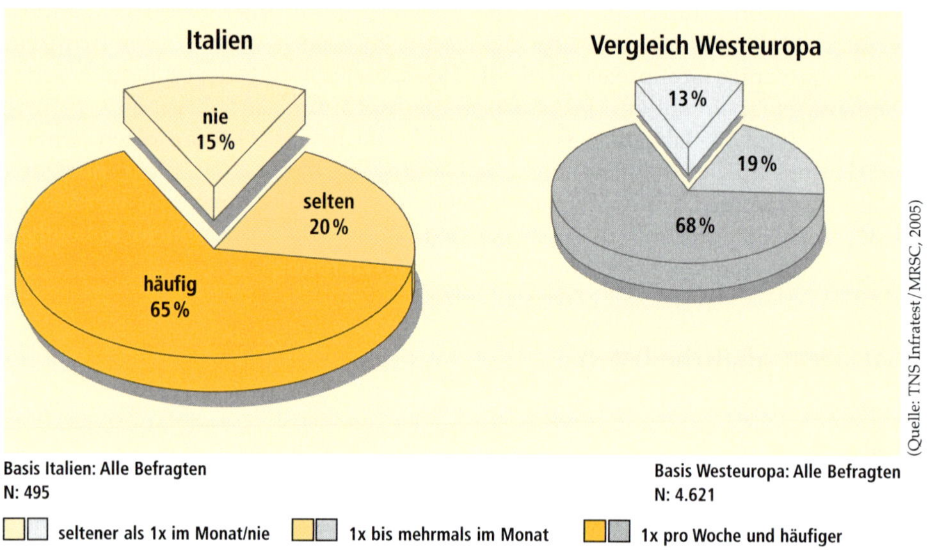

Reaktionsverhalten auf Mailings

Die auffällig geringe Reaktionsbereitschaft in Italien (trotz grundsätzlicher Offenheit für Mailings) wurde in einer Validierungsstudie erneut geprüft. Offenbar haben Wahlen in Italien, die nach Angaben aus dem Land mit erhöhter Wahlwerbung per Post einhergingen, den ersten Wert (Erhebungszeitpunkt April 2005) nachhaltig beeinflusst. Die Validierungserhebung (Juli 2005) weist deutlich höhere Reaktionsbereitschaft in der Bevölkerung aus.

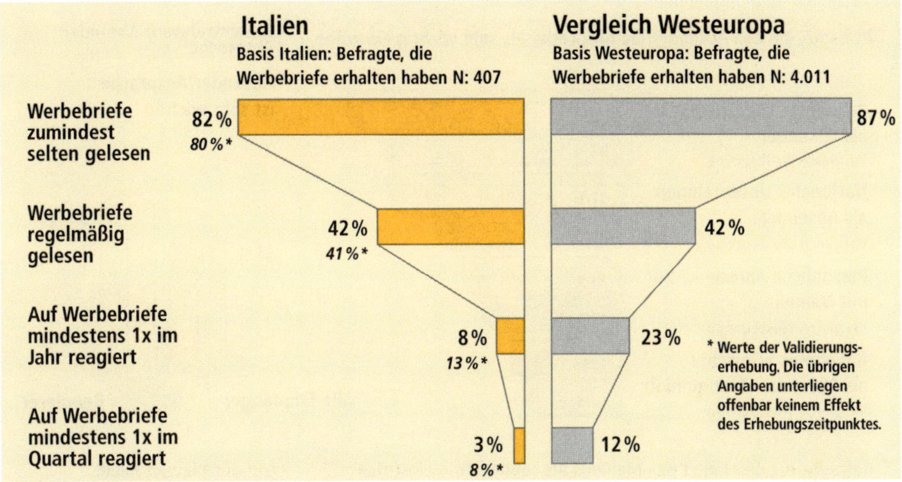

(Quelle: TNS Infratest/MRSC, 2005)

12.2 Direktmarketing-Trends (2)

Relevanz von Gestaltung, Absender/Ansprache und Inhalt

Um die Reaktionsfreude der Italiener anzukurbeln, sollte man die offenbar hohen Ansprüche an Gestaltung und Inhalt besonders berücksichtigen: Für über 80% der Reagierer haben Inhalt und Gestaltung höchste Priorität. 45% der Befragten freuen sich über Gewinnspiele, 42% über beigefügte Gutscheine und 38% über Warenproben. Eine edle Aufmachung kommt bei 52% der italienischen Verbraucher gut an.

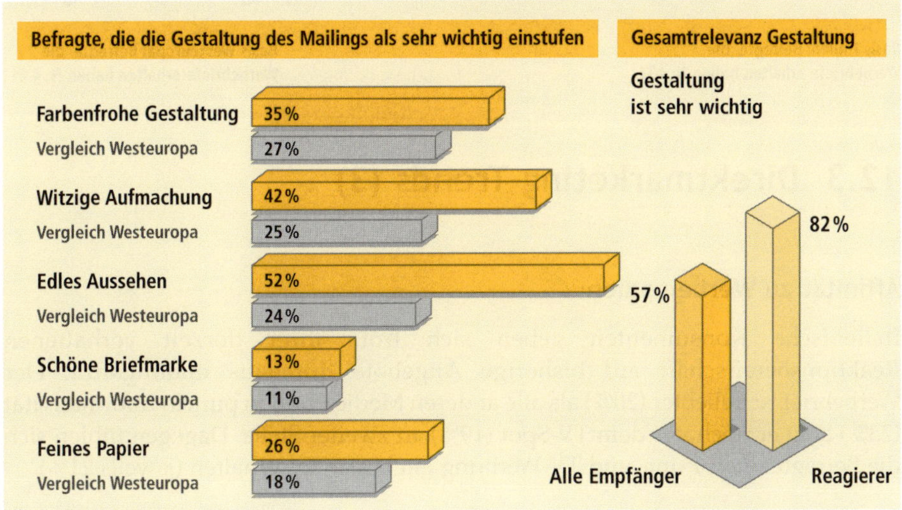

(Quelle: TNS Infratest/MRSC, 2005)

Basis Italien: Befragte, die Werbebriefe erhalten haben N: 407

Basis Westeuropa: Befragte, die Werbebriefe erhalten haben N: 4.011

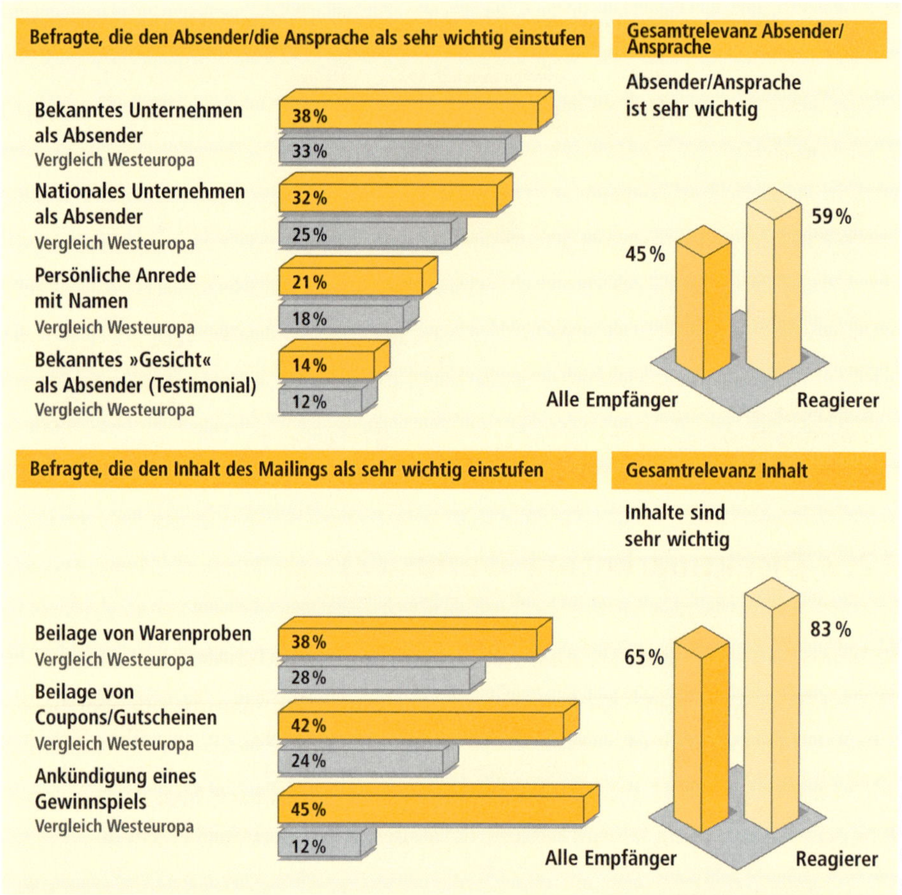

(Quelle: TNS Infratest/MRSC, 2005)

Basis Italien: Befragte, die Werbebriefe erhalten haben N: 407

Basis Westeuropa: Befragte, die Werbebriefe erhalten haben N: 4.011

12.3 Direktmarketing-Trends (3)

Affinität zu Werbemedien

Italienische Konsumenten geben sich trotz ihrer derzeit verhaltenen Reaktionsbereitschaft auf bisherige Angebote durchaus mailingaffin: Der Werbebrief ist beliebter (20%) als alle anderen Medien und in puncto Informativität (23%) liegt er noch vor dem TV-Spot (19%) an zweiter Stelle. Dagegen fühlen sich die Befragten von Print- und TV-Werbung am besten unterhalten (jeweils 21%).

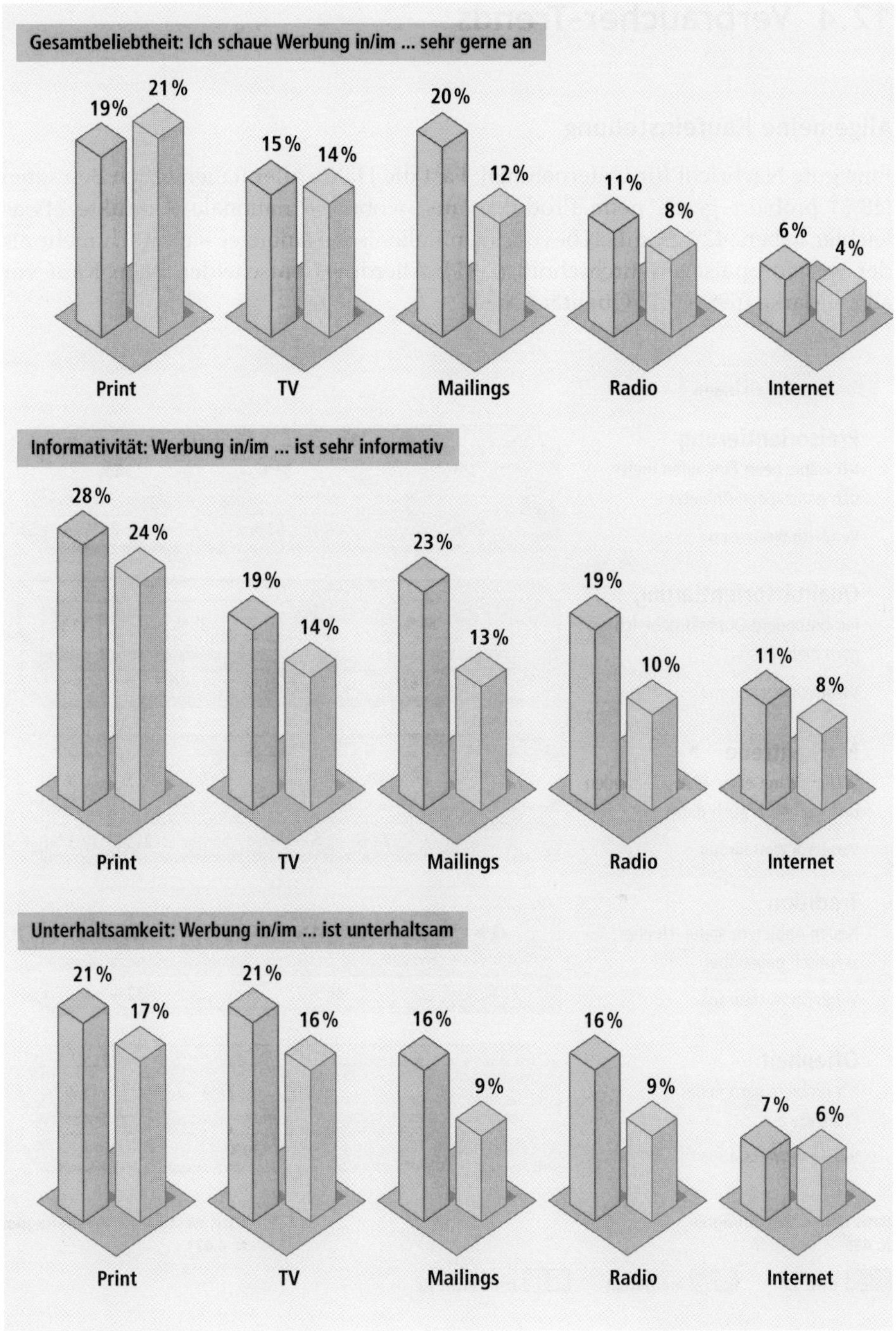

(Quelle: TNS Infratest/MRSC, 2005)

Basis Italien: Alle Befragten
N: 495
☐ Italien

Basis Westeuropa: Alle Befragten
N: 4.621
☐ Vergleich Westeuropa

12.4 Verbraucher-Trends

Allgemeine Kaufeinstellung

Eine gute Nachricht für Unternehmen: Fast die Hälfte aller italienischen Befragten (48%) probiert gerne neue Produkte aus, wobei es nationale Produkte etwas leichter haben. 42% nämlich bevorzugen italienische Anbieter – deutlich mehr als der westeuropäische Durchschnitt (23%). Allerdings entscheiden beim Kauf vor allem Marke (69%) und Qualität (54%).

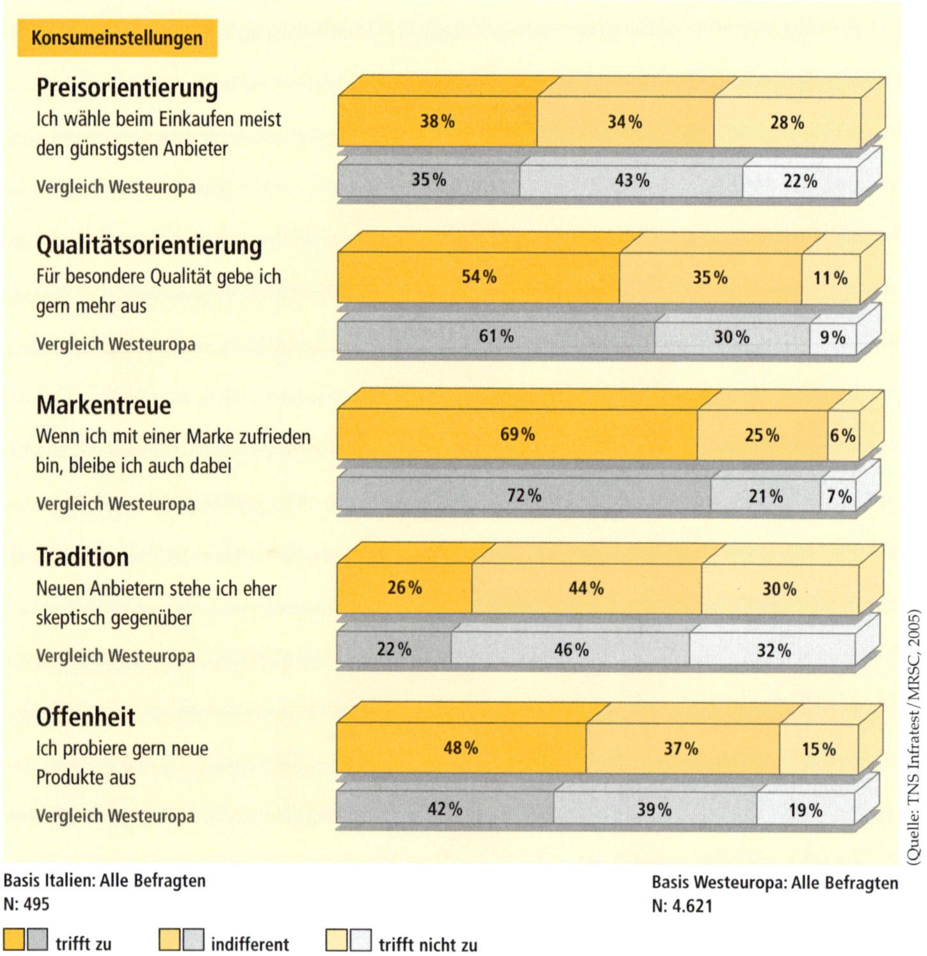

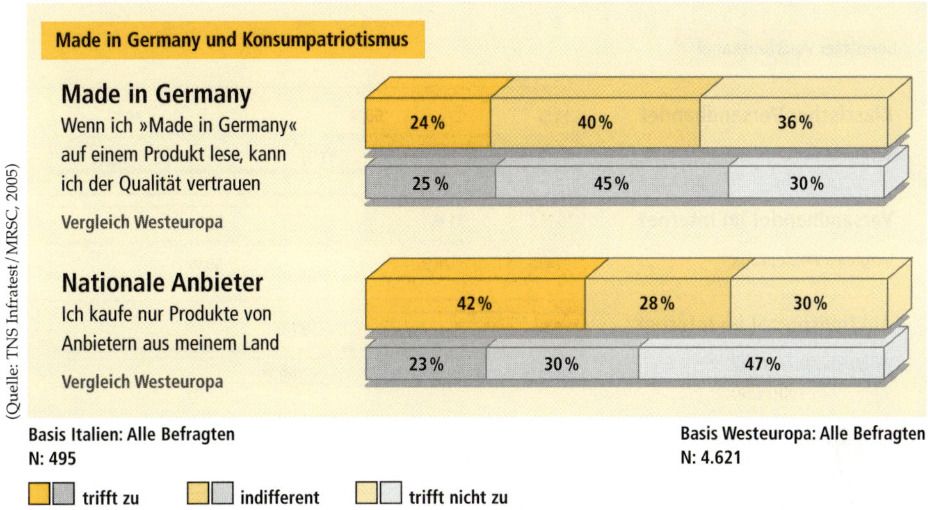

12.5 Versandhandelsaffinität

Kauf- und Bestellverhalten

Nur wenige italienische Konsumenten nutzen den Versandhandel – 77% bestellen dort nie, nur 5% häufig. Damit liegen sie deutlich unter dem westeuropäischen Durchschnitt. Der klassische Versandhandel liegt mit 11% nur knapp vor dem Internet-Vertrieb (10%). Als Bestellweg sind Antwortkarte (22%), Internet (22%) und Telefon (21%) gleichermaßen beliebt.

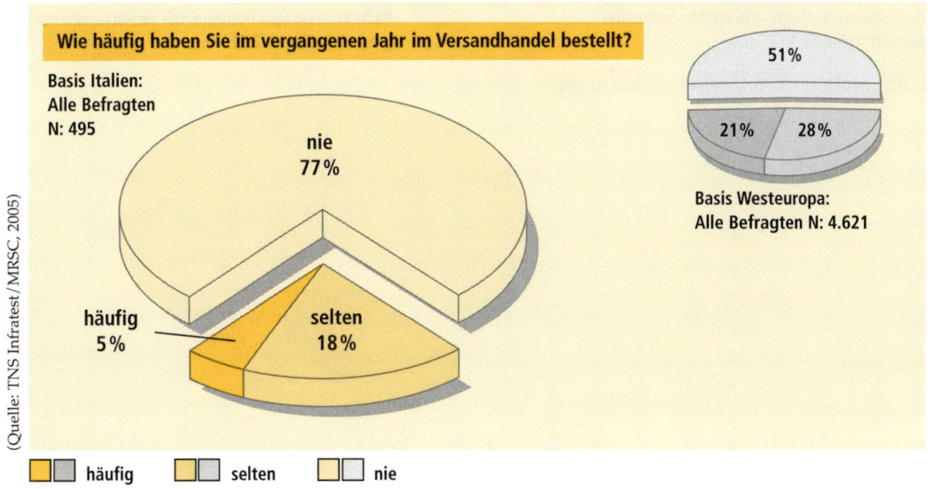

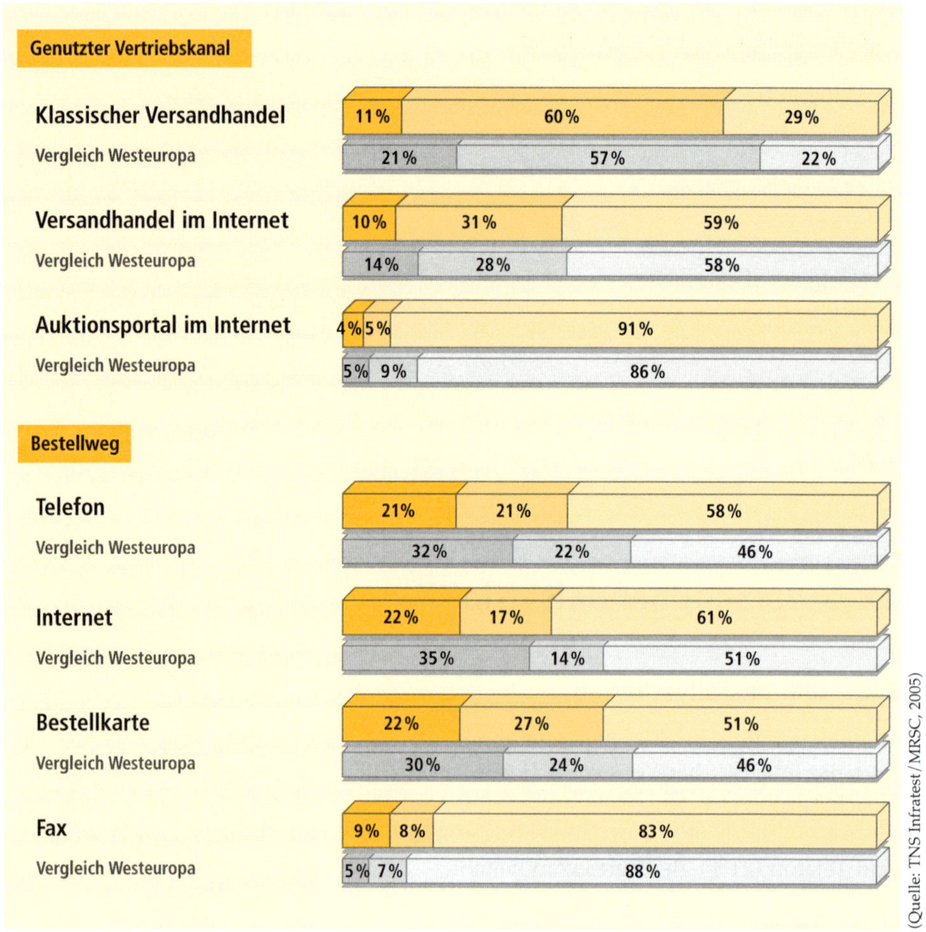

Basis Italien: Befragte, die im Versandhandel gekauft haben N: 112

Basis Westeuropa: Befragte, die im Versandhandel gekauft haben N: 2.228

häufig selten nie

13 Niederlande

Der für 2005 prognostizierte Aufschwung erfolgte nicht. Das soll sich in 2006 jedoch ändern. Belebung erhofft man sich insbesondere durch einen steigenden Bedarf an Investitionsgütern. Das Direktmarketing verzeichnet positive Meldungen: Von den 77% der niederländischen Befragten, die Werbebriefe erhalten, reagieren 21% mehrmals im Quartal. Eine Zahl, die weit über dem westeuropäischen Durchschnitt und auf dem 2. Platz unter allen hier betrachteten Ländern liegt. Dabei siegt Geradlinigkeit sowohl im Direktmarketing als auch im übrigen Geschäftsleben.

Soziodemografische Daten

Fläche	41.526 km^2
Bevölkerung	16,3 Mio.
Anzahl Haushalte	7,0 Mio.
Durchschnittliche Haushaltsgröße	2,3 Personen
Anzahl Haushalte mit Internetanschluss	2,3 Mio.
Großstädte/Ballungsräume (Einwohner)	Amsterdam (736.562), Rotterdam (559.651), Den Haag (457.726), Utrecht (265.151), Eindhoven (206.118), Tilburg (197.917)
Bevölkerung	
0 bis 14 Jahre	3,0 Mio.
15 bis 64 Jahre	11 Mio.
65 Jahre und älter	2,3 Mio.

(Quelle: Fischer Weltalmanach 2005, Bundesagentur für Außenwirtschaft 2005)

13.1 Direktmarketing-Trends (1)

Erhalt von Mailings

In den Niederlanden sind Werbebriefe weit verbreitet: 77% der niederländischen Befragten geben an, mehrmals pro Woche Mailings zu erhalten; nur ein Zehntel der Niederländer bekommt fast nie Werbung per Post. Damit liegt die Mailing-Dichte deutlich über dem westeuropäischen Mittel.

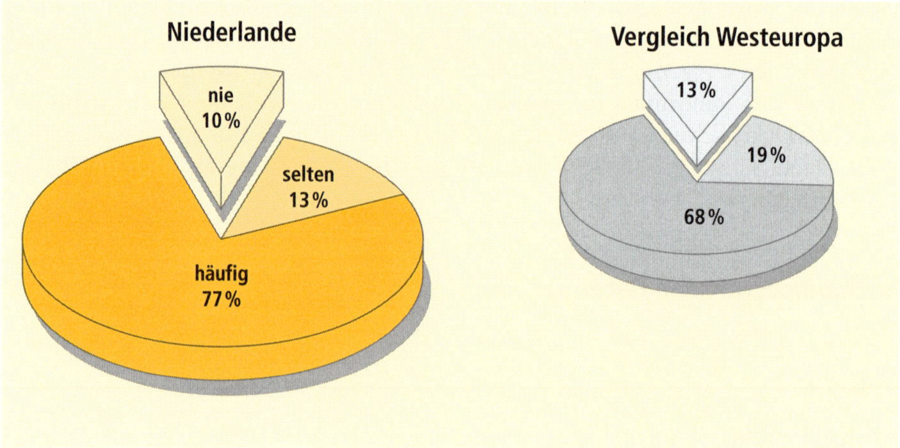

(Quelle: TNS Infratest/MRSC, 2005)

Basis Niederlande: Alle Befragten
N: 566

Basis Westeuropa: Alle Befragten
N: 4.621

seltener als 1x im Monat/nie | 1x bis mehrmals im Monat | 1x pro Woche und häufiger

Reaktionsverhalten auf Mailings

Die überragende Mehrheit der niederländischen Werbebrief-Empfänger liest ihre Post, gut die Hälfte (51%) studieren die Mailings regelmäßig. Erfreuliche 21% derjenigen, die Werbebriefe erhalten und sie regelmäßig lesen, reagieren sogar mehrmals jährlich. Diese Reaktionsintensität überragt den westeuropäischen Schnitt nahezu um 100%.

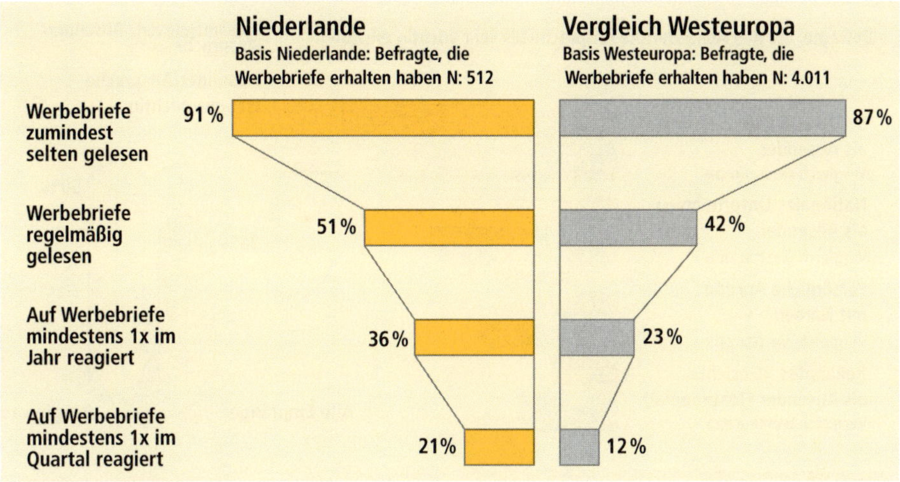

(Quelle: TNS Infratest/MRSC, 2005)

13.2 Direktmarketing-Trends (2)

Relevanz von Gestaltung, Absender/Ansprache und Inhalt

Auf die Gestaltung kommt es an! Man sollte auf die farbenfrohe (29%) oder gern auch edle Aufmachung (26%) des Mailings Wert legen. Ein bekannter Absender spielt für 38% der befragten Niederländer eine große Rolle. Entgegen dem westeuropäischen Trend lässt man sich in den Niederlanden aber kaum mehr für Coupons (8%) oder Gewinnspiele (7%) begeistern.

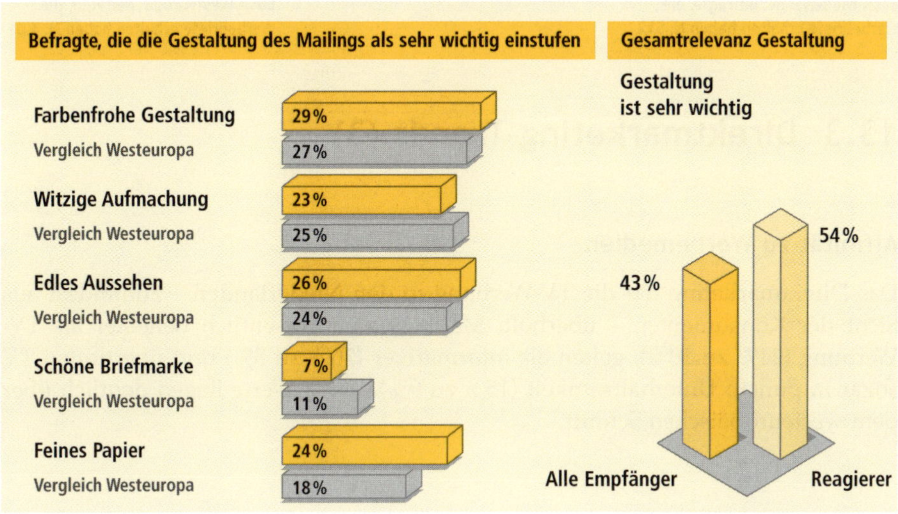

(Quelle: TNS Infratest/MRSC, 2005)

Basis Niederlande: Befragte, die Werbebriefe erhalten haben N: 512

Basis Westeuropa: Befragte, die Werbebriefe erhalten haben N: 4.011

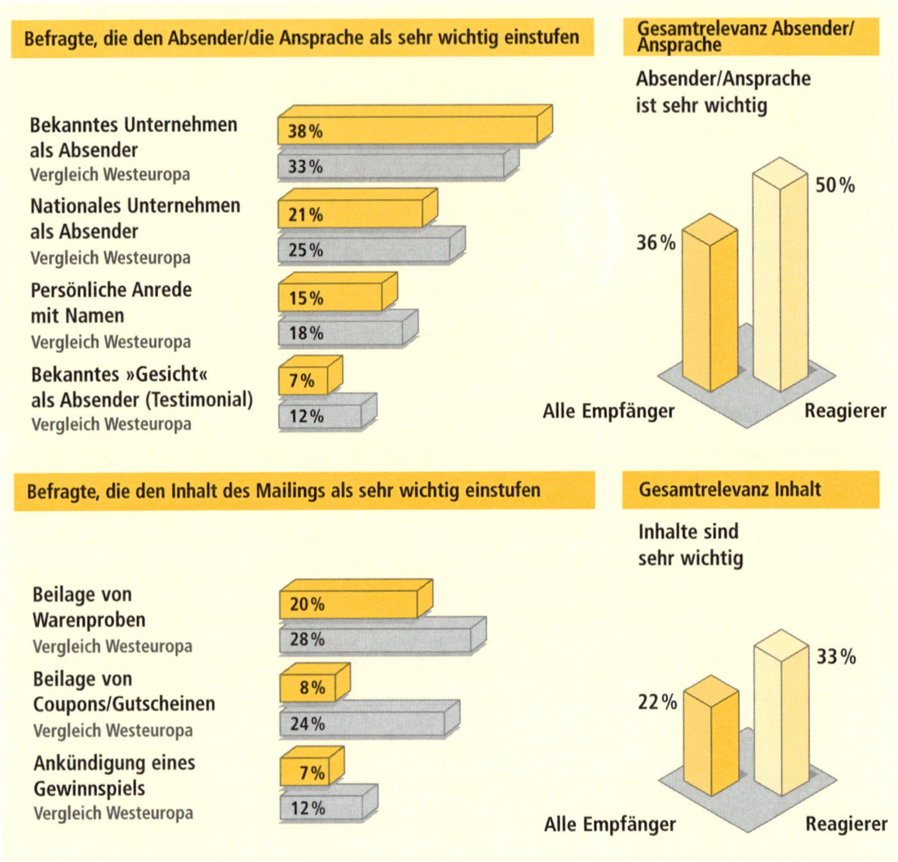

(Quelle: TNS Infratest / MRSC, 2005)

Basis Niederlande: Befragte, die Werbebriefe erhalten haben N: 512

Basis Westeuropa: Befragte, die Werbebriefe erhalten haben N: 4.011

13.3 Direktmarketing-Trends (3)

Affinität zu Werbemedien

Das Direktmarketing hat die TV-Werbung in den Niederlanden – zumindest aus Sicht der Konsumenten – überholt: Mailings sind wesentlich beliebter als TV-Werbung (24% zu 10%), gelten als informativer (20% zu 8%) und übertreffen TV sogar in puncto Unterhaltsamkeit (15% zu 9%). Diese Werte liegen deutlich über dem westeuropäischen Schnitt.

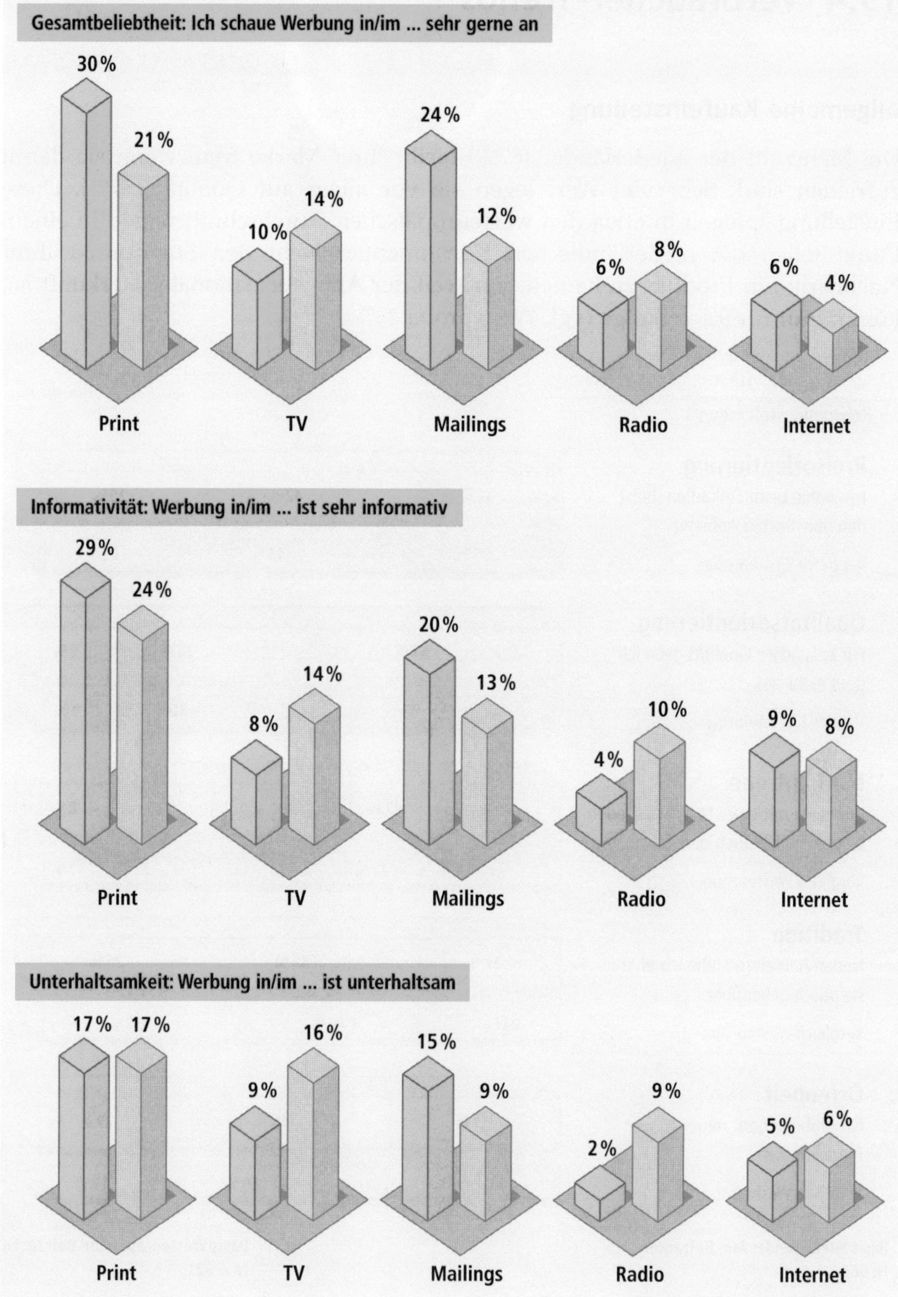

(Quelle: TNS Infratest/MRSC, 2005)

Basis Niederlande: Alle Befragten
N: 566

Niederlande

Basis Westeuropa: Alle Befragten
N: 4.621

Vergleich Westeuropa

13.4 Verbraucher-Trends

Allgemeine Kaufeinstellung

Die Mehrzahl der Niederländer (67%) bleibt ihrer Marke treu, wenn sie damit zufrieden sind. Sehr viel Wert legen sie vor allem auf Qualität (57%). Diese Einstellung spiegelt in etwa den westeuropäischen Durchschnitt wider. In einem Punkt teilen die niederländischen Konsumenten nicht den Standpunkt ihrer Nachbarn: Ein Produkt zu kaufen, nur weil der Anbieter nationaler Herkunft ist, kommt nur für 9% in Frage (vgl. Westeuropa 23%).

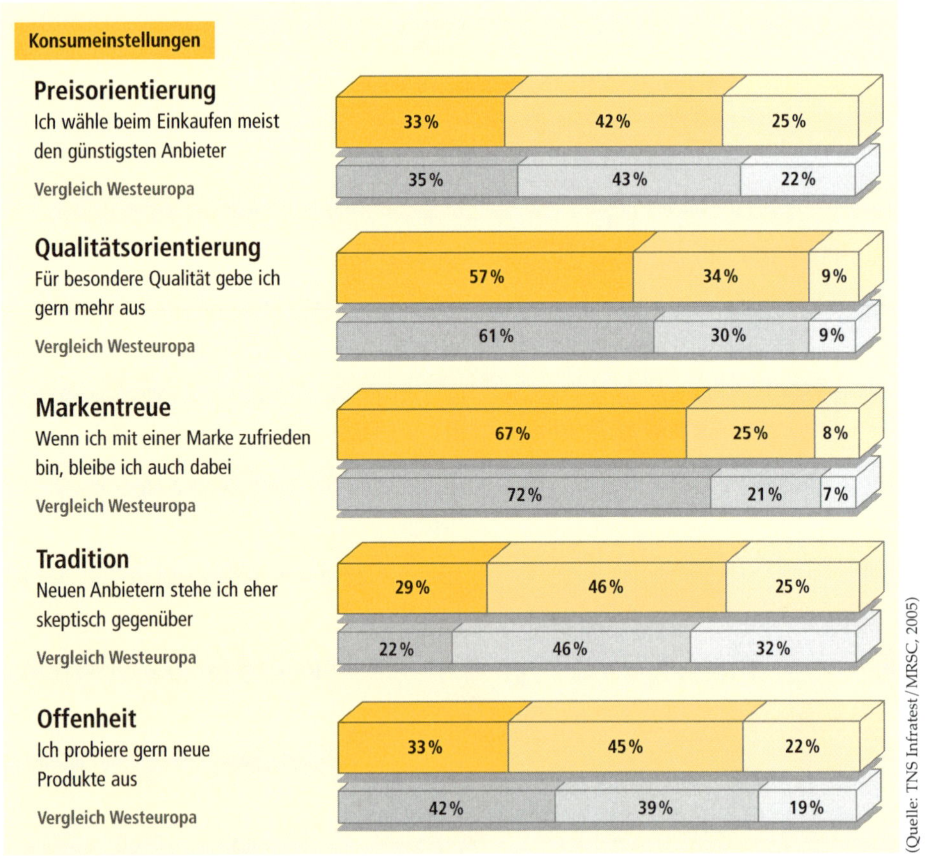

Basis Niederlande: Alle Befragten
N: 566

Basis Westeuropa: Alle Befragten
N: 4.621

trifft zu | indifferent | trifft nicht zu

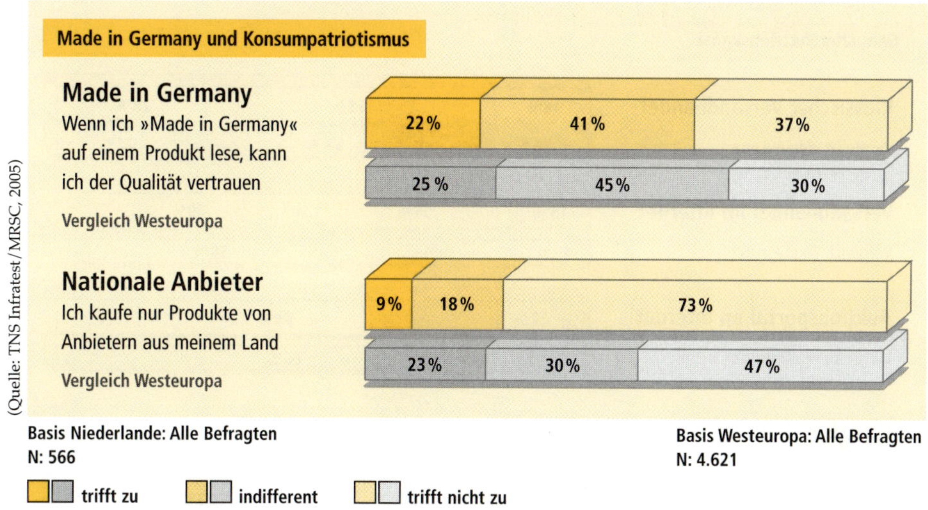

13.5 Versandhandelsaffinität

Kauf- und Bestellverhalten

Etwa die Hälfte der Befragten kauft, wenn auch nicht regelmäßig, im Versandhandel ein. Internetportale stehen im westeuropäischen Vergleich deutlich höher im Kurs (51% zu 42%), während das klassische Katalogangebot leicht unterdurchschnittlich genutzt wird (72% zu 78%). Auch für die Bestellung selbst wählen die Niederländer das Internet vor der Bestellkarte oder -Hotline.

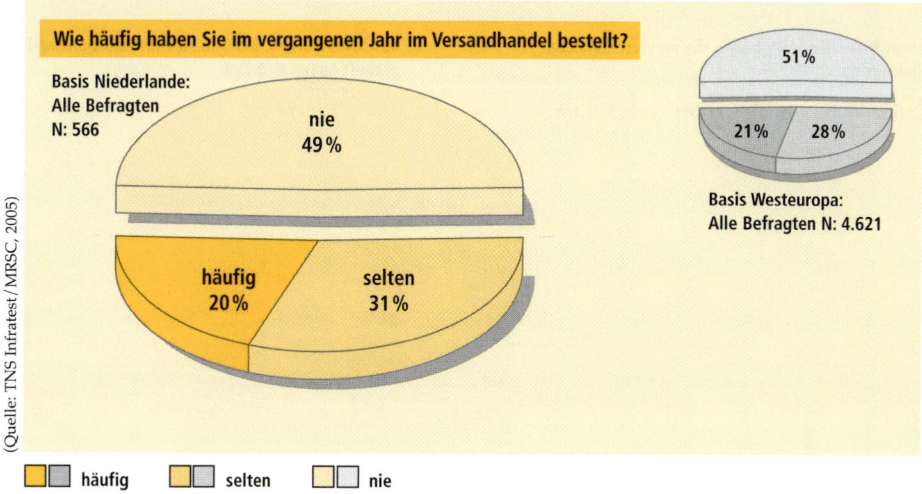

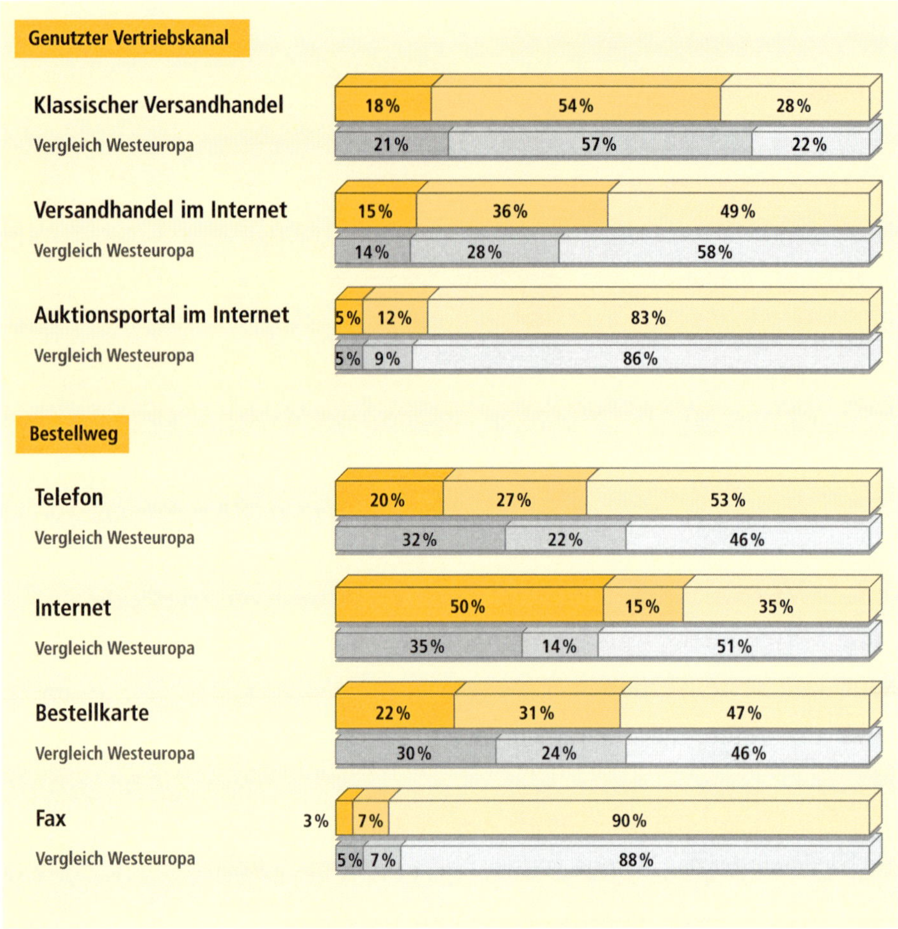

(Quelle: TNS Infratest/MRSC, 2005)

Basis Niederlande: Befragte, die im Versandhandel gekauft haben N: 289

Basis Westeuropa: Befragte, die im Versandhandel gekauft haben N: 2.228

häufig selten nie

14 Österreich

Die Erwartungen an das Wirtschaftswachstum in Österreich liegen für 2006 bei etwa 2,4%. Durch die Steuerreform erhofft sich der Staat für Arbeitgeber und Arbeitnehmer gleichermaßen Unterstützung. Ansteigende Löhne und Gehälter um bis zu 2,5% dürften sich darüber hinaus positiv auf den Privatverbrauch auswirken, so dass der erwartete Konsumanstieg für 2006 bei ca. 2,3% liegt. Dank seiner zentralen Lage in Europa gewinnt Österreich auch als Wirtschaftsstandort zunehmend an Bedeutung. Die österreichischen Verbraucher stehen dem Direktmarketing positiv gegenüber und 17% der Mailing-Empfänger reagieren mehrmals im Quartal auf Werbesendungen.

Soziodemografische Daten

Fläche	83.871 km^2
Bevölkerung	8,1 Mio.
Anzahl Haushalte	3,3 Mio.
Durchschnittliche Haushaltsgröße	2,4 Personen
Anzahl Haushalte mit Internetanschluss	1,4 Mio.
Großstädte/Ballungsräume (Einwohner)	Wien (1.550.123), Graz (226.244), Linz (183.504), Salzburg (142.662), Innsbruck (113.392), Klagenfurt (90.141)
Bevölkerung	
0 bis 14 Jahre	1,3 Mio.
15 bis 64 Jahre	5,5 Mio.
65 Jahre und älter	1,3 Mio.

(Quelle: Fischer Weltalmanach 2005, Bundesagentur für Außenwirtschaft 2005)

14.1 Direktmarketing-Trends (1)

Erhalt von Mailings

Häufiger noch als in den meisten anderen westeuropäischen Ländern erhalten die Österreicher Werbung per Post: 84% bekommen sogar mehrmals pro Woche Mailings.

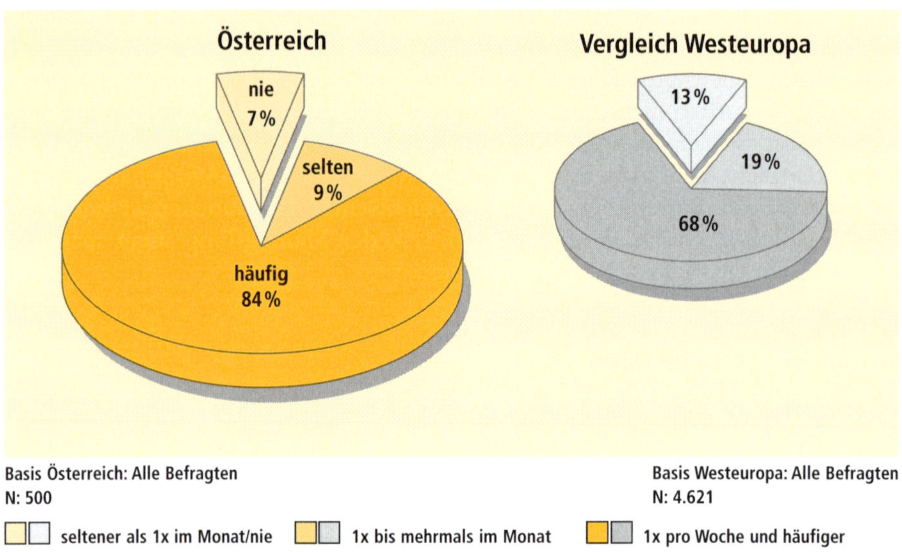

(Quelle: TNS Infratest/MRSC, 2005)

Reaktionsverhalten auf Mailings

Trotz der Menge an Werbebriefen lesen 93% der österreichischen Mailing-Empfänger ihre Werbepost, knapp die Hälfte sogar regelmäßig. Von denen, die Werbebriefe empfangen und sie regelmäßig lesen, reagieren erstaunliche 17% mehrmals im Jahr auf Mailings. Diese Response-Intensität übertrifft deutlich den westeuropäischen Durchschnitt.

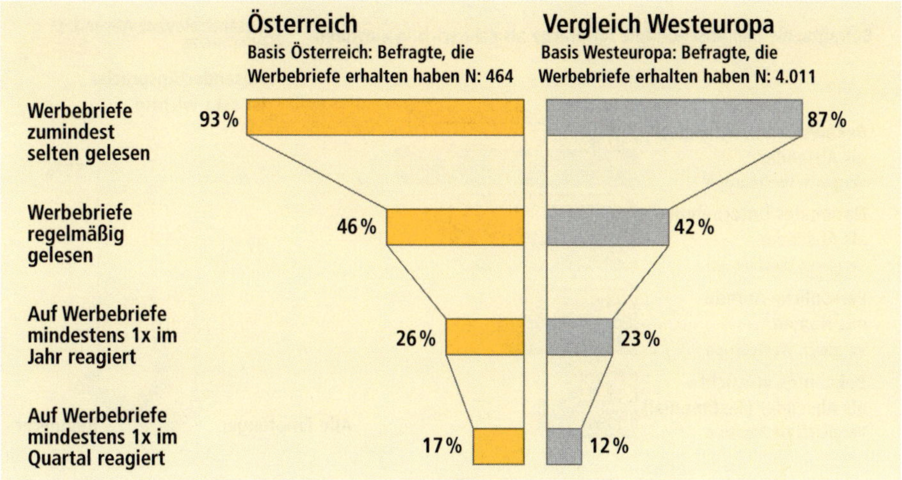

(Quelle: TNS Infratest/MRSC, 2005)

14.2 Direktmarketing-Trends (2)

Relevanz von Gestaltung, Absender/Ansprache und Inhalt

Der Absender ist entscheidend: Für viele Werbebrief-Empfänger – gerade bei den Reagierern – spielen die Bekanntheit des Absenders (31%) und die Nationalität (25%) eine wichtige Rolle. Weniger noch als im westeuropäischen Schnitt legen Österreicher Wert auf edle Gestaltung oder feines Papier.

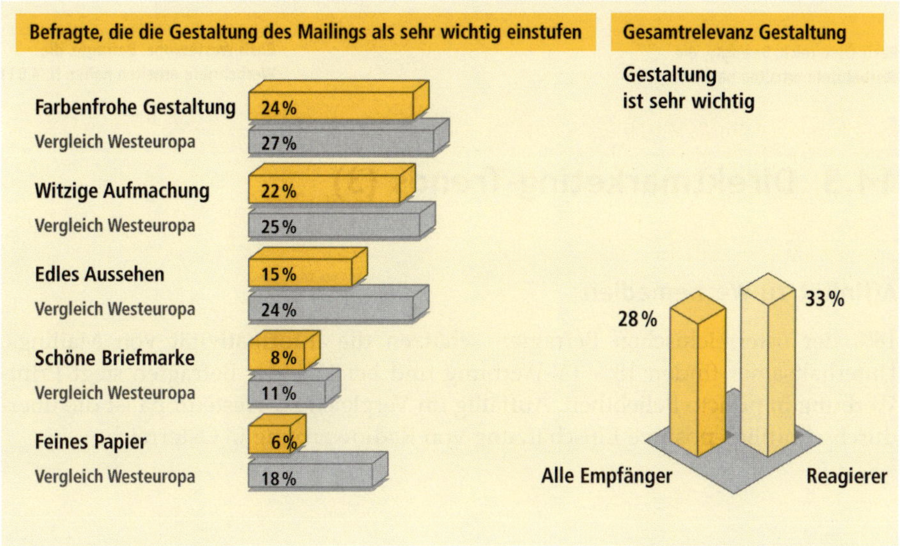

(Quelle: TNS Infratest/MRSC, 2005)

Basis Österreich: Befragte, die Werbebriefe erhalten haben N: 464

Basis Westeuropa: Befragte, die Werbebriefe erhalten haben N: 4.011

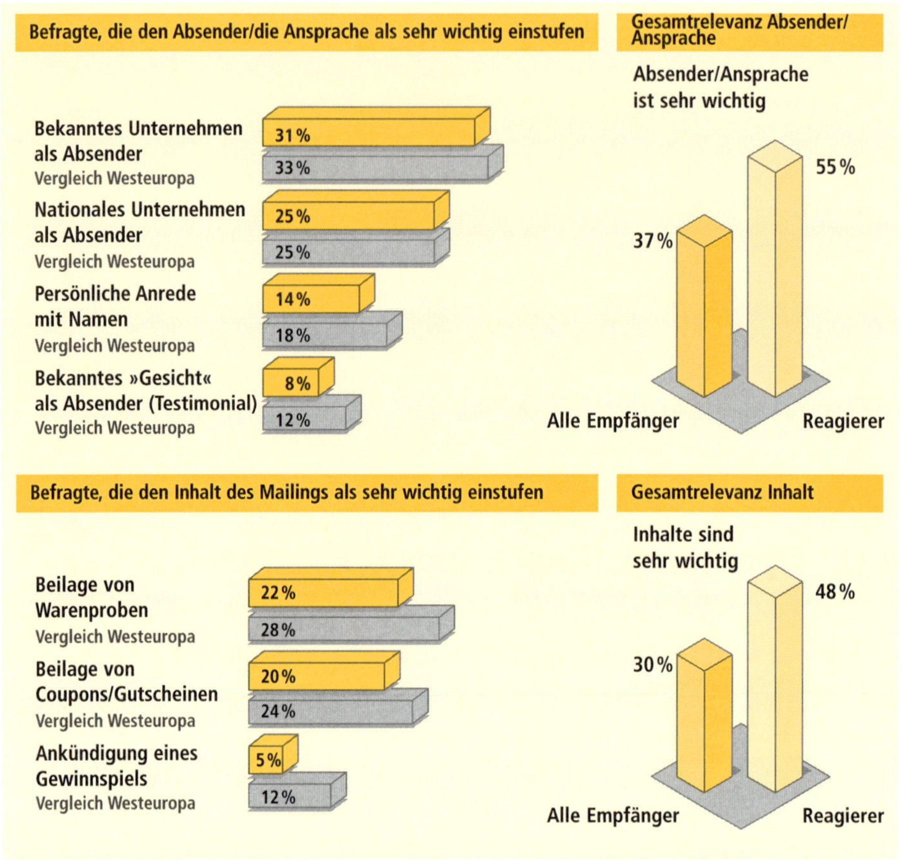

(Quelle: TNS Infratest/MRSC, 2005)

Basis Österreich: Befragte, die Werbebriefe erhalten haben N: 464

Basis Westeuropa: Befragte, die Werbebriefe erhalten haben N: 4.011

14.3 Direktmarketing-Trends (3)

Affinität zu Werbemedien

16% der österreichischen Befragten schätzen die Informativität von Mailings. Unterhaltsamer finden 18% TV-Werbung und bei 17% der Befragten siegt Print-Werbung in puncto Beliebtheit. Auffällig im Vergleich zu Westeuropa ist die überdurchschnittlich positive Einschätzung von Radiowerbung in Österreich.

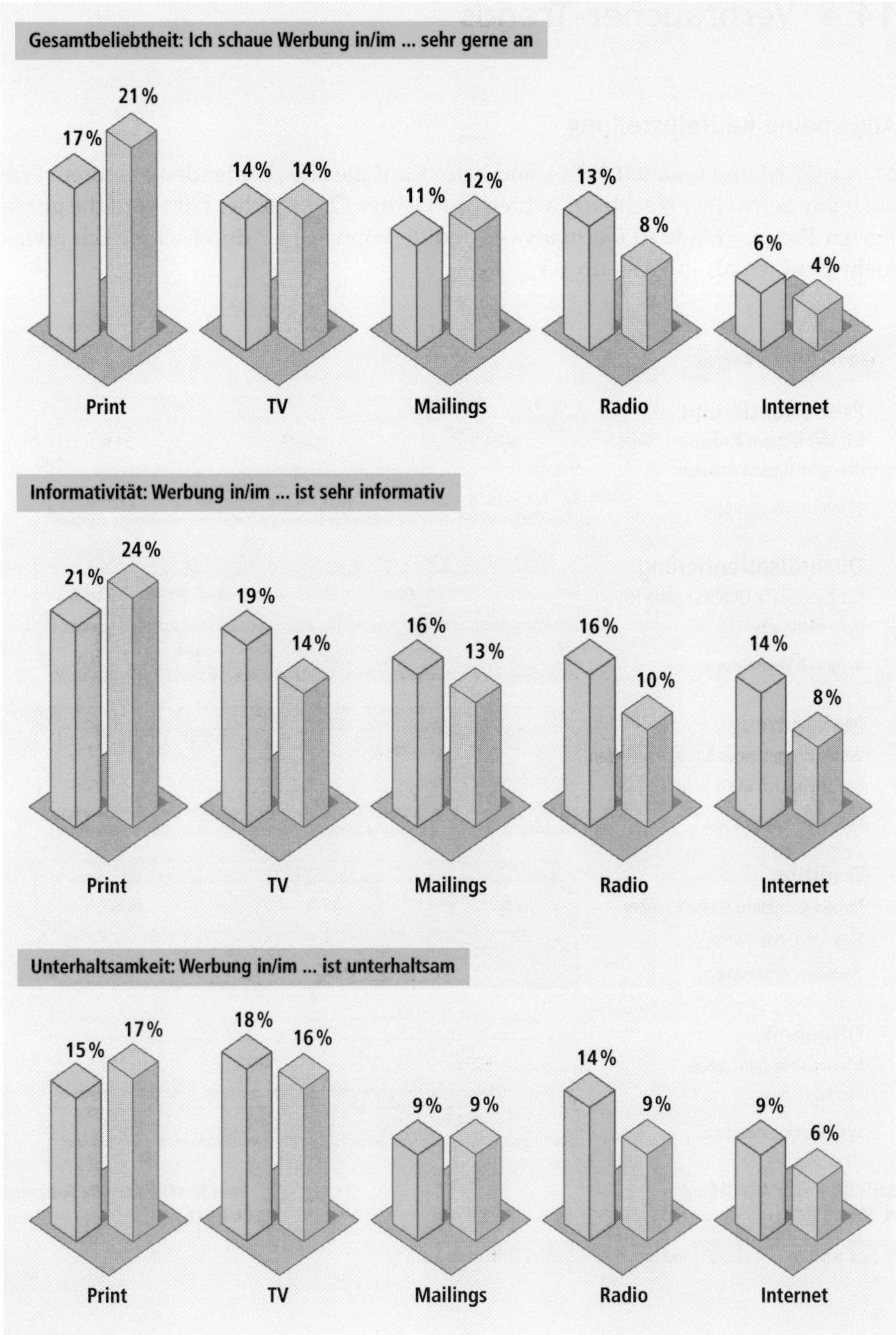

(Quelle: TNS Infratest/MRSC, 2005)

Basis Österreich: Alle Befragten
N: 500

Basis Westeuropa: Alle Befragten
N: 4.621

Österreich

Vergleich Westeuropa

14.4 Verbraucher-Trends

Allgemeine Kaufeinstellung

Marke (75%) und Qualität (69%) sind beim Kauf die entscheidenden Faktoren. Wie auch ihre Schweizer Nachbarn, achten nur wenige Österreicher (30%) auf die günstigsten Preise. »Made in Germany«-Produkte können hier durchschnittlich etwas mehr punkten als in Westeuropa.

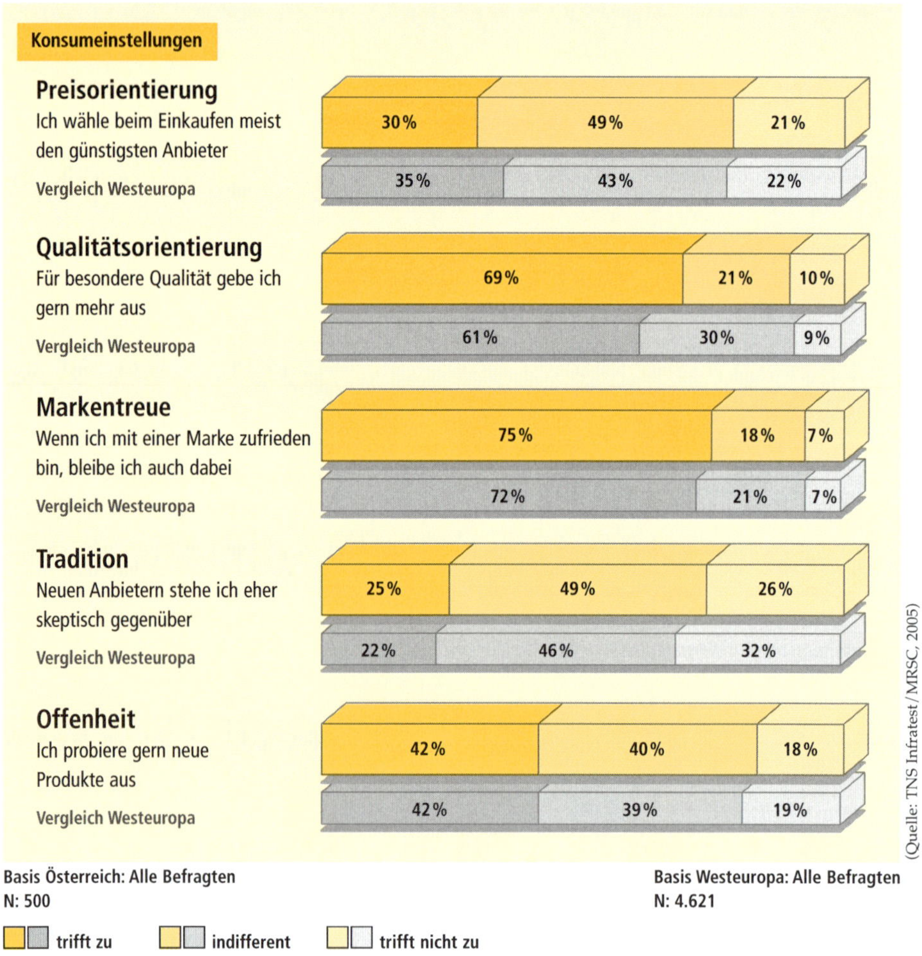

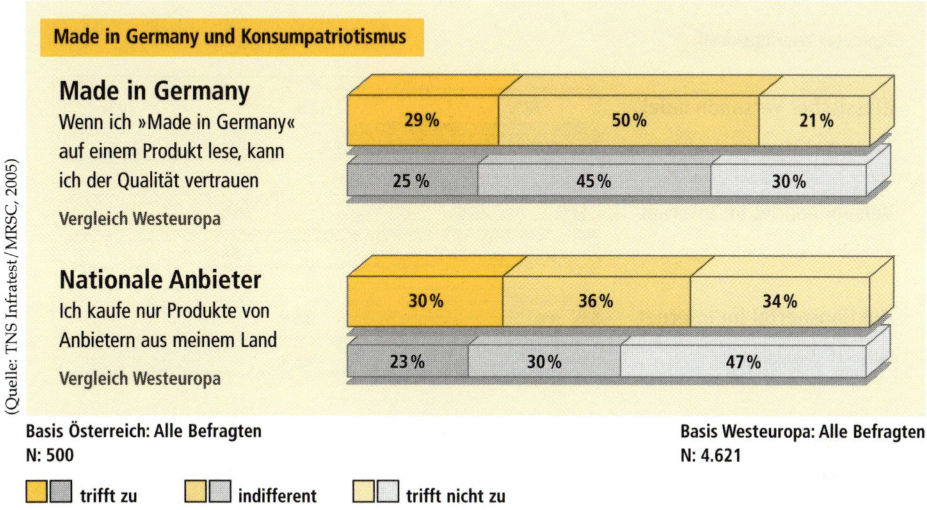

14.5 Versandhandelsaffinität

Kauf- und Bestellverhalten

Der Anteil der Versandhandelskäufer in Österreich (61%) liegt über dem westeuropäischen Durchschnitt. 27% kaufen häufig hierüber ein. Die Österreicher bevorzugen den klassischen Versandhandel (28%). Wobei das Telefon mit 45% die Liste der beliebtesten Bestellkanäle anführt, gefolgt von Internet (30%) und Bestellkarte (23%).

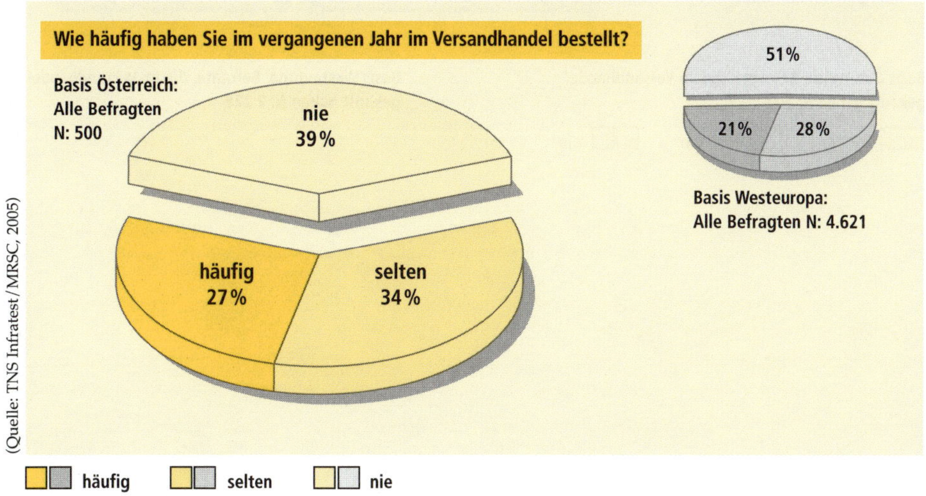

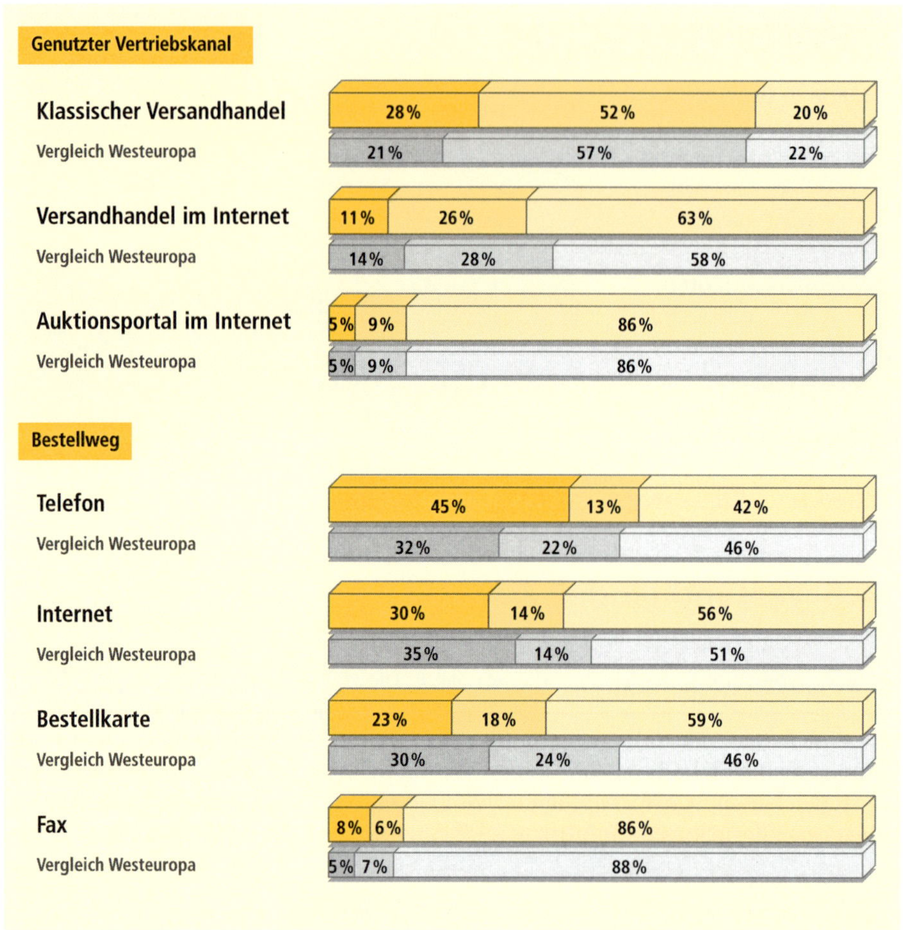

(Quelle: TNS Infratest / MRSC, 2005)

Basis Österreich: Befragte, die im Versandhandel gekauft haben N: 302

Basis Westeuropa: Befragte, die im Versandhandel gekauft haben N: 2.228

häufig   selten   nie

15 Schweiz

Aufgrund von Exporten und privatem Konsum soll die Wirtschaft weiter wachsen – wenn auch mit moderatem Tempo. Dank eines leichten Rückgangs der Arbeitslosenquote und ansteigender Reallöhne hofft die Schweiz auf eine Aufhellung der Konsumentenstimmung. Demnach wird der Konsumanstieg in 2006 auf 2% gegenüber dem Vorjahr prognostiziert. Die grundsätzlich positive Einstellung der qualitätsorientierten Schweizer spiegelt sich in der Einschätzung ihrer Lebenssituation wider: Auf einer Skala von 1 bis 10 wird diese mit einer Durchschnittsnote von 8,4 bewertet. Im Direktmarketing punkten Farbenfreude und Witz. Erfolgsfaktor Nummer 1 ist jedoch die zielgruppengerechte Ansprache.

Soziodemografische Daten

Fläche	41.285 km²
Bevölkerung	7,4 Mio.
Anzahl Haushalte	3,1 Mio.
Durchschnittliche Haushaltsgröße	2,4 Personen
Anzahl Haushalte mit Internetanschluss	2,7 Mio.
Großstädte/Ballungsräume (Einwohner)	Zürich (342.518), Genf (177.535), Basel (165.051), Bern (122.707), Lausanne (116.232), Winterthur (90.152)
Bevölkerung	
0 bis 14 Jahre	1,2 Mio.
15 bis 64 Jahre	5,1 Mio.
65 Jahre und älter	1,2 Mio.

(Quelle: Fischer Weltalmanach 2005, Bundesagentur für Außenwirtschaft 2005)

15.1 Direktmarketing-Trends (1)

Erhalt von Mailings

Zwei Drittel (67%) aller befragten Schweizer geben an, mindestens einmal pro Woche Werbebriefe zu erhalten. Damit liegen sie nur ganz knapp unter dem westeuropäischen Durchschnitt (68%). Allerdings bekommen überdurchschnittlich viele Schweizer (20%) fast nie Mailings.

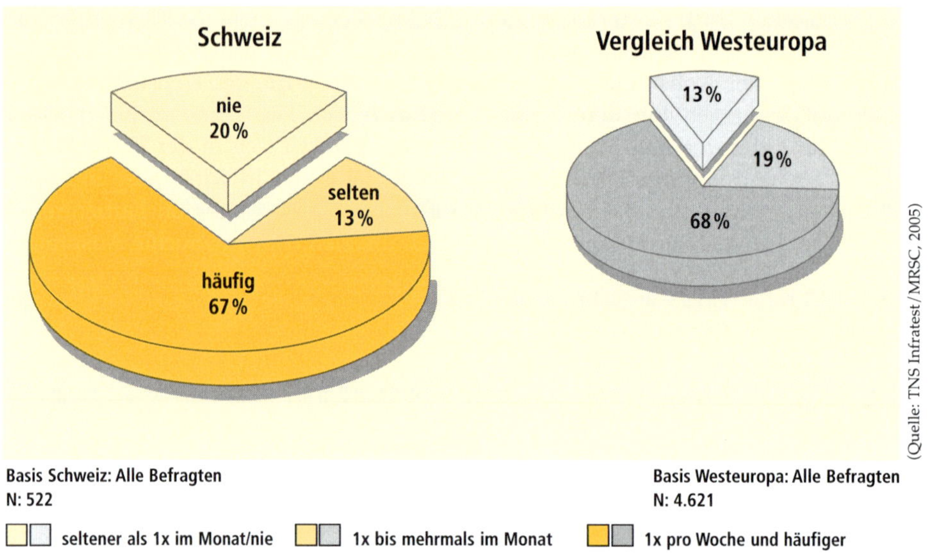

Reaktionsverhalten auf Mailings

Mailings kommen an: 86% der Werbebrief-Empfänger in der Schweiz lesen ihre Post zumindest gelegentlich. Die Reaktion fällt im westeuropäischen Vergleich allerdings geringer aus: Nur 8% derjenigen, die Mailings erhalten und sie regelmäßig lesen, reagieren darauf des Öfteren.

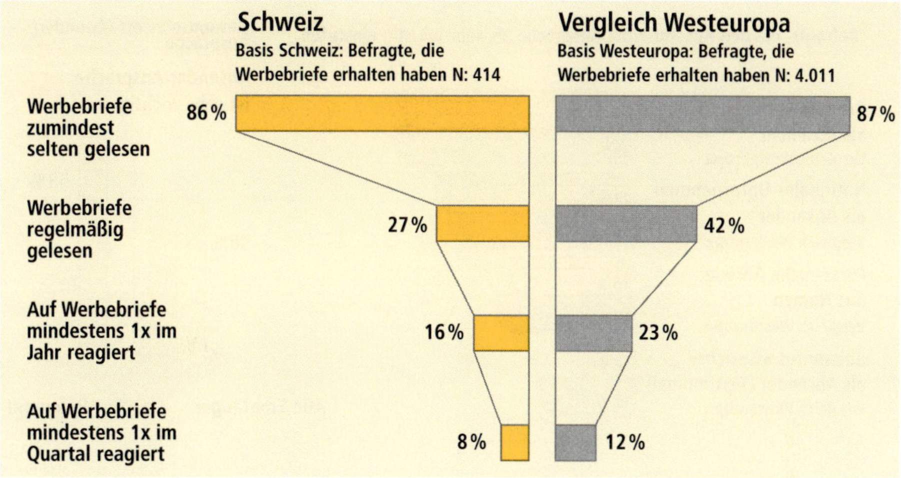

(Quelle: TNS Infratest/MRSC, 2005)

15.2 Direktmarketing-Trends (2)

Relevanz von Gestaltung, Absender/Ansprache und Inhalt

Die Schweizer mögen es bunt (29%) und witzig (26%) – edles Aussehen (18%) und feines Papier (11%) spielen eine eher sekundäre Rolle. Insgesamt empfinden 66% der Reagierer das gestalterische Element als sehr wichtig. Mit Gewinnspielen (5%) erreicht man bei den schweizerischen Konsumenten kaum erhöhte Responsequoten. Hier liegt die Zustimmung deutlich unter dem europäischen Durchschnitt (12%).

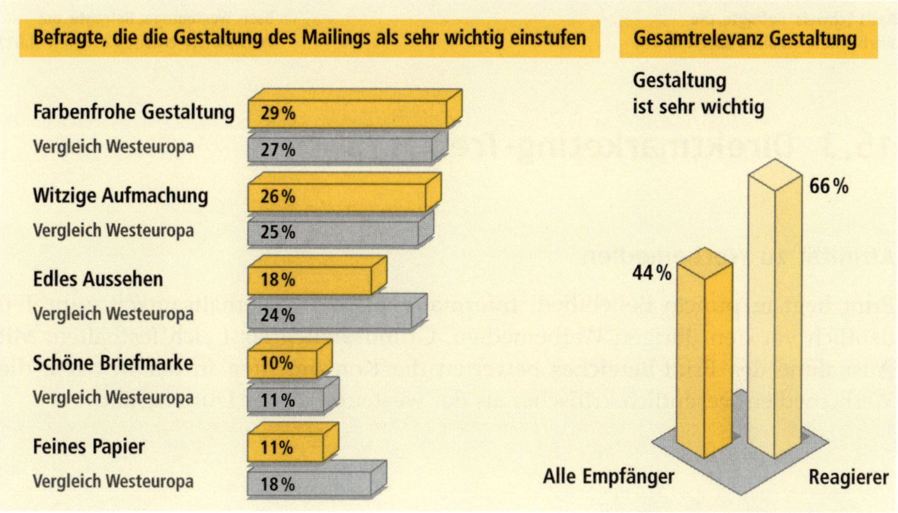

(Quelle: TNS Infratest/MRSC, 2005)

Basis Schweiz: Befragte, die Werbebriefe erhalten haben N: 414

Basis Westeuropa: Befragte, die Werbebriefe erhalten haben N: 4.011

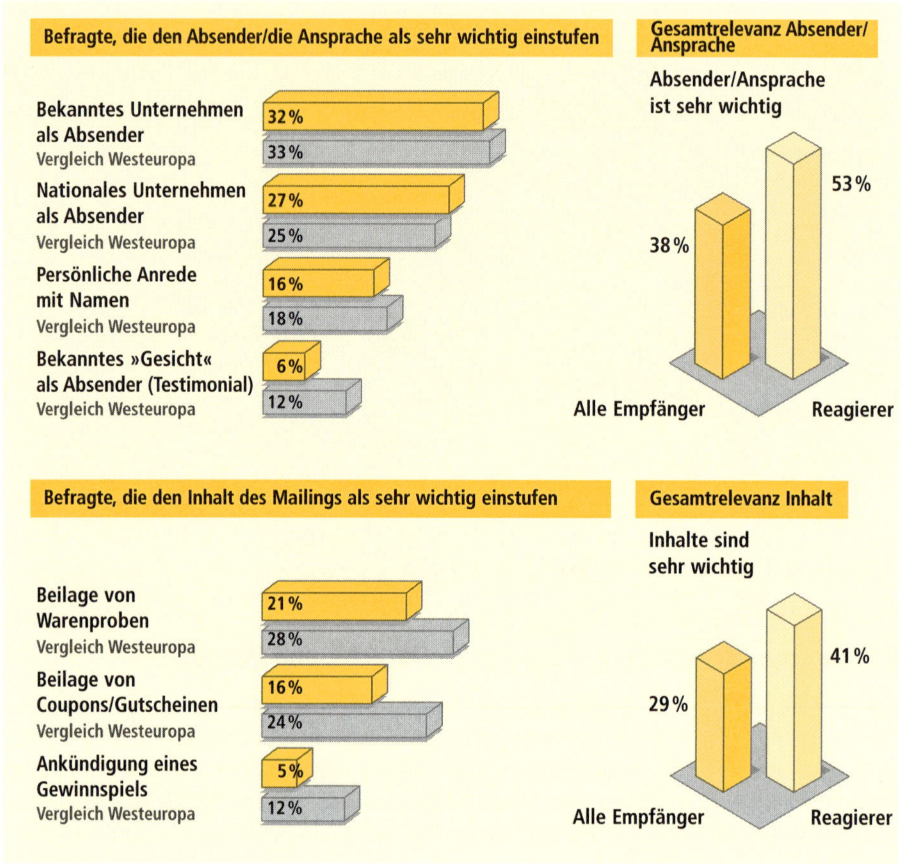

(Quelle: TNS Infratest / MRSC, 2005)

Basis Schweiz: Befragte, die Werbebriefe erhalten haben N: 414

Basis Westeuropa: Befragte, die Werbebriefe erhalten haben N: 4.011

15.3 Direktmarketing-Trends (3)

Affinität zu Werbemedien

Print liegt in puncto Beliebtheit, Informativität und Unterhaltsamkeit zum Teil deutlich vor den übrigen Werbemedien. Grundsätzlich lässt sich festhalten: Mit Ausnahme des Print-Bereiches bewerten die Konsumenten in der Schweiz die Werbemedien wesentlich kritischer als der westeuropäische Durchschnitt.

Gesamtbeliebtheit: Ich schaue Werbung in/im ... sehr gerne an

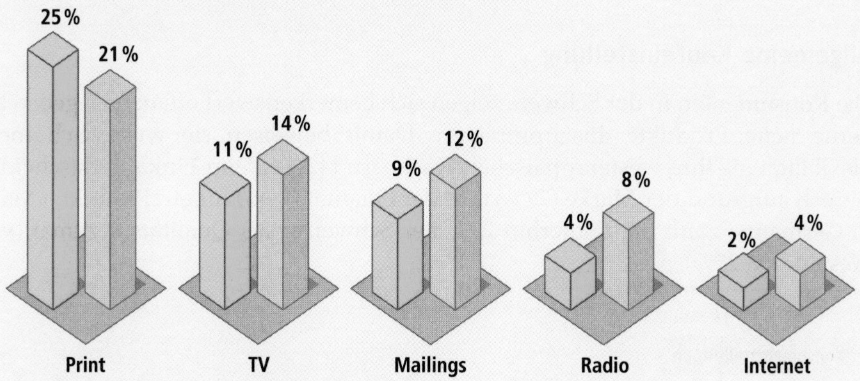

Informativität: Werbung in/im ... ist sehr informativ

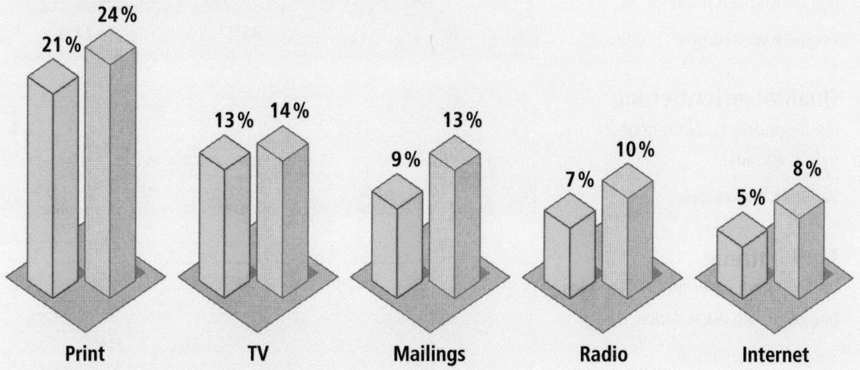

Unterhaltsamkeit: Werbung in/im ... ist unterhaltsam

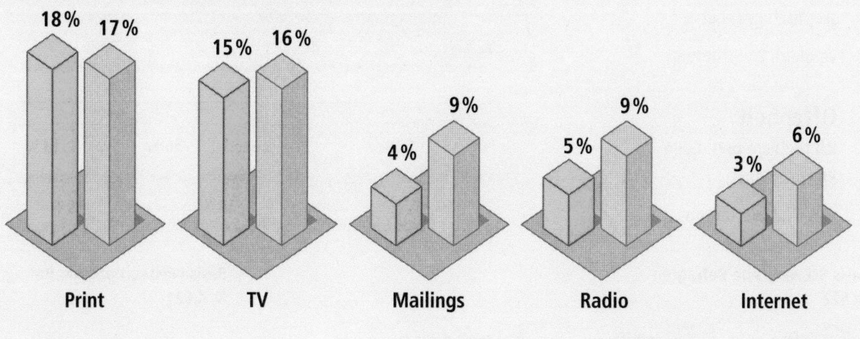

(Quelle: TNS Infratest/MRSC, 2005)

Basis Schweiz: Alle Befragten
N: 522

Basis Westeuropa: Alle Befragten
N: 4.621

☐ Schweiz

☐ Vergleich Westeuropa

15.4 Verbraucher-Trends

Allgemeine Kaufeinstellung

Die Konsumenten in der Schweiz zeigen sich bemerkenswert offen: 53% geben an, gerne neue Produkte auszuprobieren. Damit beweisen sie wesentlich mehr Flexibilität als ihre westeuropäischen Nachbarn (42%). Beim Einkauf entscheiden sie sich aufgrund der Marke (72%) und der Qualität (69%) für ein Produkt. »Made in Germany« zählt bei immerhin 29% der Schweizer als Qualitätsmerkmal (vgl. Westeuropa 25%).

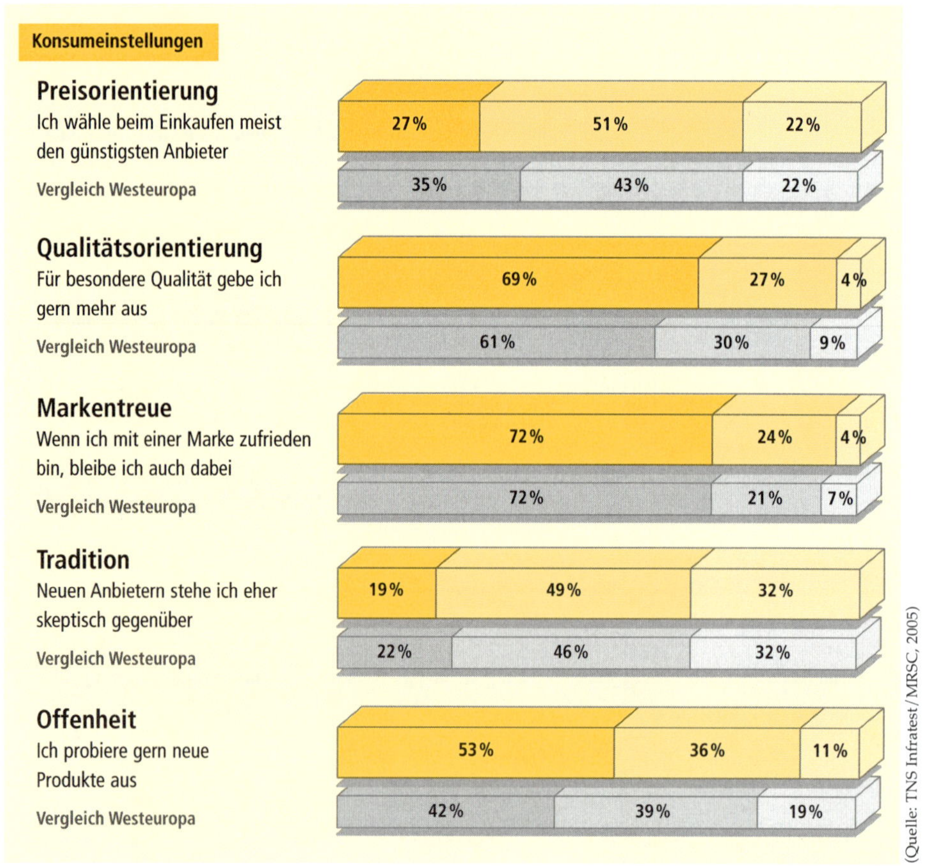

Basis Schweiz: Alle Befragten
N: 522

Basis Westeuropa: Alle Befragten
N: 4.621

trifft zu · indifferent · trifft nicht zu

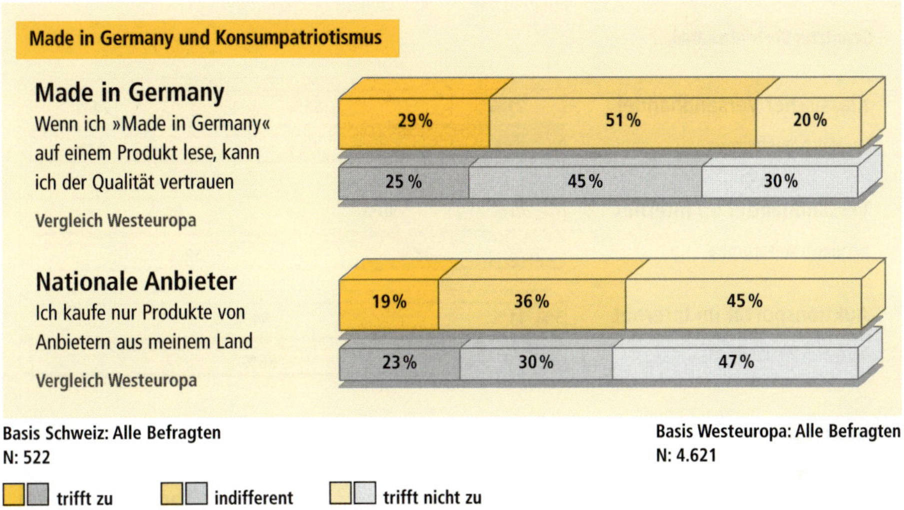

(Quelle: TNS Infratest / MRSC, 2005)

15.5 Versandhandelsaffinität

Kauf- und Bestellverhalten

Mehr als die Hälfte der Befragten bestellen häufig bis gelegentlich im Versandhandel (55%). Damit übertreffen sie leicht den westeuropäischen Durchschnitt (49%). Bei den Vertriebskanälen geben sich die Schweizer internetaffin (20%), darüber hinaus nutzen sie das Medium besonders oft als Bestellweg (43%). Zugleich liegt die Bestellung per Antwortkarte (34%) über dem westeuropäischen Trend (30%).

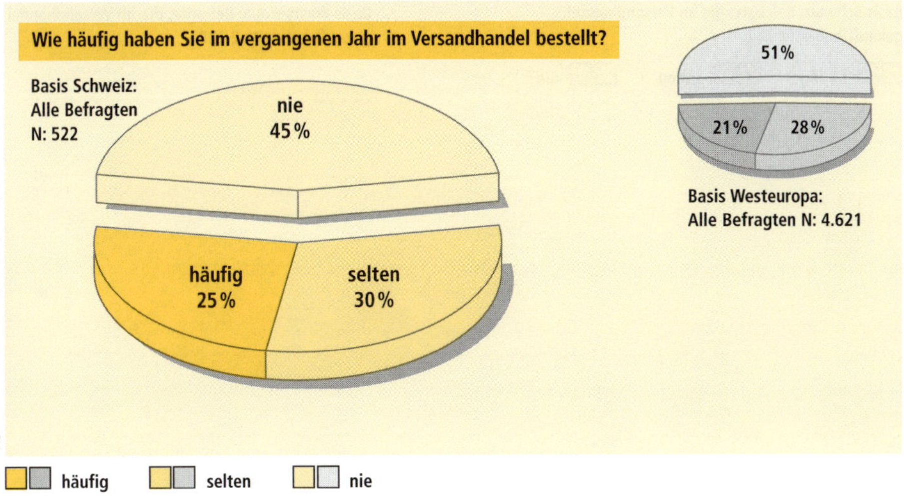

(Quelle: TNS Infratest / MRSC, 2005)

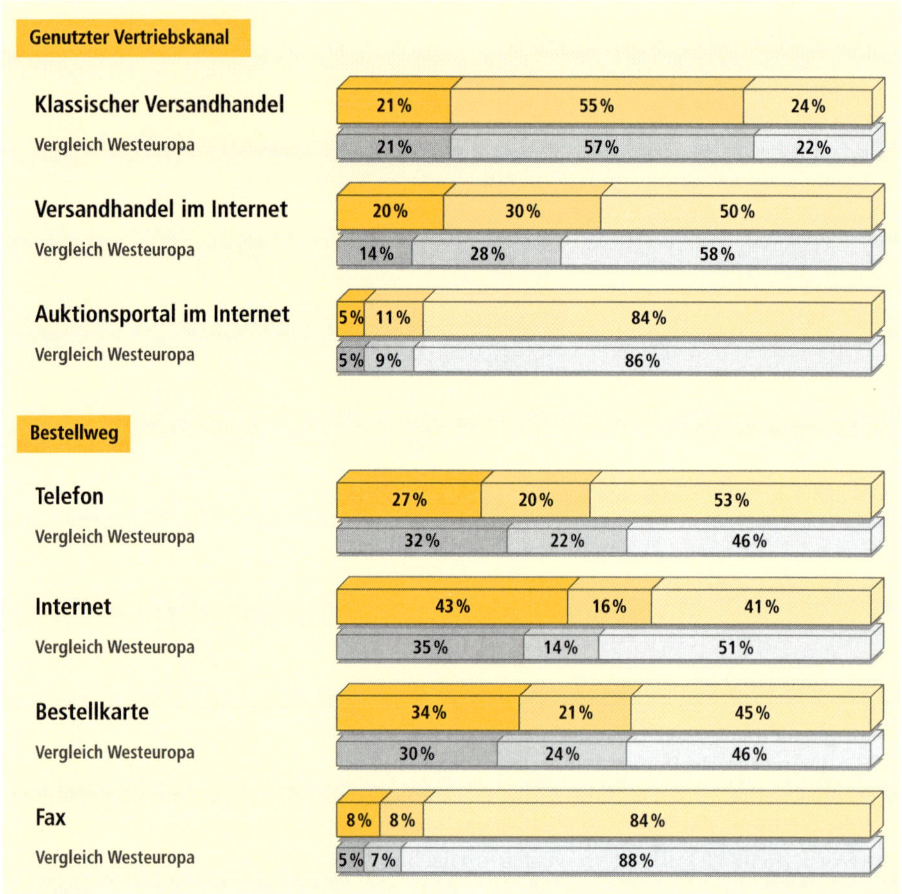

(Quelle: TNS Infratest/MRSC, 2005)

Basis Schweiz: Befragte, die im Versandhandel gekauft haben N: 287

Basis Westeuropa: Befragte, die im Versandhandel gekauft haben N: 2.228

häufig selten nie

16 Spanien

Spaniens Konjunktur zeigt sich im Aufwind: Für das Gesamtjahr 2005 betrug der Anstieg des Bruttoinlandsprodukts ca. 3,3%. Dieser Aufschwung wird auch für 2006 erwartet. Wichtigste Stütze und größte Einnahmequelle der spanischen Wirtschaft bleibt nach wie vor der Tourismus. Der private Konsum entwickelt sich ebenfalls zufrieden stellend und wird 2006 – wie auch bereits 2005 – um etwa 3% zunehmen. Mit Direktmarketing kann man die spanischen Verbraucher gut erreichen. Speziell farbenfrohe Mailings treffen auf große Akzeptanz und Neugierde. Nahezu 60% der spanischen Werbebriefempfänger lesen ihre Werbepost regelmäßig.

Soziodemografische Daten

Fläche	504.782 km^2
Bevölkerung	42,9 Mio.
Anzahl Haushalte	14,2 Mio.
Durchschnittliche Haushaltsgröße	2,9 Personen
Anzahl Haushalte mit Internetanschluss	3,5 Mio.
Großstädte/Ballungsräume (Einwohner)	Madrid (3.016.788), Barcelona (1.527.190), Valencia (791.871), Sevilla (704.114), Saragossa (620.419), Malaga (535.686)
Bevölkerung	
0 bis 14 Jahre	6,2 Mio.
15 bis 64 Jahre	29,7 Mio.
65 Jahre und älter	7,2 Mio.

(Quelle: Fischer Weltalmanach 2005, Bundesagentur für Außenwirtschaft 2005)

16.1 Direktmarketing-Trends (1)

Erhalt von Mailings

Mehr als die Hälfte der spanischen Befragten (55%) erhält mindestens einmal pro Woche Werbebriefe. Damit liegen sie unter dem westeuropäischen Durchschnitt. 21% geben an, so gut wie nie Mailings zu erhalten.

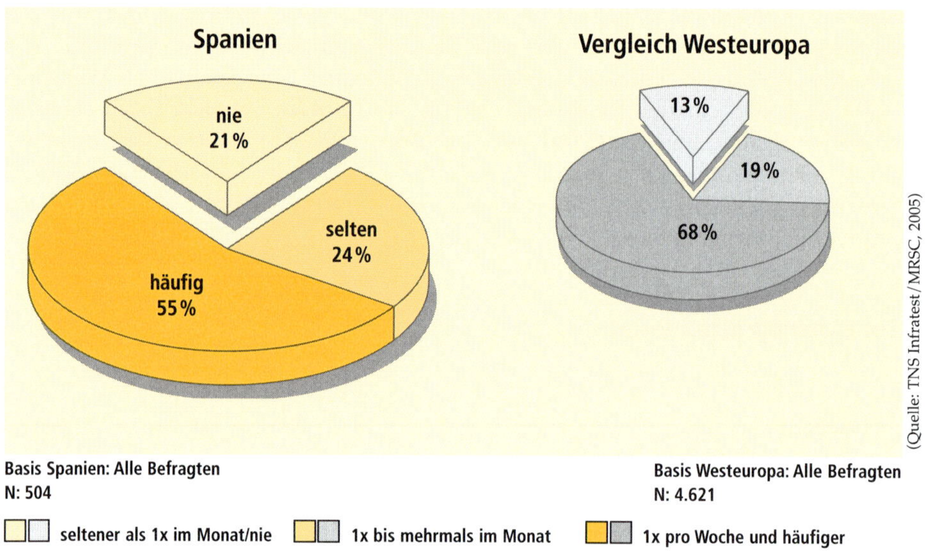

Reaktionsverhalten auf Mailings

Die spanischen Befragten, die Werbebriefe lesen – erfreuliche 58% tun dies regelmäßig –, reagieren öfter als ihre Nachbarn in Westeuropa darauf: 33% mindestens einmal im Jahr (vgl. Westeuropa 23%) und 14% sogar noch häufiger (vgl. Westeuropa 12%).

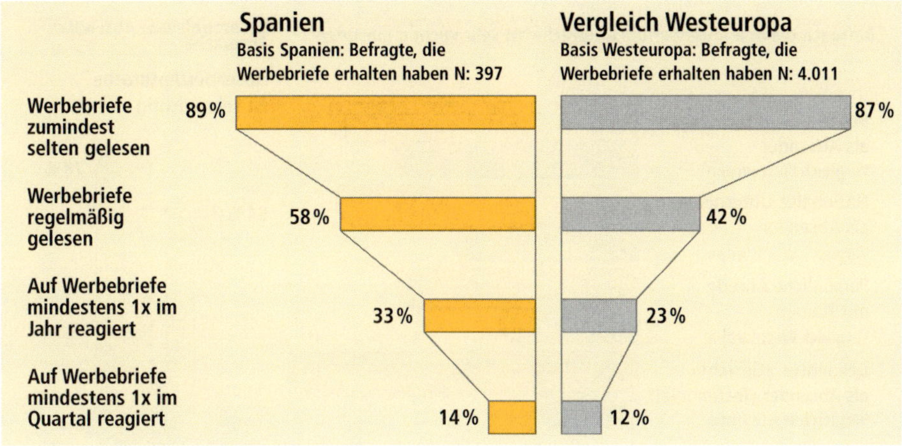

(Quelle: TNS Infratest/MRSC, 2005)

16.2 Direktmarketing-Trends (2)

Relevanz von Gestaltung, Absender/Ansprache und Inhalt

Mit dem richtigen Absender und der passenden Ansprache lassen sich bei den spanischen Konsumenten Punkte machen – 78% der Reagierer setzen hier ihre höchste Priorität. So überzeugt das bekannte Testimonial gleich 49%. In Westeuropa sind es im Schnitt nur 12%. Auch die Gestaltung ist für die meisten Spanier wichtig (Reagierer 62%): Eine ausgeprägte Farbigkeit des Werbebriefes (47%) kommt hier deutlich besser an als bei ihren Nachbarn (27%).

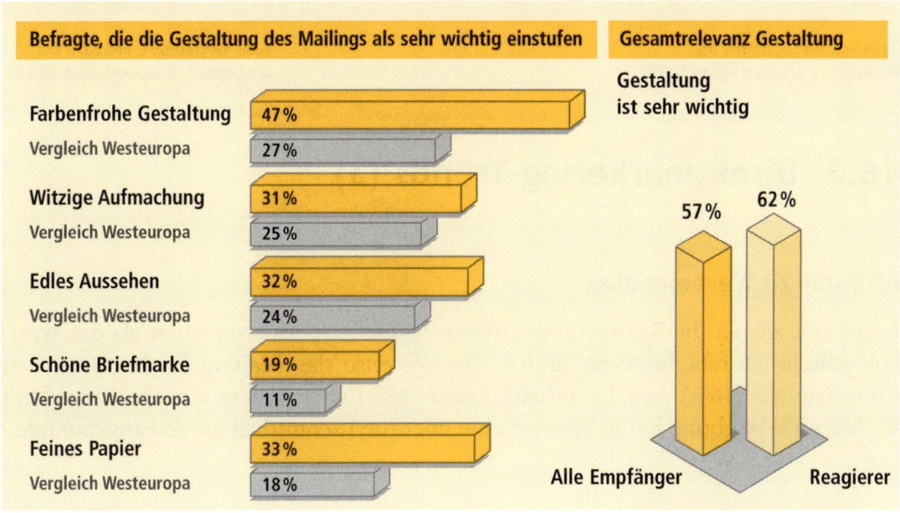

(Quelle: TNS Infratest/MRSC, 2005)

Basis Spanien: Befragte, die Werbebriefe erhalten haben N: 397

Basis Westeuropa: Befragte, die Werbebriefe erhalten haben N: 4.011

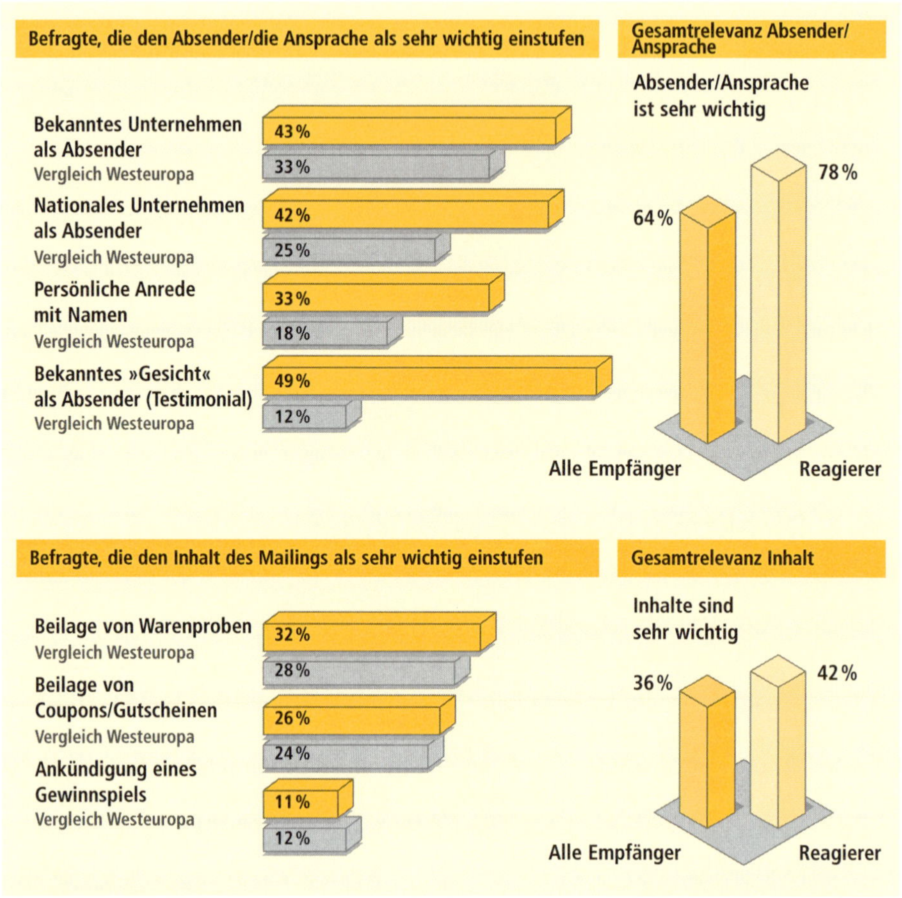

(Quelle: TNS Infratest/MRSC, 2005)

Basis Spanien: Befragte, die Werbebriefe erhalten haben N: 397

Basis Westeuropa: Befragte, die Werbebriefe erhalten haben N: 4.011

16.3 Direktmarketing-Trends (3)

Affinität zu Werbemedien

Insgesamt zeigen die Spanier eine größere Affinität zu Werbemedien als der westeuropäische Durchschnitt: So findet beispielsweise das Mailing in den Bereichen Informativität (16%) und Unterhaltsamkeit (16%) eine höhere Zustimmung. Und auch die TV-Werbung hat in Spanien eine überdurchschnittlich große Fangemeinde.

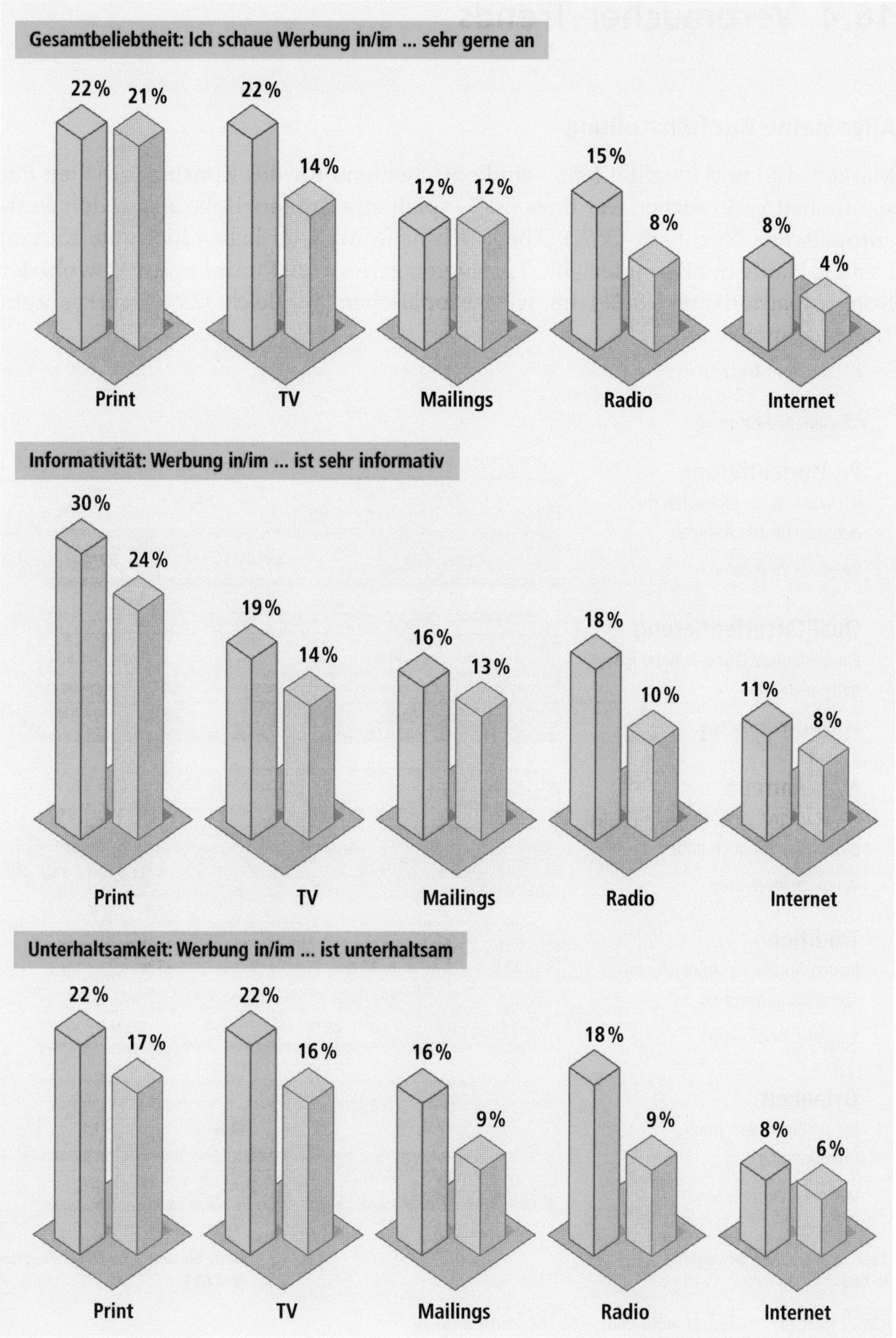

(Quelle: TNS Infratest/MRSC, 2005)

Basis Spanien: Alle Befragten
N: 504

Spanien

Basis Westeuropa: Alle Befragten
N: 4.621

Vergleich Westeuropa

16.4 Verbraucher-Trends

Allgemeine Kaufeinstellung

Marke (74%) und Qualität (66%) sind entscheidend für das Konsumverhalten der spanischen Verbraucher. Der Preis (51%) spielt eine größere Rolle als bei den westeuropäischen Nachbarn (35%). Aber auch neue Anbieter haben hier gute Karten: Fast die Hälfte der Befragten (47%) probieren gerne neue Produkte aus, obwohl der Konsumpatriotismus (36%) im westeuropäischen Vergleich (23%) stärker zum Tragen kommt.

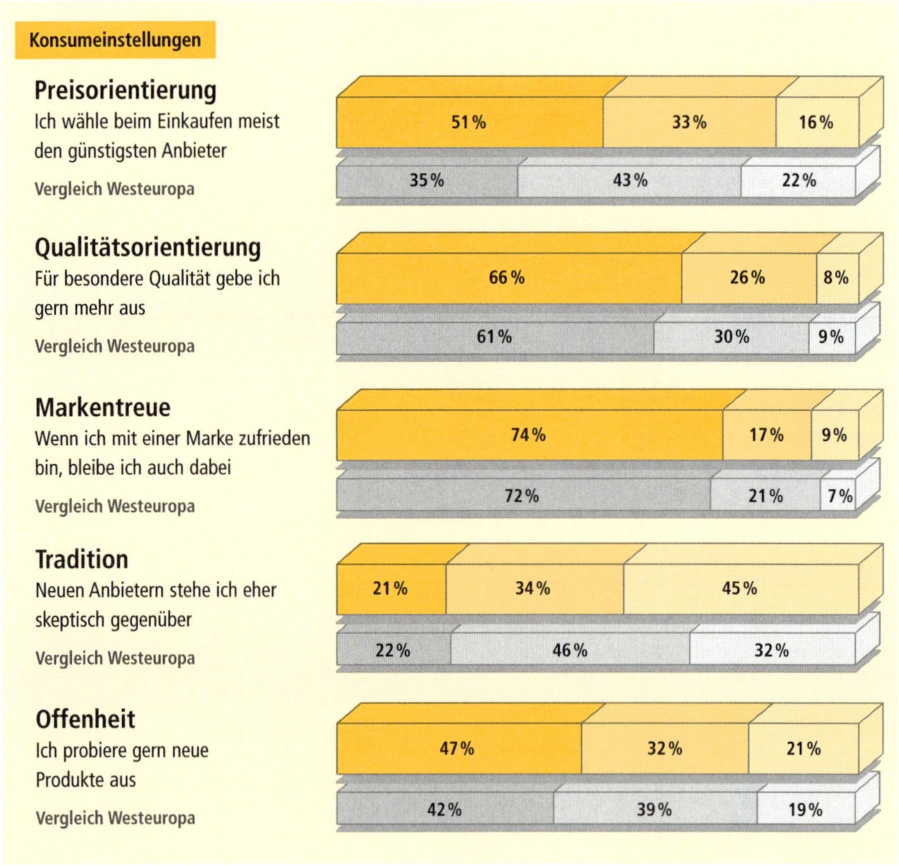

(Quelle: TNS Infratest/MRSC, 2005)

Basis Spanien: Alle Befragten
N: 504

Basis Westeuropa: Alle Befragten
N: 4.621

trifft zu | indifferent | trifft nicht zu

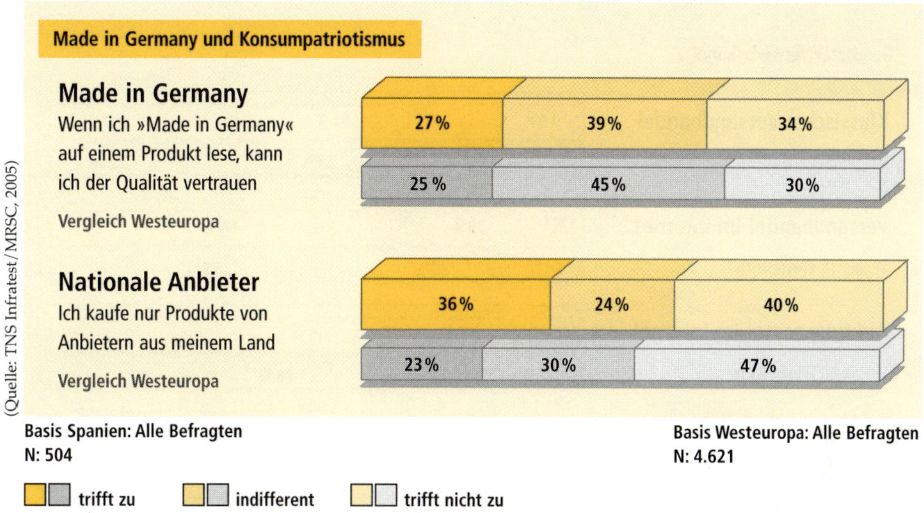

16.5 Versandhandelsaffinität

Kauf- und Bestellverhalten

Verglichen mit Westeuropa bestellen deutlich weniger Spanier im Versandhandel: nur 6% häufig (vgl. Westeuropa 21%) und 76% nie (vgl. Westeuropa 51%). Von den Nutzern bevorzugen 77% den klassischen Versandhandel. Als beliebtester Bestellweg rangiert die Antwortkarte mit 63% auf Platz eins.

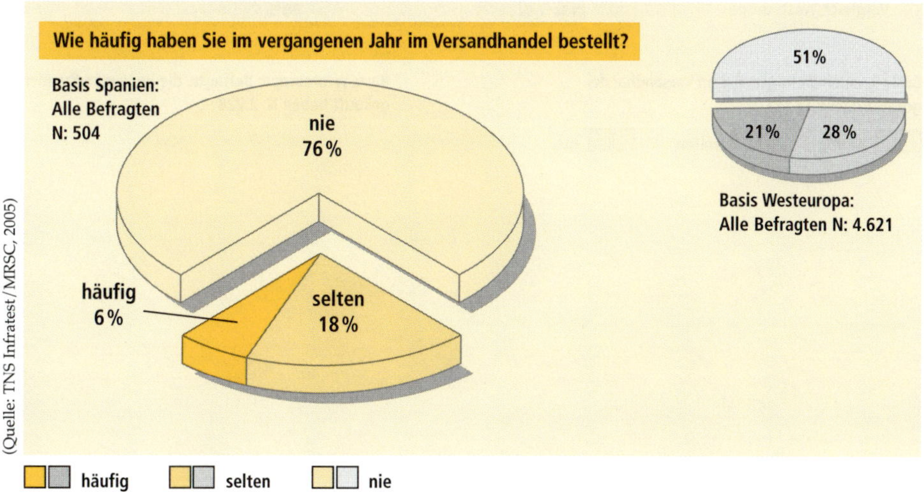

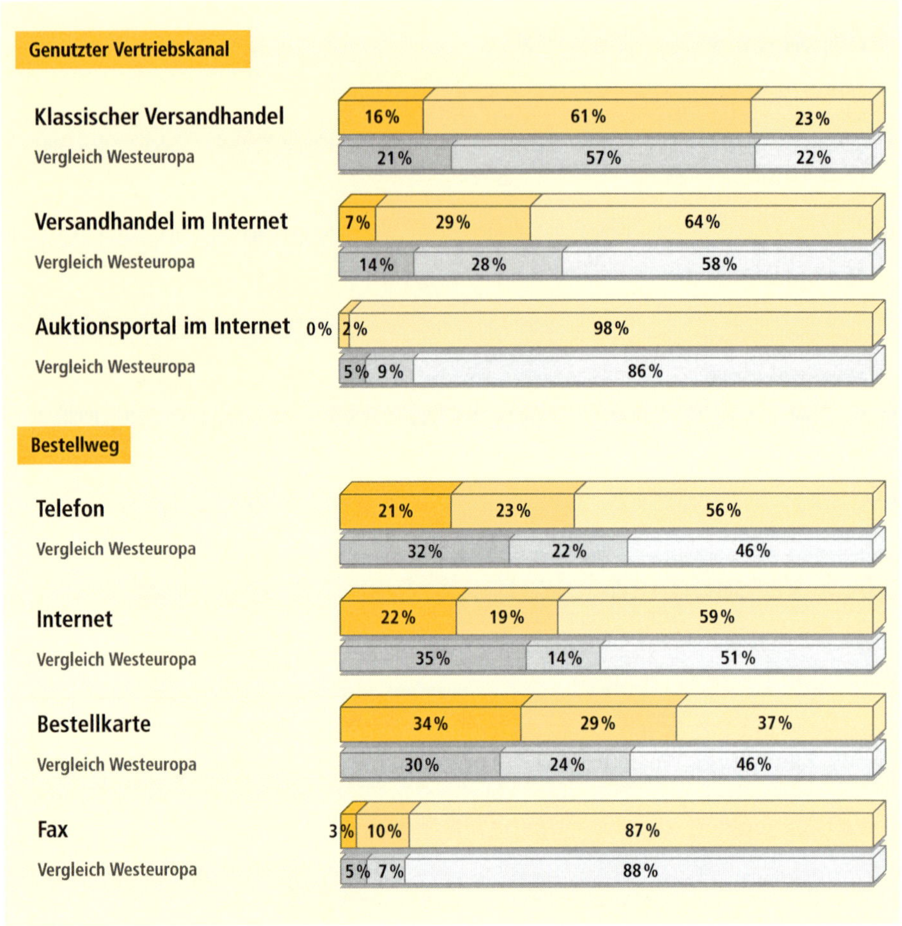

(Quelle: TNS Infratest/MRSC, 2005)

Basis Spanien: Befragte, die im Versandhandel gekauft haben N: 117

Basis Westeuropa: Befragte, die im Versandhandel gekauft haben N: 2.228

häufig selten nie

17 Dänemark

Dank des nachhaltig starken privaten Verbrauchs und steigender Investitionen setzte Dänemarks Wirtschaft die positive Entwicklung auch 2005 fort. Insbesondere die Nachfrage nach Pkws, Einrichtungsgegenständen und Luxuswaren hält den Privatkonsum auf hohem Niveau. Im Vergleich zum Vorjahr hat der Konsum 2005 um ca. 5,6% zugelegt und soll 2006 um weitere 3,5% steigen. Die Tatsache, dass die Dänen zu den glücklichsten Menschen und die Nation zu den reichsten Ländern der Welt zählen, sind noch zwei weitere gute Gründe, in diesem Land zu werben. Überzeugen lassen sich die Dänen am besten mit einer geradlinigen Argumentation – sowohl in der Werbung als auch im Geschäftsleben.

Soziodemografische Daten

Fläche	43.096 km^2
Bevölkerung	5,4 Mio.
Anzahl Haushalte	2,5 Mio.
Durchschnittliche Haushaltsgröße	2,2 Personen
Anzahl Haushalte mit Internetanschluss	1,65 Mio.
Großstädte/Ballungsräume (Einwohner)	Kopenhagen (501.664), Århus (222.559), Odense (145.374), Ålborg (121.100), Frederiksberg (91.721)
Bevölkerung	
0 bis 14 Jahre	1,0 Mio.
15 bis 64 Jahre	3,6 Mio.
65 Jahre und älter	0,8 Mio.

(Quelle: Fischer Weltalmanach 2005, Bundesagentur für Außenwirtschaft 2005)

17.1 Direktmarketing-Trends (1)

Erhalt von Mailings

Nur ein Viertel der dänischen Befragten erhalten mindestens einmal pro Woche Werbebriefe – im skandinavischen Durchschnitt sind es 62%. Dabei geben 41% der Dänen an, so gut wie nie Mailings zu bekommen.

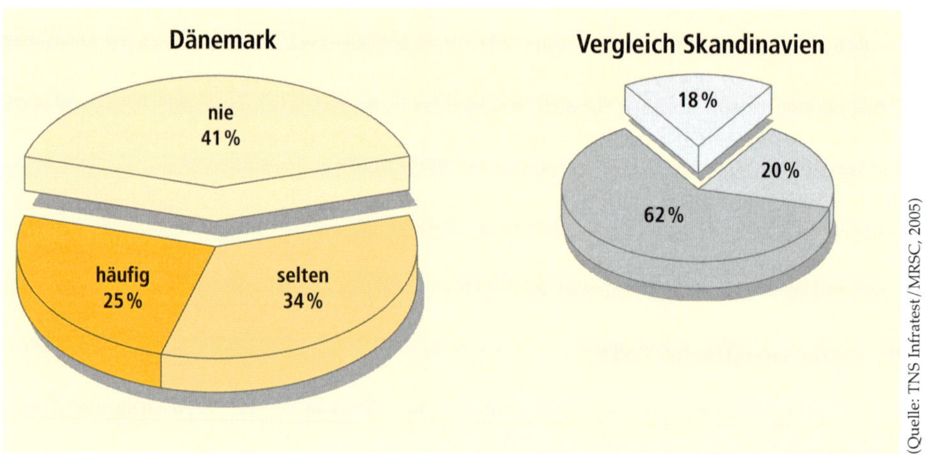

Basis Dänemark: Alle Befragten
N: 541

Basis Skandinavien: Alle Befragten
N: 2.056

seltener als 1x im Monat/nie | 1x bis mehrmals im Monat | 1x pro Woche und häufiger

Reaktionsverhalten auf Mailings

In puncto Reaktionsverhalten geben sich die Dänen etwas reservierter als ihre skandinavischen Nachbarn: Nur 29% lesen die Mailings regelmäßig (vgl. Skandinavien 36%). 4% reagieren mehrmals im Jahr auf Werbebriefe – der skandinavische Durchschnitt liegt bei 13%.

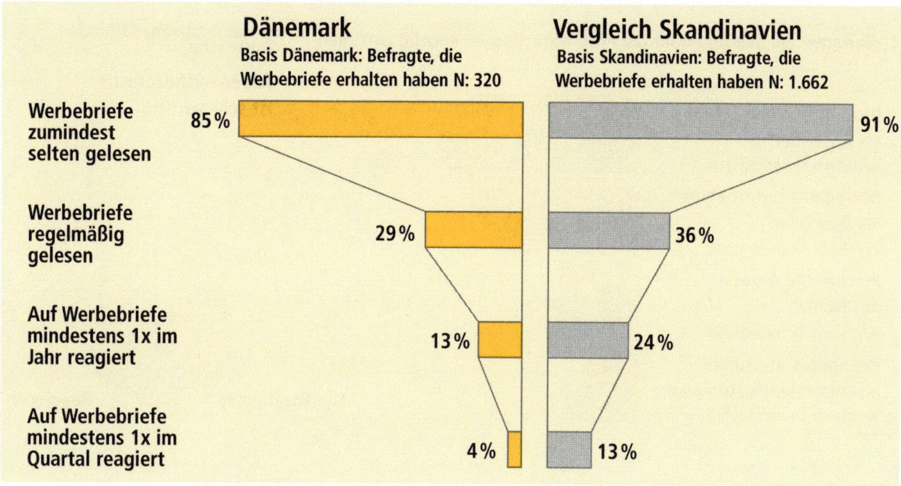

(Quelle: TNS Infratest/MRSC, 2005)

17.2 Direktmarketing-Trends (2)

Relevanz von Gestaltung, Absender/Ansprache und Inhalt

28% aller Empfänger und 33% der Reagierer setzen in puncto Absender und Ansprache ihre höchste Priorität: Der bekannte Absender bzw. das Unternehmen aus dem eigenen Land eignen sich bei 22% der Befragten als Türöffner. Für 28% der Reagierer ist die Gestaltung sehr wichtig: Im Schnitt geben 10% an, farbenfrohe, edle und witzige Mailings zu bevorzugen.

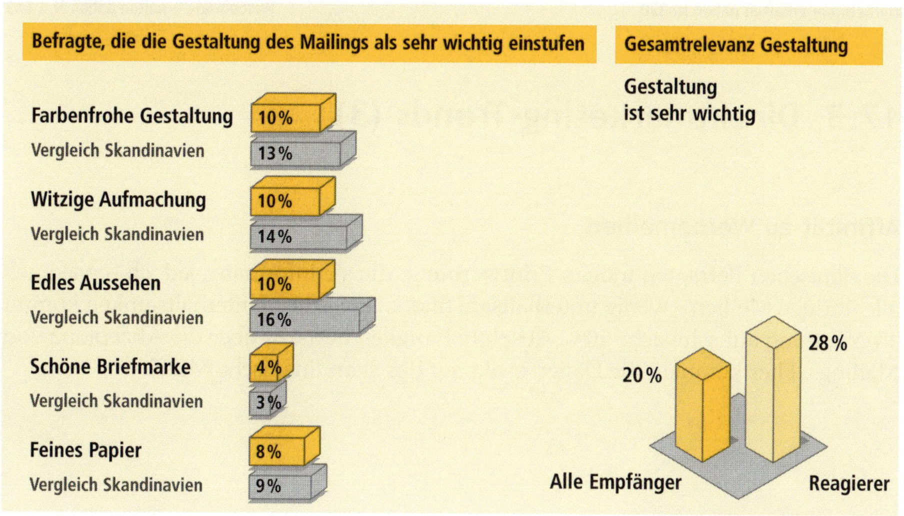

(Quelle: TNS Infratest/MRSC, 2005)

Basis Dänemark: Befragte, die Werbebriefe erhalten haben N: 320

Basis Skandinavien: Befragte, die Werbebriefe erhalten haben N: 1.662

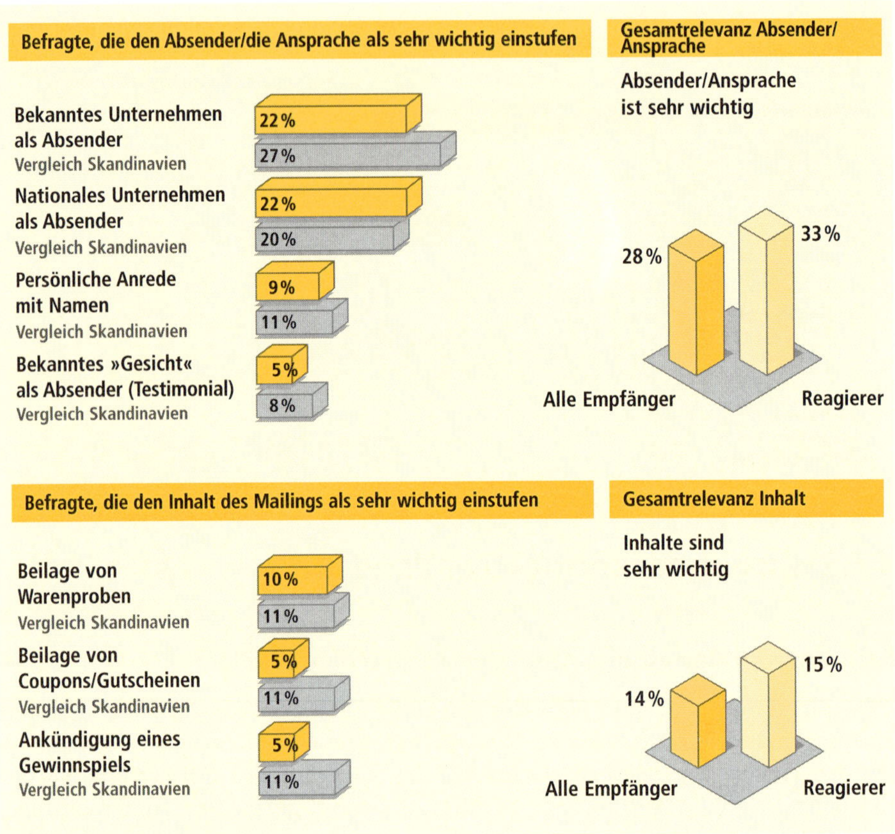

Basis Dänemark: Befragte, die Werbebriefe erhalten haben N: 320

Basis Skandinavien: Befragte, die Werbebriefe erhalten haben N: 1.662

(Quelle: TNS Infratest/MRSC, 2005)

17.3 Direktmarketing-Trends (3)

Affinität zu Werbemedien

Die dänischen Befragten mögen Printwerbung, die sie informativ, jedoch – wie auch alle übrigen Medien – wenig unterhaltsam finden. In Sachen Unterhaltsamkeit kommt TV-Werbung auf schwache 10%. Absolute Einigkeit herrscht über die Akzeptanz von Mailings: Hier kommen die Dänen exakt auf das skandinavische Mittel.

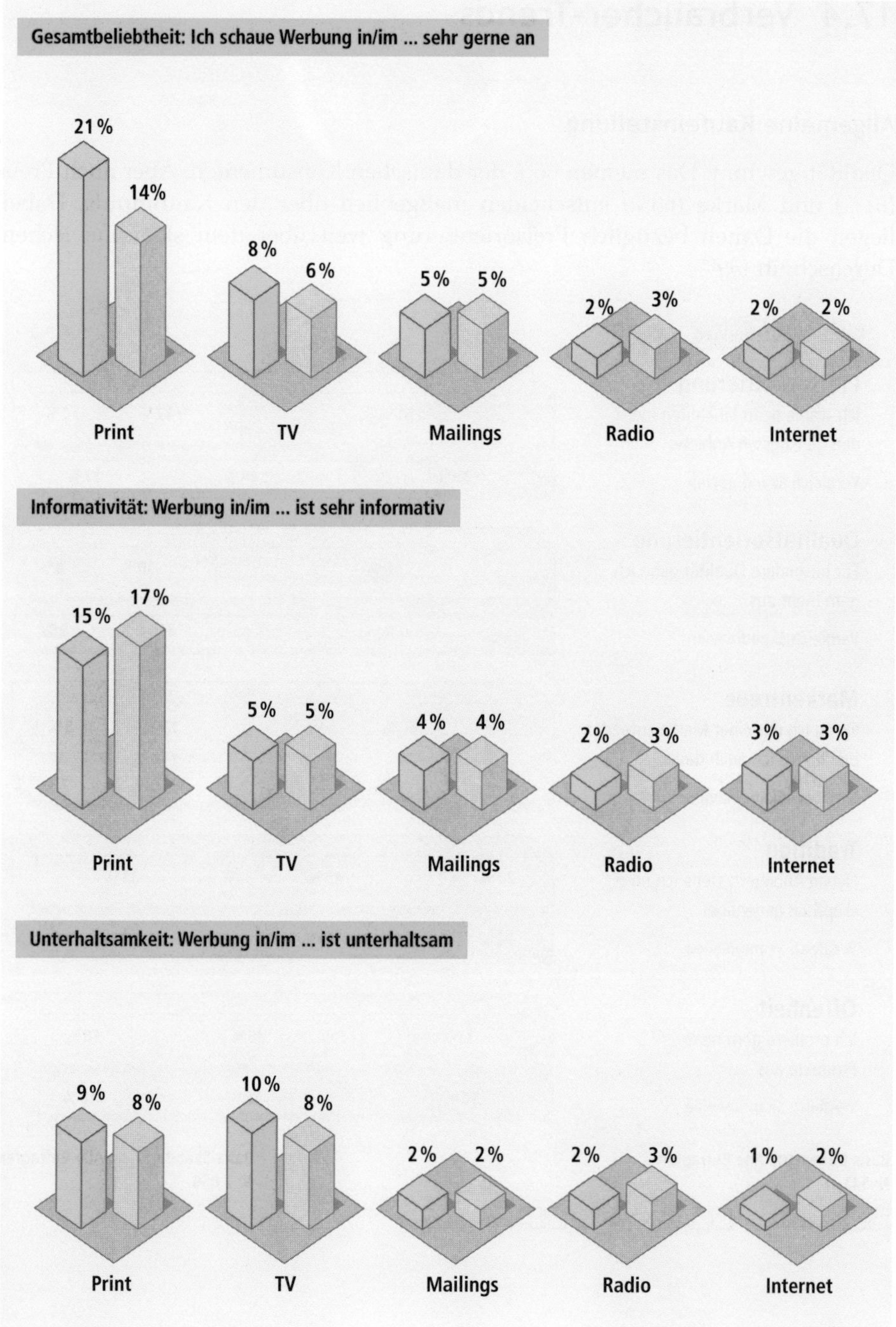

(Quelle: TNS Infratest/MRSC, 2005)

Basis Dänemark: Alle Befragten
N: 541

Basis Skandinavien: Alle Befragten
N: 2.056

☐ Dänemark

☐ Vergleich Skandinavien

17.4 Verbraucher-Trends

Allgemeine Kaufeinstellung

Qualität gewinnt: Das meinen 66% der dänischen Konsumenten. Aber auch Preis (61%) und Marke (60%) entscheiden maßgeblich über den Kaufimpuls. Dabei liegen die Dänen bezüglich Preisorientierung weit über dem skandinavischen Durchschnitt (39%).

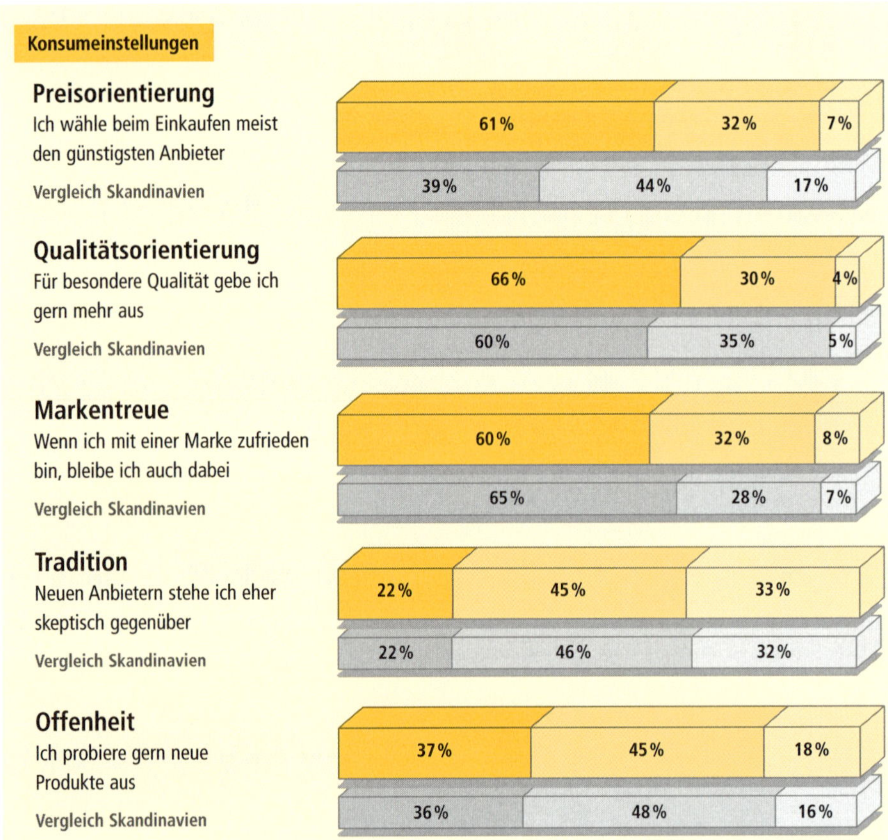

(Quelle: TNS Infratest/MRSC, 2005)

Basis Dänemark: Alle Befragten
N: 541

Basis Skandinavien: Alle Befragten
N: 2.056

trifft zu | indifferent | trifft nicht zu

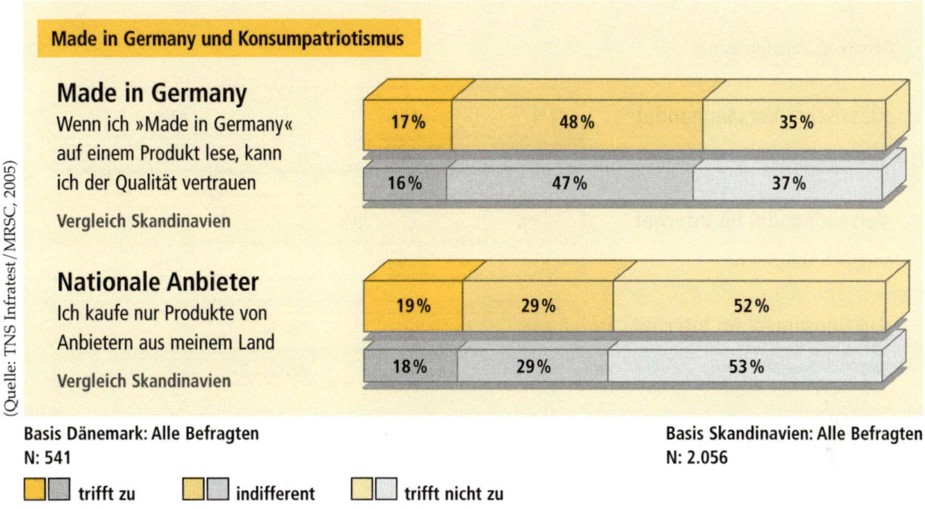

17.5 Versandhandelsaffinität

Kauf- und Bestellverhalten

Die Bestellung per Versandhandel liegt in Dänemark leicht unter dem skandinavischen Durchschnitt: 44% geben an, im letzten Jahr dort gekauft zu haben (vgl. Skandinavien 51%). Dabei liegt das Internet (68%) als Vertriebskanal vor dem Katalog (56%). 77% der Konsumenten bestellen auch direkt online – 59% sogar häufig.

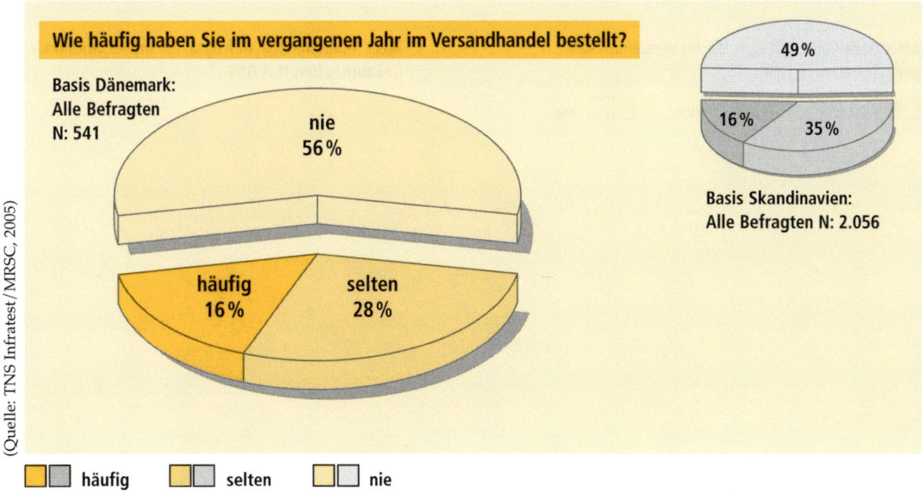

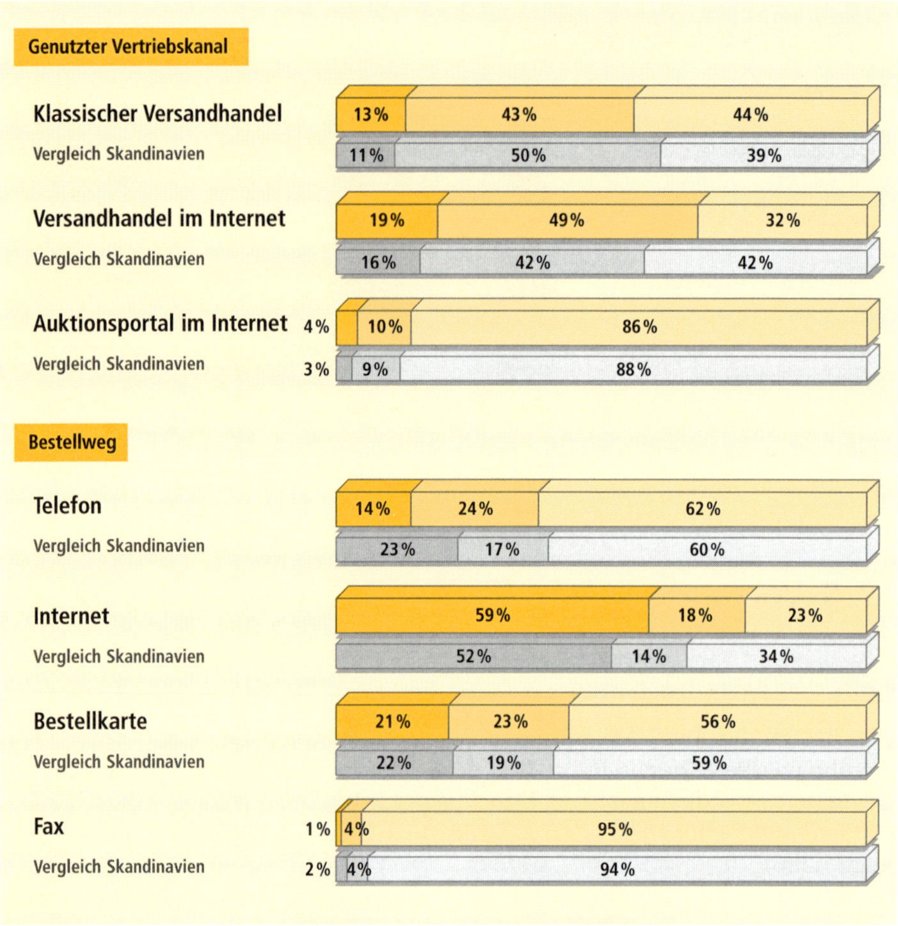

(Quelle: TNS Infratest / MRSC, 2005)

Basis Dänemark: Befragte, die im Versandhandel gekauft haben N: 240

Basis Skandinavien: Befragte, die im Versandhandel gekauft haben N: 1.039

häufig selten nie

18 Finnland

Finnlands Wirtschaft wächst kontinuierlich, obwohl die Konjunktur im Jahr 2005 einen Gang zurückgeschaltet hat. Der Privatverbrauch stieg 2005 um 3,4% an und wird 2006 um voraussichtlich weitere 3% gegenüber dem Vorjahr zunehmen. Führend ist die Nation in der Mikroelektronik und im Mobiltelefon-Sektor. Direktmarketing ist in Finnland bereits weit verbreitet und findet positiven Anklang. Der beliebteste Responsekanal ist hier die Antwortkarte.

Soziodemografische Daten

Fläche	338.144 km^2
Bevölkerung	5,2 Mio.
Anzahl Haushalte	2,4 Mio.
Durchschnittliche Haushaltsgröße	2,2 Personen
Anzahl Haushalte mit Internetanschluss	1,1 Mio.
Großstädte/Ballungsräume (Einwohner)	Helsinki (559.330), Espoo (224.231), Tampere (200.966), Vantaa (184.039), Turku (175.059)
Bevölkerung	
0 bis 14 Jahre	0,9 Mio.
15 bis 64 Jahre	3,5 Mio.
65 Jahre und älter	0,8 Mio.

(Quelle: Fischer Weltalmanach 2005, Bundesagentur für Außenwirtschaft 2005)

18.1 Direktmarketing-Trends (1)

Erhalt von Mailings

Finnland übertrifft den skandinavischen Durchschnitt in puncto Mailingdichte: 69% der Befragten geben an, mindestens einmal pro Woche Mailings zu erhalten (vgl. Skandinavien 62%). Nur 5% bekommen so gut wie nie Werbebriefe (vgl. Skandinavien 18%).

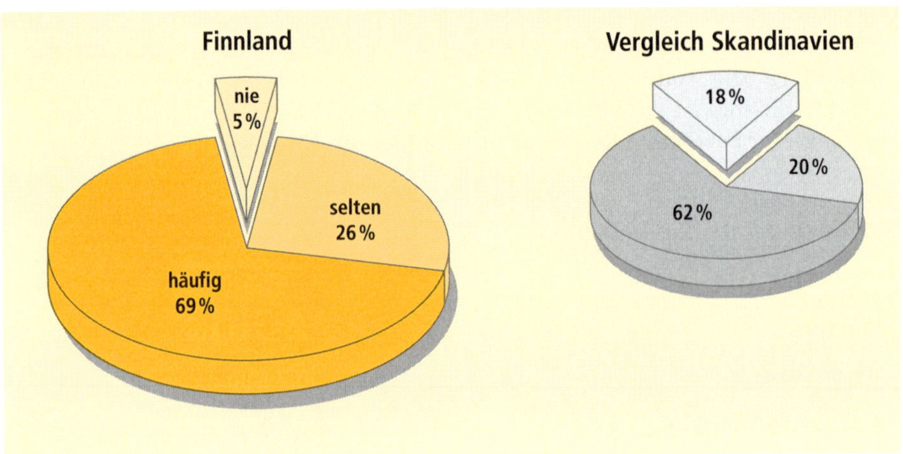

Basis Finnland: Alle Befragten
N: 500

Basis Skandinavien: Alle Befragten
N: 2.056

seltener als 1x im Monat/nie | 1x bis mehrmals im Monat | 1x pro Woche und häufiger

Reaktionsverhalten auf Mailings

Die finnischen Konsumenten geben sich etwas responsefreudiger als ihre skandinavischen Nachbarn: 41% lesen ihre Mailings regelmäßig (vgl. Skandinavien 36%). Von denjenigen, die ihre Werbebriefe lesen, reagieren 15% mindestens einmal im Quartal darauf (vgl. Skandinavien 13%).

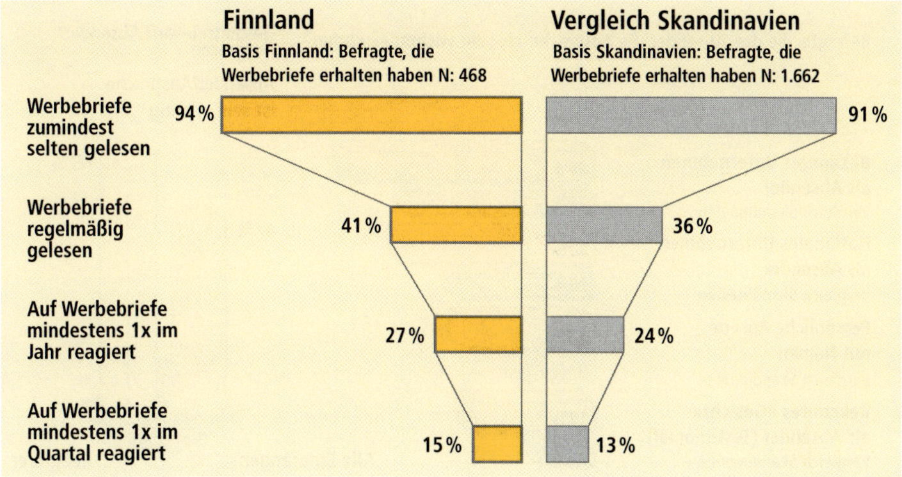

(Quelle: TNS Infratest/MRSC, 2005)

18.2 Direktmarketing-Trends (2)

Relevanz von Gestaltung, Absender/Ansprache und Inhalt

Absender und Ansprache sind ausschlaggebend: Dieser Meinung sind 63% der Reagierer. Tendenziell bestätigen die finnischen Konsumenten damit eine skandinavische Haltung, liegen mit ihrer Quote aber über dem Durchschnitt: So schenken 36% dem bekannten Absender ihr Vertrauen (vgl. Skandinavien 27%).

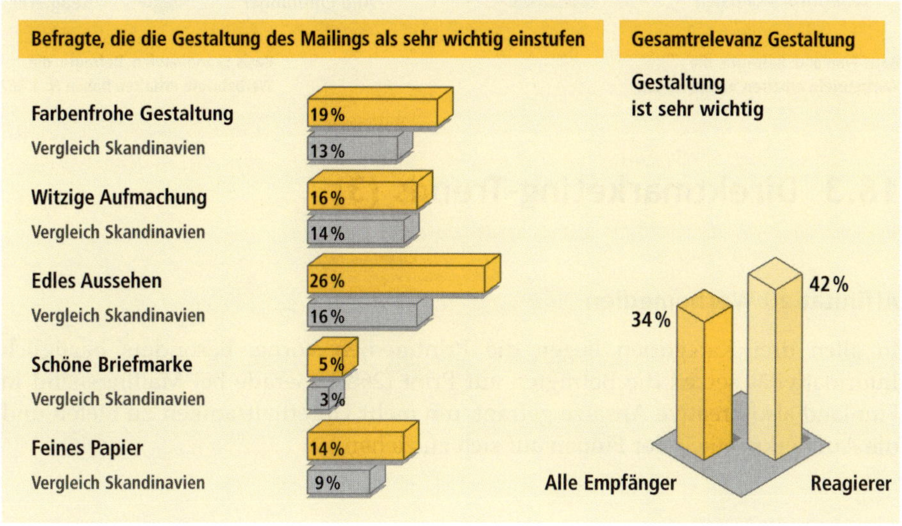

(Quelle: TNS Infratest/MRSC, 2005)

Basis Finnland: Befragte, die Werbebriefe erhalten haben N: 468

Basis Skandinavien: Befragte, die Werbebriefe erhalten haben N: 1.662

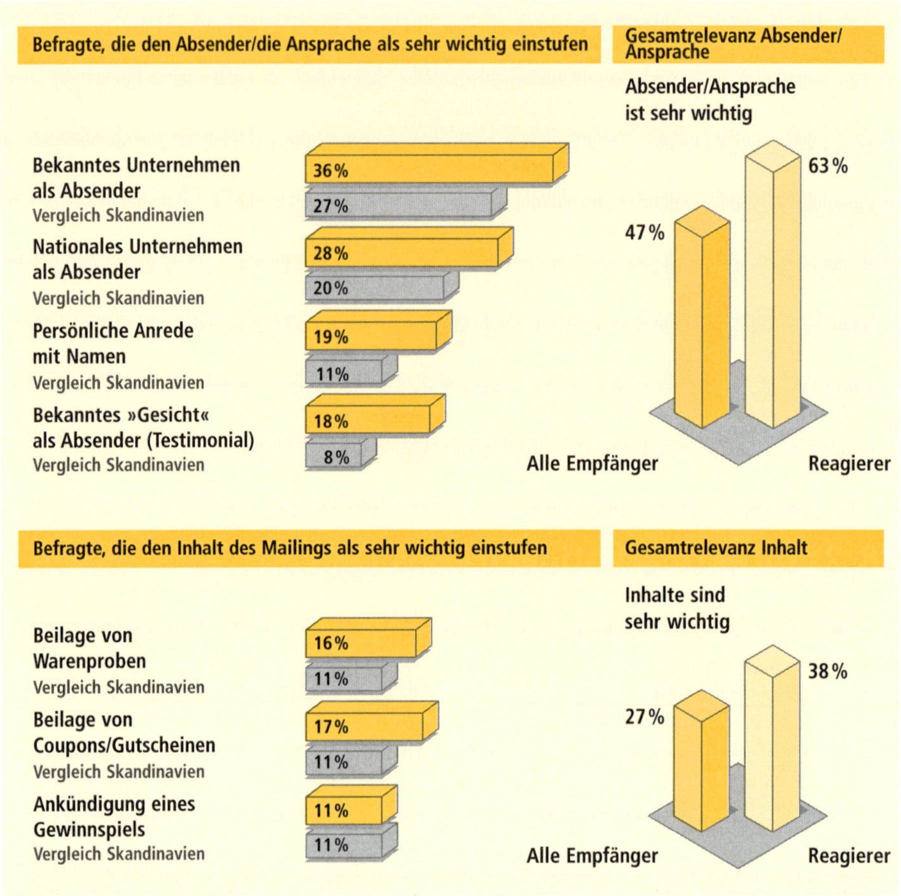

(Quelle: TNS Infratest/MRSC, 2005)

Basis Finnland: Befragte, die Werbebriefe erhalten haben N: 468

Basis Skandinavien: Befragte, die Werbebriefe erhalten haben N: 1.662

18.3 Direktmarketing-Trends (3)

Affinität zu Werbemedien

In allen drei Kategorien liegen die Printmedien vorne: Besonders bezüglich Informativität setzen die Befragten auf Print (26%). Gerade bei Mailings sind in Finnland also kreative Ansätze gefragt, um mehr Unterhaltsamkeit zu bieten und die Aufmerksamkeit der Finnen auf sich zu ziehen.

Gesamtbeliebtheit: Ich schaue Werbung in/im ... sehr gerne an

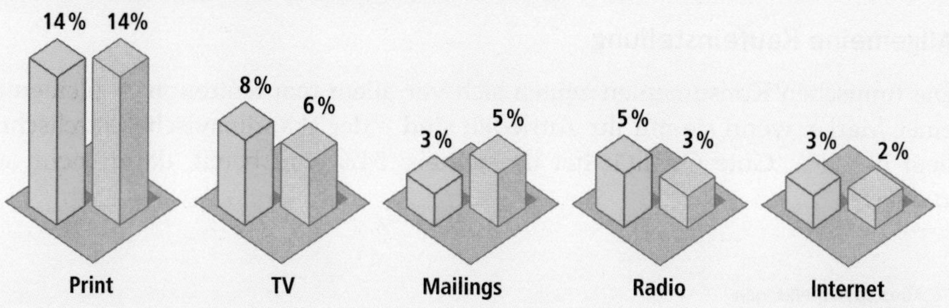

Informativität: Werbung in/im ... ist sehr informativ

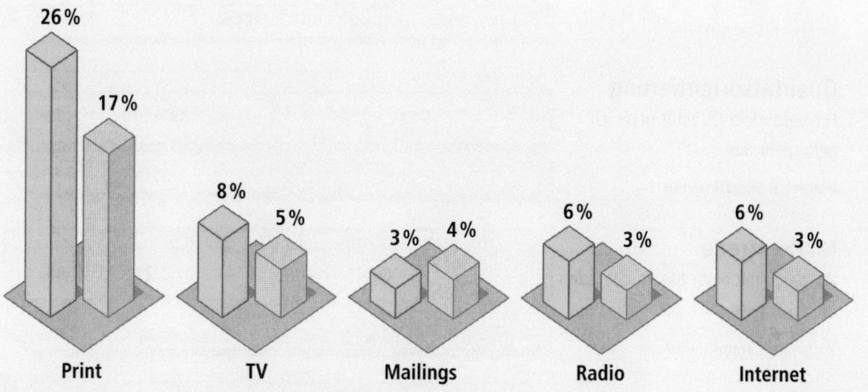

Unterhaltsamkeit: Werbung in/im ... ist unterhaltsam

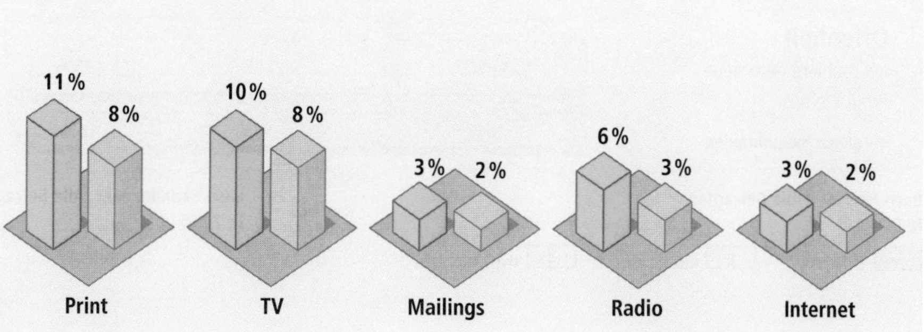

(Quelle: TNS Infratest/MRSC, 2005)

Basis Finnland: Alle Befragten
N: 500

☐ Finnland

Basis Skandinavien: Alle Befragten
N: 2.056

☐ Vergleich Skandinavien

18.4 Verbraucher-Trends

Allgemeine Kaufeinstellung

Die finnischen Konsumenten zeigen sich vor allem markentreu: 68% bleiben bei einer Marke, wenn sie mit ihr zufrieden sind – der skandinavische Durchschnitt liegt bei 65%. Gute Qualität hat ihren Preis: 54% sind bereit, dafür mehr auszugeben.

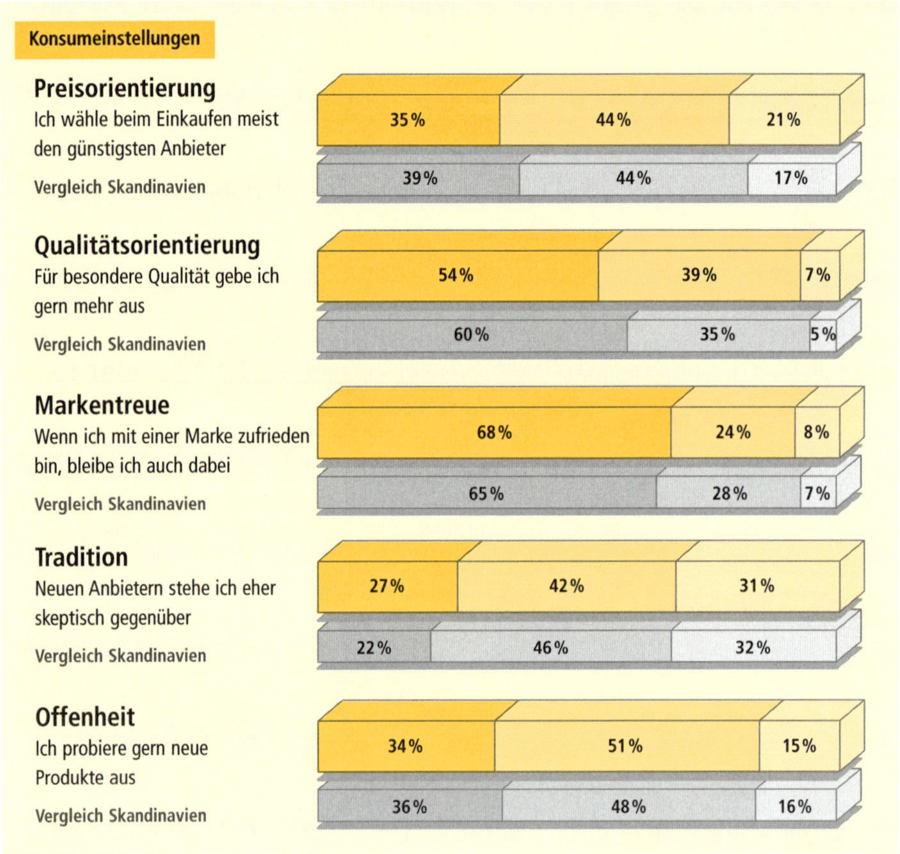

(Quelle: TNS Infratest/MRSC, 2005)

Basis Finnland: Alle Befragten
N: 500

Basis Skandinavien: Alle Befragten
N: 2.056

trifft zu | indifferent | trifft nicht zu

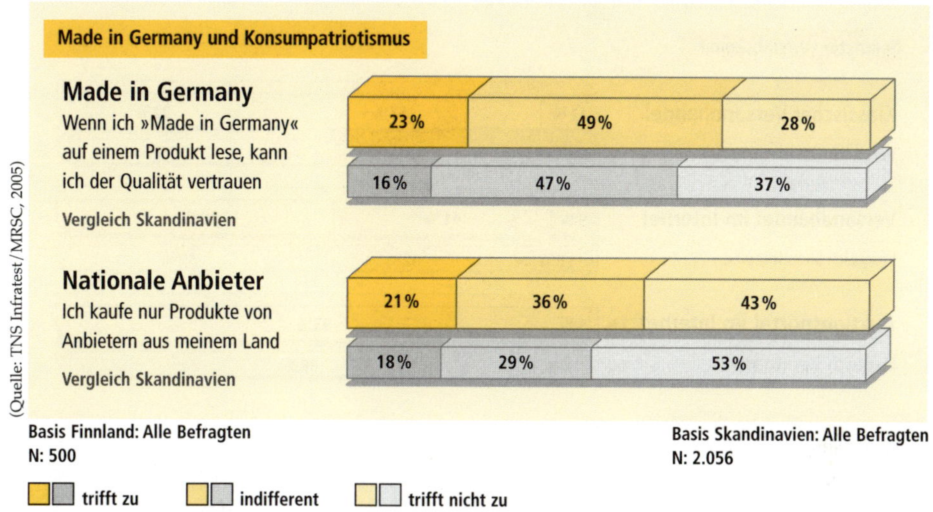

18.5 Versandhandelsaffinität

Kauf- und Bestellverhalten

Am Versandhandel scheiden sich die finnischen Konsumenten: 50% nutzen ihn – davon 13% häufig und 37% gelegentlich – 50% der Befragten bestellen dort nie. Von den Nutzern bevorzugt eine Mehrheit von 68% den klassischen Versandhandel. 57% bestellen das Produkt per Internet. Den zweiten Platz teilen sich Antwortkarte und Telefon mit jeweils 43%.

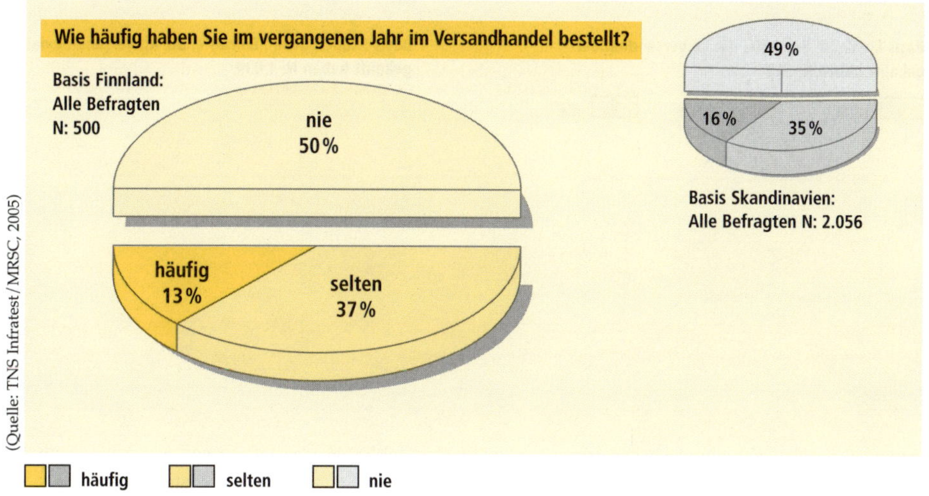

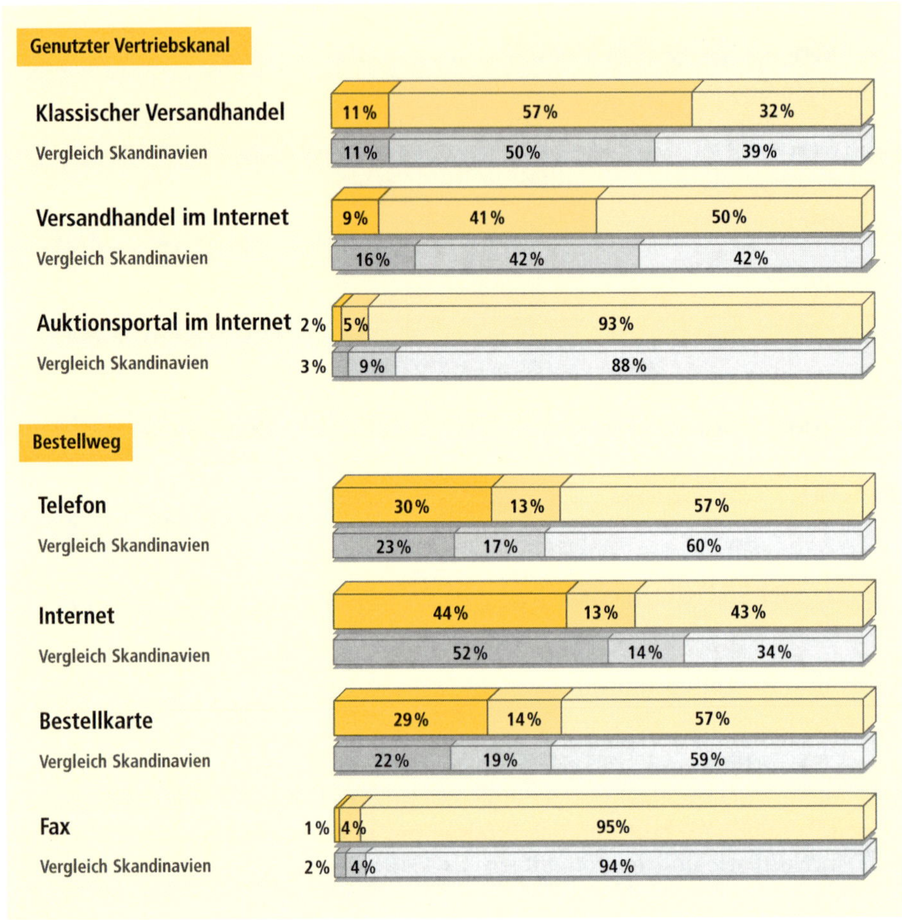

(Quelle: TNS Infratest/MRSC, 2005)

Basis Finnland: Befragte, die im Versandhandel gekauft haben N: 249

Basis Skandinavien: Befragte, die im Versandhandel gekauft haben N: 1.039

häufig selten nie

19 Norwegen

Norwegens Wirtschaft erlebte auch 2005 einen kräftigen Aufschwung. Für das Gesamtjahr 2006 liegt die Erwartung an den Anstieg des Bruttoinlandsproduktes bei 3,4%; der Zuwachs des Privatverbrauchs stieg 2005 auf über 3,6% und soll diese Wachstumsmarke auch 2006 erreichen. Direktmarketing ist in Norwegen weit verbreitet und trifft auf große Akzeptanz – vor allem, wenn Qualitätsprodukte mit einer Prise Witz und viel Informativität über den Produktnutzen beworben werden.

Soziodemografische Daten

Fläche	323.759 km^2
Bevölkerung	4,6 Mio.
Anzahl Haushalte	2,0 Mio.
Durchschnittliche Haushaltsgröße	2,3 Personen
Anzahl Haushalte mit Internetanschluss	1,2 Mio.
Großstädte/Ballungsräume (Einwohner)	Oslo (521.886), Bergen (237.430), Trondheim (154.351), Stavanger (112.405), Baerum (103.313), Kristiansand (75.280)
Bevölkerung	
0 bis 14 Jahre	1,0 Mio.
15 bis 64 Jahre	3,0 Mio.
65 Jahre und älter	0,6 Mio.

(Quelle: Fischer Weltalmanach 2005, Bundesagentur für Außenwirtschaft 2005)

19.1 Direktmarketing-Trends (1)

Erhalt von Mailings

76% der norwegischen Befragten erhalten mindestens einmal pro Woche Werbebriefe (vgl. Skandinavien 62%). Lediglich 14% geben an, so gut wie nie Mailings zu bekommen. Damit liegt die Mailingdichte deutlich über dem skandinavischen Durchschnitt.

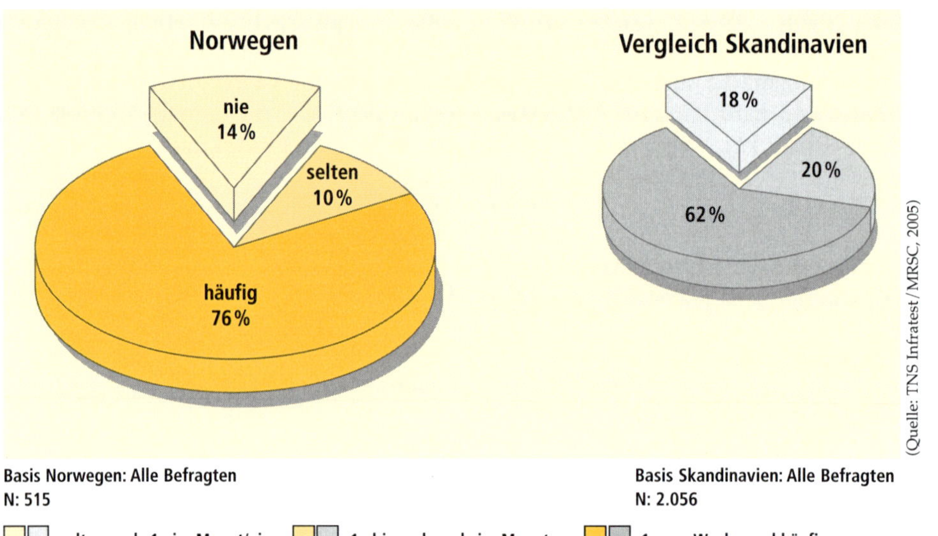

Reaktionsverhalten auf Mailings

Norwegen gibt sich insgesamt etwas weniger mailingaffin als seine skandinavischen Nachbarn: 90% lesen die Werbebriefe gelegentlich, 30% regelmäßig. Das Responseverhalten ist etwas reservierter: 9% reagieren mehrmals im Jahr auf ihre Mailings (vgl. Skandinavien 13%).

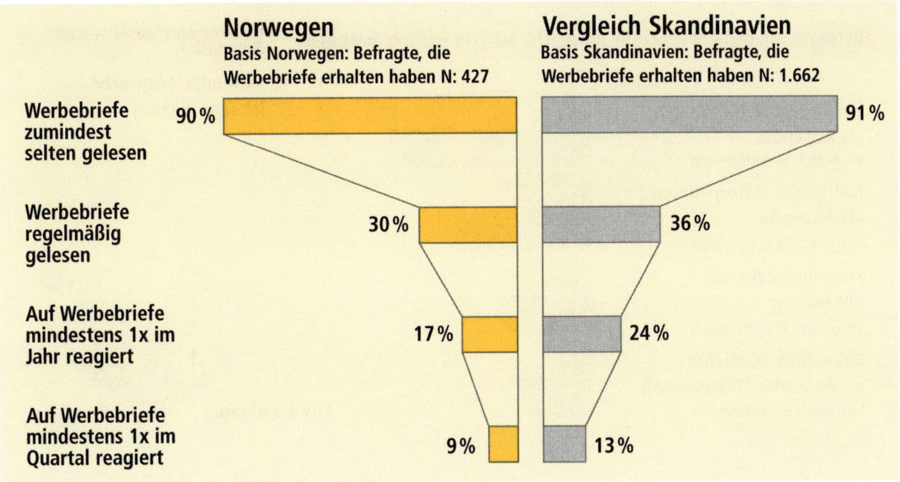

(Quelle: TNS Infratest/MRSC, 2005)

19.2 Direktmarketing-Trends (2)

Relevanz von Gestaltung, Absender/Ansprache und Inhalt

Im Vergleich zu ihren skandinavischen Nachbarn setzen die Norweger hier weniger Prioritäten. 21% der Reagierer messen dem Absender bzw. der Ansprache eine hohe Bedeutung zu – besonders die Bekanntheit des Unternehmens ist für 20% der Werbebrief-Empfänger entscheidend.

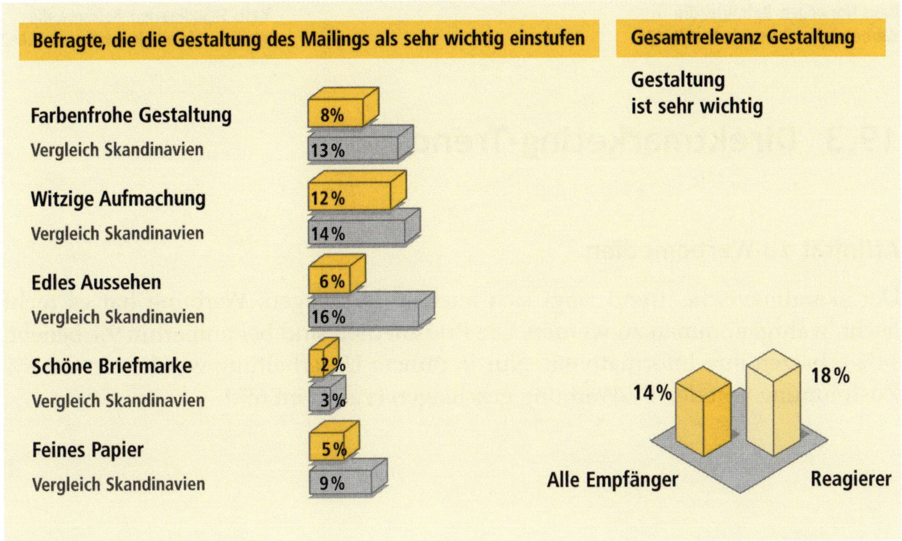

(Quelle: TNS Infratest/MRSC, 2005)

Basis Norwegen: Befragte, die Werbebriefe erhalten haben N: 427

Basis Skandinavien: Befragte, die Werbebriefe erhalten haben N: 1.662

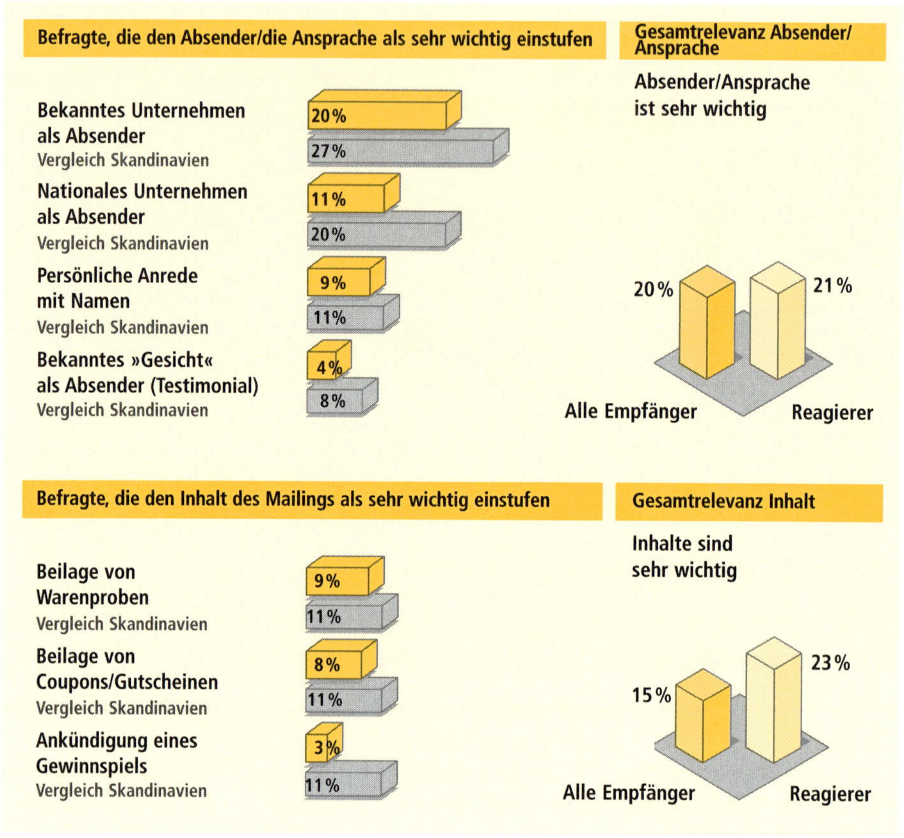

(Quelle: TNS Infratest/MRSC, 2005)

Basis Norwegen: Befragte, die Werbebriefe erhalten haben N: 427

Basis Skandinavien: Befragte, die Werbebriefe erhalten haben N: 1.662

19.3 Direktmarketing-Trends (3)

Affinität zu Werbemedien

Der skandinavische Trend zeigt sich auch in Norwegen: Werbung hat es nicht leicht, wahrgenommen zu werden. Die Printmedien sind bei immerhin 9% beliebt, 14% schätzen ihre Informativität. Nur in puncto Unterhaltung werden sie mit 8% Zustimmung von der TV-Werbung geschlagen (vgl. Print 6%).

Gesamtbeliebtheit: Ich schaue Werbung in/im ... sehr gerne an

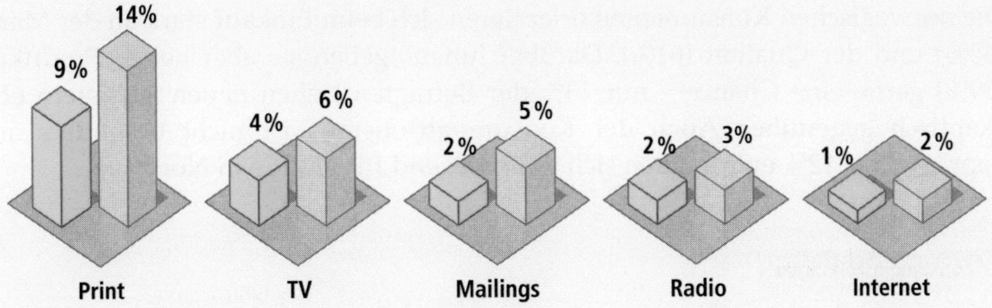

Informativität: Werbung in/im ... ist sehr informativ

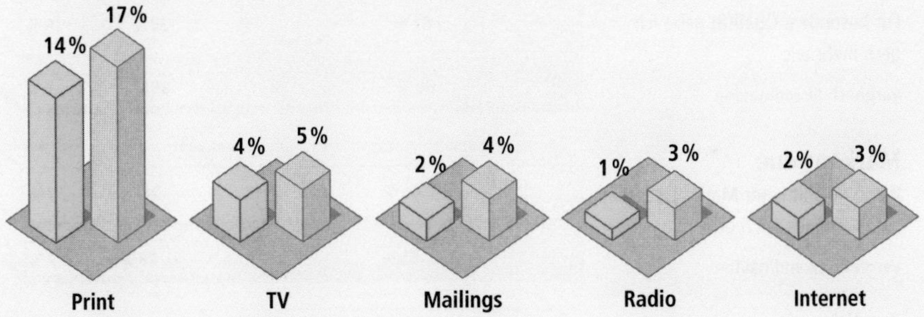

Unterhaltsamkeit: Werbung in/im ... ist unterhaltsam

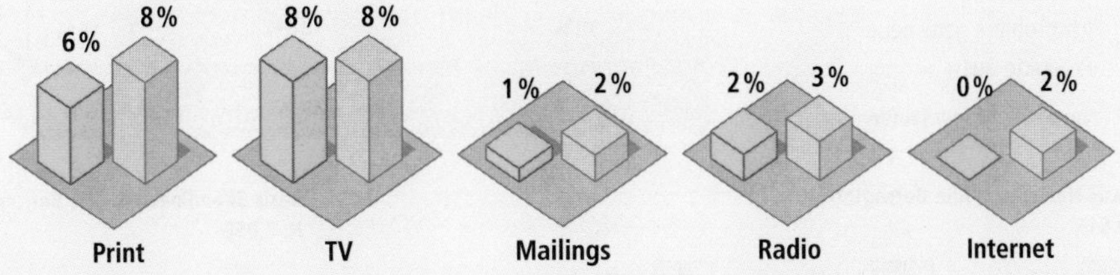

(Quelle: TNS Infratest / MRSC, 2005)

Basis Norwegen: Alle Befragten
N: 515

Basis Skandinavien: Alle Befragten
N: 2.056

☐ **Norwegen**

☐ **Vergleich Skandinavien**

19.4 Verbraucher-Trends

Allgemeine Kaufeinstellung

Die norwegischen Konsumenten orientieren sich beim Einkauf stark an der Marke (65%) und der Qualität (61%). Darüber hinaus geben sie aber neuen Produkten (39%) gerne eine Chance – nur 13% der Befragten stehen neuen Anbietern eher skeptisch gegenüber. Auch der Konsumpatriotismus ist nicht besonders ausgeprägt: Nur 12% entscheiden sich überwiegend für »Made in Norway«.

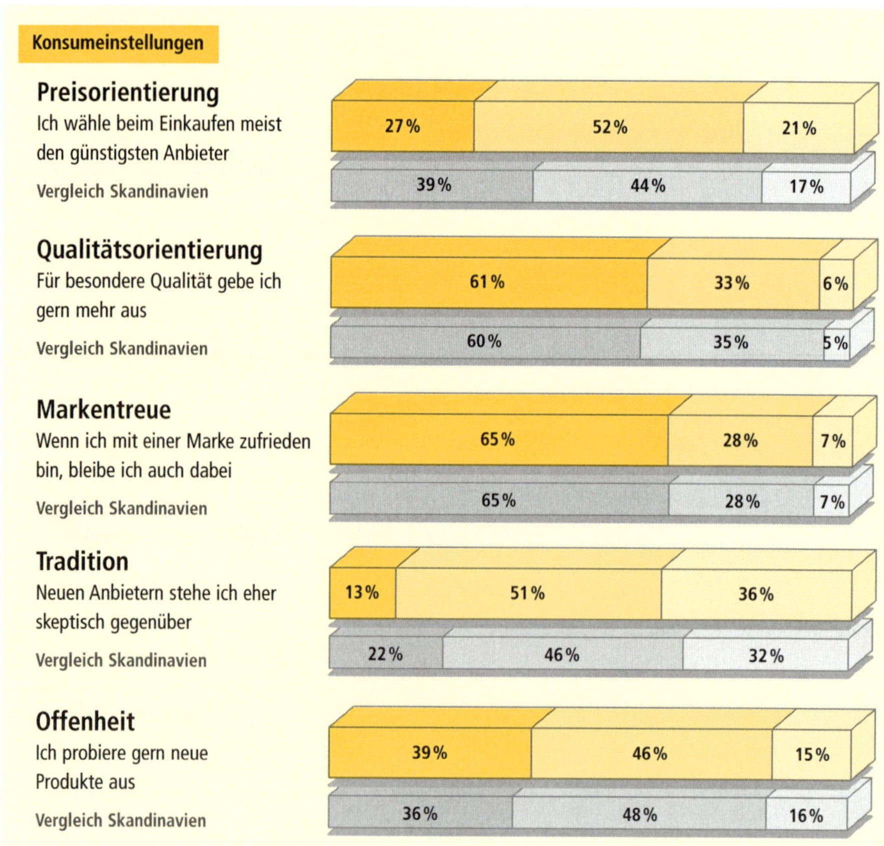

(Quelle: TNS Infratest/MRSC, 2005)

Basis Norwegen: Alle Befragten
N: 515

Basis Skandinavien: Alle Befragten
N: 2.056

trifft zu · indifferent · trifft nicht zu

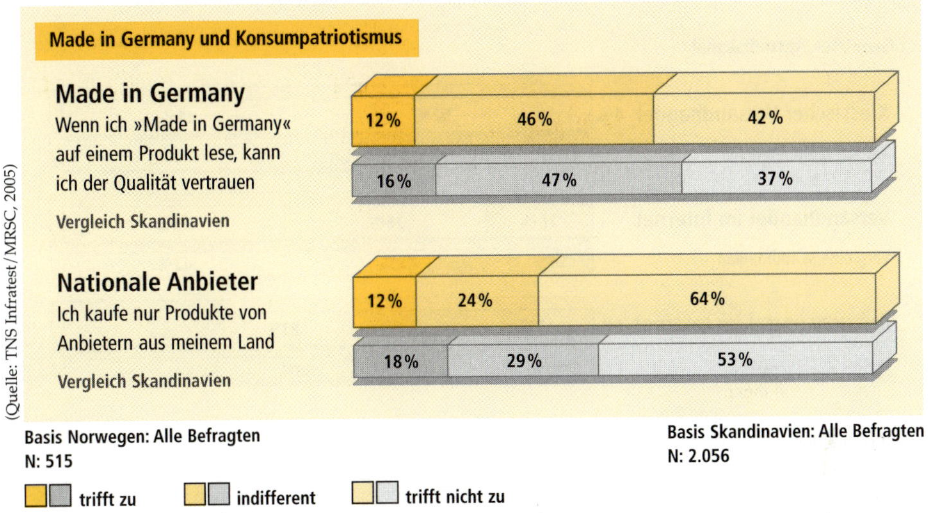

19.5 Versandhandelsaffinität

Kauf- und Bestellverhalten

55% der norwegischen Befragten geben an, den Versandhandel im vergangenen Jahr genutzt zu haben – 17% sogar häufig. Dabei liegt das Internet (58%) als Vertriebskanal knapp vor dem Katalog (56%). Die meisten Konsumenten aber bestellen auch direkt online – 54% häufig, 12% hin und wieder.

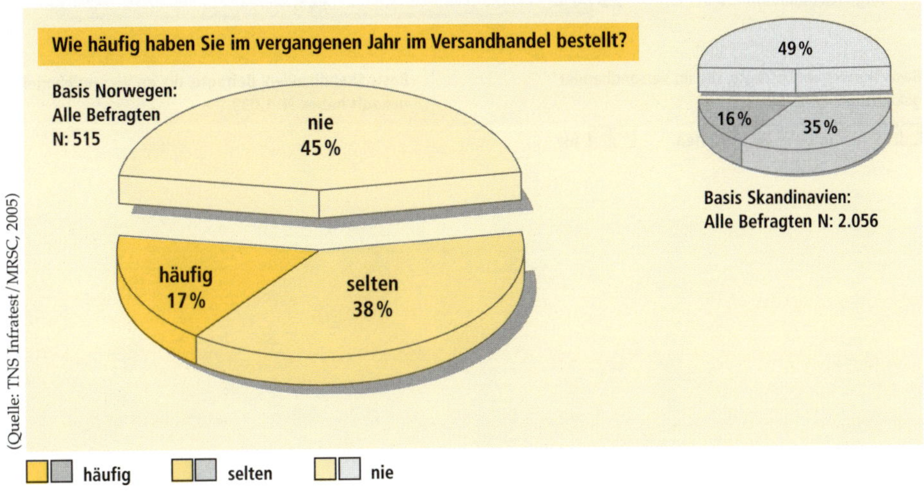

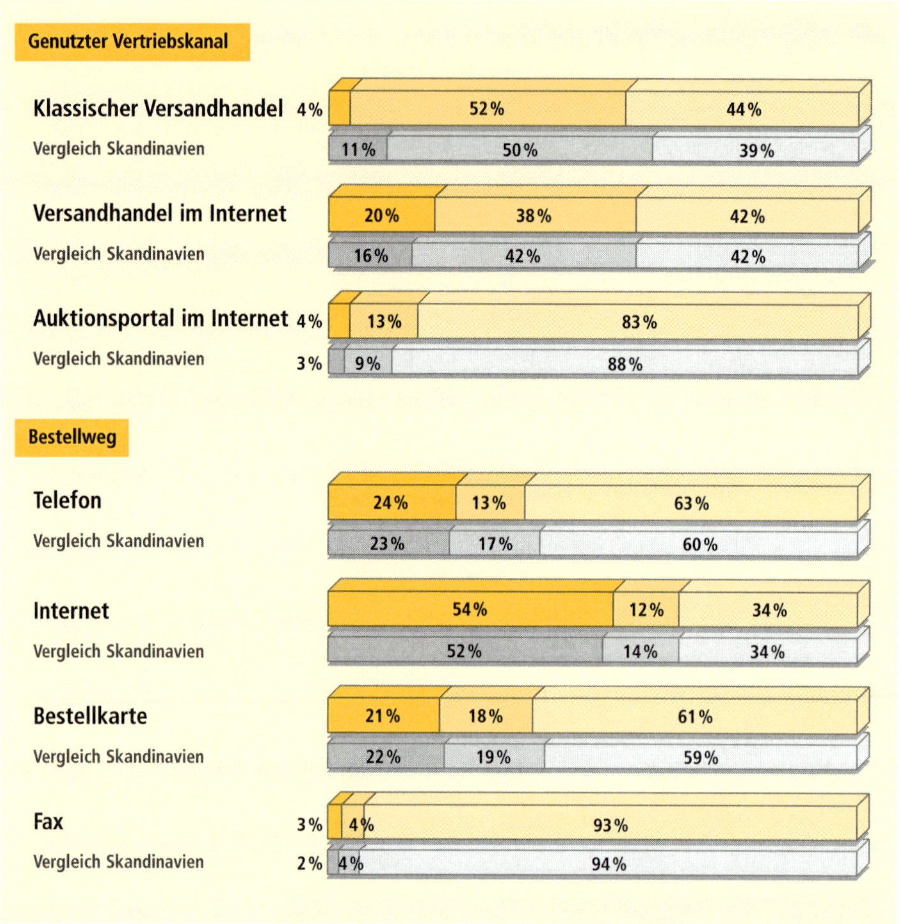

(Quelle: TNS Infratest/MRSC, 2005)

Basis Norwegen: Befragte, die im Versandhandel gekauft haben N: 278

Basis Skandinavien: Befragte, die im Versandhandel gekauft haben N: 1.039

häufig selten nie

20 Schweden

Schweden konnte das Tempo des Wirtschaftswachstums von 2004 aufgrund der verlangsamten Exportentwicklung nicht halten. Wichtige Wachstumsimpulse können aber durch den steigenden Privatverbrauch erzielt werden, der 2005 knapp unter 3% zunahm und 2006 voraussichtlich um weitere 3,5% gegenüber dem Vorjahr steigen wird. Im Direktmarketing können Rekorde verzeichnet werden. Von allen untersuchten 24 Ländern, führt Schweden das Response-Ranking an: 26 % der Werbebriefempfänger reagieren häufig auf ihre Mailings.

Soziodemografische Daten

Fläche	449.964 km^2
Bevölkerung	9,0 Mio.
Anzahl Haushalte	4,5 Mio.
Durchschnittliche Haushaltsgröße	2,0 Personen
Anzahl Haushalte mit Internetanschluss	6,0 Mio.
Großstädte/Ballungsräume (Einwohner)	Stockholm (761.721), Göteborg (478.055), Malmö (267.171), Uppsala (180.669), Linköping (136.231), Västeras (129.987)
Bevölkerung	
0 bis 14 Jahre	1,6 Mio.
15 bis 64 Jahre	5,9 Mio.
65 Jahre und älter	1,5 Mio.

(Quelle: Fischer Weltalmanach 2005, Bundesagentur für Außenwirtschaft 2005)

20.1 Direktmarketing-Trends (1)

Erhalt von Mailings

Schwedens Konsumenten erhalten regelmäßig Werbebriefe – 80% sogar mindestens einmal pro Woche. Damit liegen sie deutlich über dem skandinavischen Durchschnitt (62%). Nur 10% geben an, so gut wie nie Mailings zu erhalten (vgl. Skandinavien 18%).

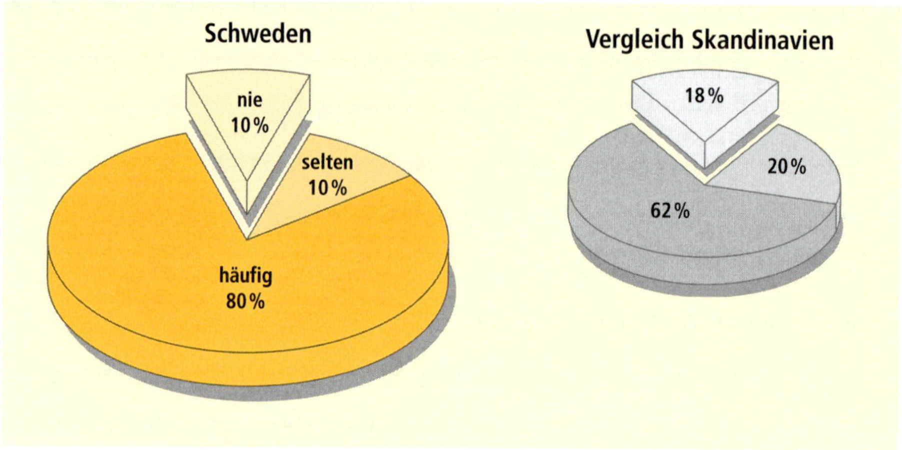

Basis Schweden: Alle Befragten
N: 500

Basis Skandinavien: Alle Befragten
N: 2.056

seltener als 1x im Monat/nie | 1x bis mehrmals im Monat | 1x pro Woche und häufiger

(Quelle: TNS Infratest/MRSC, 2005)

Reaktionsverhalten auf Mailings

Die Schweden geben sich sehr mailingaffin: 93% lesen ihre Werbebriefe gelegentlich, 45% sogar regelmäßig (vgl. Skandinavien 36%). Auch ihr Responseverhalten liegt weit über dem skandinavischen Durchschnitt: Erfreuliche 26% reagieren mindestens einmal pro Quartal auf Mailings (vgl. Skandinavien 13%).

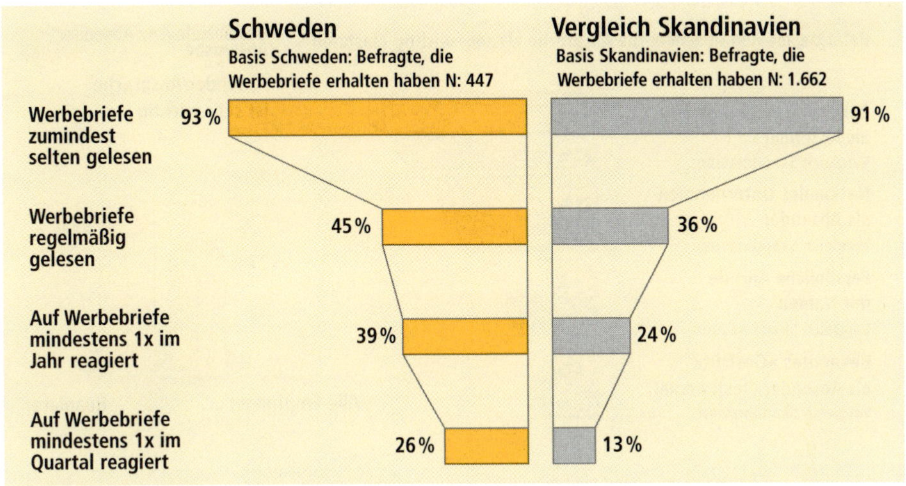

(Quelle: TNS Infratest/MRSC, 2005)

20.2 Direktmarketing-Trends (2)

Relevanz von Gestaltung, Absender/Ansprache und Inhalt

Wichtig ist, was drin steckt: 34% aller Empfänger und 47% der Reagierer sprechen dem Werbebrief-Inhalt die größte Bedeutung zu. Für ein Viertel der Befragten schaffen Gewinnspiele einen hohen Anreiz – deutlich mehr als im übrigen Skandinavien (11%). Das bekannte Unternehmen als Absender kann bei 31% der Schweden punkten.

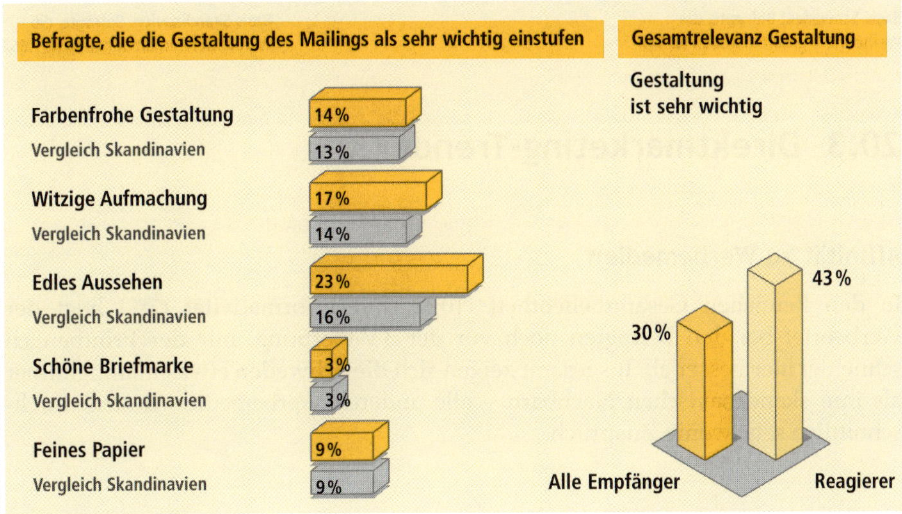

(Quelle: TNS Infratest/MRSC, 2005)

Basis Schweden: Befragte, die Werbebriefe erhalten haben N: 447

Basis Skandinavien: Befragte, die Werbebriefe erhalten haben N: 1.662

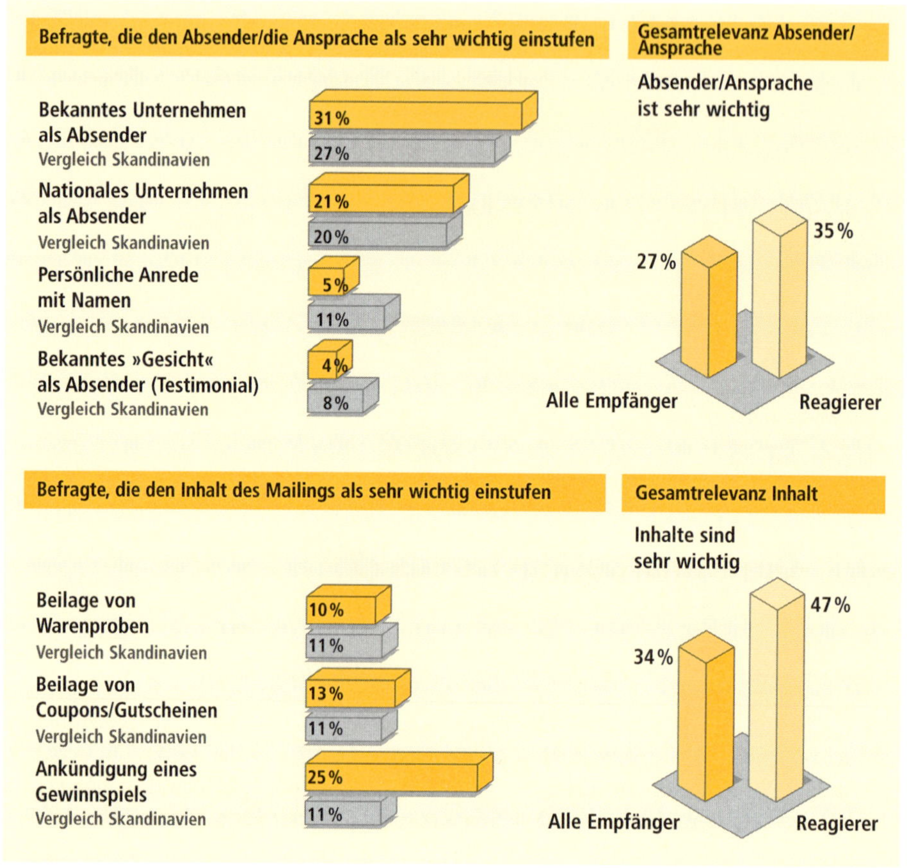

(Quelle: TNS Infratest/MRSC, 2005)

Basis Schweden: Befragte, die Werbebriefe erhalten haben N: 447

Basis Skandinavien: Befragte, die Werbebriefe erhalten haben N: 1.662

20.3 Direktmarketing-Trends (3)

Affinität zu Werbemedien

In den Bereichen Gesamtbeliebtheit (10%) und Informativität (7%) liegt der Werbebrief bei den Befragten noch vor der TV-Werbung, nur der Printbereich schneidet hier besser ab. Insgesamt zeigen sich die Schweden etwas mailingaffiner als ihre skandinavischen Nachbarn – alle anderen Werbemedien finden durchschnittlich sehr wenig Zuspruch.

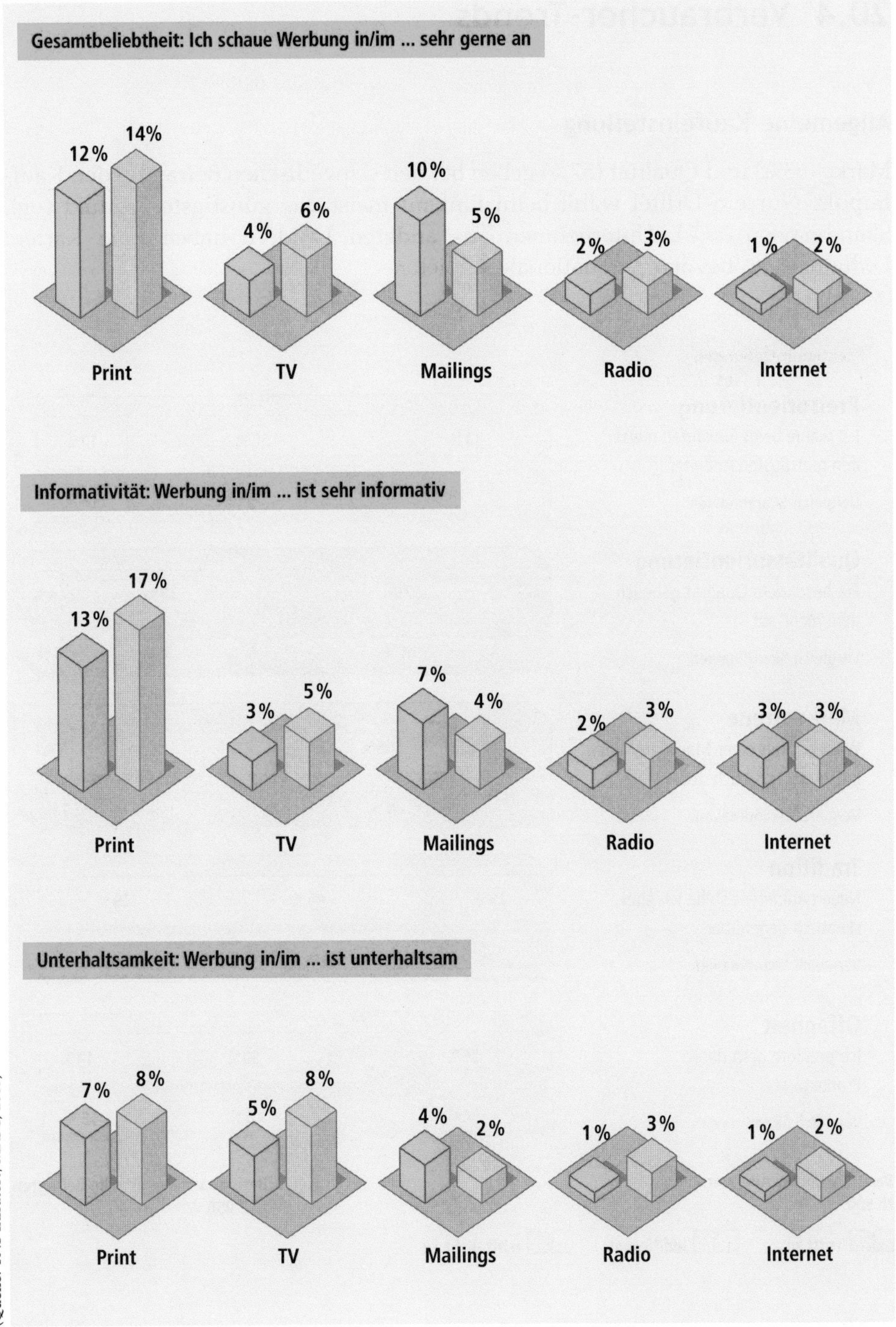

(Quelle: TNS Infratest/MRSC, 2005)

Basis Schweden: Alle Befragten
N: 500

Schweden

Basis Skandinavien: Alle Befragten
N: 2.056

Vergleich Skandinavien

20.4 Verbraucher-Trends

Allgemeine Kaufeinstellung

Marke (68%) und Qualität (57%) geben bei den schwedischen Befragten den Kaufimpuls. Nur ein Drittel wählt beim Einkauf meist das günstigste Produkt (vgl. Skandinavien 39%). Unternehmen aus anderen Ländern haben gute Karten: Lediglich 19% bevorzugen nationale Anbieter.

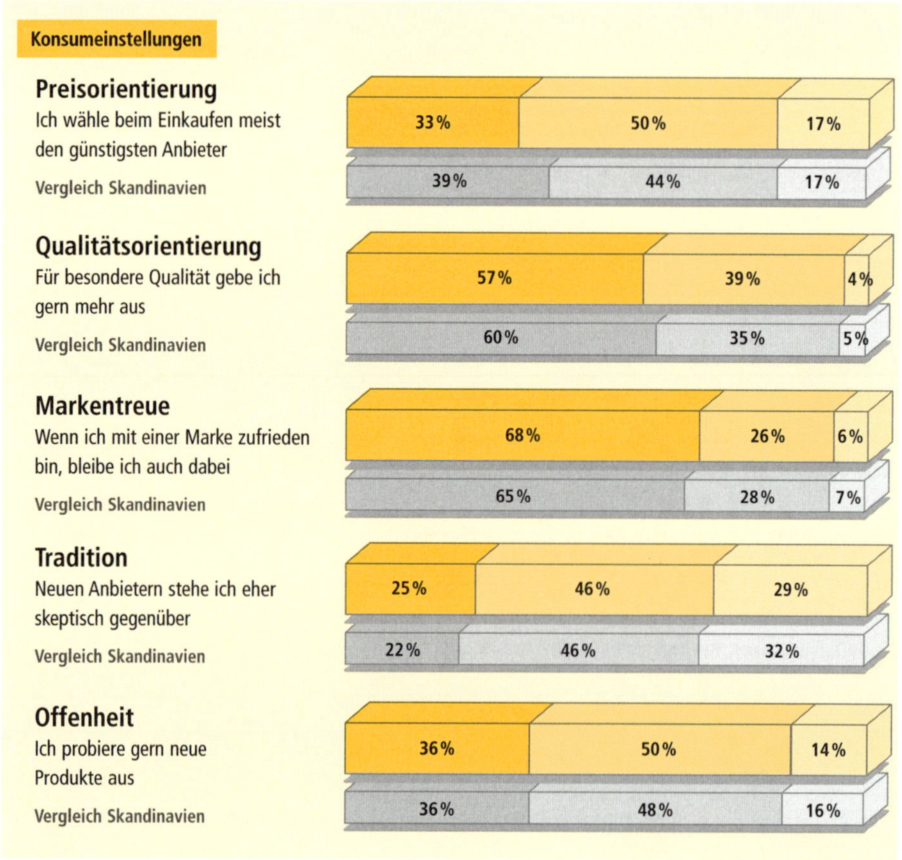

(Quelle: TNS Infratest/MRSC, 2005)

Basis Schweden: Alle Befragten
N: 500

Basis Skandinavien: Alle Befragten
N: 2.056

trifft zu | indifferent | trifft nicht zu

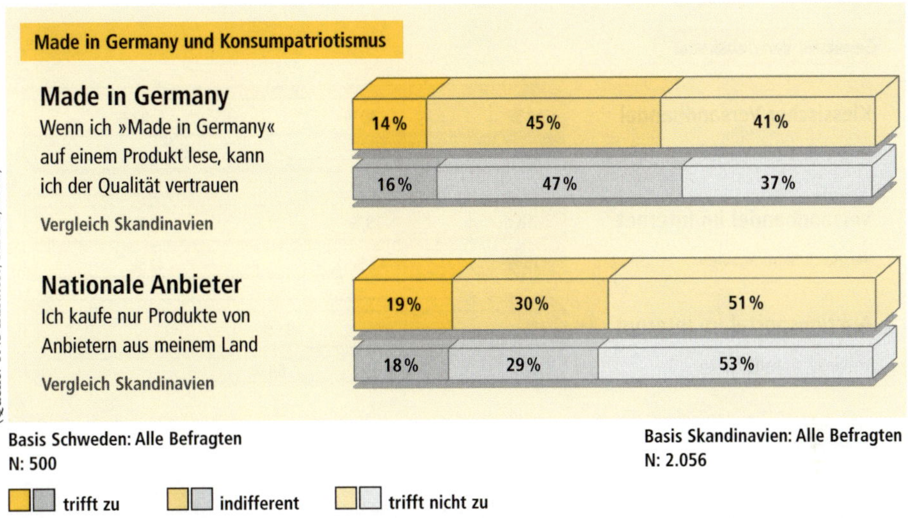

(Quelle: TNS Infratest / MRSC, 2005)

20.5 Versandhandelsaffinität

Kauf- und Bestellverhalten

Über die Hälfte der schwedischen Befragten haben im vergangenen Jahr den Versandhandel genutzt – 19% sogar häufig. Damit liegen sie knapp über dem skandinavischen Durchschnitt. Die meisten (63%) treffen ihre Auswahl noch klassisch per Katalog. Als Bestellweg bevorzugen die Schweden allerdings das Internet (65%).

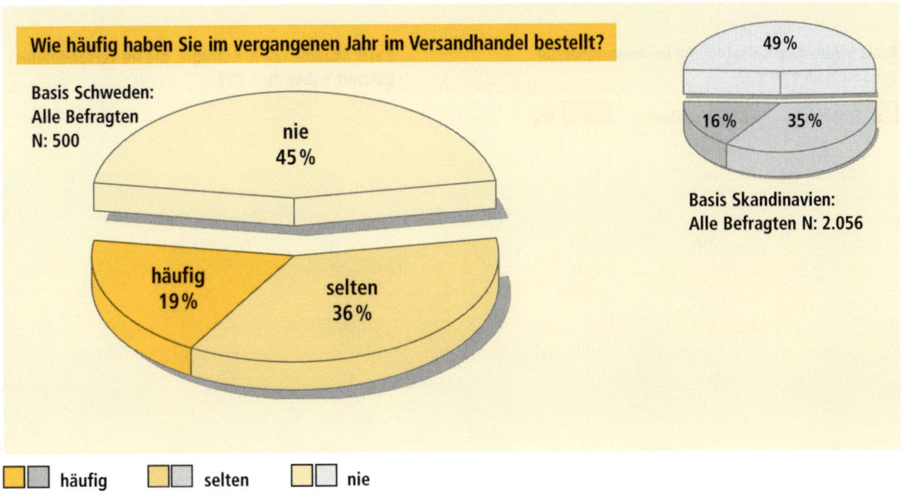

(Quelle: TNS Infratest / MRSC, 2005)

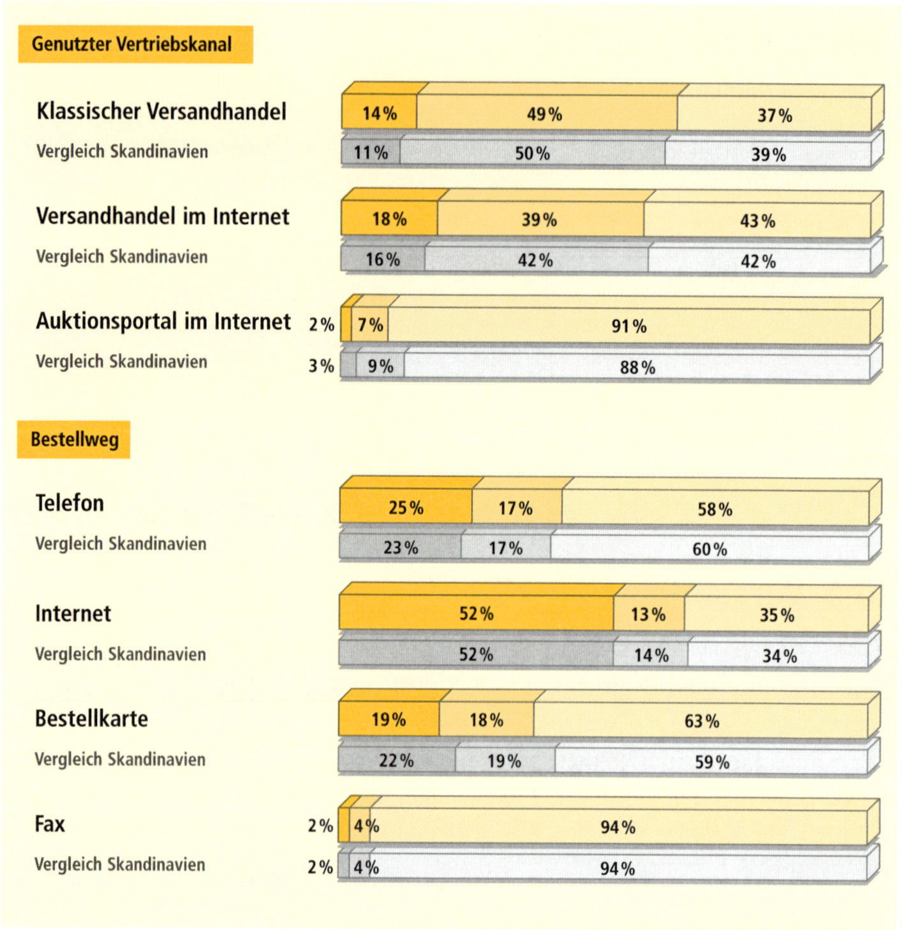

Basis Schweden: Befragte, die im Versandhandel gekauft haben N: 272

Basis Skandinavien: Befragte, die im Versandhandel gekauft haben N: 1.039

häufig   selten   nie

(Quelle: TNS Infratest/MRSC, 2005)

21 Polen

Beflügelt vom EU-Beitritt wächst Polens Wirtschaft ungebrochen. Das prognostizierte Bruttoinlandsprodukt-Wachstum soll für das Gesamtjahr 2006 zwischen 4,1 und 4,7% liegen. Auch der Anstieg des privaten Konsums bestätigt mit 3,2% im Jahre 2005 und etwa 3,7% für 2006 die positive Konjunkturentwicklung des Landes, das als Vorzeige-Exemplar unter den EU-Staaten gilt. Im Direktmarketing profitieren Unternehmen von der noch relativ geringen Mailingdichte. Besonderen Wert legen polnische Konsumenten auf eine ästhetische Gestaltung der Werbebriefe. Direktmarketing kommt insbesondere in den Segmenten der Premium- und Luxusprodukte vermehrt zum Einsatz.

Soziodemografische Daten

Fläche	312.685 km^2
Bevölkerung	38,2 Mio.
Anzahl Haushalte	13,3 Mio.
Durchschnittliche Haushaltsgröße	2,9 Personen
Anzahl Haushalte mit Internetanschluss	3,5 Mio.
Großstädte/Ballungsräume (Einwohner)	Warschau (1.671.670), Lodz (789.318), Krakau (758.544), Breslau (640.367), Posen (578.886), Danzig (461.334)
Bevölkerung	
0 bis 14 Jahre	6,6 Mio.
15 bis 64 Jahre	26,6 Mio.
65 Jahre und älter	5,0 Mio.

(Quelle: Fischer Weltalmanach 2005, Bundesagentur für Außenwirtschaft 2005)

21.1 Direktmarketing-Trends (1)

Erhalt von Mailings

Im Vergleich zu ihren osteuropäischen Nachbarn (27%) geben fast die Hälfte aller befragten Polen (48%) an, so gut wie nie Werbebriefe zu erhalten. Darüber hinaus bekommen nur 21% mindestens einmal pro Woche Mailings (vgl. Osteuropa 44%).

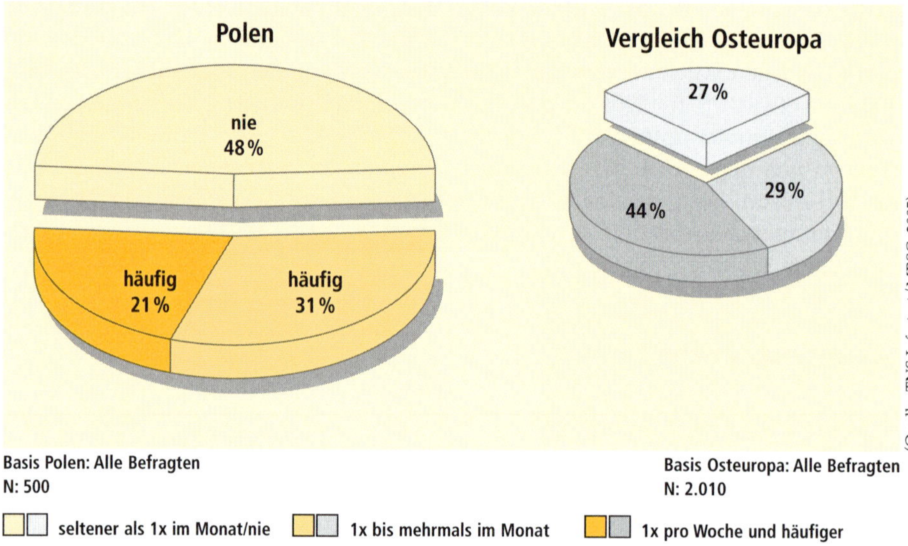

(Quelle: TNS Infratest / MRSC, 2005)

Reaktionsverhalten auf Mailings

90% der Polen lesen ihre Werbebriefe zumindest gelegentlich, 52% sogar regelmäßig. Das entspricht in etwa dem osteuropäischen Durchschnitt (93% und 58%). Das polnische Responseverhalten fällt leicht überdurchschnittlich aus: 16% reagieren mindestens einmal im Quartal (vgl. Osteuropa 14%).

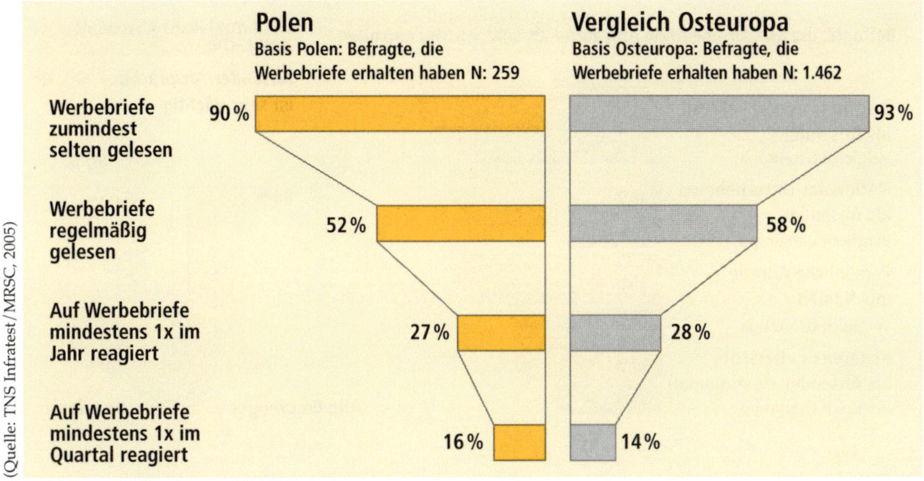

21.2 Direktmarketing-Trends (2)

Relevanz von Gestaltung, Absender/Ansprache und Inhalt

Wer bei den polnischen Konsumenten gewinnen möchte, sollte die Relevanz des Absenders und der Ansprache (80% bei Reagierern) nicht unterschätzen: Für 46% ist es sehr wichtig, das werbende Unternehmen zu kennen und 39% erwarten die persönliche Anrede. In puncto Gestaltung stimmen sie mit ihren osteuropäischen Nachbarn überein: Farbigkeit (40%) und edles Aussehen (43%) stoßen allgemein auf Gegenliebe.

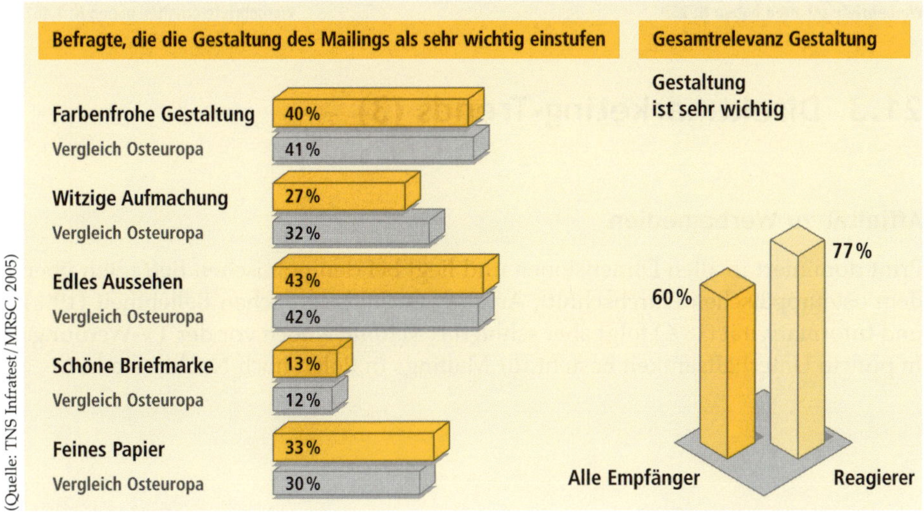

Basis Polen: Befragte, die Werbebriefe erhalten haben N: 259

Basis Osteuropa: Befragte, die Werbebriefe erhalten haben N: 1.462

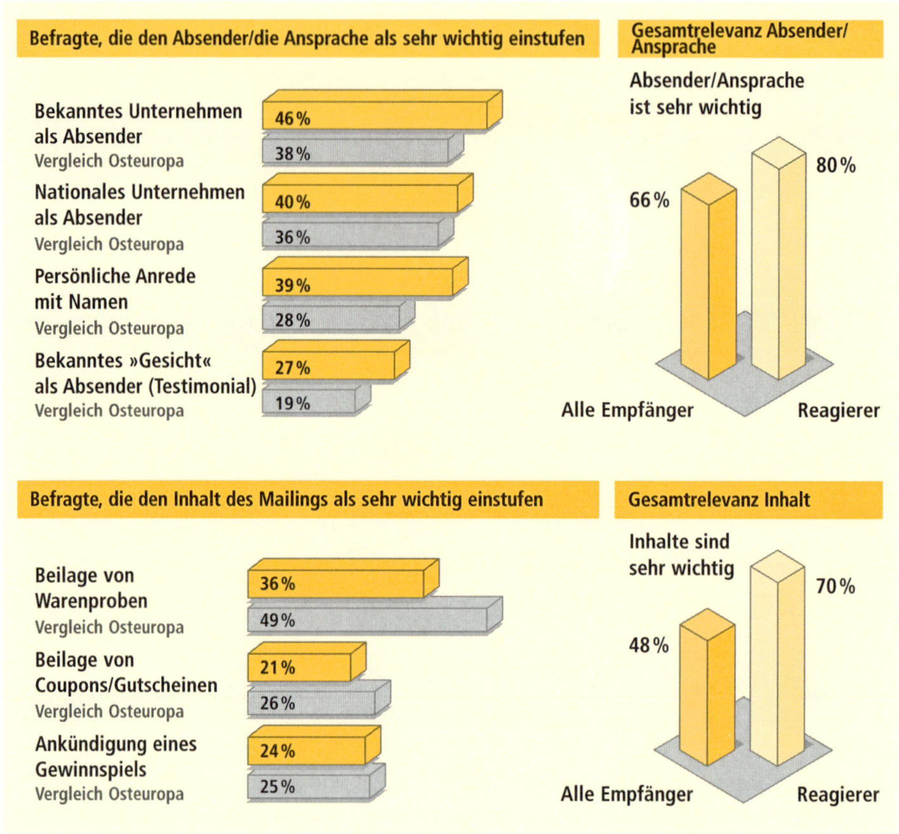

(Quelle: TNS Infratest/MRSC, 2005)

Basis Polen: Befragte, die Werbebriefe erhalten haben N: 259

Basis Osteuropa: Befragte, die Werbebriefe erhalten haben N: 1.462

21.3 Direktmarketing-Trends (3)

Affinität zu Werbemedien

Print dominiert in allen Dimensionen und liegt bei den polnischen Befragten über dem osteuropäischen Durchschnitt. An zweiter Stelle in Sachen Beliebtheit (19%) und Informativität (18%) folgt aber schon das Mailing – noch vor der TV-Werbung. In puncto Unterhaltsamkeit besteht für Mailings in Polen noch Nachholbedarf.

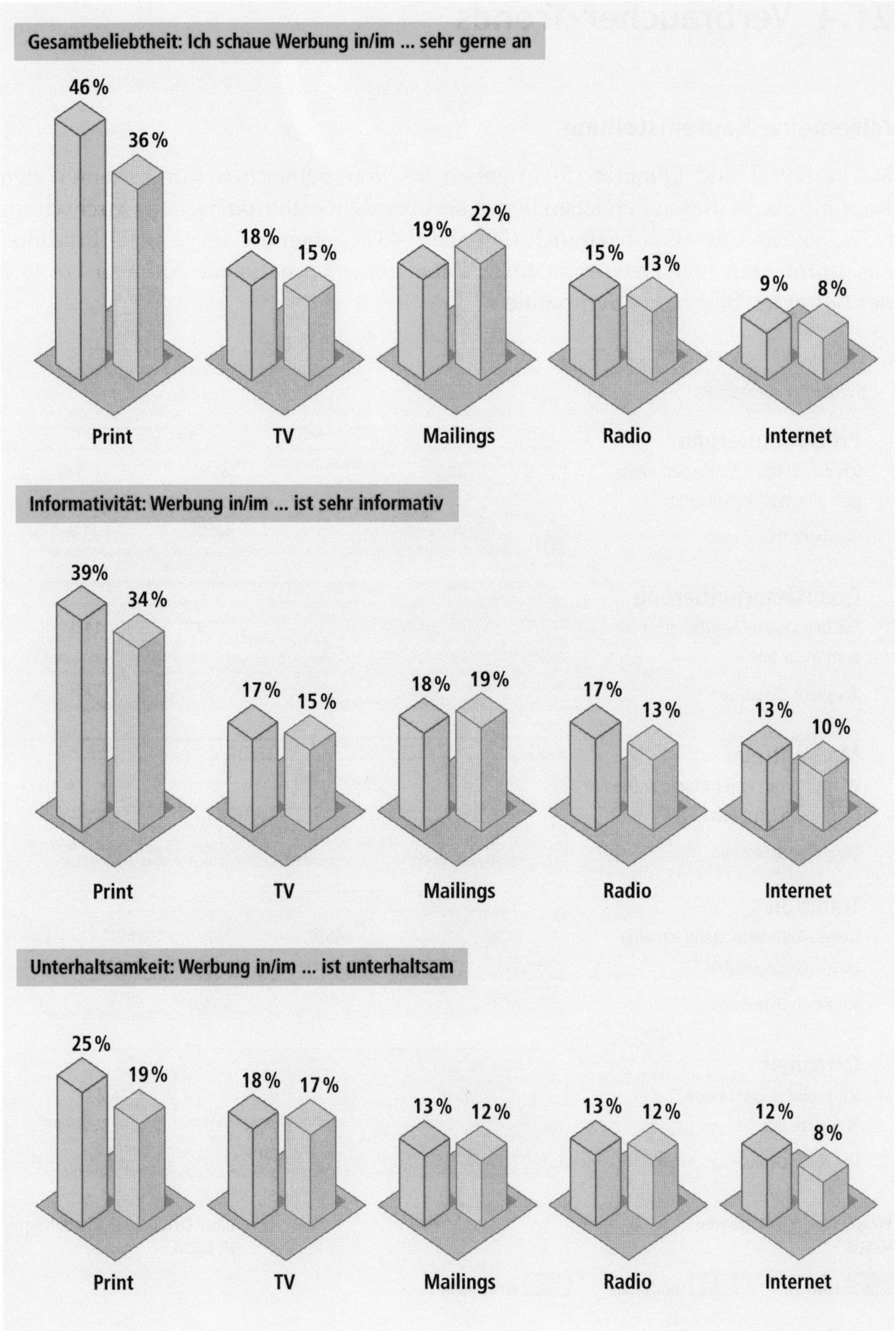

(Quelle: TNS Infratest/MRSC, 2005)

Basis Polen: Alle Befragten
N: 500

Basis Osteuropa: Alle Befragten
N: 2.010

☐ Polen

☐ Vergleich Osteuropa

21.4 Verbraucher-Trends

Allgemeine Kaufeinstellung

Marke (79%) und Qualität (57%) geben bei den polnischen Konsumenten den Kaufimpuls. In diesen Bereichen liegen sie über dem osteuropäischen Durchschnitt (73%, 55%) – wie auch bezüglich Offenheit: 43% geben an, gerne neue Produkte auszuprobieren (vgl. Osteuropa 40%). Dabei genießen nationale Anbieter bei 43% der Befragten besondere Sympathien.

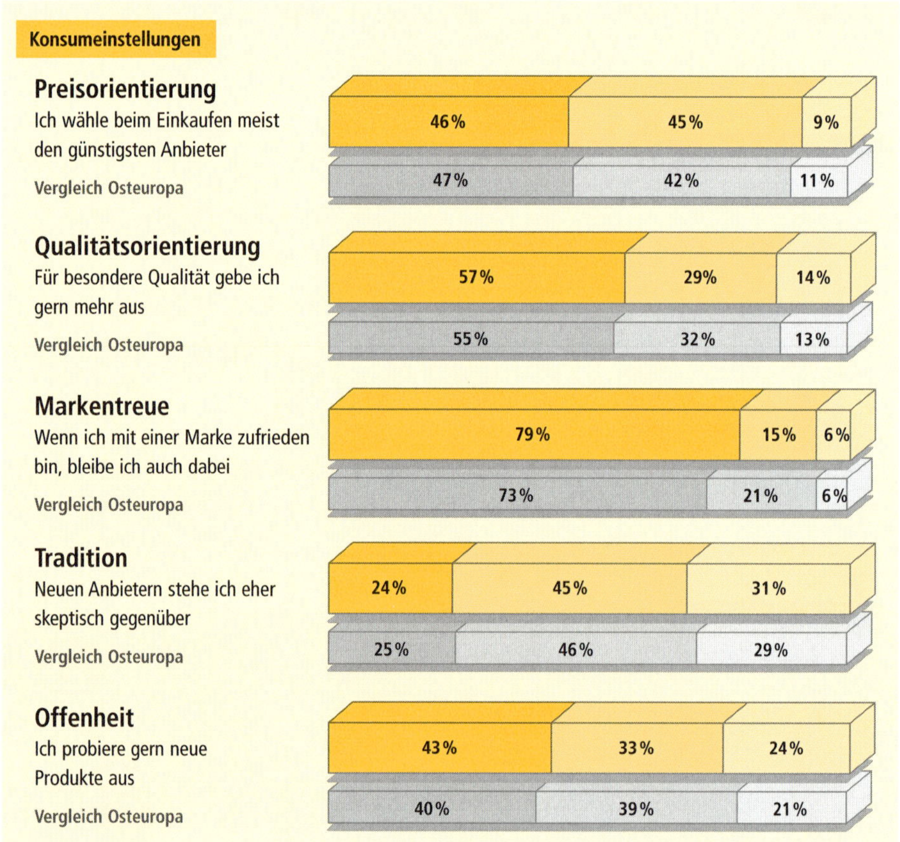

(Quelle: TNS Infratest/MRSC, 2005)

Basis Polen: Alle Befragten
N: 500

Basis Osteuropa: Alle Befragten
N: 2.010

trifft zu | indifferent | trifft nicht zu

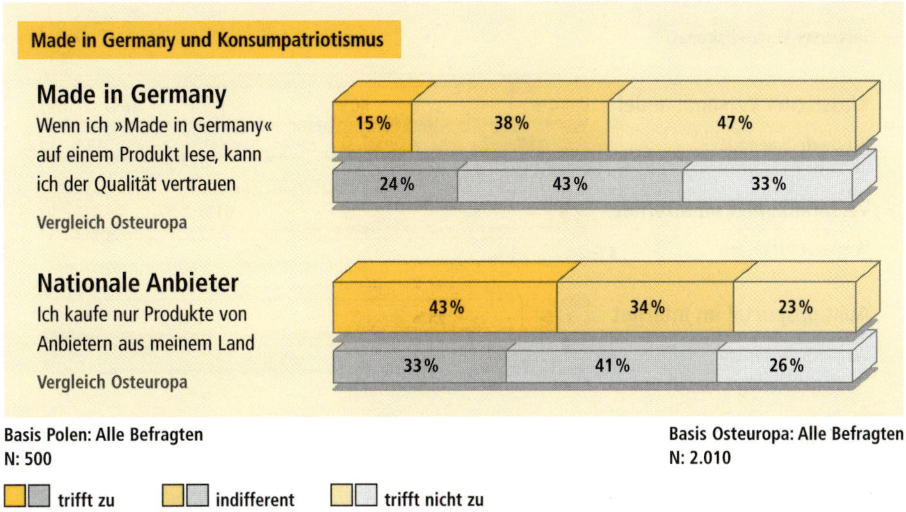

(Quelle: TNS Infratest/MRSC, 2005)

21.5 Versandhandelsaffinität

Kauf- und Bestellverhalten

Die Bestellung beim Versandhandel ist in Polen nicht besonders ausgeprägt: Nur 8% nutzen diesen Vertriebskanal regelmäßig, 75% haben dort sogar nie bestellt. Obwohl der Verkauf per Katalog dominiert, beweisen die polnischen Konsumenten im osteuropäischen Vergleich ihre höhere Internetaffinität. Was den Bestellweg angeht, liegt das Internet (32%) sogar an erster Stelle, dahinter folgt die Antwortkarte mit 23%.

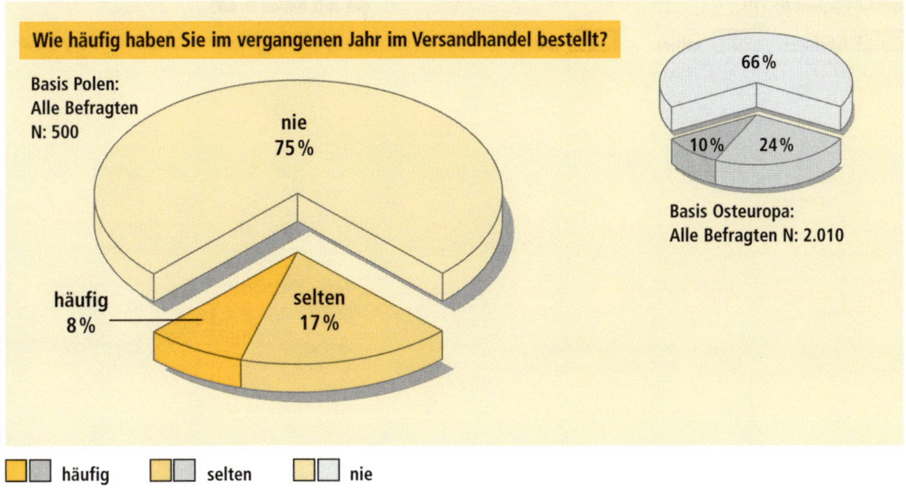

(Quelle: TNS Infratest/MRSC, 2005)

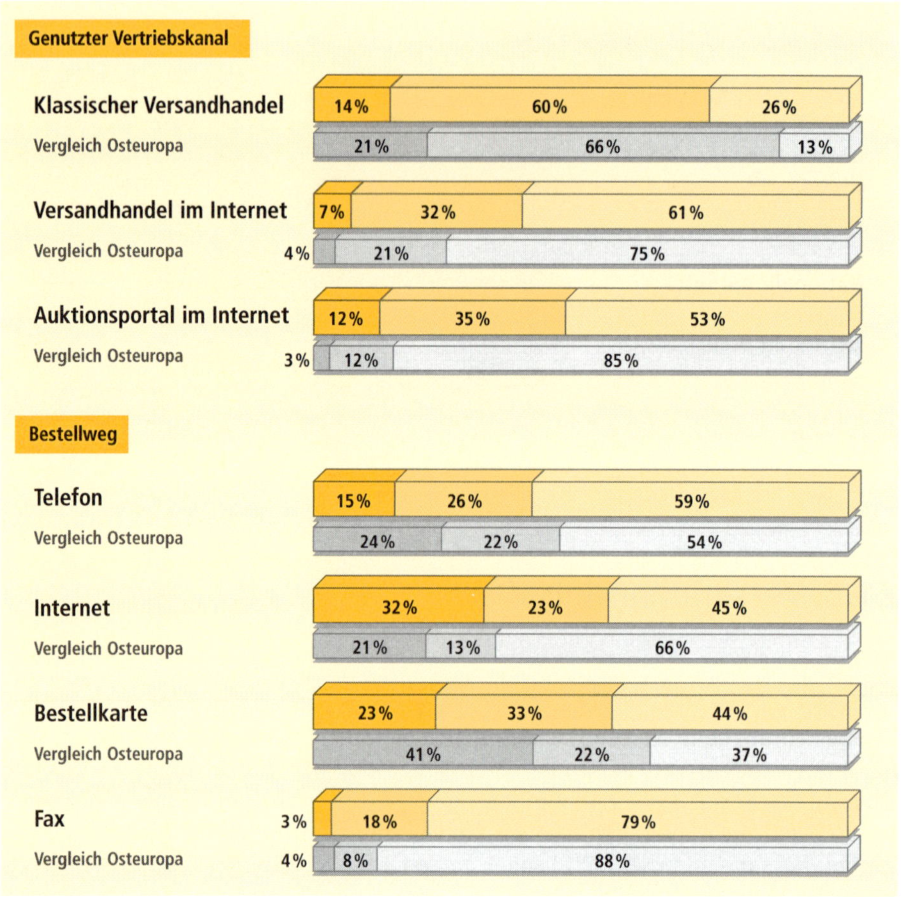

(Quelle: TNS Infratest/MRSC, 2005)

Basis Polen: Befragte, die im Versandhandel gekauft haben N: 119

Basis Osteuropa: Befragte, die im Versandhandel gekauft haben N: 683

häufig selten nie

22 Slowakische Republik

Der Privatverbrauch – angekurbelt durch Reallohnzuwächse und niedrige Zinsen – treibt das Wirtschaftswachstum in der Slowakei weiter voran. Das Bruttoinlandsprodukt steigt im Vergleich zum Vorjahr um mehr als 6%. Der Konsum wird sowohl 2006, wie auch bereits 2005, um nahezu 5% gegenüber dem Vorjahr steigen. Die positive Stimmung unter den Verbrauchern kommt auch dem Direktmarketing zugute: Vor allem Mailings mit Warenproben treffen auf Zustimmung bei einem Großteil der Bevölkerung und versprechen hohe Response-Raten.

Soziodemografische Daten

Fläche	49.034 km²
Bevölkerung	5,4 Mio.
Anzahl Haushalte	1,9 Mio.
Durchschnittliche Haushaltsgröße	2,8 Personen
Anzahl Haushalte mit Internetanschluss	0,05 Mio.
Großstädte/Ballungsräume (Einwohner)	Bratislava (428.094), Kaschau (236.036), Preschau (92.720), Neutra (87.308), Sillein (85.384), Neusohl (82.961)
Bevölkerung	
0 bis 14 Jahre	1,0 Mio.
15 bis 64 Jahre	3,8 Mio.
65 Jahre und älter	0,6 Mio.

(Quelle: Fischer Weltalmanach 2005, Bundesagentur für Außenwirtschaft 2005)

22.1 Direktmarketing-Trends (1)

Erhalt von Mailings

Über die Hälfte der befragten Slowaken (51%) erhalten mindestens einmal pro Woche Werbebriefe. Damit liegen sie in puncto Mailingdichte deutlich über dem osteuropäischen Durchschnitt (44%). Lediglich 18% geben an, fast nie Mailings zu bekommen (vgl. Osteuropa 27%).

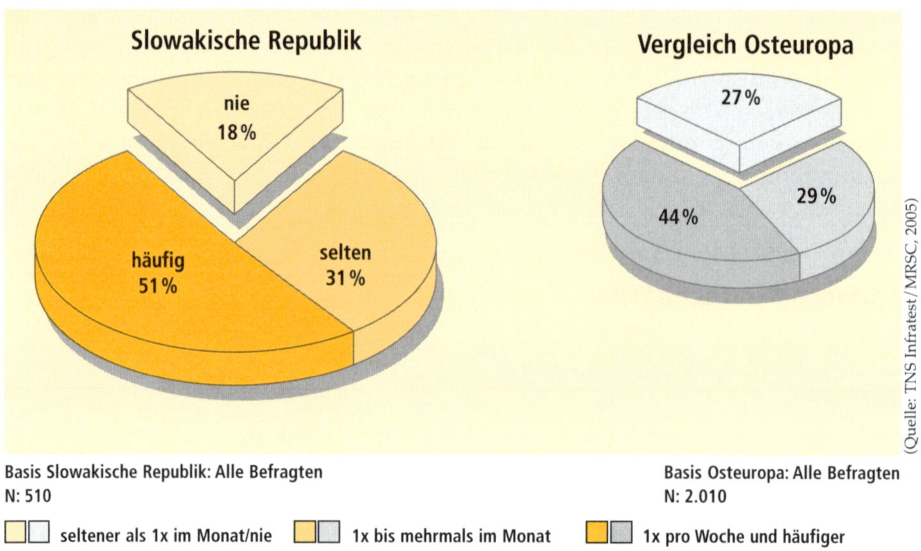

Reaktionsverhalten auf Mailings

Fast alle slowakischen Werbebrief-Empfänger (93%) lesen zumindest gelegentlich ihre Werbepost – genau wie ihre osteuropäischen Nachbarn. 56% sind sogar regelmäßige Leser. Ihr Responseverhalten liegt in etwa im osteuropäischen Durchschnitt – so reagiert ein Viertel der Befragten mindestens einmal, 15% sogar mehrmals im Jahr.

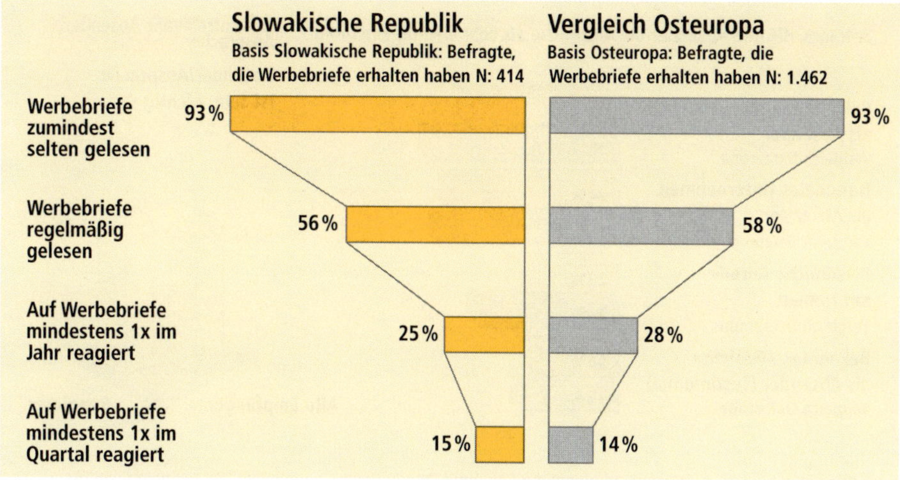

(Quelle: TNS Infratest/MRSC, 2005)

22.2 Direktmarketing-Trends (2)

Relevanz von Gestaltung, Absender/Ansprache und Inhalt

Warenproben (63%), Gutscheine (38%) und Gewinnspiele (36%) erfreuen sich auch im osteuropäischen Vergleich überdurchschnittlich hoher Beliebtheit in der Slowakei. 79% der Reagierer betonen die besondere Relevanz des Inhaltes. Die persönliche Anrede (20%) oder das bekannte Testimonial als Absender (16%) ist für die Befragten eher von geringer Bedeutung.

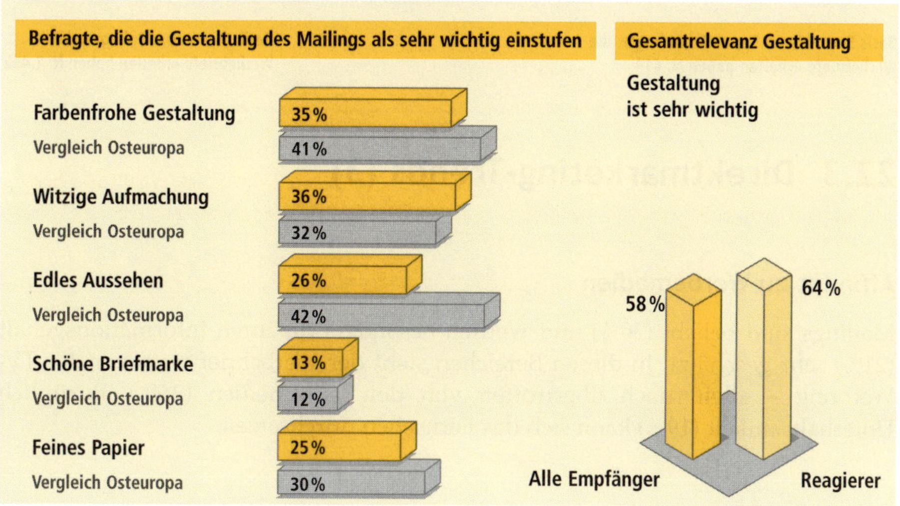

(Quelle: TNS Infratest/MRSC, 2005)

Basis Slowakische Republik: Befragte, die Werbebriefe erhalten haben N: 414

Basis Osteuropa: Befragte, die Werbebriefe erhalten haben N: 1.462

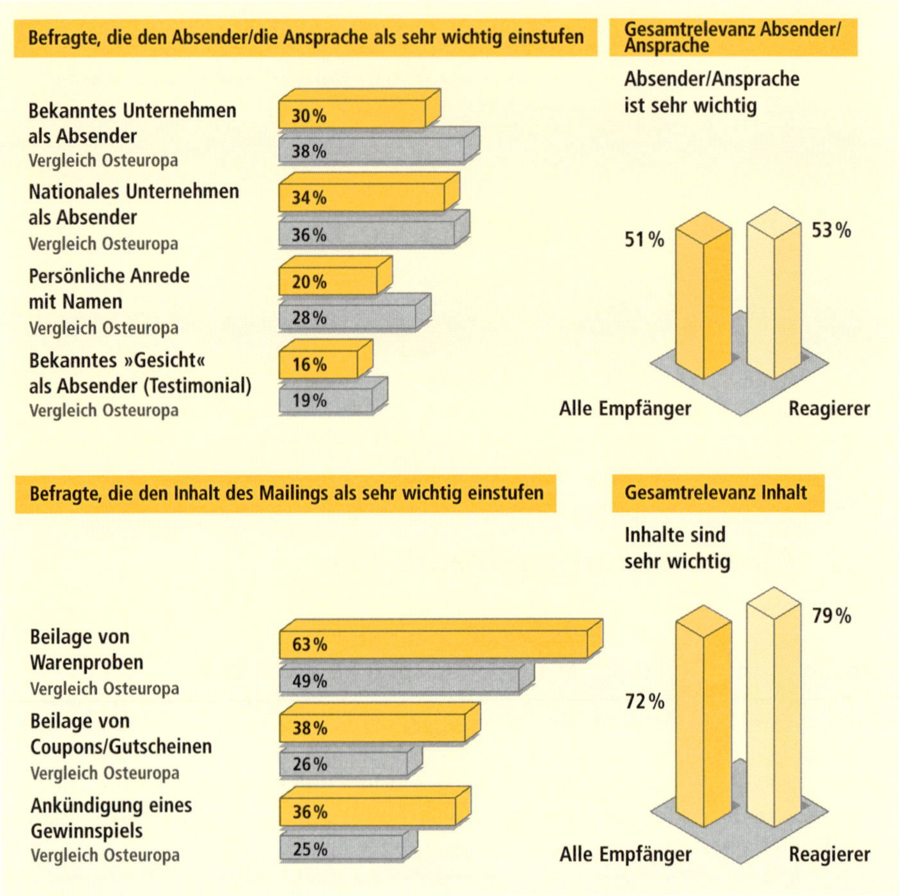

Basis Slowakische Republik: Befragte, die Werbebriefe erhalten haben N: 414

Basis Osteuropa: Befragte, die Werbebriefe erhalten haben N: 1.462

(Quelle: TNS Infratest/MRSC, 2005)

22.3 Direktmarketing-Trends (3)

Affinität zu Werbemedien

Mailings sind beliebt (20%) und werden besonders für ihren Informationsgehalt (21%) sehr geschätzt. In diesen Bereichen steht der Werbebrief noch vor der TV-Werbung – allein noch übertroffen von den Printmedien (25%). Bezüglich Unterhaltsamkeit (19%) kann sich das Fernsehen durchsetzen.

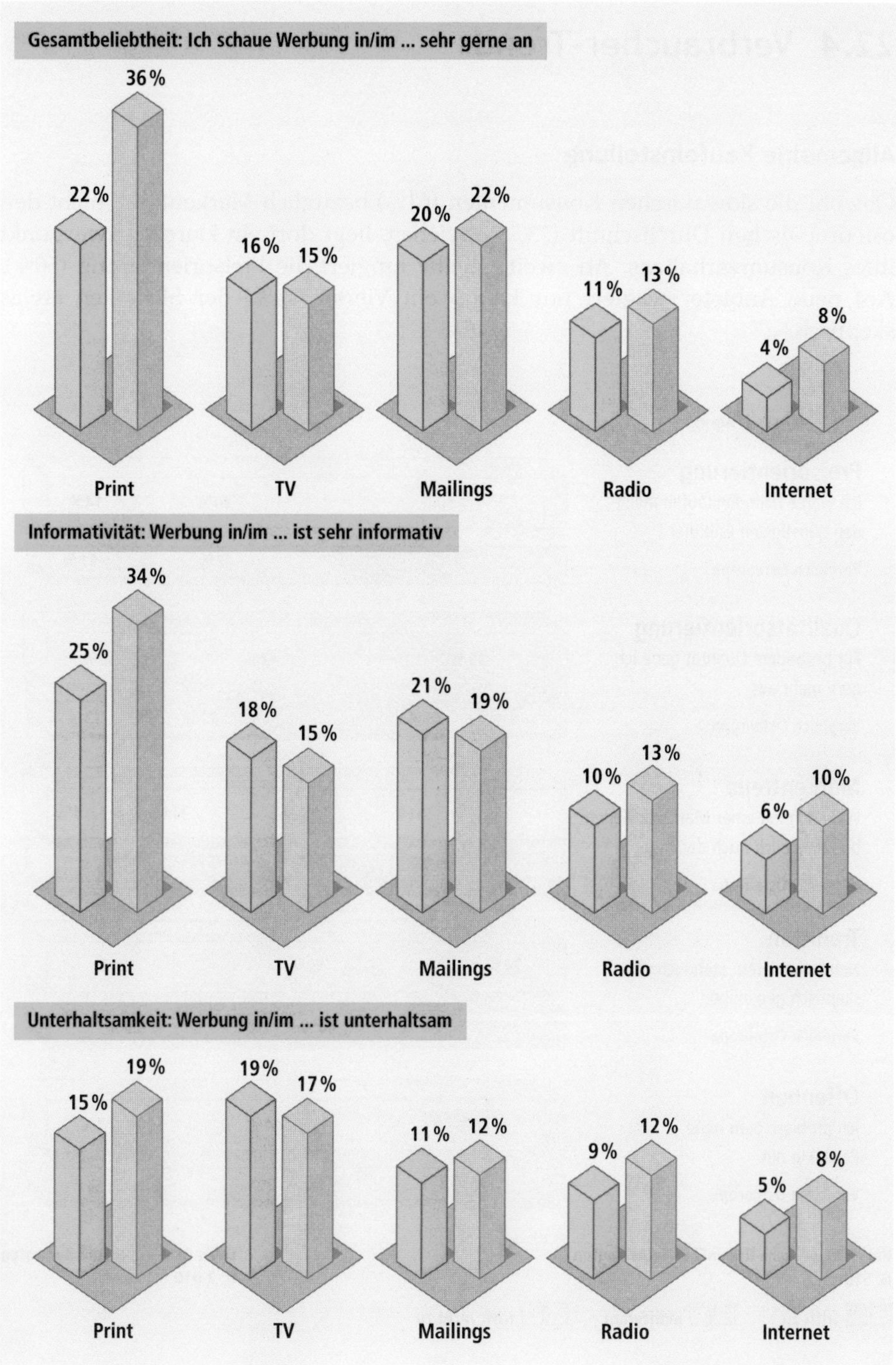

(Quelle: TNS Infratest/MRSC, 2005)

Basis Slowakische Republik: Alle Befragten
N: 510

Basis Osteuropa: Alle Befragten
N: 2.010

☐ **Slowakische Republik**

☐ **Vergleich Osteuropa**

22.4 Verbraucher-Trends

Allgemeine Kaufeinstellung

Obwohl die slowakischen Konsumenten (61%) bezüglich Markentreue nicht den osteuropäischen Durchschnitt (73%) erreichen, liegt dort ein klarer Schwerpunkt ihres Konsumverhaltens. An zweiter Stelle rangiert die Preisorientierung (50%). Auf neue Anbieter reagiert nur knapp ein Viertel (24%) der Slowaken etwas skeptisch.

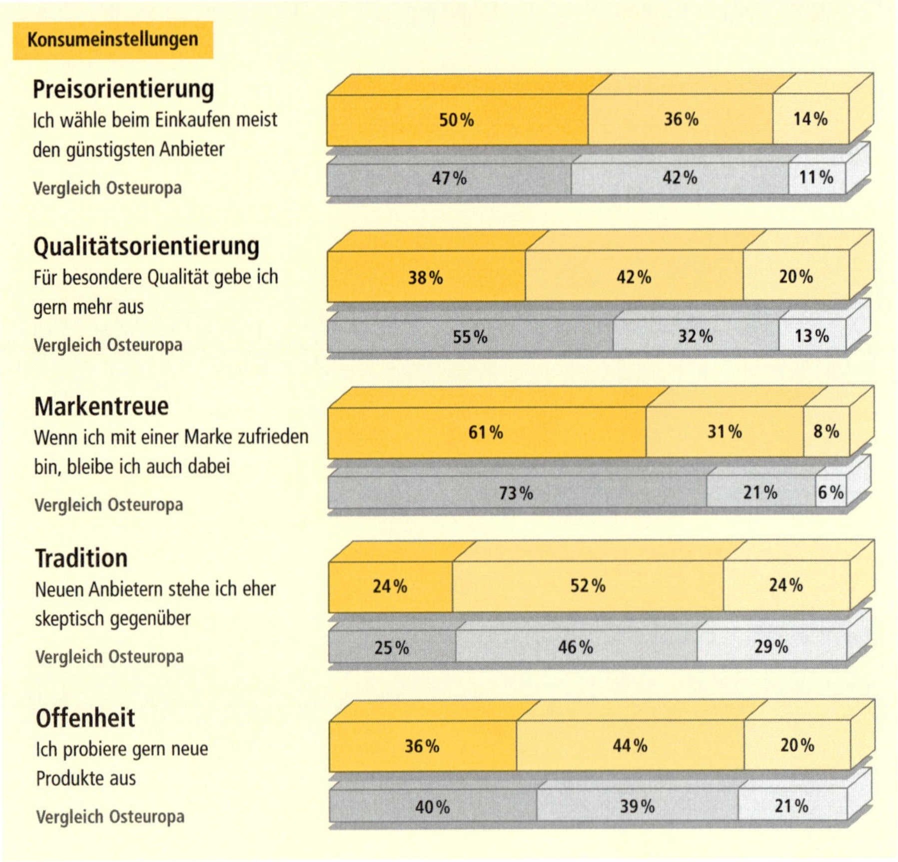

(Quelle: TNS Infratest/MRSC, 2005)

Basis Slowakische Republik: Alle Befragten
N: 510

Basis Osteuropa: Alle Befragten
N: 2.010

trifft zu / indifferent / trifft nicht zu

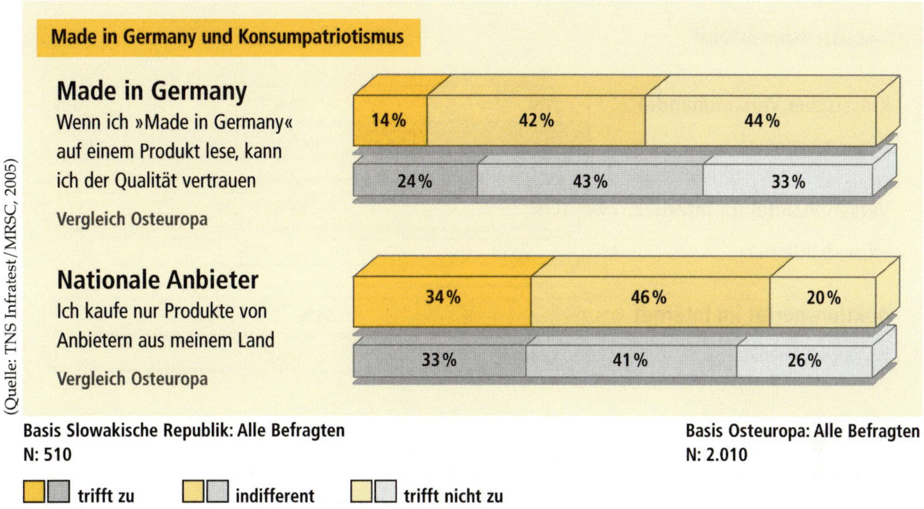

22.5 Versandhandelsaffinität

Kauf- und Bestellverhalten

Nur 5% der slowakischen Konsumenten kaufen regelmäßig im Versandhandel ein, ganze 75% bestellen nie hierüber. Dieser Wert liegt deutlich über dem osteuropäischen Durchschnitt (66%). Die wenigen, die per Katalog ordern, bevorzugen die Bestellkarte als Responseweg. 78% geben an, nie das Internet als Bestellweg zu nutzen.

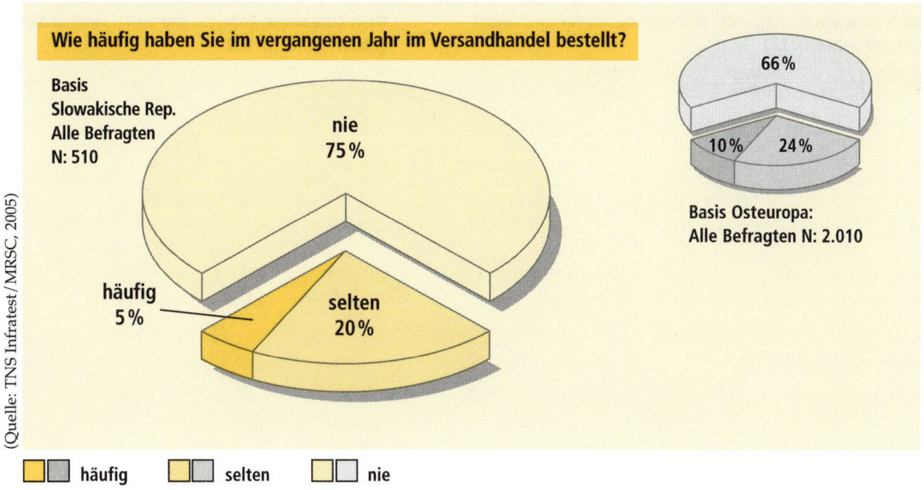

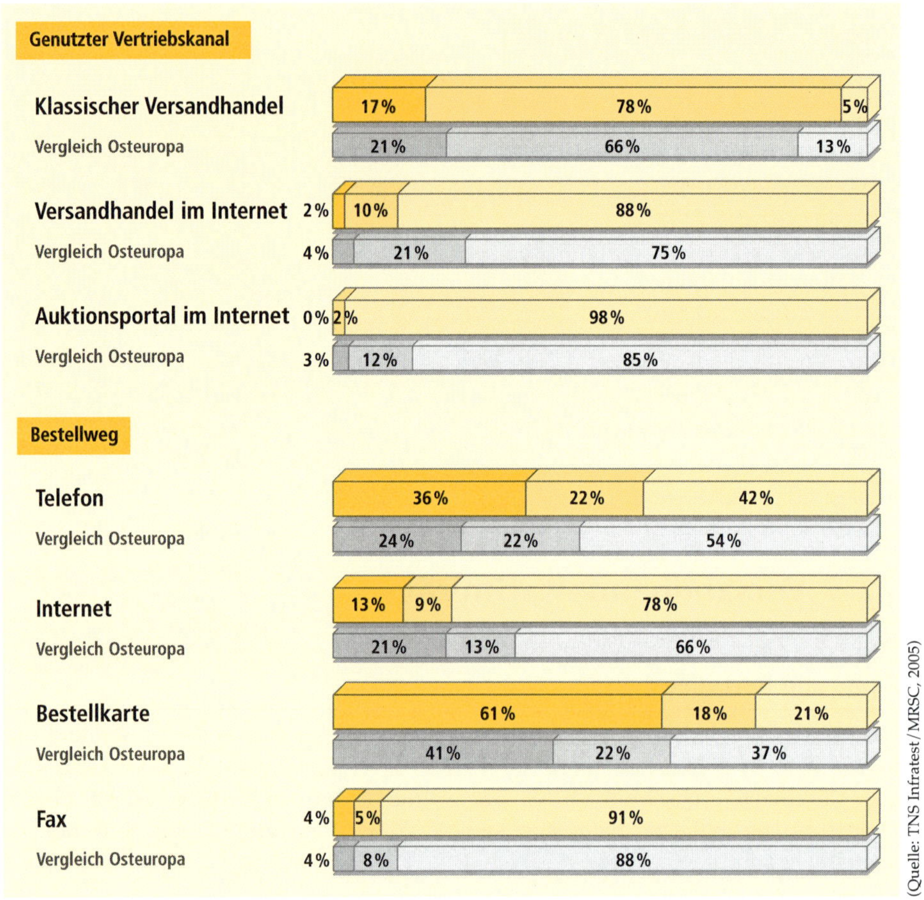

Basis Slowakische Republik: Befragte, die im Versandhandel gekauft haben N: 127

Basis Osteuropa: Befragte, die im Versandhandel gekauft haben N: 683

häufig selten nie

23 Tschechische Republik

Tschechien blickt auf ein schwungvolles zweites Jahr als EU-Mitglied zurück. Das Bruttoinlandsprodukt stieg 2005 im Vergleich zum Vorjahr um 6%. Der private Konsum soll 2006, wie auch bereits 2005, um fast 3% ansteigen. Die wirtschaftlichen Höhenflüge werden der guten Vorbereitung der Unternehmen auf den Beitritt zugesprochen, wobei die Automobilindustrie den Grundpfeiler des Erfolgs bildet. Auch die Ergebnisse im Direktmarketing können sich sehen lassen: In Sachen Beliebtheit und Informativität rangieren Mailings noch vor TV-, Radio- und Internet-Werbung. Jeder fünfte Werbebriefempfänger reagiert sogar häufig auf Mailings.

Soziodemografische Daten

Fläche	78.866 km^2
Bevölkerung	10,2 Mio.
Anzahl Haushalte	4,0 Mio.
Durchschnittliche Haushaltsgröße	2,5 Personen
Anzahl Haushalte mit Internetanschluss	0,6 Mio.
Großstädte/Ballungsräume (Einwohner)	Prag (1.178.576), Brünn (379.185), Ostrau (319.293), Pilsen (166.274), Olmütz (103.293), Reichenberg (99.832)
Bevölkerung	
0 bis 14 Jahre	1,6 Mio.
15 bis 64 Jahre	7,2 Mio.
65 Jahre und älter	1,4 Mio.

(Quelle: Fischer Weltalmanach 2005, Bundesagentur für Außenwirtschaft 2005)

23.1 Direktmarketing-Trends (1)

Erhalt von Mailings

65% der befragten Tschechen erhalten mehrmals im Monat Werbebriefe – ein Drittel gibt noch an, mindestens einmal pro Woche Mailings zu bekommen. Damit liegt die Mailingdichte in Tschechien etwas unterhalb des osteuropäischen Durchschnitts.

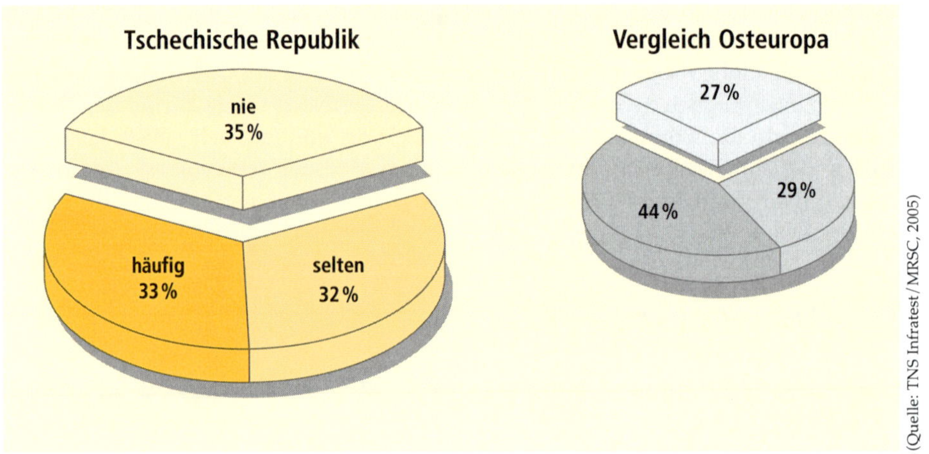

Basis Tschechische Republik: Alle Befragten
N: 500

Basis Osteuropa: Alle Befragten
N: 2.010

seltener als 1x im Monat/nie | 1x bis mehrmals im Monat | 1x pro Woche und häufiger

Reaktionsverhalten auf Mailings

94% der tschechischen Werbebrief-Empfänger lesen ihre Werbepost, eine Mehrheit von 54% sogar regelmäßig. Zudem zeigen sie im Vergleich zu Osteuropa ein sehr aktives Reaktionsverhalten: Überdurchschnittliche 36% reagieren mindestens einmal im Jahr und 20% sogar einmal im Quartal auf Werbebriefe (zu 28% und 14% in Osteuropa).

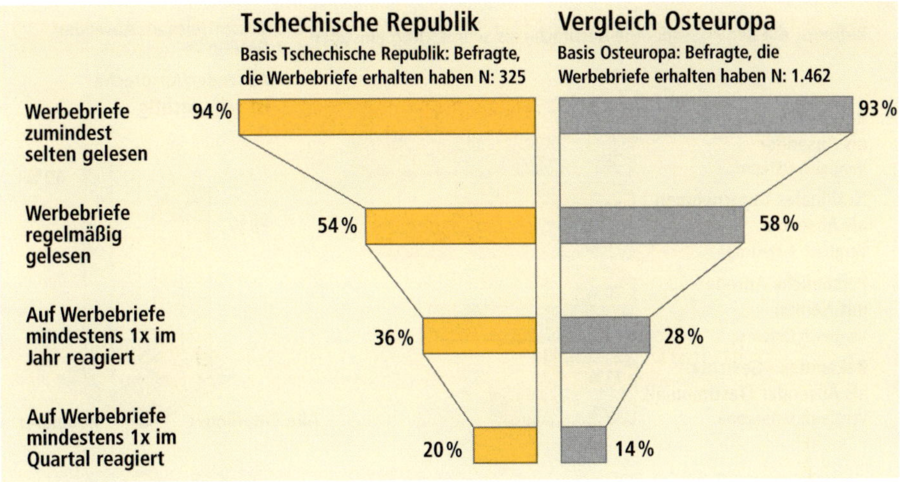

(Quelle: TNS Infratest / MRSC, 2005)

23.2 Direktmarketing-Trends (2)

Relevanz von Gestaltung, Absender/Ansprache und Inhalt

Auf die Gestaltung kommt es an: 53% der Reagierer und 45% aller Empfänger in Tschechien messen der Ästhetik des Mailings eine große Bedeutung bei. Besonders die farbliche Gestaltung (33%) und das edle Aussehen (31%) kommen sehr gut an. Was den Inhalt betrifft, so stehen 37% der Befragten der Beilage von Warenproben positiv gegenüber.

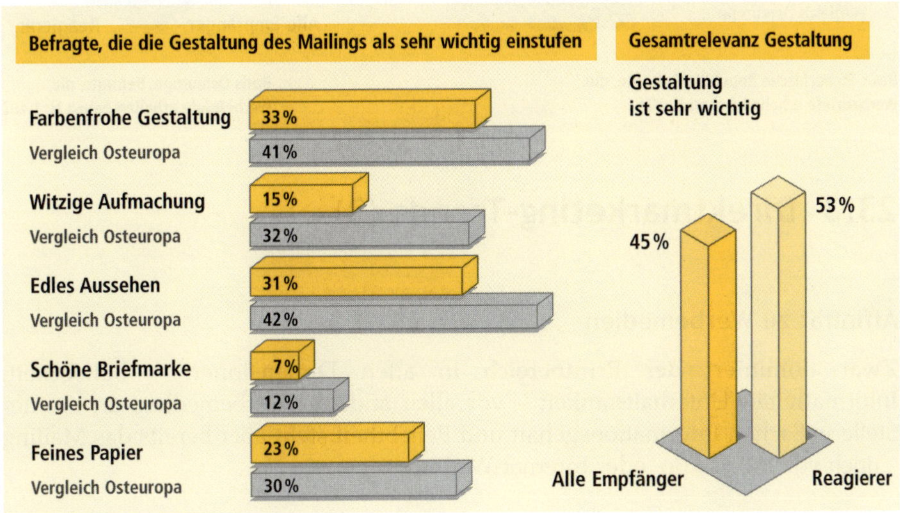

(Quelle: TNS Infratest / MRSC, 2005)

Basis Tschechische Republik: Befragte, die Werbebriefe erhalten haben N: 325

Basis Osteuropa: Befragte, die Werbebriefe erhalten haben N: 1.462

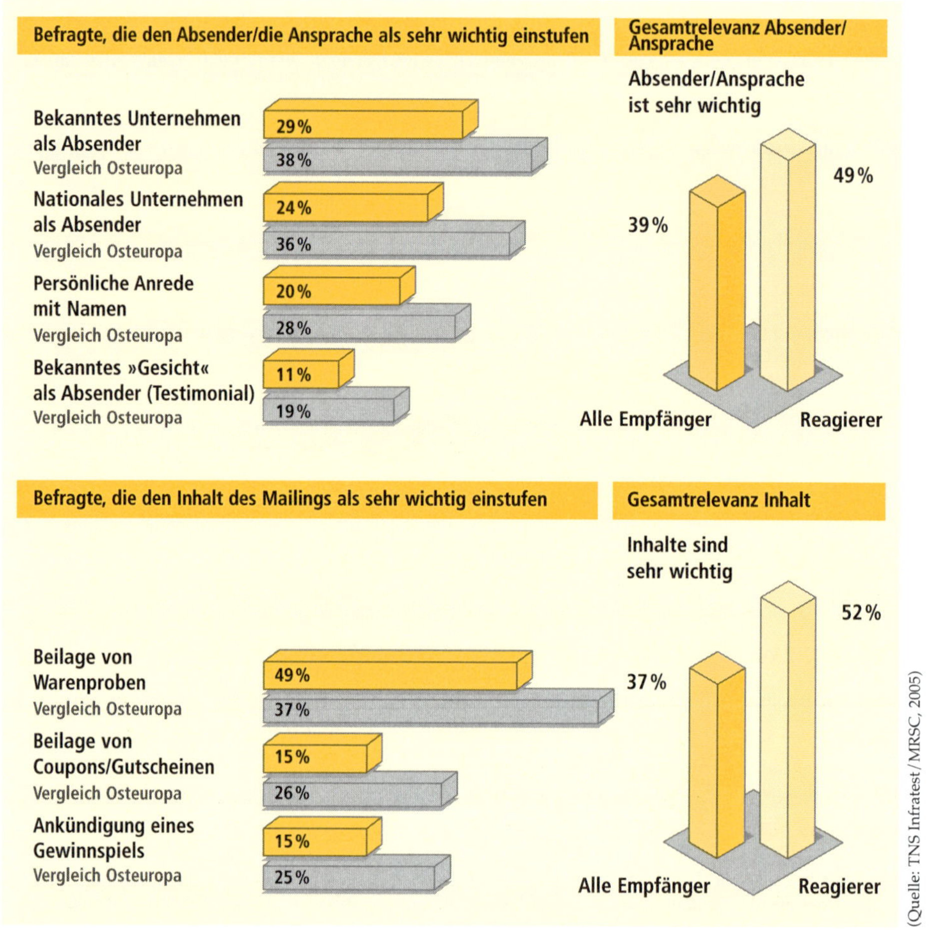

Basis Tschechische Republik: Befragte, die Werbebriefe erhalten haben N: 325

Basis Osteuropa: Befragte, die Werbebriefe erhalten haben N: 1.462

23.3 Direktmarketing-Trends (3)

Affinität zu Werbemedien

Zwar dominiert der Printbereich in allen Dimensionen – Beliebtheit, Informativität, Unterhaltsamkeit – vor allen anderen Werbemedien, an zweiter Stelle in Sachen Informationsgehalt und Beliebtheit steht aber bereits das Mailing – noch vor TV-, Radio- oder Internet-Werbung.

Gesamtbeliebtheit: Ich schaue Werbung in/im ... sehr gerne an

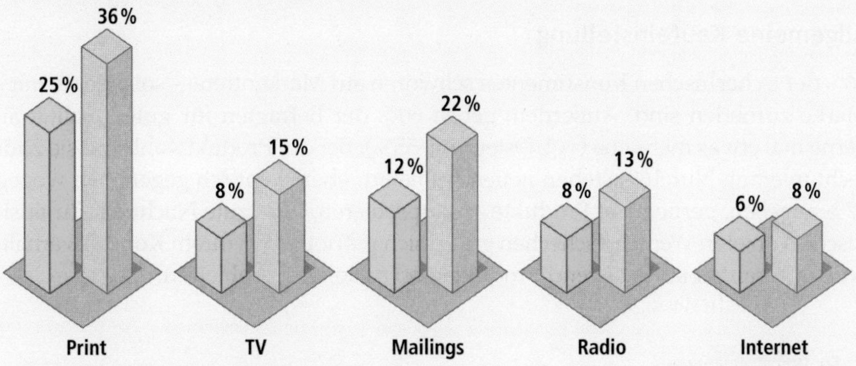

Informativität: Werbung in/im ... ist sehr informativ

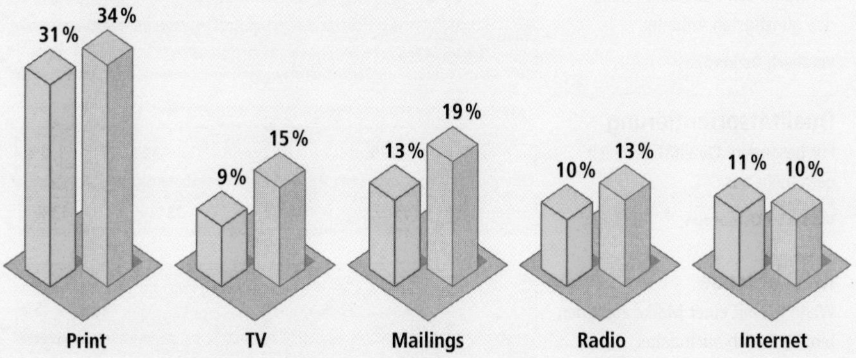

Unterhaltsamkeit: Werbung in/im ... ist unterhaltsam

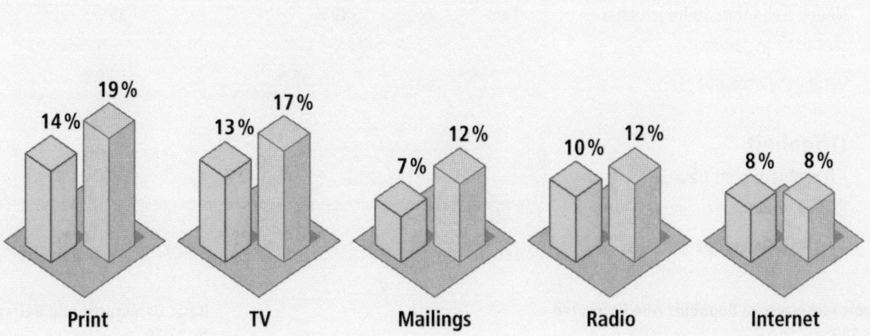

(Quelle: TNS Infratest/MRSC, 2005)

Basis Tschechische Republik: Alle Befragten
N: 500

Basis Osteuropa: Alle Befragten
N: 2.010

☐ Tschechische Republik

☐ Vergleich Osteuropa

23.4 Verbraucher-Trends

Allgemeine Kaufeinstellung

76% der tschechischen Konsumenten schwören auf Markentreue – solange sie mit der Marke zufrieden sind. Außerdem geben 60% der Befragten für gute Qualität auch gerne mal etwas mehr aus (vgl. Osteuropa 55%). Bei der Produktwahl sind sie zudem recht tolerant: Nur 16% stehen neuen Anbietern eher skeptisch gegenüber, wogegen 37% angeben, gerne neue Produkte auszuprobieren. Eine gute Nachricht für ausländische Anbieter: Wenige Tschechen geben sich patriotisch in ihrem Konsumverhalten: Nur 24% kaufen überwiegend Produkte von nationalen Anbietern.

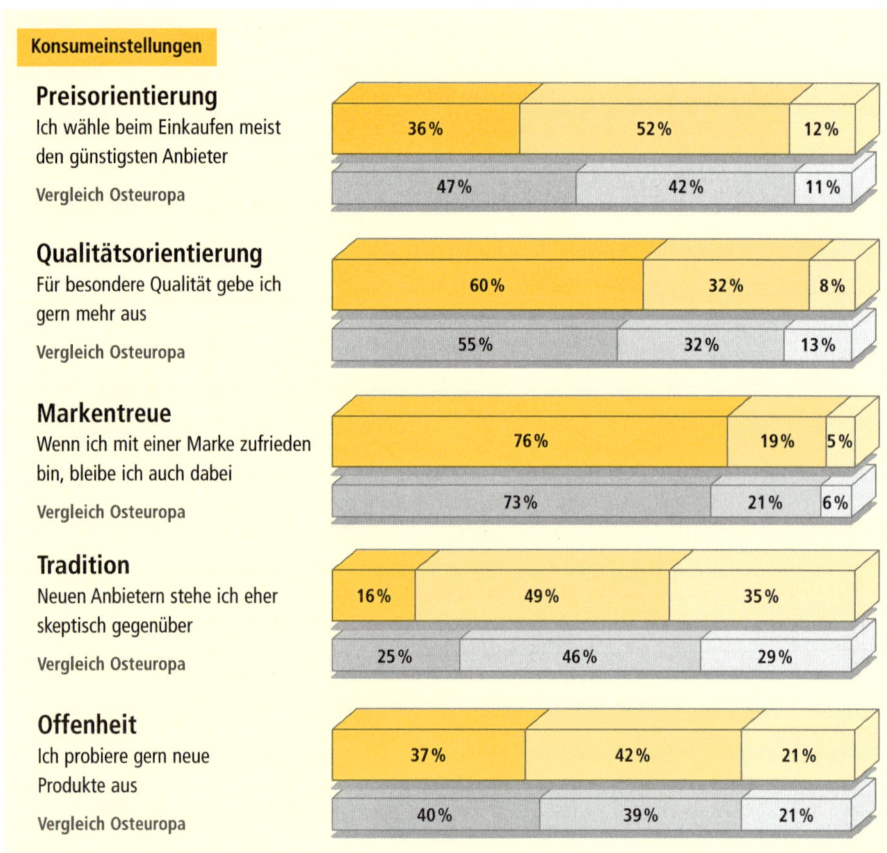

(Quelle: TNS Infratest/MRSC, 2005)

Basis Tschechische Republik: Alle Befragten
N: 500

Basis Osteuropa: Alle Befragten
N: 2.010

trifft zu · indifferent · trifft nicht zu

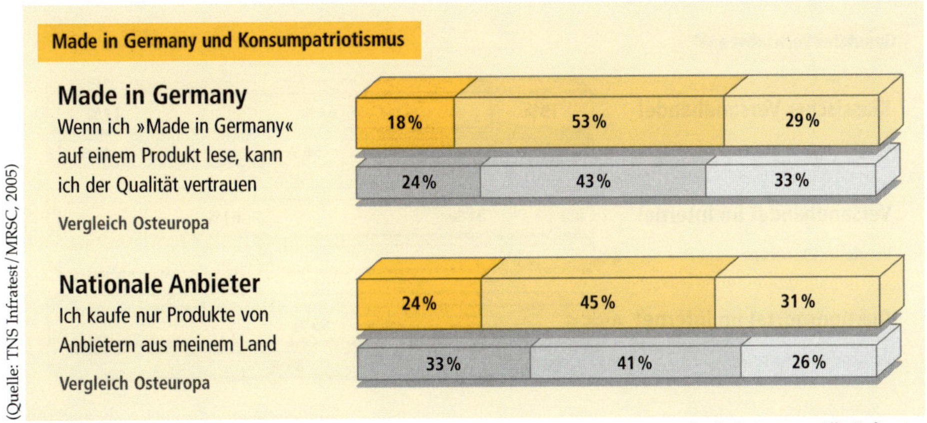

Basis Tschechische Republik: Alle Befragten
N: 500

Basis Osteuropa: Alle Befragten
N: 2.010

trifft zu | indifferent | trifft nicht zu

23.5 Versandhandelsaffinität

Kauf- und Bestellverhalten

Im osteuropäischen Vergleich haben die Tschechen in Sachen Versandhandelsaffinität die Nase vorn. Mehr als die Hälfte (51%) geben an, im vergangenen Jahr im Versandhandel bestellt zu haben (vgl. Osteuropa 34%). Dabei wird nach wie vor der klassische Versandhandel, also der Katalog, von 83% genutzt; das Internet rangiert mit 39% erst weit dahinter auf Platz zwei.

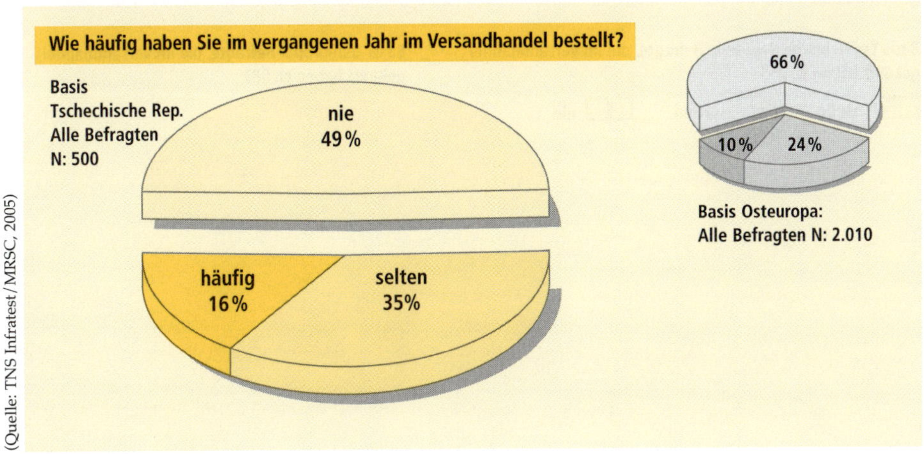

häufig | selten | nie

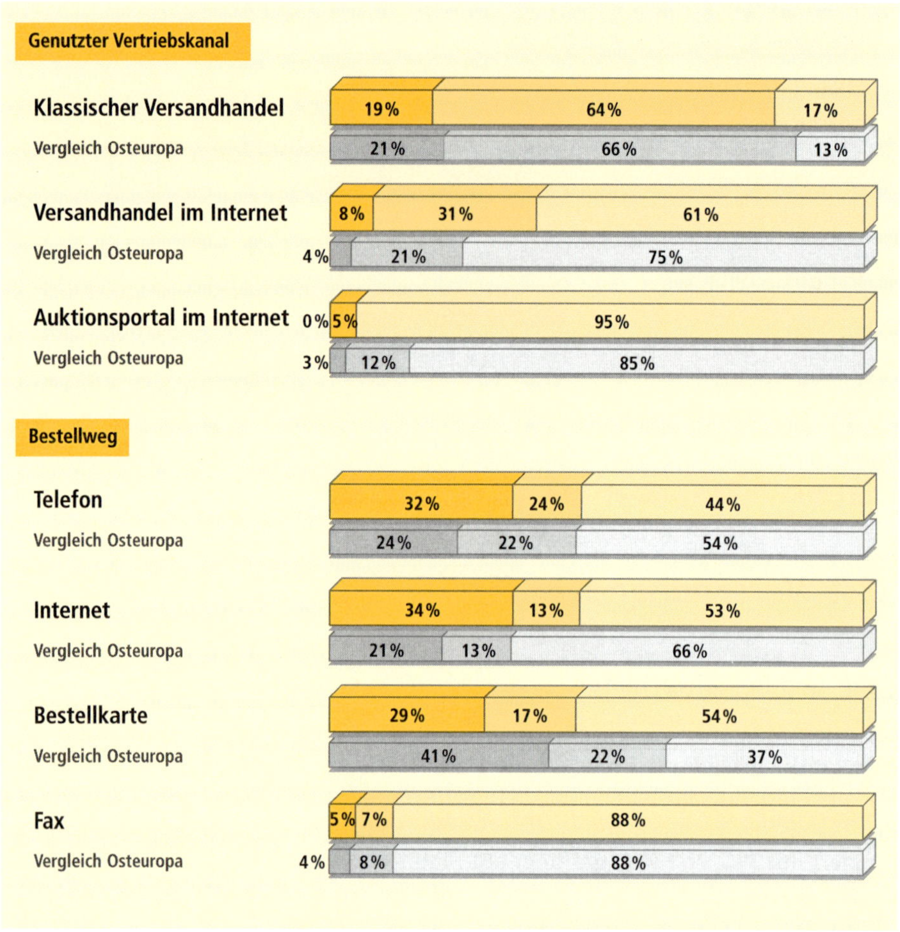

Basis Tschechische Republik: Befragte, die im Versandhandel gekauft haben N: 255

Basis Osteuropa: Befragte, die im Versandhandel gekauft haben N: 683

häufig selten nie

(Quelle: TNS Infratest/MRSC, 2005)

24 Ungarn

Das mit dem EU-Beitritt und den damit verbundenen Fördermitteln erwartete Wirtschaftswachstum soll 2006 deutlich spürbar werden. Zukunftsweisende Sektoren wie Biotechnologie, Informationstheorie und Logistik sollen Ungarn im Strukturwandel unterstützen und das Land in naher Zukunft auf EU-Niveau angleichen. Der private Verbrauch zeigt 2006 mit 3,5% bis 4,0% positive Tendenz. Das Direktmarketing erfreut sich großer Beliebtheit in Ungarn und rangiert hierbei noch vor TV-Werbung. Nahezu 70% der Werbebriefempfänger lesen Mailings regelmäßig.

Soziodemografische Daten

Fläche	93.030 km²
Bevölkerung	10,1 Mio.
Anzahl Haushalte	3,8 Mio.
Durchschnittliche Haushaltsgröße	2,6 Personen
Anzahl Haushalte mit Internetanschluss	0,5 Mio.
Großstädte/Ballungsräume (Einwohner)	Budapest (1.739.569), Debrezin (206.564), Miskolc (182.408), Szegedin (163.699), Fünfkirchen (159.794), Raab (129.287)
Bevölkerung	
0 bis 14 Jahre	1,6 Mio.
15 bis 64 Jahre	6,9 Mio.
65 Jahre und älter	1,6 Mio.

(Quelle: Fischer Weltalmanach 2005, Bundesagentur für Außenwirtschaft 2005)

24.1 Direktmarketing-Trends (1)

Erhalt von Mailings

Die Mailingdichte in Ungarn liegt erstaunlich weit über dem osteuropäischen Durchschnitt: 72% der Befragten erhalten mindestens einmal in der Woche Werbebriefe (vgl. Osteuropa 44%). Nur 7% geben an, so gut wie nie Mailings zu bekommen.

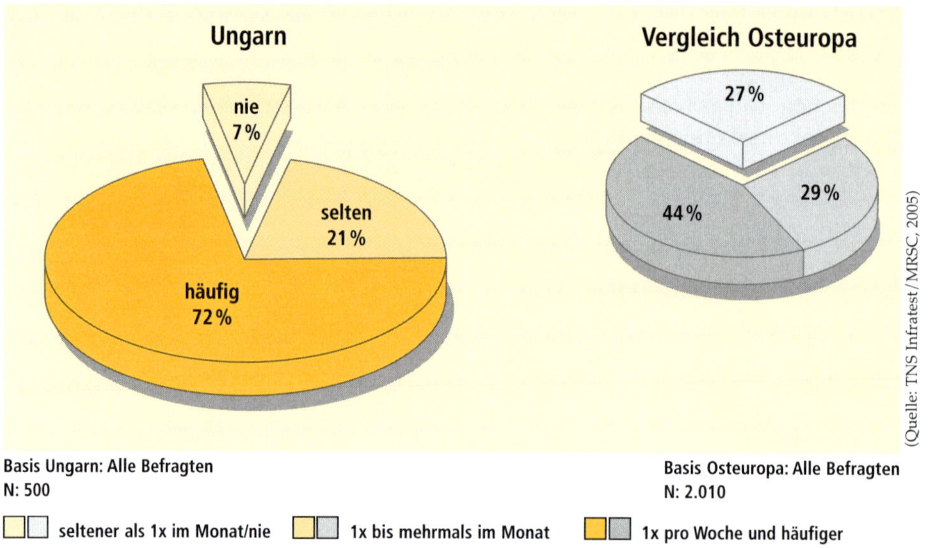

Reaktionsverhalten auf Mailings

Die Ungarn reagieren neugieriger auf Mailings als ihre osteuropäischen Nachbarn: 93% lesen gelegentlich ihre Werbebriefe, 68% der Befragten sind sogar regelmäßige Leser (vgl. Osteuropa 58%). Beim Responseverhalten zeigen sich die ungarischen Befragten allerdings zurückhaltender: Knapp ein Viertel reagiert mindestens einmal im Jahr auf Mailings (vgl. Osteuropa 28%).

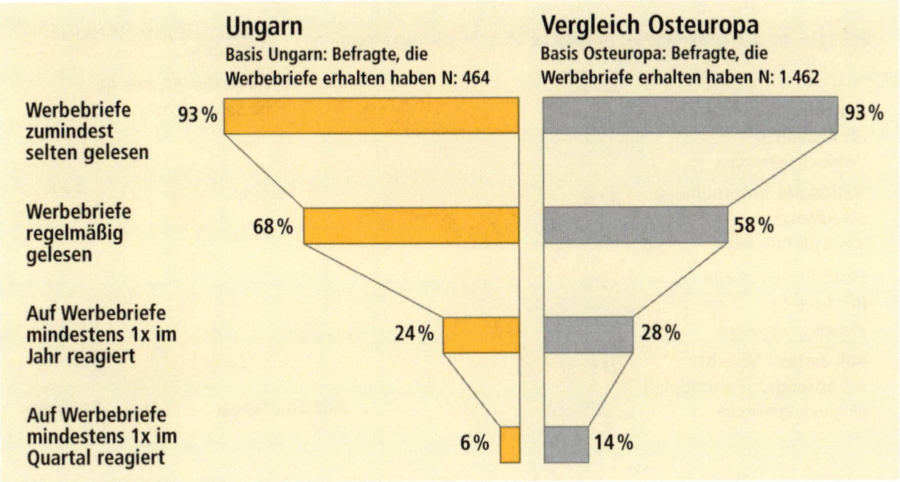

(Quelle: TNS Infratest/MRSC, 2005)

24.2 Direktmarketing-Trends (2)

Relevanz von Gestaltung, Absender/Ansprache und Inhalt

Die Gestaltung eines Mailings ist das A und O: 74% aller Empfänger und sogar 84% der Reagierer geben der Ästhetik eine entscheidende Priorität. Farbenfroh (56%) und witzig (49%) sollte es sein und – besonders wichtig – auch edel (67%). Die osteuropäischen Nachbarn finden edles Aussehen deutlich weniger wichtig (42%). Auch die Beilage von Warenproben (59%) findet bei den ungarischen Konsumenten eine hohe Zustimmung.

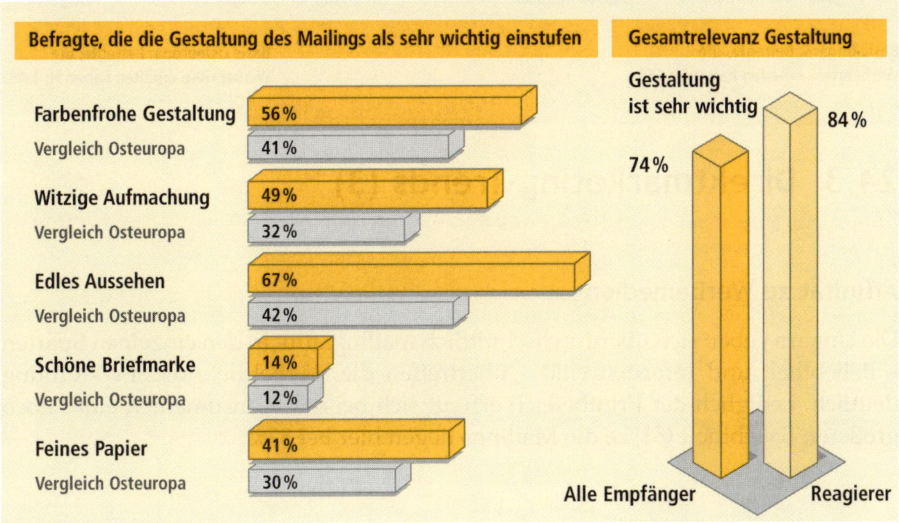

(Quelle: TNS Infratest/MRSC, 2005)

Basis Ungarn: Befragte, die Werbebriefe erhalten haben N: 464

Basis Osteuropa: Befragte, die Werbebriefe erhalten haben N: 1.462

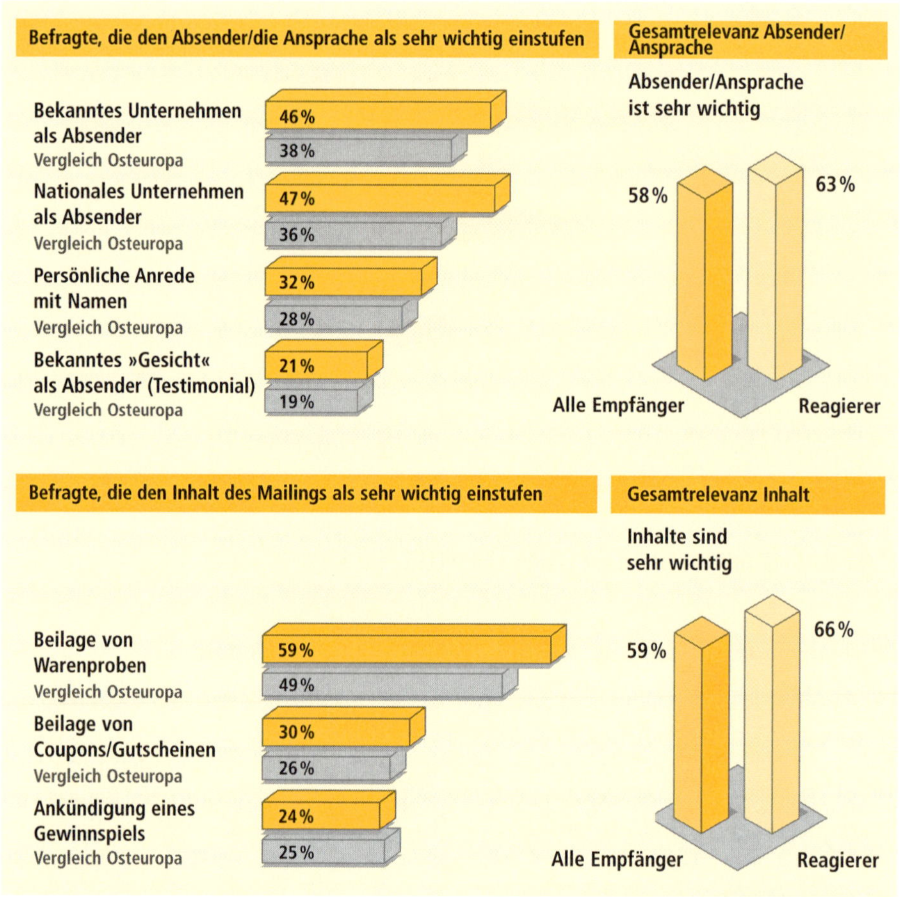

(Quelle: TNS Infratest/MRSC, 2005)

Basis Ungarn: Befragte, die Werbebriefe erhalten haben N: 464

Basis Osteuropa: Befragte, die Werbebriefe erhalten haben N: 1.462

24.3 Direktmarketing-Trends (3)

Affinität zu Werbemedien

Die Ungarn geben sich überdurchschnittlich mailingaffin: In den einzelnen Sparten – Beliebtheit und Informativität – übertreffen die Werbebriefe die TV-Werbung deutlich. Lediglich der Printbereich erfreut sich bei den Konsumenten einer noch größeren Beliebtheit (51%), die Mailings liegen hier bei 37%.

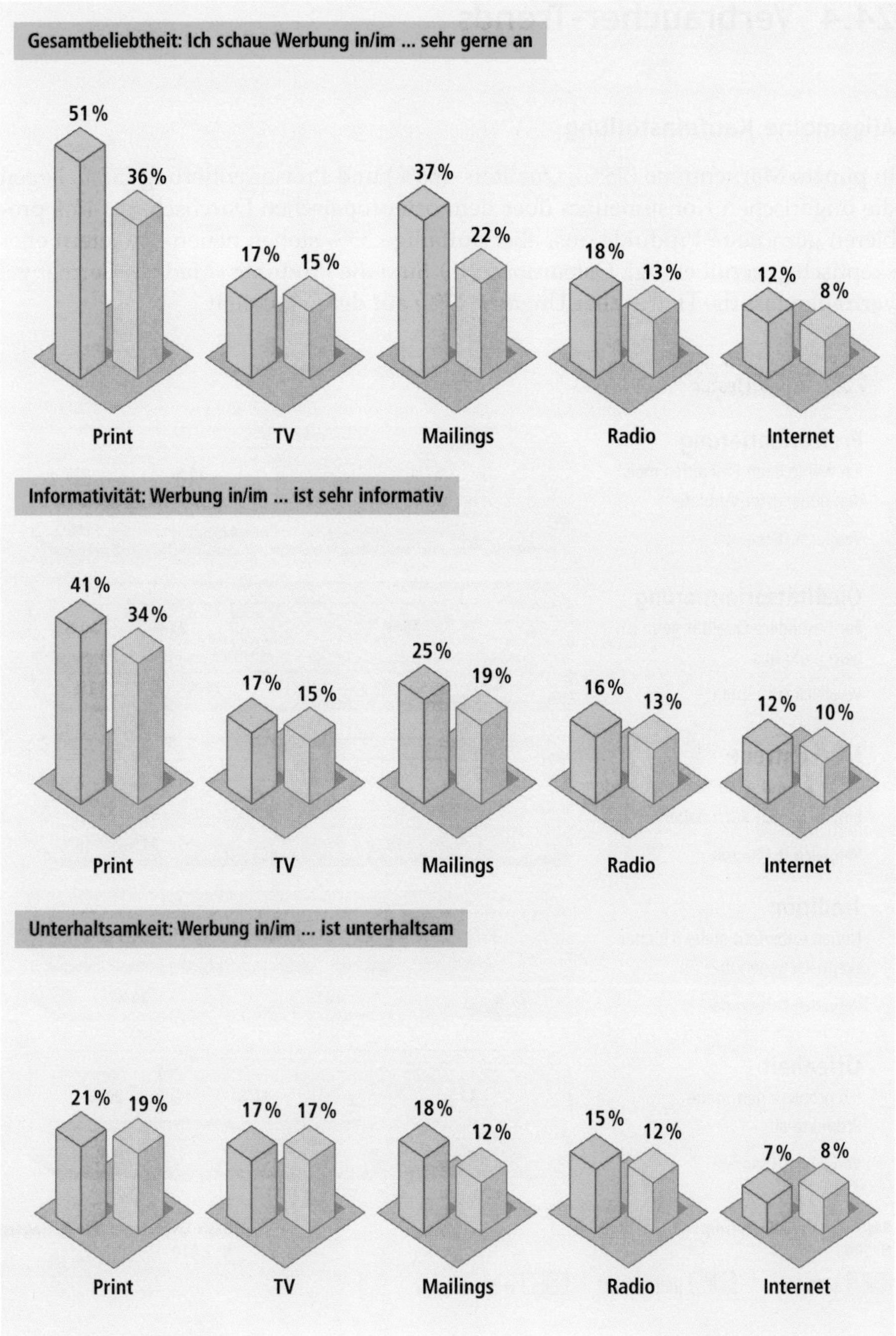

(Quelle: TNS Infratest/MRSC, 2005)

Basis Ungarn: Alle Befragten
N: 500

Basis Osteuropa: Alle Befragten
N: 2.010

Ungarn

Vergleich Osteuropa

24.4 Verbraucher-Trends

Allgemeine Kaufeinstellung

In puncto Markentreue (75%), Qualitäts- (66%) und Preisorientierung (57%) liegen die ungarischen Konsumenten über dem osteuropäischen Durchschnitt. 43% probieren gern neue Produkte aus, aber auffällige 35% stehen neuen Anbietern eher skeptisch gegenüber (vgl. Osteuropa 25%). Sind die Produkte »Made in Germany«, vertrauen fast die Hälfte aller Ungarn (47%) auf deren Qualität.

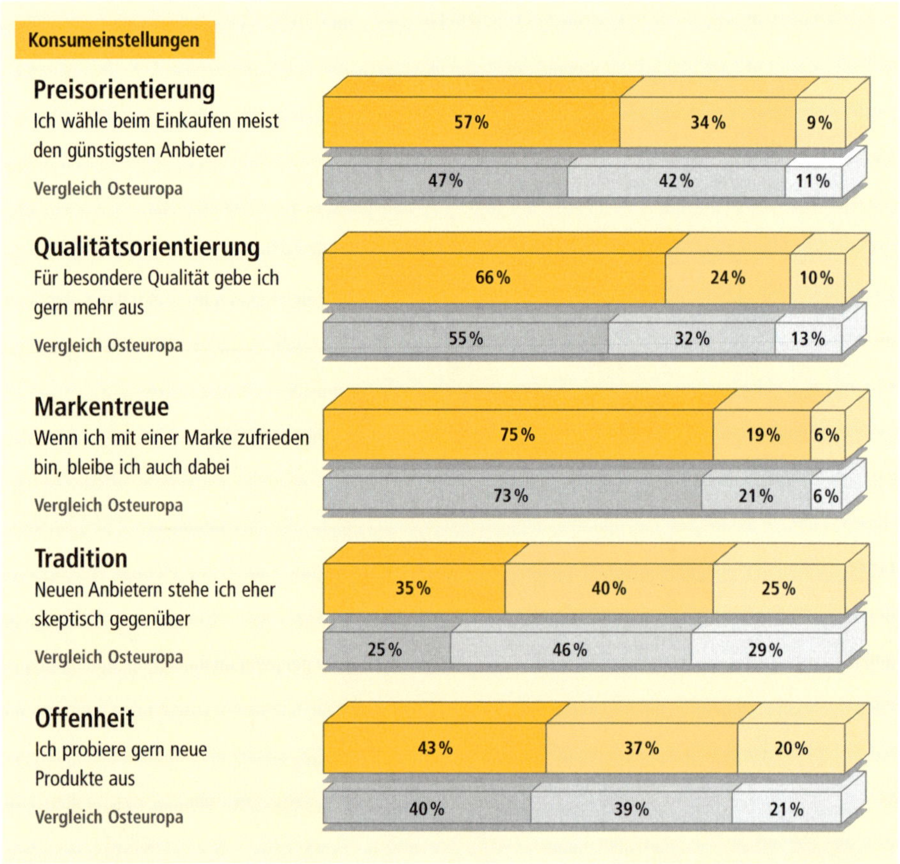

(Quelle: TNS Infratest / MRSC, 2005)

Basis Ungarn: Alle Befragten
N: 500

Basis Osteuropa: Alle Befragten
N: 2.010

trifft zu   indifferent   trifft nicht zu

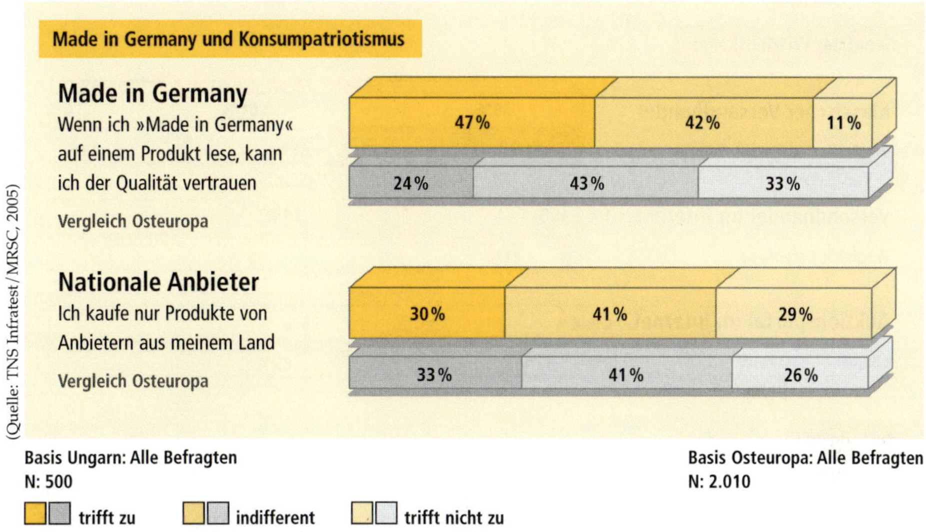

24.5 Versandhandelsaffinität

Kauf- und Bestellverhalten

63% der ungarischen Konsumenten geben an, noch nie beim Versandhandel bestellt zu haben und liegen damit nur knapp unter dem osteuropäischen Durchschnitt (66%). Ein Drittel der Befragten bevorzugt mit dem Katalog den klassischen Vertriebskanal. Das Internet spielt kaum eine Rolle – auch nicht als Bestellweg. Hier liegt die Antwortkarte mit 49% weit vorn.

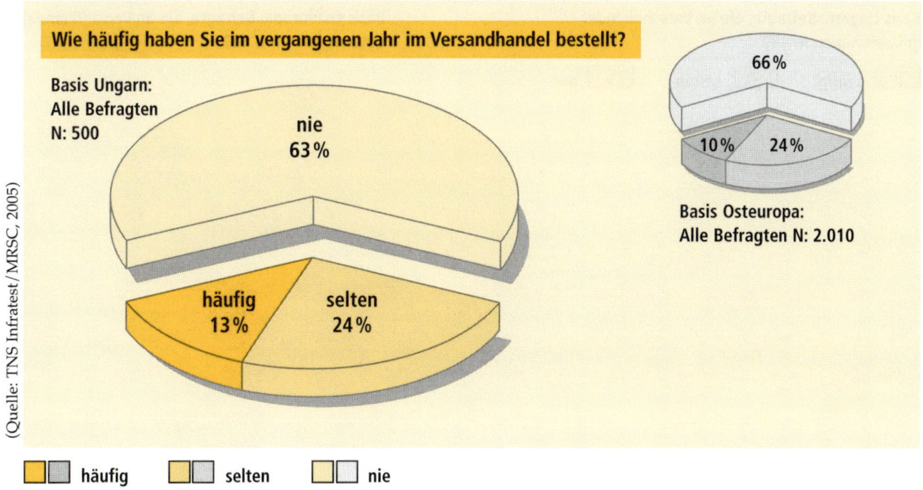

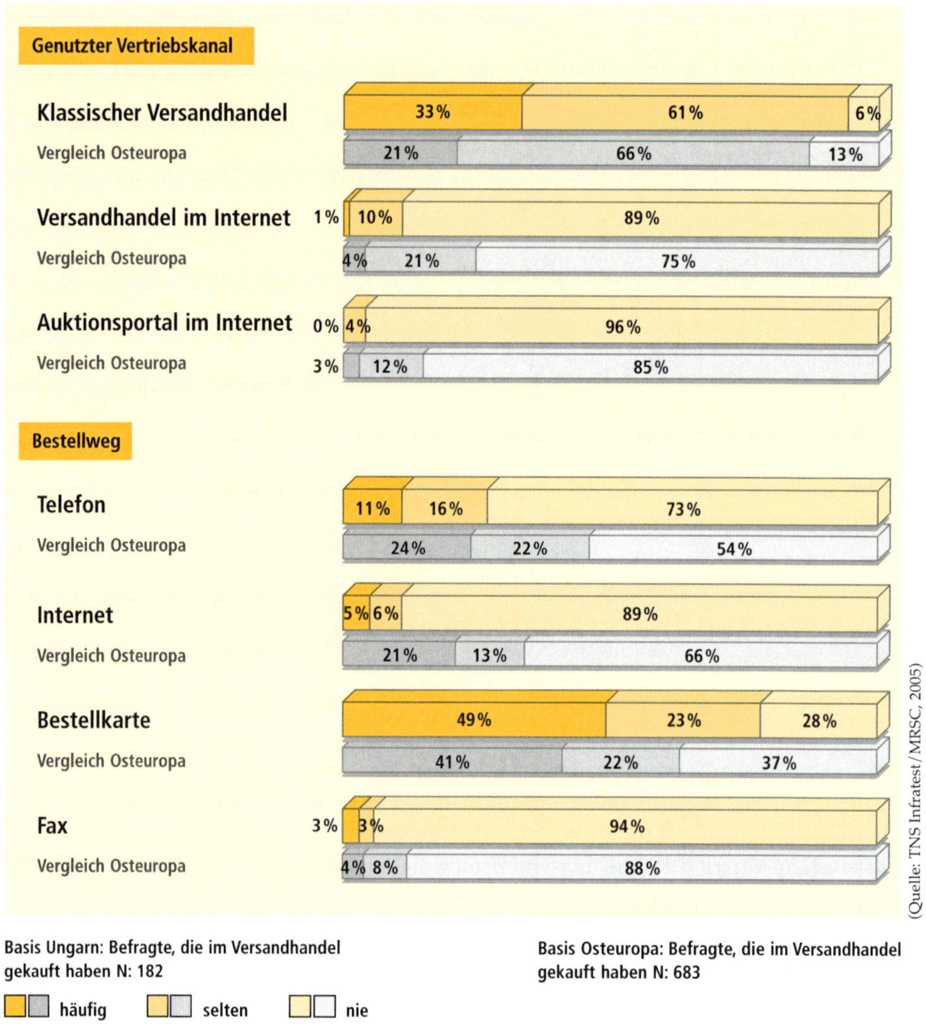
Genutzter Vertriebskanal
Klassischer Versandhandel
33 %
61 %
6 %
Vergleich Osteuropa
21 %
66 %
13 %
Versandhandel im Internet
1 %
10 %
89 %
Vergleich Osteuropa
4 %
21 %
75 %
Auktionsportal im Internet
0 %
4 %
96 %
Vergleich Osteuropa
3 %
12 %
85 %
Bestellweg
Telefon
11 %
16 %
73 %
Vergleich Osteuropa
24 %
22 %
54 %
Internet
5 %
6 %
89 %
Vergleich Osteuropa
21 %
13 %
66 %
Bestellkarte
49 %
23 %
28 %
Vergleich Osteuropa
41 %
22 %
37 %
Fax
3 %
3 %
94 %
Vergleich Osteuropa
4 %
8 %
88 %
(Quelle: TNS Infratest/MRSC, 2005)
Basis Ungarn: Befragte, die im Versandhandel gekauft haben N: 182
Basis Osteuropa: Befragte, die im Versandhandel gekauft haben N: 683
häufig
selten
nie